高等院校电子信息与电气学科系列教材

U0150043

电路与模拟电子技术

原理、仿真与设计

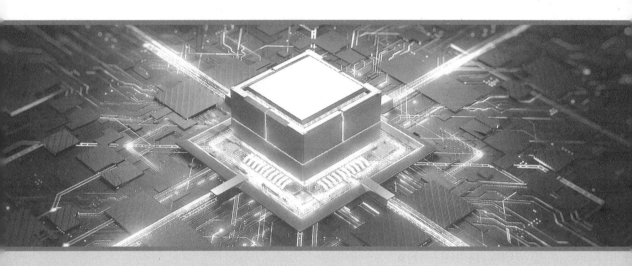

胡世昌 编著

机械工业出版社
CHINA MACHINE PRESS

本书是作者在总结多年本科课程教学经验的基础上编著而成的。本书讲解基于原理的模拟电路设计，既讲电路分析，也讲电路设计，包括电路与模拟电子技术两部分，并针对所提到的每种经典电路给出了完整的形成过程。本书共分 11 章，包括电路与定律、线性电阻电路、动态元件和动态电路、一阶电路分析、正弦稳态分析、半导体元器件、基本放大电路、集成运算放大器、负反馈放大器、正弦波振荡器、直流稳压电源等。为了便于验证所设计的电路，每章都讲解了相应的 LTspice 仿真。

本书可作为高等院校电子信息类、电气类、自动化类、计算机类等专业"模拟电子技术"课程的教材和教学参考书，也可作为相关工程技术人员的参考书。

图书在版编目（CIP）数据

电路与模拟电子技术：原理、仿真与设计／胡世昌编著 . —北京：机械工业出版社，2024.2
高等院校电子信息与电气学科系列教材
ISBN 978-7-111-74980-6

Ⅰ．①电…　Ⅱ．①胡…　Ⅲ．①电路理论-高等学校-教材②模拟电路-电子技术-高等学校-教材　Ⅳ．①TM13②TN710

中国国家版本馆 CIP 数据核字（2024）第 035064 号

机械工业出版社（北京市百万庄大街 22 号　邮政编码 100037）
策划编辑：王　颖　　　　责任编辑：王　颖　杨晓花　王　荣
责任校对：龚思文　牟丽英　　责任印制：张　博
北京联兴盛业印刷股份有限公司印刷
2024 年 5 月第 1 版第 1 次印刷
185mm×260mm · 22 印张 · 541 千字
标准书号：ISBN 978-7-111-74980-6
定价：99.00 元

电话服务　　　　　　　　网络服务
客服电话：010-88361066　　机 工 官 网：www.cmpbook.com
　　　　　010-88379833　　机 工 官 博：weibo.com/cmp1952
　　　　　010-68326294　　金 书 网：www.golden-book.com
封底无防伪标均为盗版　　机工教育服务网：www.cmpedu.com

每一个初学 C 语言的人，都会兴奋地发现自己会写程序了；而每一个初学模拟电子技术的人，却会沮丧地发现自己几乎没学会设计任何电路。目前电路与模拟电子技术方面的教材，基本都是围绕如何分析电路而写，只是详细讲解电路是如何满足要求的，而没有涉及电路是怎样从功能需求到设计方案，直到最终完成电路设计的。学完了电路理论，却只能分析电路，不能设计电路，这样的状况无疑令人遗憾。本书就是为了解决这个问题而编著。

1. 本书既讲电路分析，又讲电路设计

作者认为，电路分析之于电路设计，好比计算机组成原理之于计算机程序设计，前者是后者的基础，后者是前者的升华。一本电路书，如果只能让读者学会分析电路，就好比一本计算机书只能让读者学会分析程序一样，不够完备。

电路的设计和创新是一个不断改进的过程。针对本书所提到的每一种经典电路，作者都给出了完整的形成过程，让读者学习从功能需求到电路实现的完整设计过程。这样的写法，有助于读者真正理解电路设计的思想与方法，实现从模仿者向创新者的转变。

2. 关于电路分析

作者坚信，多数具有实用意义的创新并不是基于高深莫测的理论，而是基于常识的灵活运用。多数人并非欠缺常识，而是没能把常识用好。所以在写作此书的时候，作者坚持用浅显易懂的语言和常识阐述涉及的知识，尽可能回避数学公式的推导，采用"创新说够，原理说透"的写作原则。

本书在第 1 章就引入叠加定理（也称叠加原理）和替代定理，这样写的原因如下：

（1）叠加定理的重要性

为了与多数教材的表述方式相同，本书使用了"叠加定理"的表述，但是作者更倾向于使用"叠加原理"这个词，因为它有着"不证自明"的含义。

叠加定理有着十分重要的理论意义，它不仅仅是电路理论的基础，而且是所有线性理论的基础。如果我们仅仅把它放到电阻电路分析的相应章节中介绍，并要求学生学会用叠加定理求解电路，那就未免低估了叠加定理的意义。

还有一个问题与叠加定理相关，那就是一阶电路中零状态响应和零输入响应的问题。

从求解电路变量的角度看，实在看不出有了三要素法，为什么还要让学生明白哪些是零状态响应，哪些是零输入响应。从分析响应的角度看，会算而且知道零状态、零输入的情况下也可能有响应就可以了，为什么要区别得那么清楚呢？三要素法本身也不难，为什么非得要给出几个意义不大的新概念？

但是如果从叠加定理的角度看，意义就完全不同了。因为区分零状态响应和零输入响应的目的，是要强调动态电路中初始状态和独立源一样，也起着激励的作用。动态电路中的响应，是所有激励——包括初始状态和独立源所产生的响应的叠加，也只有在这个意义上，强调零状态响应和零输入响应才是有意义的。

对于叠加定理的适用范围，本书没有照搬很多教材的表述，比如把叠加定理的适用范围说成"在线性电路中……"。这种表述无疑在传达这样的意思，就是叠加定理只能适用于线性电路。这样的表述当然没有问题，问题在于几乎没有教材给出线性电路的清晰定义，外文教材也是一样。如果不能告诉读者怎样的电路是线性电路，那么用这样的词汇去限定叠加定理的使用范围就没有意义。

显然，把叠加定理放到电阻电路的相应章节介绍，就回避了定义线性电路这个概念的问题，可是又如何把电阻电路的叠加性扩展到一阶电路呢？仅仅因为那些电容、电感也被冠以线性之名吗？谁敢说微分、积分特性与比例特性是相同的？这也回答了前面的问题，只有把叠加定理放到总体概念中，才能在动态电路分析中顺理成章地强调初始状态、零状态、零输入等概念。

实际上，线性与叠加性是紧密相连的概念，世界的本质是非线性的，为了便于分析，才有了线性这一概念。线性的定义本身就包含了叠加性，二者有着"鸡和鸡蛋"的关系。对于线性系统而言，叠加定理是不证自明的，所以用线性来限制叠加的使用范围有点不伦不类。

叠加定理是整个线性系统理论的基础，正是基于此，本书才把线性与叠加的概念紧密结合地放在了第1章，作为全书的理论基础。

（2）替代定理的作用

很多教材把替代定理去掉，这有其合理性，因为它对于现实电路问题的求解意义不大。本书不是从电路分析的角度引入替代定理，而是从理论完整性的角度考虑的。如果没有替代定理，戴维南定理就无从说起，谁能知道戴维南定理的发表仅仅用了一页半的纸呢？让读者学习和理解创新之源，这是本书的重要目的。

替代定理在本书中的另一个作用，是为非线性电路的线性化提供合理性。尽管这是一个直观上就能接受的观点，但是理论上严密一些总是好的。

（3）非线性电路的理论基础：差动电路、反馈

本书第8章详细地讲解了差动电路形成的完整过程，并彻底回避了其放大性能的具体计算。这是从读者的角度考虑的，大部分读者学会如何使用集成电路就可以了，不必深入集成电路内部去设计差动电路，所以详细烦琐的计算对他们而言意义不大，而且，差动设计的方案并不是只对电路设计有意义，对任何领域都是有意义的。

本书第9章详细讲解了从反馈概念到使用反馈电路的过程。反馈绝对不是一个很容易从生活经验升华到实用电路的概念。本书对其形成过程进行演绎，是希望读者能够学到发明创新的飞跃点——其实很多具有实用意义的发明创新往往就在于非常关键的观念飞跃。

3. 关于电路设计

电路设计的思路，简单而言分为两部分：一是电路设计理论，如叠加原理、戴维南定理、反馈理论和差动理论，它们相当于计算机程序设计的"算法"；二是基本电路模块，如各类基本放大电路、反馈电路、差动电路和恒流源电路，它们相当于计算机程序设计的

"语句"。有了电路的"算法和语句"，电路设计也就不再神秘了。

4. 关于电路仿真

在电路与模拟电子技术的学习和设计中，实验验证是必不可少的。使用实验箱，存在实验类型受限、易出故障的问题；使用面包板，虽然能提供实验类型的灵活性，也存在规模受限、故障率高的问题。综合来看，模拟仿真实验是一个比较好的解决方案。在设计过程中，在实物验证之前，也应首先进行模拟仿真验证，规模越大的设计越需要首先进行仿真验证。

作者从 2014 年开始探索电路与模拟电子技术的模拟仿真，经多年对比之后，最终选择了 LTspice 软件作为仿真实验工具。作为一款免费的商业软件，该软件使用方便，既能实现低成本又能保证准确性，是学习和工作中的一个好工具。

本书对涉及的典型电路都给出了相应的仿真电路。正是借助于仿真软件，才能对涉及的每一个电路，从组成形式的变化到器件参数的调整，一一做出验证。

作者

CONTENTS 目录

第1章

电路与定律

电的认识和使用是人类现代化生产生活的重要基础，电是使用最为方便的动力能源，用于驱动机械运动；电是最重要的信息载体，用于通信、计算机等信息处理领域；电还广泛用于各类变换器，如电灯、电子音视频设备、医院用电子医疗设备、车站和机场用电子安检设备等。

电路和电子技术知识是设计、生产、使用、维护和改进这些设备的基础，也是学习通信、自动化、计算机等知识的重要前提。

1.1 引言

电路是电荷运动的通路。微观上电荷的运动很难把握，通常用电流、电压等物理量来从宏观上描述电荷的运动，电路中这些物理量之间关系所遵循的规律，就是电路定律。

1.1.1 电路及其组成

一个实际电路是由电气元器件互相连接而构成，并具有一定功能的整体。组成实际电路的元器件种类繁多、性能各异，电池、电阻、电容、电感、开关、晶体管等都是人们很熟悉很常用的电气元器件。这些电气元器件都可以统称为电路元件。电路的基本功能可以分为两类：实现电能的产生、传输、分配和转换，或完成电信号的产生、传输、存储和变换。

图 1-1a 是电能产生、传输、转换的例子，它是一个简单的照明电路，由电池、开关、连接导线、灯组成。其作用是将由电池提供的电能传送给灯并转换成光能。其中电池用于提供电能，灯消耗电能，并将其转换成光能，开关和连接导线则将电池和灯连接起来。

图 1-1b 是电信号的产生、传输、变换的例子，送话器产生的声音信号经放大器放大后，通过扬声器变换为人耳能够听到的声音信号。

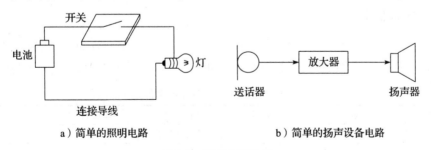

a）简单的照明电路   b）简单的扬声设备电路

图 1-1　实际电路举例

在电路理论中，将提供电能或信号的器件、装置称为电源；将使用电能或电信号，并将电能转换成其他形式能量的设备称为负载。连接在电源和负载之间起着电能的传输、分配作用的其他器件则构成了中间环节。电源、负载、中间环节共同构成完整的电路。

每个实际电路的电气元器件的特性是复杂的，为了便于分析，可以抽取出某个主要的电磁特性，构建出它的数学模型来近似代表实际元件，这种数学模型称为理想化电路元件，由理想化电路元件构成的电路称为电路模型。

图 1-2a 是一个由电池、开关和灯组成的简单的实际电路，图 1-2b 是它对应的电路模型，或者称为它的电路图。由图中可见，实际电路和表示它的电路图有很大的差别，因为电路图是用实际元件的数学模型（即理想化电路元件）建立的，实际应用中多种多样的电气元器件被表示成了有限的几种理想电路元件，所以从电路图中无法看出原来的实际电路元件究竟是什么。为了完整起见，这里也给出了它的电气连接图，如图 1-2c 所示，本书对电气图不做过多的介绍。

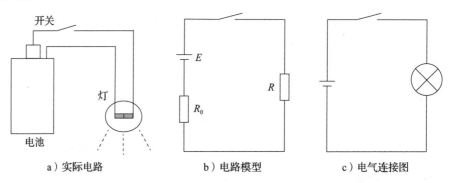

a）实际电路　　　　　　　　b）电路模型　　　　　　　　c）电气连接图

图 1-2　电路的几种表达方式

同一个理想化电路元件对应着多种多样的实际电路元件，相应地，同一个实际元件也可能有着不同的理想模型，随着应用场合的不同，其理想模型也可能有所不同。随着课程的深入，读者会逐步加深理解。

通过使用理想化电路元件，可以对其进行精确的数学分析，并对实际中存在的种类众多的实际元件进行统一分析。比如，实际的电阻都有着千差万别的外观和不同的应用，而在电路模型中，它们是用同样的电路元件来表示的。

电路理论分析的研究对象是电路模型，而不是实际电路。为此首先要熟悉一些计量单位制的概念和基本的电路变量。

1.1.2　计量单位制

使用最为广泛的计量单位制是国际单位制（SI），它是 1960 年在第 11 届国际计量大会上通过的，此后又经过了多次修订。国际单位制建立在 7 种基本单位之上，见表 1-1。

表 1-1　国际单位制基本单位

量的名称	单位名称	单位符号	量的名称	单位名称	单位符号
长度	米	m	热力学温度	开[尔文]	K
质量	千克	kg	物质的量	摩[尔]	mol
时间	秒	s	发光强度	坎[德拉]	cd
电流	安[培]	A			

注：方括号中的字，在不致引起混淆、误解的情况下，可以去掉。去掉方括号中的字即为其名称的简称。

国际单位制的优点是通过十进制与 7 个基本单位相联系，可以表达出很大和很小的量，并用词头来表达 10 的幂次，表 1-2 是常用的国际单位制词头。建议读者熟悉这些词头，因为它们已经为各类学科所采用，深入应用于人们生活的各个方面。

表 1-2　常用的国际单位制词头

因数	词头名称	符号	因数	词头名称	符号
10^{24}	尧（yotta）	Y	10^{-24}	幺（yocto）	y
10^{21}	泽（zetta）	Z	10^{-21}	仄（zepto）	z
10^{18}	艾（exa）	E	10^{-18}	阿（atto）	a
10^{15}	拍（peta）	P	10^{-15}	飞（femto）	f
10^{12}	太（tera）	T	10^{-12}	皮（pico）	p
10^{9}	吉（giga）	G	10^{-9}	纳（nano）	n
10^{6}	兆（mega）	M	10^{-6}	微（micro）	μ
10^{3}	千（kilo）	k	10^{-3}	毫（mili）	m
10^{2}	百（hecto）	h	10^{-2}	厘（centi）	c
10	十（deka）	da	10^{-1}	分（deci）	d

其他单位，如力、能量等的单位都是从 7 个基本单位推导而来的。例如：功或能量的基本单位焦耳（J），国际单位制定义 $1J = 1kg \cdot m^2/s^2$；功率的单位瓦特（W），$1W = 1J/s$。还有一些计量单位并不属于国际单位制，如热量单位卡（cal，$1cal = 4.1868J$）、功率单位马力（1 马力 = 739.499W）等。这些非国际单位制不建议使用。

1.2 电路变量

电路分析的主要对象是可以方便地测量的 3 个基本物理量——电流、电压和功率。其他相关的变量则有助于理解电路模型及其规律。

1.2.1 电荷与电流

根据原子理论，物质是由原子组成的，原子又是由原子核和围绕原子核高速运动的电子组成的。原子核由带正电荷的质子和不带电荷的中子组成，所以整体上原子核带正电荷。电子带负电荷。电子的负电荷与质子的正电荷平衡，而且每个原子的质子数与电子数相等，因此原子呈中性。

带电粒子所带的电荷数称为电荷量。电荷量的国际单位是库仑（C）。1C 的电量等于 6.24×10^{18} 个电子所带的电荷量。单个电子所带的电荷量是 -1.602×10^{-19}C，单个质子所带的电荷量是 1.602×10^{-19}C。

不随时间变化的电荷量常用大写字母 Q 表示。瞬间电荷量（可以随时间变化，也可以不随时间变化）则用 $q(t)$ 表示，也常常简写为 q。这是工程上的一种习惯用法：大写字母表示常量；小写字母则用于更一般的表示，可以是常量，也可以是变量。原子最外层的电子在适当条件下可能克服原子核的吸引力，而从原子中挣脱出来，成为带负电的自由电子，失去电子的原子则会形成带正电荷的粒子。因此电荷既不能创造，也不能消失，这种特性叫作电荷守恒性。但是在一定的条件下，电荷能从一个地方转移到另一个地方，这种电荷的移动就形成了电流。

图 1-3 表示了金属导体中产生电流的情况，外加电压的作

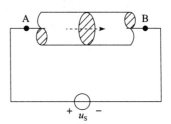

图 1-3　金属导体中的电流

用使金属导体中的电子发生迁移。其中的箭头表示正电荷的运动方向，所以电子的运动方向实际上是与箭头方向相反的。

由于电荷在工程上难以测量，因此常常将电流作为分析和测量的对象。

1.2.2   电流

任何物体的运动都存在着速率、数量和方向的问题，电荷运动也不例外。微观上电荷运动的速率、数量和方向的不同，反映到宏观上就是电流的大小和方向。

大小和方向均不随时间变化的电流称为直流电流，用大写字母 I 表示。大小或方向随时间变化的电流则称为时变电流，用 $i(t)$ 表示，简写为 i。

如果电路中电荷运动的速率快、数量多，则电流就强；反之，电流就弱。衡量电路中电荷运动的指标称为电流，其定义是单位时间内通过电路某截面的电荷量，可表达为电荷量对时间的变化率，即

$$i = \frac{\mathrm{d}q}{\mathrm{d}t} \tag{1-1}$$

式中，q 为电荷量，单位为库仑（C）；t 为时间，单位为秒（s）；i 为电流，单位为安培（A），这是以法国物理学家安培（A. M. Amphere）命名的。$1A = 1C/s$，表示在 1s 内，通过导体横截面的电荷量为 1C 时，电流为 1A。

安培（1775—1836），法国数学家和物理学家，出生于法国里昂，安培于 1820 年给出电流的定义和测量电流的方法。他发明了电磁铁和电流计，是电动力学的奠基人。

1.2.3   电流方向

物理学中规定正电荷的运动方向为电流方向，带负电的自由电子的运动方向则与电流方向相反。不同媒介中的导电粒子是不同的，最常见的金属导体中主要的导电媒介是自由电子，如果电流方向是从 A 端向 B 端，其内部实际发生的是自由电子从 B 端向 A 端运动，在效果上这相当于等量的正电荷自 A 端向 B 端的运动。

在分析复杂电路时，很难采用算术法直接求解，而往往采用代数法求解，这是因为算术法求解时需要首先掌握问题的求解步骤，而代数法的关键在于列方程，而列方程只不过是描述问题而已，与掌握问题的求解步骤相比，描述问题要简单得多。要用数学方程描述复杂电路，就是要写出其中的电流与电压关系的方程，又因为在电路求解之前，其电流和电压的方向和大小都不确定，在方向不确定的情况下，也就难以用未知数来表示电流和电压，为此需要先设定电流和电压的方向，这称之为参考方向。

在一根金属线上，电流只能有两种不同的方向，因此可以任意假定一种方向作为参考方向，当实际电流方向与它相同时，电流是正值；反之，电流是负值，如图 1-4 所示。图中用实线箭头表示电流参考方向，虚线箭头表示该电路中电流实际方向。

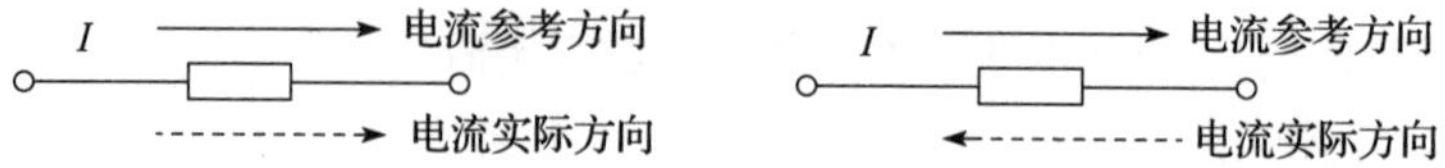

a）参考方向与实际方向一致   b）参考方向与实际方向相反

图 1-4   电流的参考方向

电流参考方向是任意指定的，如果根据这个参考方向进行计算的结果是正值，就说明电流实际方向与参考方向相同；如果结果是负值，就说明电流实际方向与参考方向相反。

必须强调，当提到电流的时候必须同时指明其大小和方向，忽略其中任何一个方面，其描述都是不完整的。

大小和方向均不随时间变化的电流称为直流电流（DC）；大小和方向按正弦变化的电流称为交流电流（AC）。此外还可能有按照其他规律变化的电流。但直流和交流电流是工程中最常遇到的两个类型。

【例 1-1】 电流为 1A 的电流由 A 向 B 通过电路元件，实际方向如图 1-5a、b 中虚线箭头所示，电流参考方向如图中实线所示，求 I_1 和 I_2 的值。

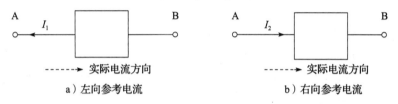

a）左向参考电流　　　　　　　　　　　　b）右向参考电流

图 1-5　例 1-1 图

【解】

$$I_1 = -1A \quad I_2 = 1A$$

1.2.4　电压

1. 电势能

在平面上移动任何物体时，都必须用力。但是，物体从高处自由落下，水从高处向低处流，树叶落向地面，是谁在用力呢？物理学已经告诉我们，这是重力在起作用。在重力的作用下，处在地面不同高度的物体有着不同的重力势能。相同质量的物体在相同的高度具有相同的重力势能。物体在重力作用下下落时，会失去重力势能，而获得动能。根据能量守恒定律，物体失去的重力势能和获得的动能大小相等。

推动电荷移动的力称为电场力。电荷处在电场中时会受到电场力的作用，正电荷会沿着电场力的方向运动，负电荷则会沿着电场力的相反方向运动，从而在电路中产生电流。在没有电场力的地方，电荷会保持静止，而不会自发地移动，自然也就不会产生电流。电场力对于处于电场中的电荷的作用，与重力对于处于地球引力范围内的物体的作用十分相似。处于电场中的不同位置的电荷也有着不同的势能，这种势能被称为电势能。

等量的电荷在同一电场中的相同点具有相同的电势能，或者说电势能只与电荷量和电场的特性这两个因素有关。电荷在电场力的作用下移动时，也会失去电势能。根据能量守恒定律，这些失去的电势能会转化成等量的其他形式的能量。

为了计量电势能的大小，必须设定一个电势能为零的位置，物理学上认为距离电场无限远处的电势能为零（这一点也和重力势能的约定相似，回忆一下，在计算重力势能时通常认为地面的重力势能为零）。所以，电势能是一个相对的量。

2. 电势

电势能与电荷量的比值称为电势，由于电势能只与电荷在电场中的位置以及电荷量有关，所以可以用电势的分布来表征电场的特性。如果电场力将电荷 q 从某点移动到无限远处所做的功为 w，那么该点电势的计算公式为

$$v = \frac{w}{q} \tag{1-2}$$

式中，w 是电场力对电荷所做的功，单位为焦耳（J）；q 是电荷量，单位为库仑（C）；v 是该点的电势，单位为伏特（V）。

在前文关于电势能的叙述中，已经指出"等量的电荷在同一电场中的相同点具有相等的电势能"。式(1-2)在计算电势时通过除法去掉了电荷量的影响，所以它就只与电场本身的特性有关了，即：电势的大小只与电场本身的特性有关，电场中的相同点具有相同的电势。

这个结论对于理解许多基本概念来说十分重要。

如果电荷在电场力的作用下移动，则说明电场力对电荷做了功，相应地电荷失去了电势能。在分析时可设定电路中某一点的电势为零，相应地电荷在该点的电势能也为零，称之为零参考点，其他点的电势都是相对于零参考点而言的。

某点的电势也称该点的电位，在工程上后一个名称更常用。用符号 V_A 表示 A 点的电位。电位是一个相对的量，当我们说"A 点电位"时就是指 A 点相对于零参考点的电位差，电位可能为正，也可能为负。正电位说明 A 点电位高于零参考点，负电位说明 A 点电位低于零参考点。

工程上习惯约定电路的"接地点"为零参考点。

电路中的"接地"也叫公共端，有 3 种常见的"接地"（Earth Ground）类型，分别称为"大地""信号地"和"机壳地"，其符号分别如图 1-6a、c 所示。

这 3 种接地的意义是不同的，图 1-6a 表示的公共端为大地，意味着电路必须以某种方式与大地

a）大地　　b）信号地　　c）机壳地

图 1-6　3 种表示接地方法的符号

连接。图 1-6b 表示的公共端是信号地，信号地通常（但不是必需的）与大地之间存在着一个大的电位差。图 1-6c 表示的公共端是机壳地（Chassis Ground），它表示设备的所有电路的公共端都与设备的外壳连在一起，由于机壳与大地之间可能会具有较大的电位差，因此有可能给操作人员带来安全问题。

3. 电压

由于电位（即电势）只与电荷在电场中的位置有关，因此任意两点之间的电位差是唯一的，即不论沿什么路径运动，电荷在两点间移动时发生的电势能的变化是相同的。我们称电场中 A、B 两点之间的电势差为 A、B 两点之间的电压，用符号 u_{AB} 表示，于是有

$$u_{AB} = v_A - v_B$$

式中，u_{AB} 为 A、B 两点间的电压。

显然电压是个绝对量，与零参考点的选择无关。电压值可正可负，$u_{AB}>0$ 说明 A 点电位高于 B 点电位，$u_{AB}<0$ 说明 A 点电位低于 B 点电位。

在国际单位制中，电压的单位与电势的单位一样，都是伏特（V）。

根据电势的物理意义，电压也可以定义为：电路中 A、B 两点间的电压，在数值上等于单位正电荷从 A 点沿电路约束的路径移动至 B 点时电场力所做的功。电场力对电荷做功，

同时也就意味着电荷本身失去了电势能，因此也可以这样说：A、B 两点间的电压，在数值上等于单位正电荷从 A 点移至 B 点时所失去的电势能。按照此定义得出的计算公式为

$$v = \frac{w_{AB}}{q} \tag{1-3}$$

式中，w_{AB} 为电荷 q 从 A 点沿电路约束的路径移动至 B 点时电场力所做的功；q 为电荷量。

作为一种不太规范的说法，也常常将电压用作电位的代名词。比如说某点"电压为零"通常就意味着该点相对于零参考点的电压为零。而 A 点电压通常就是指 A 点相对于电路中的零参考点（一般是电路接地点）的电压，这个值可正可负。

伏特（Alessandro Antonio Volta, 1745—1827），意大利物理学家，出生于意大利科摩，他于 1796 年发明了电池，这对电的使用是一个巨大的贡献。伏特还是电容器的发明者，是电路理论的奠基人。

4. 电压的方向

根据前面的叙述，电压表示电路中两点之间的电位差。而电压值 U_{AB} 为正或负则表示在 A、B 两点之间电位的降低或升高。为了便于分析，规定电路中从高电位点向低电位点的方向为电压的实际方向。

由于在电路分析时难以事先判定电压的真实方向，因此可以假定一个方向为电压的参考方向，并据此来进行相应的计算。表示方法可以用"+""–"号标识在元件或电路的两端，表示电压的参考方向是从"+"端指向"–"端，如图 1-7a 所示；也可以直接用箭头标识在电路上，如图 1-7b 所示。

电压的参考方向可以任意假定，如果计算出的结果为正，表示电压实际极性与参考方向相同；如果结果为负，表示电压实际极性与参考方向相反。

从理论上讲，电流和电压的参考方向可以任意假定，互不相关。但在实际应用中，为了便于分析和计算，常常采用关联参考方向，或称一致参考方向，其含义是：当为某一个元件或某一个电路端口选定的电压和电流的参考方向，是让参考电流从参考电压的正极到负极流过该元件或电路时，就称电压和电流的参考方向对于该元件或电路是关联的（或一致的），如图 1-8 所示。

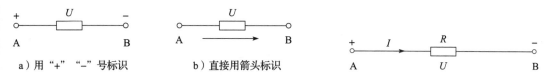

a）用"+""–"号标识	b）直接用箭头标识

图 1-7　电压的参考方向　　　　　图 1-8　设定电压和电流为关联参考方向

5. 电动势

下面来考虑电路整体的情况。参考图 1-9，可以将整个电路分成电源和外电路两部分，外电路的电压和电流参考方向已经设定为关联参考方向。

在外电路中，金属导体中的电子在电场力的作用下，产生了如图 1-9 所示方向的电流 I，而电压的方向如图 1-9 中的虚线箭头所示。

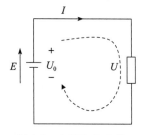

图 1-9　电压和电动势

而在电源内部，电流将发生从电源负极向正极的流动，只有这样，电荷才能完成一个闭合的流通回路。可以看到在电源内部电荷是逆着电场力的方向运动的，因此驱动这种流动的并不是电场力，而是外力。这种情况就像物体向上运动必须克服重力一样。

在不同的电源内部，这种外力是不同的，电池内部是化学作用，发电机内部则是电磁力的作用。正是由于这种外力作用的结果，才使电源产生电能，进而在电路中产生了电压和电流，并对负载(在本例中是电阻 R)做功。

总结一下图 1-9 中整个电路的过程：一方面，在电源内部，外力对电荷做功，从而使电荷具有了电势能；另一方面，在外电路中，具有了电势能的电荷在电场力的作用下运动，形成电流，此时电荷失去电势能，并对负载(如电阻)做功，形成热能或其他形式的能量。这两个过程周而复始，从而形成了电路中持续不断的能量转换过程。

为了衡量在电源内部的外力对电荷做功的能力，人们引入了电动势这个物理量。它在数值上等于外力将单位正电荷由电源负极移动到电源正极时所做的功，也就是单位正电荷在电源内部，从负极移动到正极时所获得的电势能。电动势越大，表明外力移动单位正电荷做功越多，也就意味着将其他形式的能转化为电能的能力越强。电动势是电源的一个特征量，仅由电源本身的性质决定，与外接电路无关，其大小等于电源的开路电压，即在没有接入电路时电源两极间的电压。

电动势的单位和电压单位一样，也是伏特(V)，其方向则是由电源负极指向正极，或者说是电位升高的方向。在计算时，也和电压一样，可任意选择参考方向，计算结果为正，表示实际方向与参考方向相同；结果为负，表示实际方向与参考方向相反。通常选择如图 1-9 所示的关联参考方向。

在图 1-9 中，电动势 E、电源内部压降 U_0 以及电源端电压 U 之间的关系为

$$E = U_0 + U \tag{1-4}$$

为了分析方便，常常假定电流流过电源内部时没有能量损耗，并称这种电源为理想电源。理想电源两端的电压等于电源的电动势，即总是等于电源的开路电压，与流过电源内部的电流无关。真实的电源在接入电路之后，由于电源内阻的存在，其两端电压会略微低于电源的电动势。

【例 1-2】 电路如图 1-10 所示，矩形框表示电路元件。已知电位 $V_A = 5V$，$V_B = -5V$，$V_C = -2V$，D 为参考点，求电压 U_{AB}、U_{CD} 的值和实际极性。

图 1-10 例 1-2 图

【解】 根据

$$U_{AB} = V_A - V_B = 5V - (-5V) = 10V$$
$$U_{CD} = V_C - V_D = (-2V) - 0 = -2V$$

可知 $U_{AB} > 0$，电压实际方向由 A 指向 B，或者 A 为高电位端，B 为低电位端。$U_{CD} < 0$，表明电压实际方向与参考方向相反，即 D 为高电位端，C 为低电位端。

1.2.5　功率

功率是能量随时间的变化率，用 P 或 $p(t)$ 表示（简写为 p），其基本单位是瓦特（W）。如果 1s 内通过某个元件传递的能量是 1J，那么能量传递的功率就是 1W。根据功率的定义可得到功率与能量的关系为

$$p = \frac{\mathrm{d}w}{\mathrm{d}t} \tag{1-5}$$

式中，w 为电路元件或电路所吸收的能量，单位为焦耳（J）；t 为时间，单位为秒（s）。

现在我们来推导功率的计算公式，将图 1-8 重新画为图 1-11，设电流和电压为关联参考关系。

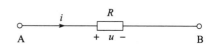

图 1-11　设定电流和电压为关联参考方向

根据前面关于电流和电压的叙述，由式（1-2），可得到

$$\mathrm{d}w = u\mathrm{d}q$$

再由式（1-1）可得

$$\mathrm{d}q = i\mathrm{d}t$$

将上面两式代入式（1-5），得

$$p = ui \tag{1-6}$$

式（1-6）是在电压和电流的参考方向设定为关联参考方向时电路元件所吸收功率的计算公式。如果电压和电流的参考方向不是关联参考方向，则电路所吸收的功率应写成 $p = -ui$。

式（1-6）在电路分析中具有普遍的意义：任何电路元件的功率等于其电压与电流的乘积。

我们知道，电能的传递是靠电荷的移动实现的，所以电路每秒吸收的能量（功率）必定与每秒通过的电荷量（电流）成正比；同时还必然与电荷流过该段电路时所需要的电源的能力（电压）成正比。式（1-6）符合这样的事实。

根据式（1-6）计算出的功率是在假定电路或电路元件吸收功率的前提条件下得到的结果，如果结果 $p > 0$，说明实际电路是在吸收功率；如果 $p < 0$，说明实际电路是在释放功率。

在计算一个元件（也适用于一段电路，下同）的功率时，必须注意两个条件：一是电压电流参考方向的关系，二是要计算吸收的功率还是释放的功率。根据这两个条件选择计算公式的正负号，最后得到的结果可以是正数，也可以是负数。具体含义如下：

在关联参考方向下（电流从元件的正电压端流入、负电压端流出），计算元件吸收的功率应按照公式 $p = ui$ 计算，如果最终结果为正，说明该元件确实在吸收功率；最终结果为负，说明该元件吸收了负功率，实际上在释放功率。

在关联参考方向下计算元件释放的功率，应按照公式 $p = -ui$ 计算，如果最终结果为正，说明该元件确实在释放功率；最终结果为负，说明该元件释放了负功率，实际上在吸收功率。

在非关联参考方向下（电流从元件的负电压端流入、正电压端流出），计算元件吸收的功率应按照公式 $p = -ui$ 计算，如果最终结果为正，说明该元件确实在吸收功率；最终结果为负，说明该元件吸收了负功率，实际上在释放功率。

在非关联参考方向下计算元件释放的功率，应按照公式 $p = ui$ 计算，如果最终结果为正，说明该元件确实在释放功率；最终结果为负，说明该元件实际上在吸收功率。

【**例 1-3**】　电路如图 1-12 所示，矩形框表示电路元件，电压和电流方向如图所示，求图 1-12a~c 所示三种情况下每个元件的吸收功率。

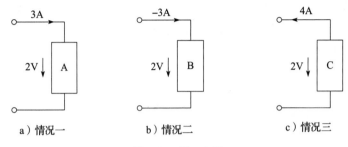

a）情况一　　　　　　　b）情况二　　　　　　　c）情况三

图 1-12　例 1-3 图

【**解**】　图 1-12a 中的 U、I 为关联方向，所以

$$P = UI = 2V \times 3A = 6W$$

说明元件 A 吸收功率为 6W。

图 1-12b 中的 U、I 为关联方向，所以

$$P = UI = 2V \times (-3A) = -6W$$

说明元件 B 吸收功率为 -6W，这实际上意味着该元件向电路中其他元件提供了 6W 功率。

图 1-12c 中的 U、I 为非关联方向，所以

$$P = -UI = -2V \times 4A = -8W$$

说明元件 C 吸收功率为 -8W，这实际上意味着该元件向电路中其他元件提供了 8W 功率。

工程上还经常使用千瓦时(kW·h)作为电能的单位，1kW·h 俗称 1 度电，它等于功率为 1kW 的元件工作 1h 所消耗的电能。因此使用 100 只功率均为 100W 的灯泡照明 1h，所消耗电能就是 10kW·h。

【**例 1-4**】　220V，60W 灯泡的正常工作电流是多少？每天使用 24h，需要耗电多少度？

【**解**】　正常工作电流为

$$I = \frac{P}{U} = \frac{60W}{220V} = 0.273A$$

每天耗电

$$W = Pt = 0.06kW \times 24h = 1.44kW \cdot h$$

1.3　电阻和欧姆定律

介绍了电路的基本变量之后，就可以更好地理解"电路元件"了，因为基本的"电路元件"就是根据其电压-电流之间的关系来定义的。首先介绍电阻元件，它是电能消耗器件的理想化模型，用来描述电路中电能消耗的物理现象。欧姆定律则是描述电阻元件的电压与电流关系的基本定律。

1.3.1　欧姆定律

欧姆定律指出：导体两端的电压与流过它的电流成正比。

如图 1-13 所示，设定电压和电流为关联参考方向，R 为线性电阻，则 R 两端的电压-电流关系为

$$U = IR \qquad (1\text{-}7)$$

式中，电压 U 的单位为 V；电流 I 的单位为 A；比例系数 R 称为"电阻"，单位为欧姆（Ω），$1\Omega = 1\mathrm{V/A}$。此外，经常使用的单位还有千欧（$\mathrm{k}\Omega$）和兆欧（$\mathrm{M}\Omega$），其间的转换关系是

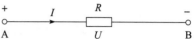

图 1-13　设定电压和电流为关联参考方向时的欧姆定律

$$1\mathrm{k}\Omega = 10^{3}\Omega$$
$$1\mathrm{M}\Omega = 10^{3}\mathrm{k}\Omega = 10^{6}\Omega$$

根据前面关于参考方向的叙述可以知道，如果选择了电压和电流为非关联参考方向，则电阻 R 两端的电压-电流关系变为

$$U = -IR \qquad (1\text{-}8)$$

这里给出一种判断关联参考方向的直观方法。从图 1-13 中可以看到，流过电阻的电流和电阻两端的电压符合这样的关系：参考电流从参考电压的正端流入。

用于制作的电阻元件的材料很多，如金属材料、炭精棒或陶瓷等物体的两端接上导线，就构成了电阻。根据所使用的材料和制作工艺，电阻可分为碳膜电阻、金属膜电阻、线绕电阻等多种类型。

欧姆定律可以说是早期电学最重要的定律，却长期得不到认同，欧姆一生都在贫困与孤独中度过。欧姆（Georg Simon Ohm，1787—1854）是德国物理学家，生于锁匠之家，童年生活艰辛。在大学期间，欧姆因热衷娱乐而被父亲命令退学，此后辗转担任中学教师和家庭教师。1825 年，欧姆以自己的实验数据为基础，发表了一篇论文，但随后发现公式错误；1827 年，欧姆发表欧姆定律。由于欧姆地位平凡，他的发现并未得到承认，反而受到德国很多教授的批评和教育部长的指责。1839 年，法国科学家确认了欧姆的成果，1841 年，伦敦皇家学院授予他科普勒奖章（Copley Medal），欧姆终于获得认同。1852 年，欧姆终偿所愿成为慕尼黑大学物理学教授，但两年后即与世长辞。

1.3.2　电阻的伏安特性

电阻元件的严格定义是：一个二端元件，如果在任意时刻，其端电压 u 与通过它的电流 i 之间的关系能用 $u\text{-}i$ 平面上的一条曲线确定，就称其为电阻元件，简称电阻。从上述说明中可见，电阻元件是用其端电压和电流之间的关系特性定义的，这种电压-电流关系特性也叫作伏安特性，简写为 VAR。以电压为横坐标，电流为纵坐标，就可以绘出电阻元件的伏安特性曲线。

如果欧姆定律所描述的电阻的电压和电流关系为线性关系，则称为线性电阻，否则就称为非线性电阻。线性电阻的伏安特性曲线是一条通过原点的直线，其阻值可以由直线的斜率来确定。而非线性电阻的伏安特性曲线通常必须用实验的方法来测定。另外，若 VAR 曲线不随时间变化，则称为非时变电阻，否则称为时变电阻。线性非时变电阻和非线性非时变电阻的电路符号如图 1-14 所示，其中左侧为国家标准推荐使用的符号，右侧符号不推荐使用，但由于较多软件使用其作为默认的电阻符号，在此列出供读者参考。

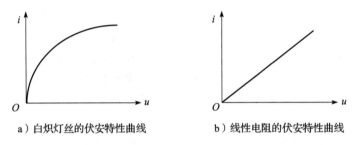

a）线性非时变电阻   b）非线性非时变电阻

图 1-14　电阻的电路符号

需要说明的是，线性电阻只是实际电阻在一定温度、电流、电压以及功率条件下的近似。习惯上如果不是特别指明的话，电阻通常指的是线性电阻，而非线性电阻必须明确地称为非线性电阻。

图 1-15 是两个电阻元件的伏安特性曲线，其中图 1-15a 是白炽灯丝的伏安特性曲线，显然，白炽灯丝是非线性电阻；图 1-15b 是线性电阻的伏安特性曲线。因为电阻的阻值总是正的量，所以其伏安特性曲线总是处于直角坐标系的第一象限。

a）白炽灯丝的伏安特性曲线   b）线性电阻的伏安特性曲线

图 1-15　电阻的伏安特性曲线

非线性电阻的阻值，因为电压和电流的比值不是常数，显然不能使用电压与电流的比值定义。非线性电阻的阻值定义为

$$r = \frac{\mathrm{d}u}{\mathrm{d}i} \tag{1-9}$$

显然，非线性电阻的阻值随其自身电压、电流的改变而改变，它不是一个常数。

1.3.3　电阻的功率

电阻所吸收的功率为电阻两端的电压与电流的乘积，因此可得

$$p = ui = i^2 R = u^2/R \tag{1-10}$$

显然，电阻吸收的功率必定是正的。在实际电路中，电阻吸收的电能经过相应元件的作用，转换为其他形式的能量，如热能、光能、机械能等。通常可以简单地将电阻吸收电能理解成电阻消耗电能，因此称电阻为耗能元件。

有必要强调一下电阻的功率，任何电子元件都存在额定功率、额定电压和额定电流的值，元件在额定值以下才能正常工作，使用元件时要确保不能超过这些额定值。根据功率计算公式，给定电压、电流、功率中的任何两个额定值，都能够计算出另一个额定值。例如，一个标有 1/4W、10kΩ 的电阻，表示该电阻的阻值为 10kΩ、额定功率为 1/4W，由 $P = I^2 R$ 的关系，还可求得它的额定电流为 5mA。

在电路中，电阻起着吸收功率的作用，因此设计电路时一定不要超过电阻的额定功率，如果犯了这样的错误，可能会出现冒烟、爆裂的现象，电路就无法工作了。一个额定功率为 2W、阻值为 400Ω 的电阻，如果被接到 220V 的电源上，就会发生上述现象，这是因为此时

它承受着121W的功率。额定值一般标记在设备的铭牌或说明书中，因此在使用设备前一定要认真阅读。

【例1-5】　如图1-16所示的电路，已知 $R = 5\text{k}\Omega$，$U = 10\text{V}$，求电阻中通过的电流和电阻的吸收功率。

【解】　由于电阻上电流电压为关联参考方向，因此按照欧姆定律，其电流为

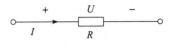

图1-16　例1-5图

$$I = \frac{U}{R} = \frac{10\text{V}}{5 \times 10^3 \Omega} = 2 \times 10^{-3}\text{A} = 2\text{mA}$$

电阻的吸收功率为

$$P = UI = 10\text{V} \times 2 \times 10^{-3}\text{A} = 20 \times 10^{-3}\text{W} = 20\text{mW}$$

1.3.4　电导

与电阻有关的一个概念是电导，字面的意思是导电的能力，它表明了电流流过某个元件的难易程度，用符号 G 表示。电导定义为电阻上的电流和电压的比值，显然，对于线性电阻而言，电导是常数，即

$$G = \frac{i}{u} = \frac{1}{R} \tag{1-11}$$

电导 G 的单位是西门子（S）。有趣的是，电导曾经被称为"姆欧"，并且用℧（一个倒写的字母 Ω）来表示。一个 2Ω 电阻所具有的电导是 S/2。

电导吸收的功率也必定是正的，公式为

$$p = ui = u^2 G = i^2/G \tag{1-12}$$

提醒一下，本书中使用的小写物理量符号代表时变的量，因此 i 代表 $i(t)$，u 代表 $u(t)$，p 代表 $p(t)$。

从电阻的图形符号中可以看到，它一般只有两个端口，人们称这种电路元件为二端元件。对于二端元件，一般只考虑它的两个端口上的电压和电流关系。

与非线性电阻的计算类似，非线性电导可以计算为

$$g = \frac{\mathrm{d}i}{\mathrm{d}u} \tag{1-13}$$

1.3.5　开路和短路

了解电阻之后，就可以学习开路和短路的概念了。

所谓开路，是指两点之间的电阻为无穷大。根据欧姆定律 $u = iR$，此时无论电压多大，这两点间的电流恒等于0。短路则是指两点之间的电阻为零，此时无论电流多大，这两点间的电压恒等于0。

在电路分析中，开路与短路是常用的术语。除非在特别情况下，导线电阻通常被忽略，因此以导线相连的两点可视为短路。

1.4　电源

实际电路中的电源多种多样，从小型的电池到大型的发电机。为了一般性地讨论电源的

特性，可以从各种不同的实际电源中抽取出人们关心的共性，并建立其理想化的模型。必须明确，下面讨论的电源是实际电源的理想化的数学模型，而模型只是实际电源在通常工作情况下的一种近似。

1.4.1 理想独立电源

独立电源在电路中独立地提供能量，在特定情况下有时也被称为信号源或激励源，不论其称谓如何，只要一个电路元件能够在电路中独立地提供能量，就可以叫作独立电源。如果不需要特别指明，独立电源常常简称电源。根据电源特性的不同，独立电源又可分为独立电压源和独立电流源。

1. 独立电压源

独立电压源的特性是在任何时刻，无论通过该电源的电流多大，其端电压永远等于电源的电动势。根据功率的计算公式 $p = ui$，当电流无限增大时，独立电压源的输出功率也将无限增大。显然在实际电路中不可能存在这样的电源，因此独立电压源只是实际电源在一般条件下的近似。例如，当输出电流较小时，家用插座的输出电压能够保持不变，此时认为家用插座是独立电压源是合理的；崭新的电池内阻很小，在输出小电流时，也可以认为是理想电压源。

如果独立电压源的电压 u_s 不随时间变化，即电压值为常数，则称为直流独立电压源（电池也是直流独立电压源的一种）。图 1-17 是几种不同独立电压源的电路符号，其中图 1-17a 为直流独立电压源的符号，图 1-17b 是一般的独立电压源，它具有更广泛的代表意义，而图 1-17c 为电池符号。其中的符号 u_s 是通常的写法，下标 S 表明了这是一个电源。

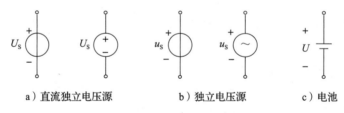

a）直流独立电压源　　　　b）独立电压源　　　　c）电池

图 1-17　独立电压源的电路符号

独立电压源的端电压完全由自身特性决定，与流经它的电流的方向、大小无关。以图 1-17b 为例，符号 u 表示独立电压源两端的电压，符号 u_s 表示独立电压源自身的电动势，在图 1-17b 所示的极性之下，独立电压源的特性可以表示为

$$u = u_s \tag{1-14}$$

式（1-14）完全描述了独立电压源的特性。式（1-14）一方面表明，独立电压源可以完全决定自身的端电压；另一方面也表明，独立电压源不能决定自身的电流，因为即使已知独立电压源的端电压 u（它永远等于电动势 u_s），也无法从式（1-14）计算出独立电压源的电流。

独立电压源的电流必须由它与外接电路共同决定。因通过电流的实际方向不同，独立电压源可以对外电路提供电能，真正起电源作用；也可以作为负载从外电路接受能量。

最后，思考一个问题，独立电压源的电阻有多大？读者也许会问，独立电压源可以谈得上电阻吗？对于这个问题，我们需要回到最初的概念——电阻是什么？答案是，电阻指的是元件对电流的阻碍作用。所以，我们完全可以问以下问题——独立电压源对电流阻碍作用有多大?

　　显然,要计算独立电压源的电阻,无法用端电压除以电流来计算,因为电流大小不确定,二者的比值也就不确定。这与非线性电阻的特点类似,用计算非线性电阻阻值的方法试试看,把式(1-14)代入计算过程,并注意 u_s 与独立电压源的电流无关这一事实:

$$r = \frac{\mathrm{d}u}{\mathrm{d}i} = \frac{\mathrm{d}u_s}{\mathrm{d}i} = 0$$

　　上面的计算表明,独立电压源的内阻为 0,这说明独立电压源对电流没有任何阻碍作用。这意味着,独立电压源的最小电流可以是 0,最大电流要看外部电路,只要外界条件允许,通过多大电流都可以。当然,读者一定要注意,我们这里讨论的是理想独立电压源,而不是实际电压源。

2. 独立电流源

　　独立电流源也是一种理想电源,它具有流经的电流完全独立于电源两端的电压的特点。对于直流独立电流源而言,无论电源两端的电压多大,输出电流始终保持恒定。图 1-18 所示是独立电流源的电路符号。

图 1-18　独立电流源的电路符号

　　独立电流源输出电流 i_s 仅取决于其自身特性,与其端电压的大小和方向无关。如果用符号 i 表示流过独立电流源的电流,并假设其参考方向与 i_s 的方向相同,则独立电流源的特性可以表示为

$$i = i_s \tag{1-15}$$

　　式(1-15)表明,独立电流源可以完全决定流过自身的电流;另一方面也表明,独立电流源不能决定自身的电压,因为即使已知流过独立电流源的电流 i(它永远等于 i_s),也无法从式(1-15)计算出独立电流源的端电压。

　　独立电流源的端电压必须由它与外部电路共同决定。因端电压实际极性的不同,与电压源一样,它可以向外电路提供电能,也可以从外电路接受能量。

　　独立电流源同样也是实际电路元件在常规工作条件下的近似,在现实中,不可能存在输出电流不受其电压影响的电流源。独立电流源主要用于电子电路分析。

　　我们思考一个假设性的问题,以便加深对独立电流源的认识:假设我们拥有一个独立电流源,在不使用时,应该如何保存它?能不能像电池(它可以作为理想独立电压源在现实中的对应)那样,把它两端开路,然后密封起来保持干燥?答案是不能,因为不论在任何情况下,理想独立电流都必须流过大小和方向等于 i_s 的电流,即使我们没有使用它,也必须流过这个电流。所以如果真要保存或者携带一个理想独立电流源,不仅不能把它开路,反而要把它的两端短路起来,以便提供一个电流的通路。进一步思考,这样把两端短路起来,会不会把独立电流源的能量耗尽(真正的电池可是绝对不允许这样短路)而把独立电流源烧坏?答案是不会,因为此时外部电路没有消耗任何能量,根据能量守恒原理,独立电流源也就不可能提供任何能量。请不必对此感到困惑,因为我们现在所讨论的是理想化的电源,它们在实际生活中是不存在的。

　　最后,我们再来讨论一下独立电流源所具有的电阻,由于独立电流源特性方程式(1-15)

没有电压符号，所以直接求解电阻值似乎也有些困难，不过我们可以首先根据非线性电导的计算公式来计算独立电流源的电导：

$$g = \frac{di}{du} = \frac{di_s}{du} = 0$$

上面的计算表明，独立电流源的电导为 0，这意味着，独立电流源的最小电压可以是 0，最大电压要看外部电路，只要外界条件允许，多大电压都可以。当然，我们这里讨论的依然是理想独立电流源。

因为电阻与电导互为倒数，所以，独立电流源的内阻为无穷大，这说明独立电流源对电流的阻碍作用达到了相当于开路的程度，换句话说，独立电流源不允许电流流过。读者一定会对这个结论感到不可思议，独立电流源不是任何时刻都必须通过大小和方向等于 i_s 的电流吗，怎么又说"独立电流源不允许电流流过"呢？要注意，这句话是从独立电流源内阻为无穷大这个意义上说的，所以，还是得回到电阻的概念上：电阻指的是元件对与电流的阻碍作用，如果在元件两端施加电压，产生的电流越大，说明阻碍作用越小，电阻阻值也越小，反之亦然。根据独立电流源的特性可知，不论外加的端电压多大，都不会因该外加电压而增加或减少任何电流，它只能流过自身确定的电流。外加电压对通过电流没有任何影响，所以，对电压而言，理想独立电流源相当于开路。

电路理论中，用圆形符号代表独立源，其内部的直线段用来区分电压源和电流源。如果圆形符号的内部直线段与外部直线（用来代表导线）重合，则代表独立电压源；如果内部直线段与外部导线垂直，则代表独立电流源。

1.4.2　受控电源

1. 受控源的符号和特性

受控电源简称受控源，从结构上看，受控源有两个端口，一个叫作输入端口，另一个叫作输出端口；每个端口都需要两个外接端子，以便与电路其他部分实现电信号的耦合。输入端口上的电压叫作输入电压，用 u_1 表示；输入端口上的电流叫作输入电流，用 i_1 表示。输出端口上的电压叫作输出电压，用 u_2 表示；输出端口上的电流叫作输出电流，用 i_2 表示。受控源的电路符号，是具有两个外接端口（4 个外接端子）的电路元件，如图 1-19 所示，其中虚线框代表受控源的物理结构边界。

从功能上看，受控源具有如下特征：输出电压（或电流）与输入电压（或电流）成比例，或者说，受控源输出端口上的电压（或电流）"受控"于输入端口上的电压（或电流），在输入端口上，用于控制的信号或为电压，或为电流；在输出端口上，被控制的信号也是或为电压，或为电流。根据控制信号和被控制信号所对应的电路变量类型的不同，受控源可以分为以下 4 种。

1）电压控制电压源（VCVS）：如图 1-19a 所示，元件的输出电压 u_2 受输入电压 u_1 控制，且有关系式 $u_2 = k_u u_1$，k_u 称为电压增益，它是无量纲的数，没有物理单位。

2）电压控制电流源（VCCS）：如图 1-19b 所示，元件的输出电流 i_2 受输入电压 u_1 控制，且有关系式 $i_2 = g u_1$，g 称为转移导纳，它具有以 S 为单位的系数。

3）电流控制电压源（CCVS）：如图 1-19c 所示，元件的输出电压 u_2 受输入电流 i_1 控制，

且有关系式 $u_2 = \gamma i_1$，γ 称为转移阻抗，它具有以 Ω 为单位的系数。

4）电流控制电流源（CCCS）：如图 1-19d 所示，元件的输出电流 i_2 受输入电流 i_1 控制，且有关系式 $i_2 = k_i i_1$，k_i 称为电流增益，它是无量纲的数，没有物理单位。

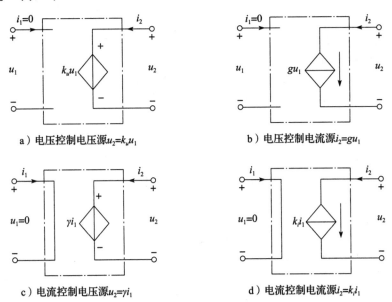

图 1-19　4 种典型的受控源

电路理论中，用菱形符号代表受控源。菱形内部的直线段，如果与菱形外部导线重合，就代表受控电压源；如果与菱形外部导线垂直，就代表受控电流源。

受控源左边的两个端子构成受控源的一个外接电路端口，代表受控源的控制端（也称为输入端），外部电压或电流通过控制端输入到控制源；控制端口的电压和电流设定为关联参考方向，如图 1-19 所示，控制端（由左侧两个外接端子构成）电压 u_1 参考方向为上正下负，控制端电流 i_1 参考方向为从控制电压正端（点画线框左侧上端子）流入，从控制电压负端（点画线框左侧下端子）流出。右边的两个端子构成受控源的输出端（受控端），受控源所产生的电压或电流从该端口输出到外部电路；受控源输出端口的电压和电流同样设定为关联参考方向，输出端如图 1-19 所示，受控端（由右侧两个外接端子构成）电压 u_2 参考方向为上正下负，输出端电流 i_2 从输出端电压正端（虚线框右侧上端子）流入，从输出端电压负端（虚线框右侧下端子）流出。

下面以图 1-19a 为例来深入理解受控源这个概念。菱形符号代表受控源，据图可知，$u_2 = ku_1$，该表达式可以解释为：在图示参考方向下，输出电压 u_2 等于输入电压 u_1 的 k 倍，说明输出电压 u_2 的大小和方向都受输入电压 u_1 的控制，此时，控制量是电压，被控制量也是电压，所以叫作电压控制电压源，缩写为 VCVS。理想电压控制电压源的控制端口只需输入控制电压，无须输入控制电流，所以图 1-19a 中的控制电流 $i_1 = 0$，表示没有控制电流输入。

受控源有时也称为相关源，经常用于建立某些电子元件的等效模型，用来表示元件不同端口上电压电流的控制与被控制关系。在实际使用受控源时，需要将受控源输入端口的两个端子连接到电路某两点，输出端口的两个端子连接到电路中另外两点，此时受控源输出端口所产生的信号在大小和方向均受控于输入端口的信号，从而可以实现用电路中一个地方的电压或电流去控制另一个地方的电压和电流的目的。

2. 受控源在电路图上的表示

受控源从根本上要表明的是"电路中某个地方的电压或电流，受另一个地方的电压或电流控制"，所以受控源应该是个四端元件，两个输入端负责接收控制信号（电压或电流），两个输出端负责输出受控信号（电压或电流）。而在电路原理图中，为了简单起见，通常不把受控源画成四端元件，而是画成二端元件，同时借助数学表达式，表示这种控制关系。图 1-20 分别是 4 类受控源的常见表示法。

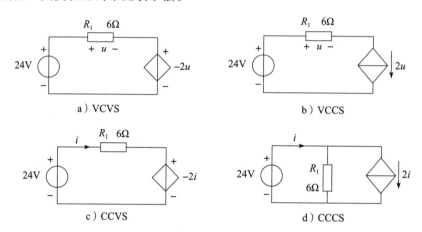

图 1-20　受控源在电路图中的表示

1.4.3　无源元件和有源元件

讲完电阻和电源的功率，现在可以给出有源（电路）元件和无源（电路）元件的概念了。

有源元件（Active Element）是能够在无限长的时间里向外界提供电能的元件，或者说有源元件能够在无限长的时间里向外界提供大于零的平均功率。独立源、受控源都是有源元件，它们在电路中负责向外界提供电源，所以说它是有源的，此处的"源"既有电源之义，也有"来源""驱动"之义。例如，独立电压源通过由其自身决定的端电压，使电路中其他相关元件上产生相应的电压和电流；电压控制电压源如果在其输入端施加控制电压，就会在其输出端口上产生相应的输出电压，这个输出电压将会在该受控源相关的电路中产生相应的电压、电流、功率。

有源电路元件（包括独立电源和受控源）既能向电路中的其他部分提供电能，也能从电路吸收电能，表现在功率上，它能够吸收功率，也能够释放功率。当电流从有源元件的正电压端流出时，有源元件会释放功率，这是有源元件通常的工作状态，比如干电池在正常工作时就处于这种状态。但是也会发生有源元件吸收功率的情形，此时电流从有源元件的正电压端流入，从负电压端流出，蓄电池在充电时就工作在这种状态。

无源元件（Passive Element）则是不能在无限长的时间里向外界提供电能的元件，或者说无源元件不能在无限长的时间里向外界提供大于零的平均功率。电阻是无源元件，它总是把从电路中吸收的功率转化成热能。无源电路元件泛指非电源类电路元件，如已经介绍的电阻和以后将要介绍的电容、电感都是无源元件，电流通常从无源元件的正电压端流入，从负电压端流出，因此无源元件只能吸收功率。实际生活中的电灯、收音机、电视机都是无源元件。有时无源元件也能释放电能，比如电容和电感就经常被利用这样的能力，但是它们不能在"无限长"的时间里释放电能，因此电容和电感是无源元件。

因为在功率分配关系上，无源元件主要是吸收功率，所以通常在计算无源元件的功率时，都是按吸收功率来计算的。根据 1.2.5 节的叙述可知，如果电流从元件的正电压端流入、负电压端流出，则该元件吸收的功率为 $p=ui$；如果电流从元件的负电压端流入、正电压端流出，则该元件吸收的功率为 $p=-ui$，这就是所谓的无源符号规则。

1.5 电路元器件在 LTspice 中的符号表示

到现在为止，我们学习了电阻(电导)、两类独立源(理想电压源、理想电流源)、四类受控源(VCVS、VCCS、CCVS、CCCS)，每类元件都具有相应的数学模型。元件的特性既可以用自然语言来表示，又可以用模型(特性方程)来表示，熟练掌握每个元件特性的文字表述、数学方程和电路符号，是进一步分析和设计电路的基础。

随着电路规模和复杂程度的增大，手工计算方式越来越无法满足电路分析的要求。1972年 5 月，美国加利福尼亚大学伯克利分校使用 Fortran 语言设计了电路仿真软件 SPICE (Simulation Program with Integrated Circuit Emphasis) 的第一个版本，逐渐改进之后，于 1980 年将设计语言转换为 C 语言，成为第 3 个版本 SPICE3，它成为很多商业和开源 SPICE 软件的基础。现在 SPICE 已经成为电路分析和设计的必备工具。Analog Devices 公司的 LTspice 是一款免费使用的商业软件，商业软件的可靠性加上免费使用，使 LTspice 成为值得选用的电路仿真软件，我们可以使用它来完成电路的实验、分析、验证、测试和设计。

1. 下载、安装和运行 LTspice

Analog Devices 公司的网站提供了下载 LTspice 软件的链接 https://www.analog.com/en/design-center/design-tools-and-calculators/ltspice-simulator.html，下载后按照提示安装。

运行 LTspice 软件，将得到图 1-21 所示界面，此时工具栏中的多数图标都是灰色，说明这些工具不可用。

图 1-21 LTspice 的初始界面(1)

2. 新建原理图，添加电阻、设定阻值

单击左上角的图标🔲，新建一个原理图，此时工具栏中的符号变成可用状态。在新建的原理图内，可以添加电路元件了。单击工具栏的"电阻"（Resistor）按钮 ⟨，添加一个电阻元件，如图 1-22 所示。

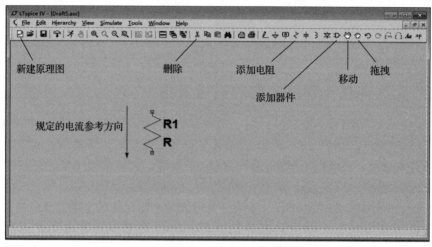

图 1-22　LTspice 的初始界面（2）

LTspice 中任何元件被初次添加到原理图的时候，都是纵向放置，电阻也不例外。LTspice 规定，电阻电流的参考方向是从上向下流过这个被初次被添加的、纵向放置的电阻。

如果要求电阻横向放置，需要用按钮 🖑 选择该电阻，再按〈Ctrl+R〉键向右旋转电阻90°，电阻电流的参考方向也随之向右旋转 90°（变为从右向左）。右旋 1 次，电阻电流方向是从右向左；右旋 3 次，电阻电流方向是从左向右。如果按〈Ctrl+R〉键多次的话，往往就难以记住电阻参考电流的方向了，此时可以通过电阻两端的电压判断电流的实际方向。

右键单击刚刚添加到原理图中的电阻 R1，在弹出的对话框中可以修改电阻的参数，例如设定电阻阻值为 6Ω，如图 1-23 所示。

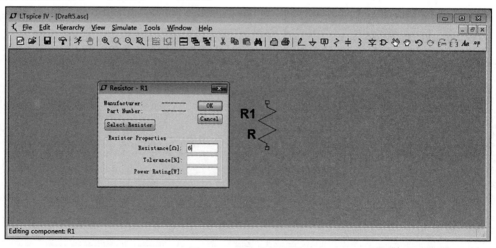

图 1-23　设定电阻阻值

3. 在原理图中添加理想电压源

添加理想电压源，需要单击工具栏的"器件"（Component）按钮 ⚆ ，并在弹出的"选择器件符号"（Select Component Symbol）对话框中选择 voltage，如图 1-24 所示。

a）"选择器件符号"对话框　　　　b）选择 voltage 添加理想电压源

图 1-24　添加理想电压源

右键单击所添加的理想电压源，在弹出的对话框中可设定其输出电压和内电阻。设定理想电压源的电动势为直流 24V 的对话框，如图 1-25 所示，在"直流电压值"（DC value）框内填入"24"即可。电压源的内阻在 LTspice 中用"串联电阻"（Series Resistance）表示，它的默认值是零。理想电压源的内阻为零，对 Series Resistance 参数不予设置（保留空白）即可。

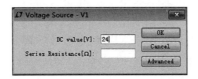

图 1-25　设定理想电压源为 DC 24V

LTspice 规定，理想电压源的参考电流方向，从理想电压源的正极流入，从理想电压源的负极流出。所以仿真时常常发现理想电压源的电流为负值。

4. 在原理图中添加理想电流源

在原理图中，单击工具栏内的"器件"按钮 ⚆ ，再从弹出的 Select Component Symbol 对话框中选择 current，即可得到理想电流源，如图 1-26 所示。

右键单击所添加的理想电流源，在弹出的对话框中，设定其输出电流。

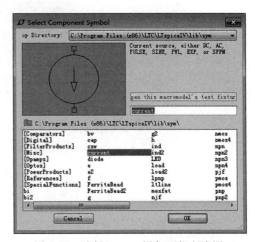

图 1-26　选择 current 添加理想电流源

5. 在原理图中添加受控源

LTspice 中，4 类受控源分别用 E、F、G、H 表示，具体对应关系是：E 对应线性电压控制电压源；F 对应线性电流控制电流源；G 对应线性电压控制电流源；H 对应线性电流控制电压源。

在原理图中，单击工具栏内的"器件"按钮 ⊅，再从弹出的 Select Component Symbol 对话框中分别选择 e、f、g、h，即可得对应的受控源。它们在 LTspice 中的符号如图 1-27 所示。

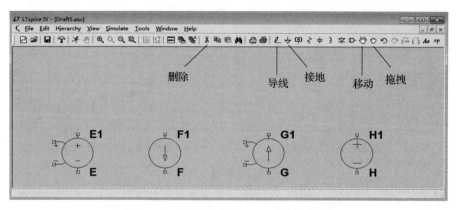

图 1-27　4 类受控源在 LTspice 中的符号

6. 电压控制受控源的控制信号连接和参数设置

E 和 G 表示的是电压控制的受控源，它们的控制信号是电压，控制电压的极性直观地通过 LTspice 原理图中的导线的连接关系表示，注意不要将极性接反即可。例如，图 1-20a 所示电路含有 VCVS，它在 LTspice 中的所对应的原理图如图 1-28a 所示。

图 1-28b 所示的对话框用来设置这个 VCVS 的参数，即比例系数。在对话框的 Value 行内设置正确的比例系数即可，本例中已经设置 Value 为"-2"，所设置的比例系数被显示在受控源的旁边。

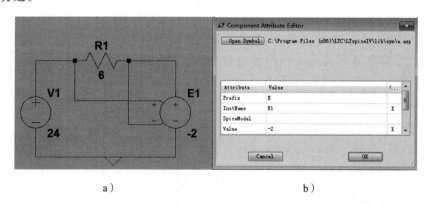

a)　　　　　　　　　　　　　　　　b)

图 1-28　图 1-20a 所示电路的 LTspice 原理图及 VCVS 参数的设定

请读者按照类似的方法完成图 1-20b 所示电路的 LTspice 原理图和参数设置。

7. 电流控制受控源的控制信号连接和参数设置

F 和 H 表示的是电流控制的受控源,它们的控制信号是电流,无法通过导线连接来直观地表示。在 LTspice 中,通过如下方式表示这种控制关系:

首先,LTspice 规定受控源的控制电流必须是通过某个电压源的电流。

其次,如果控制电流所在支路没有电压源,则可以在控制电流的支路上串联一个电动势为 0 的理想电压源,然后以这个电动势为 0 的电压源上的电流作为控制电流。

例如,图 1-20c 所示电路含有 CCVS,受控源的控制信号是从左向右流过电阻 R_1 的电流,为了表示这个电流,在电阻 R_1 所在支路上串联了一个极性为左正右负、电动势为 0 的理想电压源 V2;在该 CCVS 的参数设置对话框中,Value 行设置为 "V2",表示该受控源的控制变量是电压源 V2 的参考电流。图 1-20c 所示电路中受控源的控制电流前的系数 "−2",被设置到了 Value2 行。Value2 行、vis. 列的 "X",表示该参数可见(Visable),设置了 X 以后,才能使 "−2" 在 LTspice 的原理图上被显示出来。

图 1-29 为图 1-20c 所示电路所对应的 LTspice 原理图及参数设定对话框。

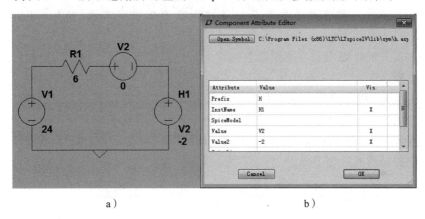

a)   b)

图 1-29 图 1-20c 所示电路的 LTspice 原理图及 CCVS 参数的设定

总结一下,表达电流控制受控源的控制信号,要考虑下面几个问题:

1)控制电流是哪个电流?

2)控制电流是不是 "通过某个电压源的电流"? 如果是,这个电压源叫什么?

3)如果控制电流不是 "通过某个电压源的电流",就需要添加一个 "电动势为 0 的电压源",而且必须确保控制电流从该电压源的正极流入、负极流出。

用上述 3 条来分析图 1-20d 所示电路可知:

1)控制电流是 i。

2)在原理图中,控制电流 i 是 "通过 24V 电压源的电流",但是很遗憾,电流 i 从 24V 电压源的负极流入、正极流出,而 LTspice 规定流过电压源的参考电流的方向,是从电压源的正极流入、负极流出;由此可知,对图 1-20d 而言,在 LTspice 中不能用 24V 电压源的电流来表示控制电流 i,所以从 LTspice 原理图的角度来说,控制电流 i 不是 "通过 24V 电压源的电流"。

3)需要添加一个 "电动势为 0 的电压源",而且这个后添加的 "电动势为 0 的电压源" 的电动势的极性,必须是左正右负,以便让控制电流 i 从其正极流入、负极流出。

请读者根据上述分析，完成图 1-20d 所示电路的 LTspice 原理图和参数设置。

8. 保存 LTspice 的电路原理图

单击菜单命令"文件"（File）→"保存"（Save）即可保存电路原理图为 .asc 文件，下次直接打开该文件即可。

1.6　基尔霍夫定律

电路性能除了与电路中元件自身的特性有关外，还与这些元件的连接方式有关，或者说，它要受到来自元件特性和连接方式两方面的约束，分别称为元件约束和拓扑约束。德国大学教授基尔霍夫提出了两个用于描述集中参数电路拓扑约束关系的基本定律，分别称为基尔霍夫电流定律（也叫作基尔霍夫第一定律）和基尔霍夫电压定律（基尔霍夫第二定律）。这两个定律构成了电路分析的基础。

基尔霍夫（Gustav Robert Kirchholf, 1824—1887）是德国物理学家，出生于东普鲁士的一个律师家庭，他大学毕业后即在柏林担任讲师。基尔霍夫不仅闻名于物理学界，还在工程界、化学界享有盛誉，化学元素铯和铷就是他和德国化学家本生（Robert Bunsen）合作发现的。

学习基尔霍夫定律要用到一些图论中的概念，它们是节点、支路、路径和回路。下面就介绍一下这些概念。

"图"中的每个线段叫作一条支路，而线段的连接点则叫作节点。对照图 1-29a 中，可见每条支路对应着电路图中的一个二端元件，每个节点则对应着电路中任何两个或两个以上元件的连接点。图 1-30b 中的 a、b、c、d、e、f 是支路，1、2、3、4、5 是节点。应该注意到，每个元件各端均有一个节点。

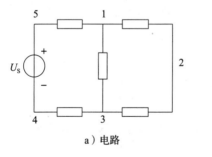 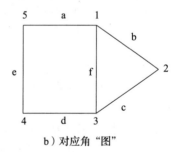

a）电路　　　　　b）对应角"图"

图 1-30　电路和对应的"图"

从网络中任何一个节点开始，经过一个支路到达另一个节点，再从该节点出发，经过另一个与先前支路不同的支路到达下一个节点，依此类推，直至到达目标节点，如果除起始节点和目标节点以外每个节点都是只经过了一次，那么所经过的这组支路和节点就构成了一条路径。如果一条路径的起始节点和目标节点相同，形成了闭合路径，这条路径就叫作回路。图 1-30 中顺次经过节点 1、2、3、1 的路径就是一条回路。注意：回路必须首先构成一条路径，否则即使首尾节点相同，也不能称为回路。

需要指出的是，划分节点和支路的方法并不是唯一的，有时根据计算的需要，可能把几个节点和支路合并看作一个节点，将图进一步化简。例如在图 1-30 中，如果把 a—e—d 看作一条支路，b—c 看作另一条支路，而节点数将变为两个，至于节点 2、4、5 的电压则可以使用欧姆定律求出。简单地说，通过电流相同(不是相等)的几个支路可以看成是一条支路，而电压相同(不是相等)的几个节点也可以看成是一个节点。

1.6.1　基尔霍夫电流定律

基尔霍夫电流定律(简写为 KCL)的内容是：对任何电路，在任意时刻，对任意节点，流入(或流出)电流的代数和为零。

根据电荷守恒原理可以推导出基尔霍夫电流定律，因为节点没有存储、消灭或产生电荷的能力，所以流入某一节点的电荷必然等于流出该节点的电荷，或者说流入节点的电流恒等于流出节点的电流。

在图 1-31 中，根据基尔霍夫电流定律有

$$i_1 + i_2 + i_3 + \cdots + i_n = 0 \tag{1-16}$$

可以简写成

$$\sum_{k=1}^{n} i_k = 0 \tag{1-17}$$

列 KCL 方程时，应先在电路图上设定支路电流的参考方向。然后对流出节点的电流取正号，流入节点的电流取负号，按"流出节点的电流代数和"方式写出 KCL 方程；也可对流入节点的电流取正号，流出节点的电流取负号，按"流入节点的电流代数和"方式写出 KCL 方程。两种方式所得到的结果相同。

基尔霍夫电流定律也能推广用于电路中任一假设的封闭曲面，对于图 1-32，只要把其中虚线所示的封闭曲面看作一个大节点，直接应用 KCL，就可以列出如下方程：

$$i_a + i_b + i_c = 0$$

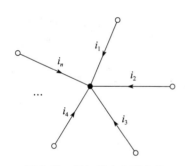

图 1-31　基尔霍夫电流定律

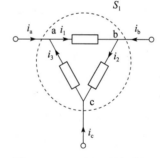

图 1-32　KCL 用于封闭曲面

当然，这时只能得到电流 i_a、i_b、i_c 的关系，无法得到封闭曲面内部的电流关系。如果要求解封闭曲面内部的电流关系，就必须针对内部的 3 个节点 a、b、c 分别列出 KCL 方程。

对电路中的节点 a、b 和 c 列出相应的 KCL 方程如下：

$$i_a = i_1 - i_3$$
$$i_b = i_2 - i_1$$
$$i_c = i_3 - i_2$$

把它们相加可以验证上述推论。

1.6.2　基尔霍夫电压定律

基尔霍夫电压定律(简写为 KVL)的内容是：对任何电路，在任意时刻，沿任意闭合路

径巡行，各段电路电压的代数和为零。

在图 1-33 中，按照基尔霍夫电压定律，对于左边的方格，有如下关系：

$$u_{S1} - u_2 - u_5 + u_1 = 0$$

推广到一般意义上，则有

$$u_1 + u_2 + u_3 + \cdots + u_n = 0 \qquad (1-18)$$

简写为

$$\sum_{k=1}^{n} u_k = 0 \qquad (1-19)$$

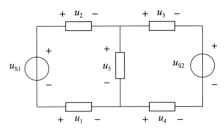

图 1-33　基尔霍夫电压定律

回忆 1.2.4 节关于电势的描述，电势的大小只与电场本身的特性有关，电场中的相同点具有相同的电势，因此电路中任何两点之间的电压就仅仅与这两个点的位置以及电源的状况有关，或者说，任意两点之间的电压与电荷移动路径无关。再考察闭合回路的定义，闭合回路是起点和终点相同的路径。A 点与 A 点之间的电位差（即电压）当然等于零。

在电路中应用 KVL 时，可采用下面的简便方法，按照顺时针走一个闭合路径，如果先遇到元件电压的"＋"端，就直接加上它的电压；如果先遇到元件电压的"－"端，就减去它的电压。按照此方法，在图 1-33 中右边的方格中，很容易得到另一个表达式为

$$-u_5 + u_3 + u_{S2} - u_4 = 0$$

让我们从另一个角度来看看，沿着绕行方向，由元件电压的"－"端到"＋"端，表明电位升高，称为电位升；由元件电压的"＋"端到"－"端，表明电位降低，称为电位降。所以 KVL 又可以写成下列形式：

$$\sum u_{降} = \sum u_{升} \qquad (1-20)$$

式(1-20)表达了 KVL 的另一种表述：对于电路中的任一回路，在任意时刻，总的电位降等于总的电位升。电位降低，表示元件吸收电能；电位升高，表示元件提供电能。因此，KVL 实质上是能量守恒原理的体现。

基尔霍夫电压定律不仅适用于闭合回路，还可以推广用于不闭合回路，应用时只要将开口处的电压列入方程即可，例如，把图 1-33 左侧支路断开，就可以得到图 1-34 所示的不闭合回路。

对左边方格从 a 点开始沿顺时针方向巡行一周，即可得到 KVL 方程为

$$u_2 + u_5 - u_1 - u_{ab} = 0$$

把上述方程改写为

$$u_{ab} = u_2 + u_5 - u_1$$

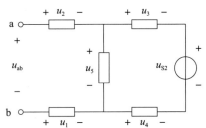

图 1-34　基尔霍夫电压定律用于
　　　　不闭合回路

类似地，沿最外圈巡行一周将会得到类似的表达式为

$$u_{ab} = u_2 + u_3 + u_{S2} - u_4 - u_1$$

u_{ab} 的两个表达式说明，a、b 两点之间的电压 u_{ab} 等于从 a 点到 b 点的任何路径上各段电压的代数和。两点间的电压等于两点间任何路径上各段电压的代数和，从电势的角度来说，就是不论沿着哪一条路径计算，两点之间电势差不变。

1.6.3 有源电路欧姆定律和全电路欧姆定律

有源电路欧姆定律和全电路欧姆定律是欧姆定律在带有电源的电路中的表现形式，可以根据基尔霍夫电压定律以及欧姆定律推导出来。可以把这两个定律看作基尔霍夫电压定律的应用，下面给出推导过程。

对图 1-35a 所示电路应用 KVL，首先假定存在一个从 A 点到 B 点的虚拟支路（这个支路是我们想象出来的，我们并不关心这个支路究竟是什么样子），并假设该支路的电压（即 A、B 两点间的电压）为 u_{AB}，参考方向如图中箭头所示。

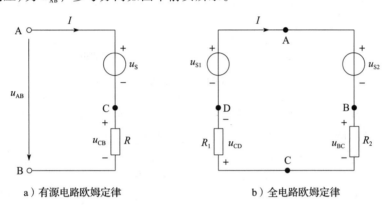

a）有源电路欧姆定律　　　　　　　b）全电路欧姆定律

图 1-35　有源电路欧姆定律和全电路欧姆定律

根据欧姆定律得到电阻上的电压为

$$u_{CB} = IR$$

再应用 KVL 定律，从 A 点出发，沿电流方向，经 C 点、B 点，再回到 A 点，得到

$$u_S + u_{CB} - u_{AB} = 0$$

或者

$$u_{AB} = u_S + IR \tag{1-21}$$

式（1-21）叫作有源电路欧姆定律。

对图 1-35b 所示电路应用 KVL 则可以得到全电路欧姆定律，所谓的全电路是指一个由电源和负载组成的单一闭合回路。在图 1-35b 中，首先假定 A、B、C、D 各点之间电压及其参考方向如图所示，再从 A 点出发，沿电流方向，经 B 点、C 点、D 点，回到 A 点，列出回路的 KVL 方程为

$$u_{S2} + u_{BC} + u_{CD} - u_{S1} = 0$$

或者

$$u_{S1} - u_{S2} = I(R_1 + R_2)$$

式（1-20）可以推广到多个电源和多个电阻的情形，即

$$\sum u_S = I \cdot \sum R \tag{1-22}$$

式（1-22）称为全电路欧姆定律，它也可以写成如下表达式：

$$I = \frac{\sum u_S}{\sum R} \tag{1-23}$$

这表明单一闭合回路中的电流与回路中的全部电源电动势的代数和成正比，与回路中全部电阻之和成反比。

【例1-6】　求图 1-36a 所示电路中各元件吸收的功率。

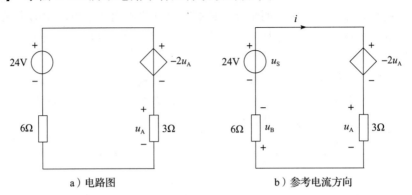

a）电路图　　　　　　　　　b）参考电流方向

图 1-36　例 1-6 图

【解】　为电路设定参考电流 i 方向如图 1-36b 所示，这是一个单回路电路，在两个电阻上的电压设为电流 i 的关联参考方向，分别为 u_A 和 u_B。

对这个闭合回路使用 KVL，得

$$-2u_A + u_A + u_B - 24V = 0$$

根据欧姆定律，有

$$u_A = 3i$$
$$u_B = 6i$$

其电流为

$$-3i + 6i - 24 = 0$$

所以

$$i = 8A$$
$$u_A = 3\Omega \times 8A = 24V$$

因为 24V 电压源的电压参考方向和电流参考方向为非关联参考方向，所以它的吸收功率为

$$P_{24V} = -u_S i = -24V \times 8A = -192W$$

受控源的电压参考方向和电流参考方向为关联参考方向，所以它的吸收功率为

$$P_{dep} = (-2u_A)i = (-2 \times 24V) \times 8A = -384W$$

可见实际上电压源和受控源都是在释放电功率。

要注意在计算电压源和受控源时所用负号的意义是不同的，电压源所用的负号是由于电压和电流的非关联参考方向而引入的，而受控源的负号是由于受控源本身的负号引入的。

3Ω 和 6Ω 电阻吸收的功率为

$$P_{3\Omega} = 3i^2 = 3 \times 8^2 W = 192W$$
$$P_{6\Omega} = 6i^2 = 6 \times 8^2 W = 384W$$

从上面的计算可知，电路中电压源和受控源所释放的总功率等于所有电阻所吸收的功率，这种现象称为电路的功率平衡。

1.6.4　LTspice 直流仿真

下面我们使用 LTspice 来对例 1-6 进行仿真，检验计算是否正确。

如图 1-37 所示，首先在 LTspice 中画出原理图，为了便于对应例题中的节点，需要在原理图中标记节点 A。方法是单击工具栏"标记网表"（Label Net）按钮 🔲，在弹出的"网表名"（Net Name）对话框中填入字母"A"，再把带有 A 的标记框连接到电阻 R2 上方的节点。

然后单击"运行"按钮 🛫，在弹出的"编辑仿真命令"（Edit Simulation Command）对话框中，选择"直流仿真"（DC op pnt）标签，单击下面的"OK"按钮。

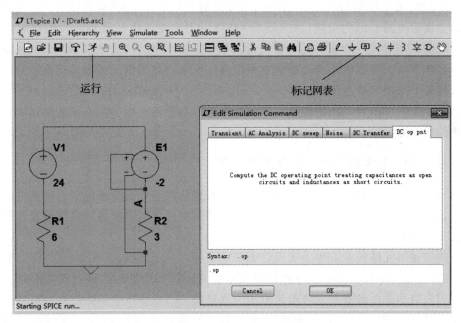

图 1-37　标记节点 A，运行直流仿真

运行直流仿真后，输出的结果如图 1-38 所示。

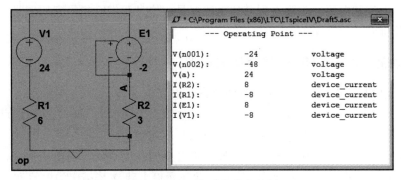

图 1-38　直流仿真的输出结果

对照计算结果，仿真输出中的 V(a)= 24V，符合计算结果 u_A = 24V；仿真的电流 I(E1)= 8A，符合计算结果 i = 8A。其他节点电压同样可以一一验证，电压、电流都相等，功率也必定相等。计算结果符合仿真结果，说明计算正确无误。

1.7　线性电路和叠加定理

多从几个角度观察分析电路，会得到更加全面的认识。那么电路可以从哪些角度来看呢？

本章 1.1.1 节指出：电路由电路元件组成，实现电能（或电信号）的产生、传输、分配（或存储）和转换（或变换）。下面来详细分析这句话。

"电路由电路元件组成"这句话是从组成结构的角度看电路。电路的基本构件是多种不同的元件，通过导线的不同连接组成一个整体。这里面的要点，一是元件，二是连接。

"实现电能（或电信号）的产生、传输、分配（或存储）和转换（或变换）"这句话是从实现功能的角度看电路。因为电能（或电信号）都可以用电流或电压来表示，所以电路的功能也就是实现电压和电流的产生、传输、分配和转换。独立电源（电压源或电流源）能够产生独立的电压或电流，所以电路的功能也就是把独立源所产生的电压或电流传输、分配和转换为电路其他部分的电压或电流。

这就给了我们两个看问题的角度：结构的角度和功能的角度。从不同的角度，将得到不同的解决问题的方法。

1.7.1　从结构（元件与连接）的角度看电路

从结构的角度看，电路是元件的连接，所以需要从两个方面描述电路：一是电路由哪些元件组成，二是这些元件如何连接在一起。电路理论中，这两类描述均使用电流和电压这两个变量的关系方程来实现。

元件的描述用元件约束方程来实现，如我们已经得到的电阻方程 $u=ri$、独立电压源方程 $u=u_s$、独立电流源方程 $i=i_s$、各种受控源方程等，每个元件的约束方程均由其自身特性所确定，用来描述元件自身对元件电流电压的规定。

连接的描述用连接约束方程用来实现，不同的电路连接结构对应不同的 KCL 方程、KVL 方程，反映了不同连接结构对元件电流电压的规定。

联立元件约束方程和连接约束方程（即 KCL 方程、KVL 方程），即可分析和求解电路中的所有元件的电流和电压，进而得到其他电路变量，这是我们已经得到的思路，本章前面各节都是这样分析的。

1.7.2　从功能（激励与响应）的角度看电路

从结构（元件与连接）的角度看电路的时候，对所有元件采取"一视同仁"的态度。任何电路元件，只用其元件约束方程表示，再与基尔霍夫定律联立方程，求解即可。但是从功能的角度看，各类电路元件在电路中所起的作用是不同的。

作为有源元件，独立电压源能够独立地决定自身的输出电压，根据基尔霍夫定律，该电压都将向相关联的电路元件"扩散"，从而在其他元件上建立其相应的电流和电压。独立电流源能够独立地决定自身的输出电流，它也具有同样的功能。从这个意义上说，独立电压源的电压、独立电流源的电流在电路中起到了"策动源"的作用，它是建立所有其他电压和电流的原因。

同样作为有源元件，受控源的电源特性体现在它的输出信号上，当存在输入控制信号时，受控源将产生输出信号(电压或电流)，该输出信号会进一步影响电路中相关元件上的电压和电流。但是，如果受控源的输入控制信号为零，则它的输出信号也为零，此时受控源无法在电路的任何部分——包括它自身——建立起电压或电流，所以，受控源对电路状态的影响，还必须受输入信号的控制，而这个输入信号，只能来自于独立源的影响。受控源不能独立地决定自己的输出电压，它不是电路中电流和电压的最终"策动源"。

电路中的无源元件，如电阻、导线等，只能起到传输、分配和消耗电能的作用，也不可能承担起"策动源"的作用。

所以，对于一个完整的电路而言，如果没有独立源，电路中任何的电流、电压、功率都将消失；独立源是电路中产生各种电压和电流的原因，独立电压源的电压、独立电流源的电流作用于电路的结果，是在电路中产生了其余的电流和电压。电路理论中，独立电压源的电压，或者是独立电流源的电流统称为"激励"，而电路中因此而产生的电压或电流则统称为"响应"。

"激励"和"响应"是基于因果关系的一种描述，"激励"表示原因，"响应"表示结果。这个概念不仅用于电路系统，也用于更多的物理、化学、生物、社会等系统的描述。

"激励"这个名称强调了其对应的量是产生或改变其他量的原因，"响应"这个名称则强调其对应的量是"激励"量作用的结果。那么，任何电路的功能就是把独立源所产生的激励转换为响应。如果用 x 表示电路中的激励，用 y 表示电路中的响应，则该电路的功能就是把激励 x 转换为响应 y，如图 1-39 所示。

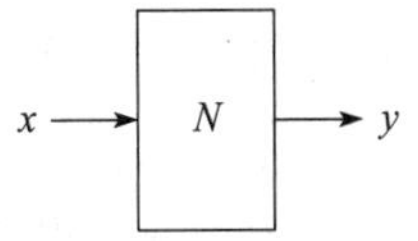

图 1-39　电路的功能框图

图 1-39 的功能框图由 3 个元素构成，分别是激励 x、系统 N、响应 y。

图 1-39 的含义为：如果激励 x 作用于系统 N，将产生响应 y；或则说，系统 N 在激励 x 作用下所产生的响应是 y。

图 1-39 可以用数学表达式 $y=f(x)$ 表示，其中符号 x 代表激励、符号 f 代表系统 N 对激励所施加的运算、符号 y 代表响应。注意，此处并没有限制激励 x 和响应 y 的形式，不论它们是标量、向量甚至是更复杂的形式均可；此处同样没有限制运算 f 必须为函数运算，它可以是更加复杂的运算形式。

图 1-39 中，激励 x 是系统的输入信号，响应 y 是系统的输出信号，所以激励也常常被称为输入信号，响应被称为输出信号。系统的功能就是把激励转化为响应，也可以说，是把输入信号转化为输出信号。

如果已知一个电路的功能可以用 $y=f(x)$ 表示，则可以完成 3 个目的：

1) 对于任何形式的激励 x，经过运算 $f(x)$ 就可以计算出电路中的响应 y。回顾前文，所谓激励，是指电路中独立电压源的电压，或独立电流源的电流；所谓响应，就是电路中除激励之外的所有电压和电流；这样，根据电路的功能表达式 $y=f(x)$，我们就可以计算出任何激励下的电路中所有的电压和电流。

2) 如果已知电路中对于响应 y 的要求，也可以根据功能表达式 $y=f(x)$ 反过来确定应该施加什么样的激励 x。

3) 如果已知激励 x 和响应 y，我们也可以确定表达电路功能的运算 f，从而设计出符合要求的电路来。这说明，电路的功能特别地体现在运算 f 上，所以，运算 f 的特性，也就是它所对应的电路系统的特性。

$y=f(x)$ 这一简洁的形式让我们十分高兴，但是如果仅仅在形式上实现了简洁，还是远远不够的。运算符号 f 仅仅代表了 x 和 y 之间的对应关系，不能保证这种运算一定是可以计算的，例如三角函数 $y=\sin x$ 就是无法计算的例子，数学上对三角函数值的计算，是通过把它近似为成可计算的函数实现的。

所以，即使我们最熟悉的函数运算，也存在着"不是所有函数都是可以计算"这样的问题，那么即使我们得到了 $y=f(x)$ 这样的表达式，也无法从 x 确定 y，对应到电路上，就意味着我们无法根据激励确定响应，那我们的研究还有什么价值？但是，三角函数的例子同样给了我们这样的提示，把复杂的、不可计算的运算，转换为简单的、可计算的运算，应该是一种可行的思路。

1.7.3 线性电路

数学上最简单的运算是比例运算：$y=kx$，成比例的两个量之间的关系是最清楚、最容易计算的。比例函数在笛卡儿直角坐标系中的曲线，是一条过原点的直线，所以也称 y 和 x 呈线性关系，这就是线性概念的最初来源。请注意，此处的线性概念所对应的直线必须过原点，其含义与初等数学中线性的含义不完全相同。

1. 线性包括齐次性和叠加性

比例运算虽然简单，其适用性上的局限却也显而易见。如果 k 是实数，比例运算 $y=kx$ 就只能把标量 x 转化为标量 y，或者把一维向量 x 伸长和缩短为一维向量 y。但是，如果要表示多维向量，比例运算就无法表达了。

线性运算是比例运算的扩展，其定义如下：

如果运算 f 满足

$$f(k_1 x_1 + k_2 x_2) = k_1 f(x_1) + k_2 f(x_2) \tag{1-24}$$

则称运算 f 为线性运算。式中，系数 k_1、k_2 为常数，要注意的是，此处并没有限制 k_1、k_2 为实数，它们可以是包括实数、纯虚数在内的任何复数。

如果令式(1-24)的两个系数 k_1、k_2 中的任何一个为零，就可以得到

$$f(kx) = kf(x) \tag{1-25}$$

式中，系数 k 为常数，它可以是任何复数。

如果令式(1-24)的两个系数 k_1、k_2 均为 1，就可以得到

$$f(x_1 + x_2) = f(x_1) + f(x_2) \tag{1-26}$$

联合式(1-25)和式(1-26)所表达的含义与式(1-24)所单独表达的含义完全等价，所以线性既可以用式(1-24)定义，也可以用式(1-25)和式(1-26)联合定义。

把单一的表达式改写为两个表达式，绝不仅仅是为了形式上的变化，而是因为改写后的两个式子表达了不同的特性。

式(1-25)中，$f(x)$ 是对 x 执行运算 f 的结果，$f(kx)$ 是对 kx 执行运算 f 的结果，这个式子说明，如果 x 倍乘以常数 k，相应的运算结果也倍乘以常数 k，对应数学表达式 $f(kx) = kf(x)$。这个特性称为数乘性、比例性。

我们以图 1-40 来说明这个特性：图 1-40a 表明，系统在激励为 x 时，产生的响应为 y，

对应数学表达式为 $y=f(x)$；图 1-40b 表明，系统在激励为 kx 时，产生的响应为 ky，对应数学表达式为 $ky=f(kx)$；

a）$y=f(x)$　　　　　　　　b）$ky=f(kx)$

图 1-40　系统的齐次性（数乘性、比例性、均匀性）

观察上述两式还可以发现，不论激励怎样倍乘，对应的响应总是同样倍乘，这说明，运算 f 在所有激励上是均匀的、同质的，所以，这个特性又被称为均匀性、齐次性（Homogeneity）。在英文中，"齐次性"和"同质性"是同一个词，当表述为"同质性"的时候，更多地强调物理特征；当表述为"齐次性"的时候，更多地强调其数学特征。因为数学概念更具有一般性，所以在系统理论中通常使用"齐次性"这一表述方法，其含义为"数乘的运算等于运算的数乘"。

齐次性可以概括为：激励的倍乘作用于系统所产生的响应，等于激励单独作用于系统所产生的响应的倍乘；或者说，激励之倍乘的响应，等于激励的响应之倍乘。

式（1-26）中，$f(x_1+x_2)$ 是对（x_1+x_2）运算的结果，$f(x_1)$、$f(x_2)$ 分别是对 x_1、x_2 运算的结果，这个式子说明，如果 x 叠加，相应的运算结果也叠加，这个特性被称为可加性、叠加性（Additivity），其含义可以表述为"和的运算等于运算的和"。

我们以图 1-41 来说明叠加性：图 1-41a 表明，系统在激励为 x_1 时，产生响应 y_1，数学表达式为 $y_1=f(x_1)$；图 1-41b 表明，系统在激励为 x_2 时，产生响应 y_2，数学表达式为 $y_2=f(x_2)$；图 1-41c 表明，系统在激励为 x_1+x_2 时，产生响应 y_1+y_2，数学表达式为 $y_1+y_2=f(x_1+x_2)$。

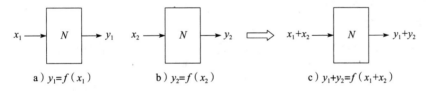

a）$y_1=f(x_1)$　　　　　b）$y_2=f(x_2)$　　　　　c）$y_1+y_2=f(x_1+x_2)$

图 1-41　系统的叠加性（可加性）

由此，叠加性可以概括为：相加的激励作用于系统所产生的响应，等于每个激励单独作用于系统所产生的响应的相加；或者说，激励之和的响应，等于激励的响应之和。

从数学上看，线性体现了一种特殊的运算——线性运算的性质。例如，比例运算就是最简单的一种线性运算，简单验证可知，比例运算必定满足齐次性和叠加性。线性运算在保持齐次性和叠加性的前提下，拓展了比例运算适用范围。

从系统观点来看，线性体现了一种特殊的系统——线性系统的性质。因为每一个系统的激励和响应之间的关系都可以用相应的运算 f 来体现，所以运算 f 的特性，也就是它所对应的系统的特性。如果一个系统从激励 x 到响应 y 的运算 $y=f(x)$ 属于线性运算，则称之为线性系统。

理论上可以证明，齐次性和叠加性是彼此独立的两个特性，由齐次性不能推导出叠加性，由叠加性也不能推导出齐次性。理论上同样可以证明，如果限制齐次性中的系数 k 为实数，那么叠加性就包含了齐次性。

线性包括齐次性和叠加性，如果系统的激励和响应之间的关系满足线性关系式(1-24)，或者说，同时满足齐次性和叠加性，则称之为线性系统。在系统理论中，"激励"与"输入"含义相同，"响应"则包括"输出"与"状态"，所以，使用"激励和响应之间关系"这一表述方法更为准确。

2. 研究线性系统的意义

对于实际系统来说，"线性"是很严格的要求，我们生活中的多数系统不能满足这一要求。考虑线性运算在初等函数领域的对应物比例函数，就可以知道这个要求有多么严格——有多少变量间的关系可以用比例函数描述？那么，研究线性系统的意义何在？

研究线性系统有以下两个意义。

第一个意义是很多实际的系统在特定工作条件下可以近似成线性系统。例如，很多电阻元件在允许工作范围内就表现为线性特征；很多电子放大器件在允许工作范围内也表现为线性特征。在分析和设计这类系统时，就可以使用线性系统的理论去实现。

第二个意义是线性系统理论可以成为解决其他系统问题的理论基础。线性系统特性简单，理论成熟、体系完备，可以用线性方程(包括线性代数方程、线性微分方程、线性差分方程)描述和分析；而非线性系统情况复杂，只能用非线性方程描述，没有成熟的理论体系，难以分析。解决非线性系统分析的方法之一，就是采用线性系统来近似分析非线性系统。即使我们不能在大的工作范围内把非线性系统近似为线性系统，至少能够在特定工作点附近的微小范围内，把它近似为线性系统。数学中的微积分，就是通过把复杂函数在小范围内近似为比例函数(线性运算的一种)，来实现对复杂函数特性的分析和计算的。

研究线性系统的第二个意义尤为值得关注。这是一种在各个领域都可应用的解决问题的思路——通过近似逼近，化繁为简，化未知为已知。

3. 线性电路元件

电路理论中，用元件端口上电流或电压关系的数学表达式来描述电路元件，例如，用表达式 $U=IR$ 来描述电阻元件，用表达式 $u=u_s$ 来描述独立电压源，用表达式 $u_2=ku_1$ 来描述电压控制电压源，等等。

把每个电路元件看作一个系统，以电流或电压作为该系统的输入、输出信号。如果某电路元件的输出信号与输入信号呈线性关系(满足齐次性和叠加性)，则称之为线性电路元件。

用比例关系 $U=IR$ 描述的电阻元件，其输入信号 I 与输出信号 U 之间的关系既满足齐次性，又满足叠加性，所以它是一个线性元件。类似地，用表达式 $u_2=ku_1$ 描述的电压控制电压源，也是一个线性元件。

用表达式 $u=u_s$ 描述的独立电压源，没有输入信号，只有输出信号，不存在齐次性和叠加性的问题，所以它不是线性电路元件。类似地，用表达式 $i=i_s$ 描述的独立电流源也不是线性电路元件。在以电流、电压为坐标的直角坐标系中，独立源的特性曲线不过原点，从这一点也可以得出独立源不是线性元件的结论。

4. 线性电路

线性电路是由线性电路元件和独立源构成的电路，其中，独立电压源的电压、独立电流源的电流被看作线性电路的输入(激励)，而电路中的任何其他电压和电流都可以被看作是线性电路的输出（响应）。

到目前为止，我们学习了电阻、独立源、受控源这3类电路元件，其中线性电阻、线性受控源属于线性电路元件，独立源作为激励，所以由线性电阻、线性受控源和独立源所构成的电路必然是线性电路。

线性电路也常常被称为线性网络，在系统理论中，对线性元件和线性系统的定义是有区别的：线性元件强调它的输入和输出之间满足线性关系（齐次性和叠加性），线性系统强调不仅仅输入和输出之间，而且输入和状态之间也满足线性关系。本书中，更多使用激励和响应的概念。

1.7.4 线性电路的齐次性和叠加性

之所以把由线性元件和独立源所构成的电路称为线性电路，是因为这类电路同样能够满足"线性"这一要求，即：线性电路的激励和响应之间的关系满足齐次性和叠加性。从基尔霍夫定律以及元件的线性特性出发，可以证明线性电路同时具有齐次性和叠加性。

下面分别介绍线性电路的齐次性和叠加性。

1. 线性电路的齐次性

前文概括齐次性的含义是：激励之倍乘的响应，等于激励的响应之倍乘。线性电路具备齐次性这个特点，以图1-42为例说明如下。

图1-42所示电路由电阻和独立电压源构成，其中电阻是线性元件，这是一个由线性元件与独立源构成的电路，所以它是线性电路。其中，独立电压源的端电压是激励，电阻的电压或电流都可以作为响应，以电阻电流为响应，直接应用欧姆定律分析如下：图1-42a中，激励为 u，响应为 i；图1-42b中，激励为 ku，响应为 ki。

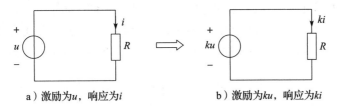

a）激励为u，响应为i　　　　　　b）激励为ku，响应为ki

图1-42 线性电路的齐次性

这说明，图1-42所示的线性电路中，激励乘以常数 k，响应也乘以常数 k。这就验证它的齐次性。

2. 线性电路的叠加性

前文概括叠加性的含义是：激励之和的响应，等于激励的响应之和。线性电路的叠加性如图1-43所示。

图1-43a中，激励为 u_1，响应为 i_1；图1-43b中，激励为 u_2，响应为 i_2；对图1-43c列KVL方程，得

$$u_1 + u_2 = R(i_1 + i_2)$$

两个直接串联的电压源可以相加，总的激励为 $(u_1 + u_2)$，对应的响应为 $(i_1 + i_2)$。

这说明，图1-43所示的线性电路中，激励相加，响应也相加。这就验证了它的叠加性。

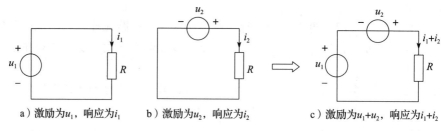

a）激励为u_1，响应为i_1 b）激励为u_2，响应为i_2 c）激励为u_1+u_2，响应为i_1+i_2

图 1-43　线性电路的叠加性

1.7.5　叠加定理

把图 1-43 所示电路再做一点改变，电源 u_1 和 u_2 不是直接串联，而是中间还有其他元件，如图 1-44 所示，求电路中的响应，比如说 R_1 上的电流 i。

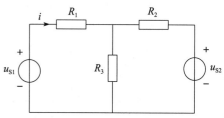

首先，因为这个电路由线性元件和独立源构成，所以它是线性电路。线性电路的激励和响应之间关系满足齐次性和叠加性。

其次，该电路有两个激励源，分别是独立电压源 u_{S1} 和 u_{S2}，与图 1-43 所示电路不同的是，这

图 1-44　叠加性解决不了的问题

两个激励源没有串联，所以它们的激励不能相加。齐次性显然在这里用不上，而叠加性，由于不存在激励相加的情况，也用不上。

能用哪些办法去分析这个电路的响应？读者也许已经想到了——基尔霍夫定律加元件约束方程（此处只有电阻元件，所以只需欧姆定律），联立求解即可。

可是，如果连这么简单的电路都分析不了，那我们研究线性电路还有什么意义？线性理论当然不会这么薄弱，线性系统最重要的定理——叠加定理（Superposition Theorem）给出了这类问题的解决方法。

叠加定理指出：多个激励源共同作用的线性网络中，任意一点在任意时刻的响应，都等于每个激励源单独作用时在该点所产生的响应的叠加。

前文已经指出，电路中的激励源指的是独立源，响应指的是电路中各支路上的电流或电压，所以可用电路术语描述叠加定理为：多个独立源共同作用的线性电路中，任一支路的电流或电压，都等于每个独立源单独作用时在该支路所产生的电流或电压的叠加。这里的独立源既可以是独立电压源，也可以是独立电流源。这里的支路则是指任何一个或多个元件，我们可以用叠加原理计算包括独立源在内的任何元件的电流或电压。

1. 叠加定理与叠加性的区别

仔细分析叠加定理与叠加性的定义，可知二者是有区别的，它们所表征的是系统的不同特性：

1）叠加定理对激励源的位置和类型没有要求，只要互相独立的多个激励共同作用于线性系统，不论激励是否能够叠加，响应都可以叠加。

2）叠加性对激励源的位置和类型有要求，激励能叠加，响应才能叠加。

对比可知，如果一个系统满足叠加定理（任何激励所产生的响应都可以叠加），则该系统必定具有叠加性（能够叠加的激励所产生的响应才可以叠加），这说明，从叠加定理可以推导出叠加性；反过来，如果一个系统具有叠加性，却不一定满足叠加定理，从叠加性不能推导出叠加定理。

此处所述区别仅仅在激励和响应均视为标量（或标量时间函数）的前提下，才是正确的。熟悉线性方程（包括线性代数方程和线性微分方程）理论的读者可以发现，从向量（或向量时间函数）的角度看，叠加定理和叠加性所描述的是系统的同一特性。

前文已经指出，齐次性与叠加性是互相独立的两个特性，所以，叠加性并不包含齐次性，但是，如果限制齐次性的比例系数为实数，则叠加性就可以推导出齐次性。如果一个电路只允许直流激励，那么激励的齐次性所乘以的系数就只能是实数，这时，从叠加定理出发，就不仅可以得到叠加性，还可以得到齐次性。所以在直流激励条件下，一个满足叠加定理的系统必然是线性系统。

提示一下，关于线性（Linearity）、叠加定理（Superposition）、叠加性（Additivity）这3个概念，不同资料中的含义不尽相同：第一种观点，是把叠加定理和叠加性视为同一概念；第二种观点，是把叠加定理视为叠加性和齐次性之和。在第二种观点下，叠加定理和线性是同一概念，它们只不过是式(1-24)的两个不同表述名称罢了，此时，就可以说，凡是满足叠加定理的系统一定是线性系统，或者说，线性系统的根本特征就是叠加定理。到目前为止，这两种说法都存在，请读者在阅读资料时务必注意这一点。

2. 叠加定理的证明

线性电路的叠加定理可以通过基尔霍夫定律列方程，再根据元件的线性特性得到证明。但是在更多科学领域的理论中，叠加定理是作为一个无法证明的、符合客观事实的基本假设提出来的，在这个意义上，叠加定理也被称为叠加原理。例如，观察水波的干涉现象可知，自然界中波形的叠加是一个客观存在的事实，我们直接利用叠加原理去分析波形的变化，而不去证明波形的叠加原理本身。

3. 应用叠加定理的注意事项

1）使用叠加原理可以简化线性网络的分析。不过在分析之前，还有一个具体的问题：每个独立源单独作用时，其他不作用的独立源如何处理？答案是，作用的独立源保留，不作用的独立源"置零"。让不作用的独立源置零的目的，是要求不作用的独立源不能再向电路输出激励，否则就会产生与其对应的响应。独立电压源置零，数学上要求其端电压 $u=0$，即要确保一个元件两端电压始终保持为零，就必须将其两端短路，所以不作用的独立电压源应当用短路线代替。独立电流源置零，数学上要求其电流 $i=0$，即要确保一个元件的电流始终保持为零，必须将其两端开路，所以不作用的独立电流源应当将其两端开路。于是我们可以得到对于电路中不作用的独立源的处理方法：独立电压源短路，独立电流源开路。

应用叠加定理时，除独立源以外的其他元件都要保留不变，此处的"其他元件"包括受控源，这是因为受控源不是电路中的激励源。

2）叠加定理只能用来计算线性电路中的线性响应，而功率与电流和电压之间的关系不是线性关系，功率不是线性电路中的线性响应，所以，只能用叠加定理计算电路中的电流或电压，不能用来计算电路中的功率。

3）叠加定理不仅可以用来计算线性电路中单个元件上的响应，也可以计算电路中多个元件上（任何两点间）的响应。

4）应用叠加定理分析包含多个独立源的线性电路，不必——求解每个独立源单独作用时的响应，可以将共同作用的多个独立源任意分割为几个部分（只要这种分割方便求解），然后分别求解每个部分中的独立源所对应的响应分量，再叠加。比如对于 5 个独立源共同作用，可以看成 3 个独立源和其余 2 个独立源的共同作用。

总之，叠加定理是电路分析中很重要的一个方法，读者务必深入理解，灵活运用。

学习了叠加定理，现在我们可以求解 1.7.5 开始提出的问题了。

【例 1-7】 用叠加定理求图 1-44 所示电路中的电流 i。

【解】 因为图 1-44 所示电路只由电阻和独立源构成，所以，它是线性电路。线性电路必定满足叠加定理。图 1-44 中有两个激励源，分别是独立电压源 u_{S1} 和 u_{S2}，所以电流 i 是 u_{S1} 和 u_{S2} 共同作用的响应。根据叠加定理，线性电路中的任何响应，都等于每个激励源单独作用时对应响应的叠加，所以电流 i 应该等于 u_{S1} 单独作用所产生的响应 i'，与 u_{S2} 单独作用所产生的响应 i'' 的代数和。

在图 1-44 中，要想计算独立电压源 u_{S1} 单独作用所产生的响应，应该保留 u_{S1} 而把独立电压源 u_{S2} 短路，从而得到图 1-45a 所示的电路，其中 i' 就是在 u_{S1} 单独作用时所产生的电流 i 的分量。类似地，图 1-45b 中，独立电压源 u_{S1} 短路而 u_{S2} 保留，用来计算图 1-44 所示电路在 u_{S2} 单独作用时的响应，i'' 是 i 在 u_{S1} 单独作用时的分量。

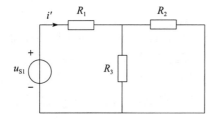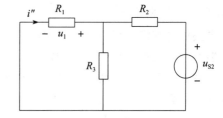

a）电压源 u_{S1} 单独作用，u_{S2} 短路置零 　　b）电压源 u_{S1} 短路置零，u_{S2} 单独作用

图 1-45 例 1-7 图

根据串并联规律可知，图 1-45a 中的电流 i' 等于电压 u_{S1} 除以从 u_{S1} 两端看进去的总电阻。这个总电阻阻值的表达式是（$R_1+R_2/\!/R_3$），表示 R_2、R_3 并联，再与 R_1 串联，"+"号对应串联，"/\!/"号对应并联，"$R_2/\!/R_3$"是"R_2、R_3 并联"的简写，它的值按照并联公式计算：

$$R_2/\!/R_3=\frac{R_2R_3}{R_2+R_3}$$

从 u_{S1} 两端看进去的总电阻为

$$R_1+R_2/\!/R_3=R_1+\frac{R_2R_3}{R_2+R_3}$$

下面是电流 i' 的计算公式，为综合了前面的结论的简洁表达式：

$$i'=\frac{u_{S1}}{R_1+R_2/\!/R_3} \tag{1-27}$$

图 1-45b 中的电流 i'' 等于 R_1 两端的电压 u_1 除以 R_1 的阻值，但是在图 1-45b 所标注的极

性下，电压 u_1 与电流 i'' 的参考方向非关联，所以

$$i'' = -\frac{u_1}{R_1}$$

而要计算 u_1，必须先求出电阻 R_2 从右向左的电流，再用该电流乘以 R_1 和 R_3 的并联电阻：

$$u_1 = \frac{u_{S2}}{R_2 + R_1 /\!/ R_3} \cdot (R_1 /\!/ R_3)$$

所以有

$$i'' = -\frac{u_1}{R_1} = -\frac{1}{R_1} \frac{u_{S2}}{R_2 + R_1 /\!/ R_3}(R_1 /\!/ R_3) \qquad (1\text{-}28)$$

根据式(1-27)、式(1-28)计算出 i'、i'' 后，根据叠加定理，就可以计算电流 i 了：

$$i = i' + i''$$

1.7.6　线性电路理论应用举例

做完了例1-7之后，读者不妨思考一下，用叠加定理求解图1-44中的电流 i，真的比使用基尔霍夫定律和元件约束特性、列方程求解的方法更方便吗？如果列方程就可以求解所有电路问题，而使用叠加定理又不能减少运算量，我们为什么要学习线性电路理论呢？一招打遍天下有什么不好？

答案是至少有一些情况不能通过基尔霍夫定律和元件约束特性列方程的方法来求解，还有一些情况使用线性电路理论(包括齐次性、叠加性、叠加定理)更加简单，我们举几个例子，看一些更加适用于使用线性电路理论的情况。

【例1-8】　已知图1-46所示电路中的二端网络 N 由线性无源元件组成，而且当 $u_S = 1\text{V}$ 时，$i = 1\text{A}$，问当 $u_S = 2\text{V}$ 时，电流 i 的值应该是多少？

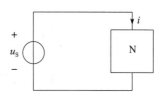

图1-46　黑匣子电路的响应1

【分析】　本例题初看起来很简单，读者几乎马上就要开始应用"激励增大 k 倍，响应也增大 k 倍"这一线性电路的齐次性特征了，而本例题也的确应该这样解决。但是，如果真这么简单的话，作者也许就不会把它作为例题了。所以，请读者认真阅读一下本例题的题干，并注意"网络 N 由线性无源元件组成"这段文字，这段文字实际上是要告诉我们，这个电路只有 u_S 这样一个激励，如果没有这个前提，我们就不能直接应用线性电路的齐次性特征。

【解】　这是一个黑匣子电路，不能根据基尔霍夫定律列元件方程，但是根据线性电路的齐次性，可以求解。

因为电路只有 u_S 一个激励，电流 i 是它作用下的响应，激励 u_S 从1V变为2V相当于增大2倍，则响应 i 也应增大2倍，所以电流 i 的值应该是

$$i = 1\text{A} \times 2 = 2\text{A}$$

【例1-9】　已知图1-46所示电路中的二端网络 N 由线性无源元件组成，而且当 $u_S = 1\text{V}$ 时，$i = 1\text{A}$；当 $u_S = \sin 314t\text{V}$ 时，$i = \cos 314t\text{A}$。如果网络 N 接入图1-47所示电路，电流 i 的值应

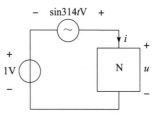

图1-47　黑匣子电路的响应2

该是多少？

【分析】 本例题中，施加于线性网络 N 上的总激励是两个已知激励的叠加，电流 i 为总激励的响应，所以根据叠加性可求解。

【解】 根据叠加性求解如下：

当 1V 激励源（下面记作 u'_s）单独作用时，对应的响应为 $i'=1A$；当 sin314tV 激励源（下面记作 u''_s）单独作用时，对应的响应为 $i''=\cos314t$A。图 1-47 中，线性网络的总激励为二者的叠加，即

$$u=u'_s+u''_s$$

所以电流 i 的值应为对应响应的叠加

$$i=i'+i''=(1+\cos314t)\,\text{A}$$

【例 1-10】 已知图 1-48 中，当线性无源网络 N 的激励源 $u_s=1$V 单独作用时，端口电压 $u=1$V；当 $i_s=1$A 单独作用时，$u=5.5$V。求 $u_s=3$V，$i_s=-2$A 共同作用时的端口电压 u。

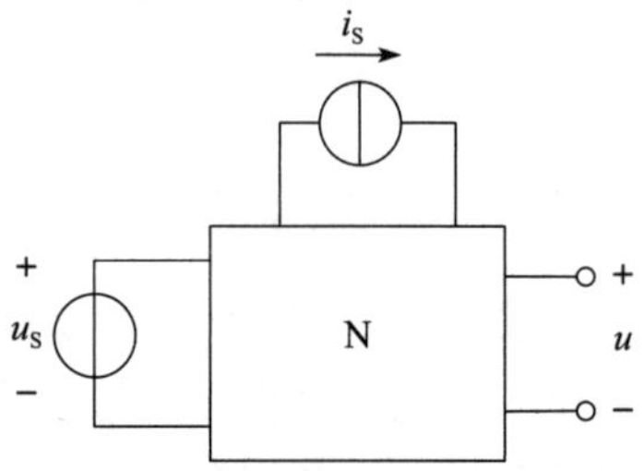

【解】 根据已知条件，当 $u_s=1$V 单独作用时，电压 u 对应的响应为 1V，记作

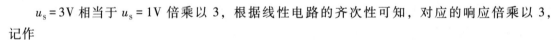

$$u_s=1\text{V}\mapsto u'=1\text{V}$$

当 $i_s=1$A 单独作用时，u 对应的响应为 5.5V，记作

$$i_s=1\text{A}\mapsto u''=5.5\text{V}$$

$u_s=3$V 相当于 $u_s=1$V 倍乘以 3，根据线性电路的齐次性可知，对应的响应倍乘以 3，记作

$$u_s=3\text{V}\mapsto u'=3\times1\text{V}=3\text{V}$$

类似地，对激励 i_s 应用齐次性，得

$$i_s=-2\text{A}\mapsto u''=(-2)\times5.5\text{V}=-11\text{V}$$

根据线性电路叠加定理，得

$$u=u'+u''=3\text{V}-11\text{V}=-8\text{V}$$

图 1-48 黑匣子电路的响应 3

1.8 替代定理

任何电路中，如果已知某支路电压 u_k 和电流 i_k，则可以：①用 $u_s=u_k$ 的独立电压源替代该支路；②用 $i_s=i_k$ 的独立电流源替代该支路；③用 $R_k=u_k/i_k$ 的电阻替代该支路；若替代前后电路都有唯一解，则全部电压和电流均保持不变。这就是替代定理（Substitution Theorem），如图 1-49 所示。

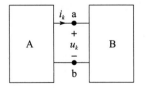
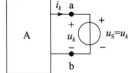
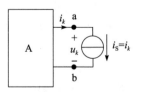
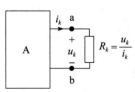

a）替代前电路　　　　b）电压源替代后电路　　　c）电流源替代后电路　　　d）电阻替代后电路

图 1-49 替代定理

替代定理成立的原因如下：①因为替代前后电路的结构不变，所以替代前后电路中的 KCL、KVL 关系（连接约束）不变；除了被替代支路之外，其余支路的 u、i 关系（元件约束）不变。②用 u_k 替代后，第 k 条支路电压 u_k 不变；第 k 条支路电压 u_k 不变，根据 KVL，可知其余支路电压不变；其余支路电压不变，根据其余支路的 u、i 关系，可知其余支路电流也不变；其余支路电流不变，根据 KCL，第 k 条支路电流 i_k 也不变。③用 i_k 替代后，根据 KCL，其余支路电流不变；再根据其余支路的 u、i 关系，可知其余支路电压不变；再根据 KVL，第 k 条支路 u_k 也不变。④用 R_k 替代后，第 k 条支路的 u、i 关系不变，整个电路的 KCL、KVL 关系也不变，只要电路方程具有唯一解，整个电路的电压、电流就都不会发生改变。

通过上述对于替代定理成立原因的分析，可知替代定理成立的两个条件：

1）替代前后电路必须有唯一解。如果因为替换前或替换后整个电路的电流、电压可以存在不止一个分配关系，就不能替代。比如，替换前或替换后如果出现如图 1-50 所示的理想电压源回路，因为此时不能通过未被替代部分的支路电压确定支路电流，整个电路的电压、电流分配关系不能确定唯一的结果，此时不能使用替代定理。类似地，如果出现理想电流源节点，由于不能通过未被替代部分的支路电流确定支路电压，也不能使用替代定理。

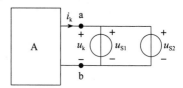

图 1-50 电压源回路

2）替代后其余支路电路变量及参数不能改变，或者说被替代支路与其他支路不存在耦合关系。例如在图 1-49 中，如果网络 B 中存在着网络 A 中某受控源的控制支路，这种替代将导致网络 A 中受控源支路的电压或电流不能确定，进而其余支路的电压或电流也不能确定，此时不能使用替代定理。

替代定理适用于任意的线性或非线性电路网络，而且对被替代支路的组成没有要求，即不论该支路是由什么元件组成的，总可以用电压源、电流源，或者电阻支路来替代。

替代定理的意义，一是用来化简电路，二是在特定范围内把非线性电路元件线性化，从而可以使用已经成熟的线性电路理论来分析非线性电路。

读者也许对电压源、电流源、电阻之间的互换感到不解，下面用一个例题来验证这种互换的可行性。

【例 1-11】 已知图 1-51a 中，网络 N 所在支路 2 的电压 $u_2 = 2V$，电流 $i_2 = 1A$，已知 $u_{s1} = 8V$，$R_1 = 3\Omega$，$R_3 = 2\Omega$，用替代定理求电流 i_1，i_3。

【解】 根据替代定理，可用电压源、电流源、电阻替代支路 2，下面分别替代。

1）用 2V 电压源替代图 1-51a 中的支路 2，从而得到图 1-51b，其中 $u_{s2} = u_2 = 2V$，此时 u_{s2} 与 R_3 并联，于是 $i_3 = 1A$，进而可以得到 $i_1 = 2A$，$i_2 = 1A$。

2）用电流源替代图 1-51a 中的支路 2，将得到图 1-51c，其中 $i_{s2} = i_2 = 1A$，列 KCL 方程得 $i_1 = i_2 + i_3$；对左侧网孔列 KVL 方程得 $u_{s1} = i_1 R_1 + i_3 R_3$；解方程组，得到 $i_1 = 2A$，$i_3 = 1A$。

3）用电阻替代图 1-51a 中的支路 2，将得到图 1-51d，其中 $R_2 = \dfrac{u_2}{i_2} = 2\Omega$。

此时电阻 R_2 和电阻 R_3 并联，根据串并联分流公式，很容易得到 $i_1 = 2A$，$i_3 = 1A$。

4）实际上，在图 1-51a 中，在已知电压 u_2 和电流 i_2 的情况下，很容易求出 $i_1 = 2A$，$i_3 = 1A$。

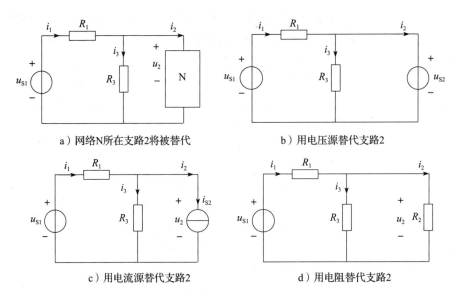

a）网络N所在支路2将被替代   b）用电压源替代支路2

c）用电流源替代支路2   d）用电阻替代支路2

图 1-51   例 1-11 图

对比可知，在根据替代定理把支路 2 替代之后，并没有影响电路中各支路上的电流、电压。

1.9   电路学习方法

任何知识都包括观点和方法两个部分，观点是方法的基础，方法是观点的运用；观点提供了分析和解决问题的视角，方法提供了分析和解决问题的手段。具体的实践，则既是知识（观点和方法）的验证，也是知识的来源。基于科学和数学的思考、分析、推理和实践，是学好电路与模拟电子技术这门知识的唯一途径，观点的学习就是要掌握基本概念和定律，方法的学习则是要学会解决在分析和设计各类电气电子设备中所遇到的问题，学习的过程不是单纯的解题训练，更不是简单地把数字代入公式。

本章是学习全书的基础，目的是要解决电路与模拟电子技术这门知识的观点问题。下面列出本章的重要概念和定律，及其意义和关联，以方便读者掌握。请读者务必仔细阅读，以便深入和全面地理解这些概念和定律。

电路是由导线和电路元件组成的电荷流动的通路。

电路元件是构成电路的基本单元，孤立的电路元件不能发挥作用，必须通过导电性能良好的金属材料导线把各类电路元件连接在一起，以实现特定的功能。

电路变量是表示电路状态的物理量，电路分析和设计主要围绕电流、电压和功率这三个物理量展开，能量、磁通等其他物理量也常有涉及。

每个单独的电路元件，其电压或电流，或者电压与电流之间的关系，总是满足特殊的规定性，这种规定性通常可用相应的数学方程表达，称为该元件的元件约束。每个电路元件的元件约束都充分地表达了该元件的电磁特性。

电路中的元件，其电流和电压除了必须满足元件约束之外，还必须满足连接特性所施加的约束关系，称为连接约束。基尔霍夫电流定律和基尔霍夫电压定律就是电路中元件连接约束的数学表达。

元件约束表达了独立元件的自身特性，连接约束表达了电路中元件的连接特性，写出这两类约束所对应的方程，就可以求解电路中的电路变量。元件约束和连接约束是分析和设计电路的基础。

数学上最简单、最容易处理的关系就是正比例关系，线性概念是正比例概念的扩充。

线性元件是端电压和进入端内的电流之间的关系由线性算子决定的电路元件，由线性元件和独立源构成的电路称为线性电路。线性电路具有叠加性和齐次性，这有助于分析电路中的电路变量。分析和设计线性电路时，可以使用叠加定理。

最简单的线性电路元件的电流电压关系成正比例，线性电路，特别是电流电压成正比例关系的线性电阻电路是研究最为充分的电路。

根据替代定理，对于包含非线性元件的电路，可以在特定范围内用线性电阻、独立源替代非线性电路元件，把非线性电路线性化，从而可以使用研究线性电路的各种方法来研究非线性电路。

习题

（完成下列习题，对于完整电路，用 LTspice 仿真验证）

1-1　如果一个电路元件的累积电荷量由公式 $q = 18t^2 - 2t^4$ 给出，求出在 $t = 0.8\mathrm{s}$ 时，通过该元件的电流值。

1-2　某元件的累积电荷波形如图 1-52 所示，画出电流波形。

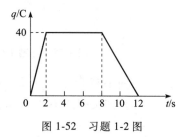

图 1-52　习题 1-2 图

1-3　已知在关联参考方向下，某元件两端的电压和电流波形如图 1-53 所示，试求出该元件在 0~4s 内吸收的总能量。

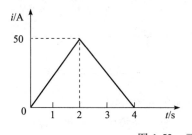 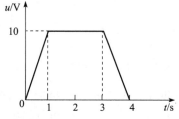

图 1-53　习题 1-3 图

1-4　已知图 1-54 中各元件的值及其连接关系，求出电路中的电流 i。

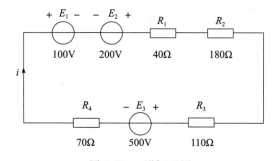

图 1-54　习题 1-4 图

1-5 电池的容量是在一定的温度下，放电至某一特定的电压终止时，放电电流与时间的乘积，即：容量=放电电流×放电持续时间，它是衡量电池释放电能能力大小的参数，通常用 C 表示，单位是安时（A·h）。如果一个铅酸蓄电池的额定功率为 160A·h，若要求连续工作 40h，其最大允许电流是多少？

1-6 在图 1-55 电路中，已知电压源 $u_S=1V$，求：电路中的电流 i 和受控源上的电压，并指明受控源电压的极性；电阻 R 吸收的功率，以及电源 u_S 和受控电流源 $5u_S$ 所提供的功率，并验证电路中"吸收的总功率=提供的总功率"。

1-7 求出图 1-56 中的电流 i_1 和 i_2。

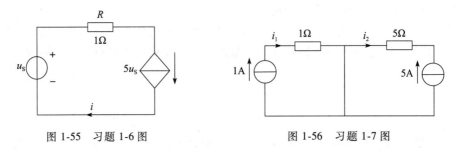

图 1-55 习题 1-6 图　　　　　图 1-56 习题 1-7 图

1-8 如图 1-57 所示，已知 $i_1=6A$，$i_2=-4A$，求元件 3 和元件 4 上的电流。

1-9 元件连接如图 1-58 所示，求电路中各电流 i_1、i_2、i_3 的值。

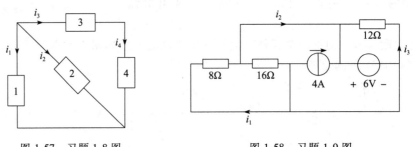

图 1-57 习题 1-8 图　　　　　图 1-58 习题 1-9 图

1-10 已知图 1-59 中，A 点和 B 点接地，求电流 i_B 的值和 C 点电位。

1-11 电路如图 1-60 所示，分别求出电路中独立源、受控电压源和受控电流源吸收的功率。

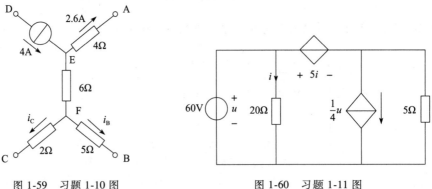

图 1-59 习题 1-10 图　　　　　图 1-60 习题 1-11 图

1-12 使用如图 1-61 所示电路，通过受控源能够将输入信号 u_i 放大成输出信号 u_o，如果 $g=$

$25×10^{-3}$S，问此时电路的放大倍数 A_u（即 u_o 与 u_i 的比值，$A_u = u_o / u_i$）为多大？当信号电压 $u_i(t) = 10\sin 314t$ 时，求出对应的输出信号电压 $u_o(t)$ 的表达式。

1-13 求图 1-62 所示电路中的电压 U_x 以及受控源吸收的功率。

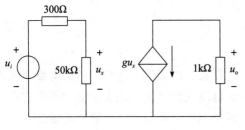

图 1-61 习题 1-12 图

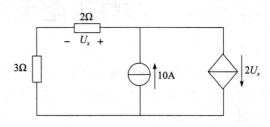

图 1-62 习题 1-13 图

第2章 线性电阻电路

我们每天都在接触的电气设备，比如电视机、计算机、电话等，这些设备的电路系统绝大多数是非线性电路，那么我们为什么还要学习线性电路呢？事实上现实生活中不存在严格的线性系统，之所以要学习线性电路，是为了更加容易地解决问题。一个简单的事实是，线性问题通常要比非线性问题容易分析和解决。因此，人们经常用线性系统来近似代替非线性系统。

如果电路中除电源外只存在电阻元件，则称之为电阻电路。电阻电路的特点是电路的特征与时间无关，所以对它的分析更简单。

电路分析的入手点有两个，一个是元件约束，一个是连接约束。从元件约束上看，线性电阻电路由电阻和电源两类元件组成；线性电阻所遵守的约束很简单，即欧姆定律；电源分为电压源、电流源、受控源3类，其约束应根据不同类型分别讨论。连接约束来自基尔霍夫定律，根据第1章可知，任何情况下（任意时刻、任意激励源、对任意电路元件），基尔霍夫两个定律（KCL和KVL）永远成立。电阻电路分析的起点，是掌握元件约束（欧姆定律，电压源、电流源、受控源的特性及其数学表达式）和连接约束（基尔霍夫定律），然后运用这两类约束去求解电路变量。

通过第1章已经知道，使用基尔霍夫定律将得到KCL或KVL方程，对复杂电路直接应用两类约束，得到的就是KCL和KVL方程组，从而求解电路变量。但是这样做可能会很麻烦，或者思路不很清晰，或者为了便于求解特定问题，才发展出了多种其他方法。本章的诸多方法，都可以从基尔霍夫定律推导出来，有兴趣的读者可以注意其推导过程。

不同的方法有不同的适用条件，具体应用时，应针对一个电路不同的复杂度以及不同的分析目标，选择相应的分析方法。方法选对了，事半功倍；方法选错了，事倍功半，甚至可能南辕北辙。

线性电阻电路的分析方法，还是分析其他类型电路的基础。本书后续章节的各种电路，都可以通过分解和变换，把所要分析电路的部分或者全部转化为需要的形式，从而可以利用线性电阻电路的各种结论、定理和分析方法。

2.1 等效变换法

对简单电路，可以不必列KCL、KVL方程组，而直接采用等效变换的方法化简电路，再利用特定电路的电压电流分配关系，求解特定电路的电路变量。等效变换法化简电路的过程十分直观，对简单电路的分析十分有效。

2.1.1 电路的等效变换

如果电路中某一部分电路用其他电路代替之后，未做替代部分电路中的电压和电流能够保持不变，则称替代电路与被替代电路等效。

我们以二端电路为例来说明电路等效变换的概念，如图2-1所示，用电路C代替电路B之后，电路A中的电压和电流保持不变。其中C为替代电路，B被替代电路，未做替代部分电路A称为外电路。用电路C替换电路B的过程，叫作等效变换。既然能够用电路C代替电路B，当然也能够用电路B代替电路C，而电路A不受影响，所以电路B和电路C是互为等效的。

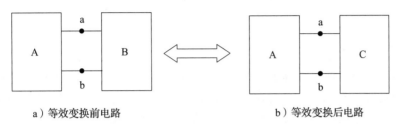

a）等效变换前电路 b）等效变换后电路

图 2-1 电路等效变换的概念

从上述定义中可知，等效变换只是对外等效，即对外电路而言等效。定义中并没有提到对内是否等效，实际上通常是不等效的，因为电路替换前后，替代电路与被替代电路不同，其中的电压、电流、功率等也必然发生改变。等效变换前后，变换电路外部电路中的电路变量不变，而变换电路内部的电路变量通常发生改变，所以等效变换只是对外等效，对内不等效。

在图2-1中，等效只对电路A成立，因为对电路A而言，把电路B替换成电路C前后，电路A中的电压和电流不发生任何变化，或者说，电路A并未受到这个替换的任何影响，就好像这个替换没有发生一样。但是，变换前被替换电路B中的电路变量与变换后替换电路C中的电路变量通常是不同的。

下面讨论电路B与电路C等效的条件。由于电路B替换为电路C之后，要求电路A中的电流和电压保持不变，而要确保这一点，就必须确保电路A端口上的电流和电压也保持不变。在图2-1中，如果电路A外接端口上a、b两点间的电压和流过a点、b点的电流在等效变换前后保持不变，则电路A中的KCL方程和KVL方程也不会变化，从而可以确保电路A中的电路变量保持不变。注意到a点和b点既是电路A的外接端口，也是被替换电路B和替换电路C的外接端口，所以"等效变换前后电路A的端口上的电压和电流保持不变"这一要求，等价于"电路B和电路C端口上的电压和电流关系相同"。

如图2-2所示，如果电路B和电路C具有相同的电压电流关系，即伏安关系（VAR），则电路B和电路C互为等效电路。二者可以如图2-1所示进行替换，而电路A中的电压、电流、功率均保持不变。

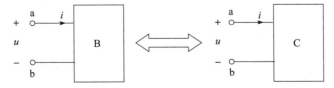

图 2-2 互为等效的电路具有相同的电压电流关系

利用等效变换的概念，如果电路 C 比电路 B 更加简单，就可以用电路 C 替换电路 B，从而简化电路 A 中电路变量的计算。综上所述，总结利用等效变换分析电路的要点如下：

1）等效变换的前提：替换电路 B 与被替换电路 C 具有相同的 VAR。

2）等效变换的对象：对外电路 A 中的电路变量（电压、电流和功率）等效。

3）等效变换的目的：化简电路，便于计算。

本节将要介绍的串并联等效化简、电源变换、丫-△变换，实际上都是利用等效变换的思路。

2.1.2 串并联电路

串联是将多个电器或元件逐个顺次首尾相连接的电路连接方式。串联要求相同的电流顺次通过连接中的每一个元件，注意这里要求流过"相同"的电流，而非相等的电流。从元件连接关系上看，串联表现为若干个二端元件依次连接，连接点上没有分支，即每个连接点上只能连接两个元件。串联时，电流只有一个流通路径，只能逐个顺次、没有分支地流过每一个元件。

并联是指将多个电器或元件以相同的电压连接在一起的电路连接方式。并联要求相同的电压被加在连接中的每一个元件的两端，注意这里要求具有"相同"的电压。从元件连接关系上看，并联表现为若干个二端元件并列地连接到电路中的两点之间。由于电路中相同两点之间，不论经过何种路径，其电压降必定相同，所以并联元件上的电压必定相同。并联时，电流分为几支，分别流过每一个元件。

在图 2-3 所示的例子中，图 2-3a 中的元件 R_1、R_2、R_3 之间的连接是串联，相同的电流 i 顺次通过这 3 个元件；图 2-3b 中的元件 R_1、R_2 之间的连接是并联，相同的电压 u 同时加在这两个元件的两端；图 2-3c 中的元件 R_1、R_2、R_3 之间的连接既不是串联，也不是并联。图 2-3d 中的元件 R_2、R_3 之间并联，再把它们作为一个整体与 R_1 串联。需要注意的是，尽管这里举的例子是电阻，但串并联连接的元件不仅限于电阻之间。

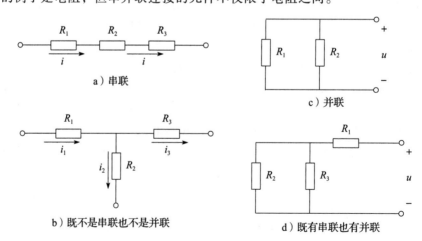

a）串联
b）既不是串联也不是并联
c）并联
d）既有串联也有并联

图 2-3　电路的串并联

元件之间的并联有时用符号"∥"表示，例如图 2-3b 可以表示成 $R_1 /\!/ R_2$。

研究串并联关系的目的是简化复杂的电路，如果简化后的电路中未被简化部分的电流、电压和功率关系不变，就称这个简化后的电路为原来电路的等效电路。

1. 独立源的串并联

理想电压源的串联可以等效为一个理想电压源、理想电流源的并联可以等效为一个理想电流源，这种等效化简不会影响电路中其他部分的电流、电压和功率关系。以图 2-4 为例分析如下。

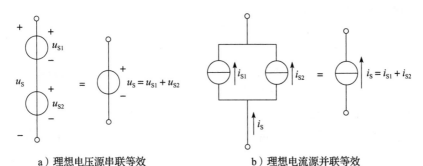

　　a）理想电压源串联等效　　　　　　　　b）理想电流源并联等效

图 2-4　理想电压源串联与电流源并联

（1）理想电压源串联

图 2-4a 中，两个理想电压源串联连接，根据 1.6.2 节（基尔霍夫电压定律）中"两点间的电压等于两点间任何路径上各段电压的代数和"的结论，可知端口电压为

$$u_s = u_{s1} + u_{s2}$$

而且该端口电压与流过该段电路的电流无关，所以两个理想电压源串联之后端口上的电压电流关系就是："任何时刻，无论流过电流多大，端电压永远等于 $u_{s1} + u_{s2}$"，这个电压电流关系显然就是电动势为 $u_s = u_{s1} + u_{s2}$ 的理想电压源。

图 2-4a 可以推广到多个理想电压源串联的情形，结论为：理想电压源串联，等价于各理想电压源的代数和。

从等效变换的角度，可以描述为：理想电压源串联，可用一个等效电压源代替，其电动势等于各理想电压源电动势的代数和。

（2）理想电流源并联

类似地，根据 KCL 分析，可知图 2-4b 中的两个电流源并联，相当于一个 $i_s = i_{s1} + i_{s2}$ 的电流源，它们对外的电压-电流关系，都表现为"任何时刻，不论外部电路如何，不论端电压多大，输出电流永远等于 $i_{s1} + i_{s2}$"，这恰好符合独立电流源的定义。

图 2-4b 可以推广到多个理想电流源并联的情形，结论为：

理想电流源并联，等价于各理想电流源的代数和。

从等效变换的角度，可以描述为：理想电流源并联，可用一个等效电流源代替，其输出电流等于各理想电流源输出电流的代数和。

（3）理想电压源并联

输出电压大小和方向不同的理想电压源不允许并联。试想一个 5V 电压源和一个 10V 电压源并联，它们的端电压会是多少？按照理想电压源的定义，端电压是不变的，5V 电压源坚持自己两端之间的电压为 5V，10V 电压源坚持自己两端之间的电压为 10V（否则它们就不是理想电压源了）；再由于这个并联构成了一个回路，把两个端电压代入 KVL，会发现基尔霍夫定律不再成立；于是，要么否定理想电压源的定义，要么否定基尔霍夫定律，而这二者都是电路理论的基础，不容否定。

因此只有方向和大小都恒等的理想电压源才允许并联，这时既符合理想电压源关于端电压由自身决定的定义，也符合 KVL。根据理想电压源的定义，多个相同的理想电压源并联之后的端电压与单一理想电压源的端电压相同；又由于理想电压源的输出电流范围可以是从零到无穷大，而端电压保持不变，所以对理想电压源来讲，这种相同的理想电压源并联也不能起到增大输出电流的作用，因而没有什么意义。

（4）理想电流源串联

类似地，输出电流大小和方向不同的理想电流源不允许串联，只有方向和大小恒等的理想电流源才允许串联，不过也没有什么意义。

（5）理想电压源并联理想电流源

最后讨论一下理想电压源与理想电流源串并联的问题，以便加深对串并联、理想电源概念的理解。

如图 2-5a 所示，因为无论沿任何路径计算，两点间的电压都应相等，所以 a、b 两点间的电压既可以按照电压源支路确定，也可以按照电流源支路确定。又因为电压源的特性是"不论外电路如何，两端电压均由自身决定"，按照电压源支路，可确定 a、b 两点间的电压等于电压源端电压 u_s，这个电压的大小和方向既不受外部电路的影响，也不受电流源 i_s 的影响，所以理想电压源并联理想电流源（对外电路而言）等效于该理想电压源本身。所以，图 2-5 中 3 个电路的输出端电压 u_o 都等于电压源端电压 u_s（即 $u_o = u_s$）。而输出电流 i_o 需要由外电路决定。

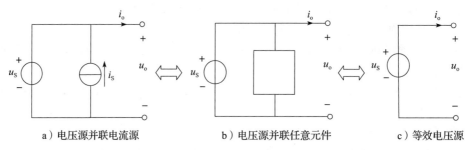

a）电压源并联电流源　　　　　b）电压源并联任意元件　　　　　c）等效电压源

图 2-5　理想电压源并联任意元件等效于理想电压源本身

实际上，（对外电路而言）理想电压源并联任何元件，都等效于该理想电压源本身，这是由理想电压源"无论通过电流多大，端电压永远等于电源的电动势"这一特性，加上"并联支路电压相同"的特性所决定的。

（6）理想电流源串联理想电压源

类似地，根据理想电流源"无论电压多大，输出电流由自身决定"的特性，以及"串联元件电流相同"的特征，可知，理想电流源与任何元件串联，（对外电路而言）都等效于理想电流源本身；"任何元件"当然也包括理想电压源，所以理想电流源串联理想电压源，（对外电路而言）等效于理想电流源本身。

图 2-6 中 3 个电路的输出电流 i_o 都等于电流源自身电流 i_s（即 $i_o = i_s$）。而输出端电压 u_o 需要由外电路决定。

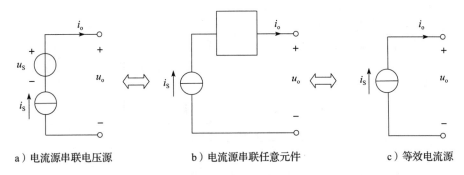

a）电流源串联电压源　　　　　　b）电流源串联任意元件　　　　　　c）等效电流源

图 2-6　理想电流源串联任意元件等效于理想电流源本身

　　本节讨论了独立电源的串并联等效电路：理想电压源串联（等效于一个理想电压源）、理想电流源并联（等效于一个理想电流源）、理想电压源并联（要求端电压大小方向相同）、理想电流源并联（要求端电流大小方向相同）、理想电压源并联任意元件（等效于电压源本身）、理想电流源串联任意元件（等效于电流源本身），读者应结合理想电源自身的电压-电流特性和串并联电路的电压-电流特性，加深理解其等效原理。

【**例 2-1**】　图 2-7 中的电路哪些是合理的？

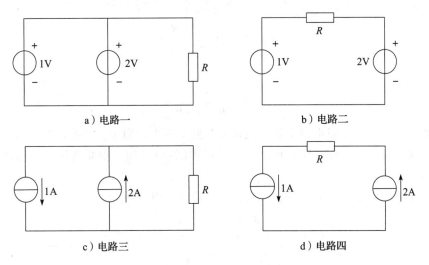

a）电路一　　　　　　　　　　　　b）电路二

c）电路三　　　　　　　　　　　　d）电路四

图 2-7　例 2-1 图

　　【**解**】　图 2-7a 中两个不同的电压源并联，对左边方格列 KVL 方程可知，该电路违反了KVL，所以图 2-7a 不合理。图 2-7b 中两个电压源串联，合理。图 2-7c 中两个电流源并联，合理。图 2-7d 中两个不同的电流源串联，对回路列 KCL 方程可知，该电路不符合 KCL 定律。所以图 2-7d 不合理。

　　结论：图 2-7b、c 是合理的。

2. 电阻的串并联

图 2-8 是 N 个电阻的串联电路，现在来求它们的等效电阻。首先应用 KVL 可得

$$u = u_1 + u_2 + \cdots + u_N$$

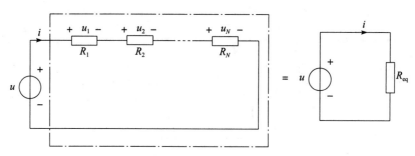

图 2-8　N 个电阻的串联

由于各串联元件的电流相同，再应用欧姆定律可得

$$u = R_1 i + R_2 i + \cdots + R_N i$$

把图中被点画线框起来的部分视为一个等效电阻 R_{eq}，即令

$$u = R_{eq} i$$

所以

$$R_{eq} = R_1 + R_2 + \cdots + R_N \qquad (2\text{-}1)$$

于是得到下列结论：串联多个电阻的总电阻等于各电阻之和。

用 k 表示从 $1 \sim N$ 的数，则每个电阻上的电压为

$$u_k = R_k i = R_k \frac{u}{R_{eq}} = \frac{R_k}{R_{eq}} u$$

或者写成

$$u_k = \frac{R_k}{R_1 + R_2 + \cdots + R_N} u \qquad (2\text{-}2)$$

可见加在整个串联电阻电路上的电压被分配到了每个电阻上，串联电阻的这个作用叫作分压作用。这个公式也叫作电阻分压公式，根据式（2-2）可知，串联连接中电阻越大，其上的电压也越大。

图 2-9 是 N 个电阻的并联电路，化简如下。应用 KCL 可得

$$i = i_1 + i_2 + \cdots + i_N$$

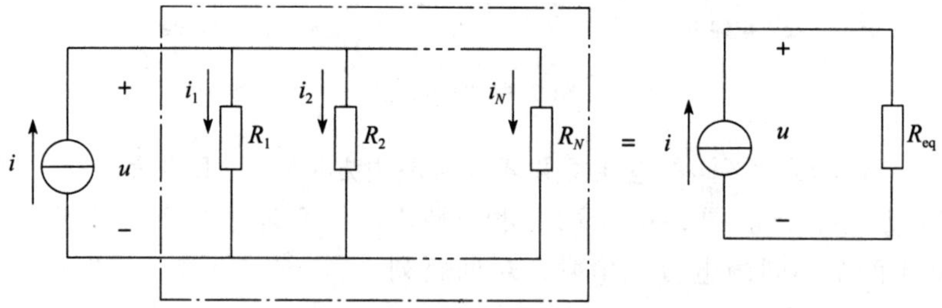

图 2-9　N 个电阻的并联

再应用欧姆定律得到

$$i = \frac{u}{R_1} + \frac{u}{R_2} + \cdots + \frac{u}{R_N}$$

所以

$$\frac{1}{R_{eq}} = \frac{1}{R_1} + \frac{1}{R_2} + \cdots + \frac{1}{R_N} \tag{2-3}$$

于是得到下列结论：并联多个电阻的总电阻的倒数等于各电阻的倒数之和。

写成电导的形式更易于记忆

$$G_{eq} = G_1 + G_2 + \cdots + G_N$$

特别地，在两个电阻并联时的等效电阻为

$$R_{eq} = \frac{R_1 R_2}{R_1 + R_2}$$

用 k 代表从 $1 \sim N$ 的数，则每条支路上的电流为

$$i_k = G_k u = G_k \frac{i}{G_{eq}} = \frac{G_k}{G_{eq}} i$$

或者写成

$$i_k = \frac{G_k}{G_{eq}} i = \frac{G_k}{G_1 + G_2 + \cdots + G_N} i \tag{2-4}$$

写成电阻形式为

$$i_k = \frac{\dfrac{1}{R_k}}{\dfrac{1}{R_1} + \dfrac{1}{R_2} + \cdots + \dfrac{1}{R_N}} i \tag{2-5}$$

可见流过整个并联电阻电路上的电流被分配到了每个电阻上，所以并联电阻具有分流作用。根据这个公式可知，并联连接中电阻越大（电导越小）其上的电流越小。

初学者往往很容易熟练掌握串联分压公式，却总是很难接受并联分流公式，借助于电导形式的式(2-4)，可通过与串联分压公式类似的形式来帮助我们记忆。

有时把既有串联又有并联的电路称为混联，这时可以具体分析，将其分解为简单电路。但要注意并不是所有的电路都能分解为简单的串并联电路，例如后面要讲到的桥式电路。

【例 2-2】 如图 2-10a 所示的电路，已知 $u_S = 8V$，$R_1 = 2\Omega$、$R_2 = 1.6\Omega$、$R_3 = R_4 = 4\Omega$、$R_5 = 6\Omega$。求电流 i_1 和电阻 R_4 消耗的功率 p_4。

【解】 图 2-10a 是一个电阻混联电路，如果能求出虚框部分二端电路的等效电阻 R_{ad}，就可以把原电路等效成如图 2-8d 所示的简单电路，即可计算出 i_1。

因为节点 c 和 d 是通过导线连接的，可以把 c、d 看成是同一个节点，从而把图 2-10a 画成图 2-10b 所示的电路，从这个电路图中可以更加清晰地看到 R_4 和 R_5 并联的事实，用 R_{bd} 表示 b、d 两点之间的电阻，于是

$$R_{bd} = R_4 /\!/ R_5 = \frac{R_4 R_5}{R_4 + R_5} = \frac{4 \times 6}{4 + 6}\Omega = 2.4\Omega$$

这样，电路可化简为图 2-10c，其中 R_2 和 R_{bd} 串联之后，再与 R_3 并联。用 R_{ad} 表示 a、d 两点之间的电阻，于是

$$R_{ad} = R_3 /\!/ (R_2 + R_{bd}) = \frac{4 \times (1.6 + 2.4)}{4 + (1.6 + 2.4)}\Omega = 2\Omega$$

我们看到电路已经化简成如图 2-10d 所示的形式，于是可以计算出电流 i_1 的值为

$$i_1 = \frac{u_S}{R_1 + R_{ad}} = \frac{8\,V}{2\,\Omega + 2\,\Omega} = 2\,A$$

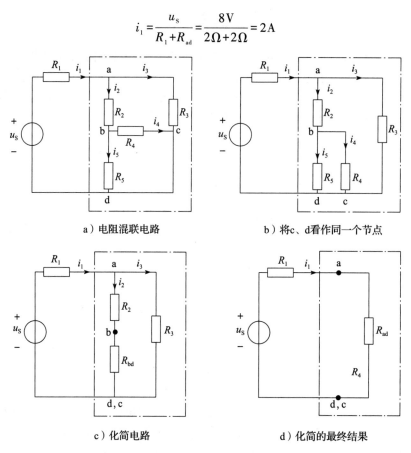

a）电阻混联电路

b）将c、d看作同一个节点

c）化简电路

d）化简的最终结果

图 2-10　例 2-2 图

计算 R_4 上消耗的功率 p_4，应该回到图 2-10a 所示电路。此时已知电流 $i_1 = 2A$，对照图 2-10c，根据并联分流公式可计算出 i_2 和 i_3 的值。

$$i_2 = \frac{\dfrac{1}{R_2 + R_{bd}}}{\dfrac{1}{R_2 + R_{bd}} + \dfrac{1}{R_3}} i_1 = \frac{R_3}{R_2 + R_{bd} + R_3} i_1 = \frac{4}{1.6 + 2.4 + 4} \times 2A = 1A$$

再根据 KCL，得

$$i_3 = i_1 - i_2 = 2A - 1A = 1A$$

所以对照图 2-10c，得 R_4 两端电压为

$$u_{bc} = u_{bd} = u_{ad} - u_{ab} = i_3 R_3 - i_2 R_2 = 1 \times 4V - 1 \times 1.6V = 2.4V$$

最后得到 R_4 消耗的功率

$$p_4 = \frac{u_{bc}^2}{R_4} = \frac{(2.4V)^2}{4\,\Omega} = 1.44W$$

2.1.3　电源变换

前一节讲解了理想电源串并联的等效变换，本节将讲述实际电源的等效变换，以便处理

含有实际电源电路的化简。

1. 理想电源和实际电源

最简单、最常见的实际电压源的例子是干电池。当通过的电流在 20mA 左右时，电池的端电压基本上保持为 1.5V，可视为恒定；但是，当电流增大到 100~300mA 时，端电压就会随着电流的增大而减小。

不仅干电池，实际上所有的实际电压源都有类似的特性：当输出电流在一定范围内时，端电压变化很小，可视为不变；一旦增大到该范围之外，端电压的降低就会变得十分明显。

以直流电压源为例，如图 2-11a 所示，实验表明，实际电压源的端电压和电流之间的关系如图 2-11b 中的实线所示，从中可以看出，当电路开路，即电流 $I = 0$ 时，电压源端电压 $U = E$。如果假设该实线的斜率为 R_s，则可用下列线性方程描述：

$$U = E - IR_s \qquad (2\text{-}6)$$

结合理想电压源的定义，对照式(2-6)，可见实际电压源可以用一个理想电压源与一个电阻的串联来等效，如图 2-12 所示。

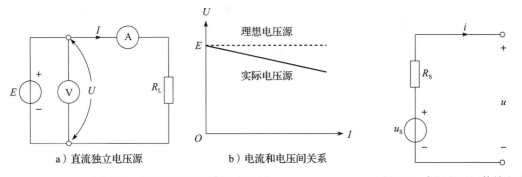

a）直流独立电压源　　　b）电流和电压间关系

图 2-11　理想电压源和实际电压源　　　　图 2-12　实际电压源等效电路

这个理想电压源的值 U_s 等于实际电压源的电动势 E，而所串联的电阻则等于实际电压源的电压-电流关系曲线的斜率，即

$$R_s = \frac{\Delta U}{\Delta I}$$

实际电压源的等效电路如图 2-12 所示，其中的变量关系为

$$u = u_s - iR_s \qquad (2\text{-}7)$$

式中，u_s 为实际电压源的开路电压(即电动势)；i 为实际电压源的输出电流；R_s 为实际电压源的内阻。要注意的是，在实际电压源中并不存在这样的分立元件电阻 R_s，它只是用来表明实际电压源"负载电流增大时端电压减少"这一事实。

当电压源的输出电流在一定范围内时，它的端电压的相对变化较小，此时我们可以理想化地认为它的端电压是不变的，并称其为"理想电压源"。图 2-11b 中的虚线是理想电压源的电压-电流关系曲线。在电路分析中，如果不特别指明，"独立电压源"通常指的是理想电压源。

根据式(2-7)可知，实际电压源的内阻越小，其电压-电流特性越接近于理想电压源的电压-电流特性。

同样，实际电流源也可以表示成一个理想电流源与一个电阻的并联电路，其等效电路和电流-电压关系如图 2-13 所示。

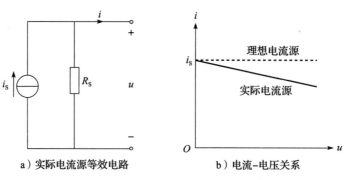

a）实际电流源等效电路   b）电流-电压关系

图 2-13   实际电流源

类似地，实际电流源的电流/电压关系可表示为

$$i = i_s - u/R_s$$

或者

$$u = (i_s - i)R_s = i_s R_s - iR_s \tag{2-8}$$

2. 实际电压源和实际电流源的等效变换

观察式(2-7)和式(2-8)，如果令图 2-14 中电压源和电流源的内阻均等于 R_s，且

$$u_s = i_s R_s \tag{2-9}$$

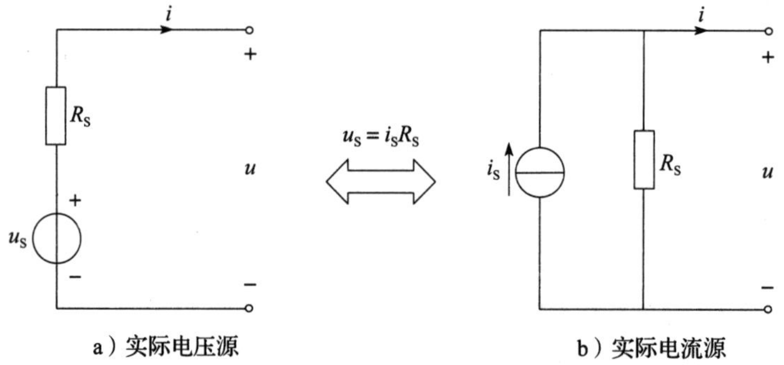

a）实际电压源   b）实际电流源

图 2-14   电压源与电流源的等效变换

那么对于外电路来说，这两个电源可以相互替代，而不会影响电路中的其余部分。换句话说，如果在这两个电源的引出端接上相同的负载，那么负载的电压-电流特性相同，而且也无法通过测量电源的端电压-电流特性来判断它是哪一种电源。

需要强调的是，所谓等效只是对电源的外特性而言，在电源内部，这两个电压源和电流源还是有差别的。

【**例 2-3**】   求图 2-15a 中实际电流源的等效电压源，并求在接入 4Ω 负载时的端电压和电流，以及各个理想电源释放的功率。

【**解**】   通过简单的计算可得到等效电压源如图 2-15b 所示，于是可得到

$$i_1 = i_2 = \frac{6}{2+4}A = 1A$$

$$u_1 = u_2 = 1 \times 4V = 4V$$

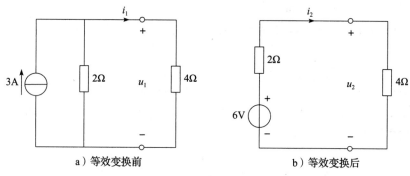

图 2-15 例 2-3 图

理想电压源释放的功率为

$$p_1 = u_s i_2 = 6 \times 1\,\mathrm{W} = 6\,\mathrm{W}$$

理想电流源释放的功率为

$$p_2 = u_1 i_s = 4 \times 3\,\mathrm{W} = 12\,\mathrm{W}$$

上面的例子说明了等效变换前后的电压源和电流源内部是不同的，理想电压源和理想电流源提供的功率也明显不同，但外电路中的负载所吸收的功率却是相同的，差别部分的功率被 2Ω 内阻吸收。需要注意的是，在等效电压源和电流源中，相同的内阻所吸收的功率显然不同，这一点更说明了"等效"的概念仅仅是相对于未被变换的外电路而言。

3. 受控源的等效变换

受控源的输出取决于控制量，没有控制量，就没有受控源的输出，受控源也就不存在了，所以在等效变换时，就不能把受控源的控制量变没了，为此，必须确保受控源的控制量不在被等效变换的电路之内。只要保留控制量所在的支路，即可对包含受控源的电路进行变换，此时受控源的变换方法与独立源没有区别。

【例 2-4】 求图 2-16a 所示电路中流过电阻 R 的电流 I。

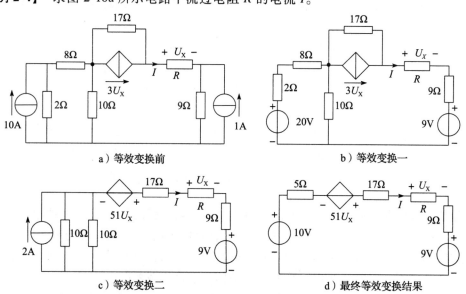

图 2-16 含受控源电路的变换

【解】 首先，10A 电流源和 2Ω 电阻的并联可等效变换为 20V 电压源与 2Ω 电阻的串联，1A 电流源和 9Ω 电阻的并联可等效变换为 9V 电压源与 9Ω 电阻的串联，等效变换后的电路如图 2-16b 所示。

其次，只要保证控制量 U_x 所在的电路不被等效变换，即可把受控电流源 $3U_x$ 当作独立源来处理，所以可将受控源 $3U_x$ 和与之并联的 17Ω 电阻等效变换为 $51U_x$ 电压源与 17Ω 电阻的串联；再把 20V 电压源与 2Ω、8Ω 电阻的串联等效变换为 2A 电流源与 10Ω 电阻的并联，等效变换后的电路如图 2-16c 所示。

最后，将 2A 电流源与两个 10Ω 电阻的并联等效变换为一个 10V 电压源与一个 5Ω 电阻的串联，等效变换后的电路如图 2-16d 所示。此时求解已经很方便了。

对图 2-16d 列回路方程

$$(5+17+R+9)I = 10+51U_x-9$$

再根据

$$U_x = IR$$

两个方程联立得

$$I = \frac{1}{31-50R}$$

对于电阻 R 的任何值，用这个式子都很容易求得流过它的电流。

上面的例子说明了利用电源等效变换可以化简线性电路，并用来求解任意负载上的电流、电压和功率。只要注意不要把受控源的控制量包含在被等效变换的电路之内即可。

2.1.4 Y-△ 变换

串并联等效变换、电源等效变换都是用于二端网络（即拥有两个外接端子的电路）之间的等效变换，Y-△ 变换则用于三端网络之间的等效变换。图 2-17 中的两种电路都具有 3 个端子（节点 1、2、3，图中节点 3 被分拆成两个点），其中图 2-17a 称为 ∏ 形网络，图 2-17b 称为 T 形网络。这两种电路常常作为其他网络的一部分出现，下面分析这两种电路之间的等效变换。

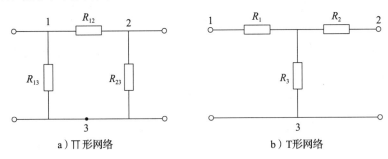

a）∏ 形网络   b）T 形网络

图 2-17 ∏ 形网络和 T 形网络

被导线连接的两个端点可以认为是电路中的同一点，因此图 2-17 所示的电路可以改画为图 2-18 所示的电路，所以 ∏ 形网络又被称为 △ 网络，而 T 形网络则称为 Y 网络。

△（∏ 形）与 Y（T 形）网络之间可以进行转换来简化电路分析，只要保证变换前后外电路的电流电压关系不变即可，下面以图 2-18 中的两种电路为例来讨论。

根据基尔霍夫定律，不论是 △ 网络还是 Y 网络，其端口电压和电流均有如下关系：

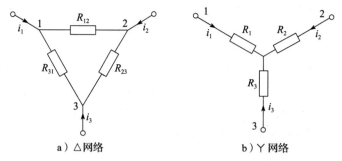

a）△网络　　　　　　　b）丫网络

图 2-18　△网络和丫网络

$$u_{12}+u_{23}+u_{31}=0$$

$$i_1+i_2+i_3=0$$

同时，对于△网络，存在以下简单关系式：

$$i_1-\frac{u_{12}}{R_{12}}+\frac{u_{31}}{R_{31}}=0$$

$$i_2+\frac{u_{12}}{R_{12}}-\frac{u_{23}}{R_{23}}=0$$

消去 u_{23} 可以得到如下等式：

$$\begin{cases} u_{12}=\dfrac{R_{12}R_{31}}{R_{12}+R_{23}+R_{31}}i_1-\dfrac{R_{12}R_{23}}{R_{12}+R_{23}+R_{31}}i_2 \\[3mm] u_{31}=-\dfrac{R_{12}R_{31}+R_{23}R_{31}}{R_{12}+R_{23}+R_{31}}i_1-\dfrac{R_{23}R_{31}}{R_{12}+R_{23}+R_{31}}i_2 \end{cases}$$

而分析丫网络消去 i_3，又可以得到

$$\begin{cases} u_{12}=R_1i_1-R_2i_2 \\ u_{31}=R_3i_3-R_1i_1=-(R_1+R_3)i_1-R_3i_2 \end{cases}$$

对比所得到的两组方程式可知，要确保这两个网络等效，就必须满足这样的关系式：

$$\begin{cases} R_1=\dfrac{R_{12}R_{31}}{R_{12}+R_{23}+R_{31}} \\[3mm] R_2=\dfrac{R_{12}R_{23}}{R_{12}+R_{23}+R_{31}} \\[3mm] R_3=\dfrac{R_{23}R_{31}}{R_{12}+R_{23}+R_{31}} \end{cases} \tag{2-10}$$

式(2-10)称为△-丫变换公式。

类似地，可以得到丫-△变换公式如下：

$$\begin{cases} R_{12}=\dfrac{R_1R_2+R_2R_3+R_3R_1}{R_3} \\[3mm] R_{23}=\dfrac{R_1R_2+R_2R_3+R_3R_1}{R_1} \\[3mm] R_{31}=\dfrac{R_1R_2+R_2R_3+R_3R_1}{R_2} \end{cases} \tag{2-11}$$

如果 $R_{12} = R_{23} = R_{31} = R_\triangle$，那么式（2-10）就简化为

$$R_1 = R_2 = R_3 = R_Y = \frac{1}{3} R_\triangle \qquad (2-12)$$

如果 $R_1 = R_2 = R_3 = R_Y$，则式（2-11）将变为

$$R_{12} = R_{23} = R_{31} = R_\triangle = 3R_Y \qquad (2-13)$$

利用 Y−△ 变换，可以有效地降低某些电路化简的复杂程度。

【例 2-5】   求图 2-19 所示电路中的电流 I。

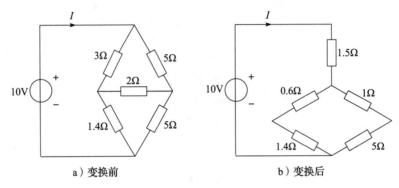

a）变换前   b）变换后

图 2-19   例 2-5 图

【解】   利用 △−Y 变换公式先将图 2-19 中上半部分的 △ 电路变换成 Y 电路。利用式（2-10）得

$$R_1 = \frac{3 \times 5}{3 + 2 + 5} \Omega = 1.5 \Omega$$

$$R_2 = \frac{3 \times 2}{3 + 2 + 5} \Omega = 0.6 \Omega$$

$$R_3 = \frac{2 \times 5}{3 + 2 + 5} \Omega = 1 \Omega$$

变换后得到的电路如图 2-19b 所示，这个电路可以利用简单的电阻串并联法来分析。容易求出下面的菱形网络的等效电阻为

$$R_{eq} = (0.6 + 1.4) \Omega // (1 + 5) \Omega = 1.5 \Omega$$

于是得到电流 I 的值为

$$I = \frac{10}{1.5 + 1.5} A = 3.33 A$$

2.2   网络方程法

使用等效变换化简来求解电路问题对简单电路十分有效，这通常需要对电路结构有很敏锐的认识，也需要经验的积累。对复杂电路，等效变换法会显得十分烦琐，而且没有规律。我们回到电路分析的基础，从基尔霍夫定律和元件特性出发，寻找更加规律的方法。

前文已经指出，对复杂电路直接应用两类约束（元件约束和连接约束），即可得到 KCL 和 KVL 方程组，从而求解电路变量。根据所使用的电路变量的不同，又得到了不同的电路方程分析方法，详述如下。

2.2.1 支路电流法

支路电流法是以支路电流为未知数，对节点列 KCL 方程、对回路列 KVL 方程，得到电路对应的线性方程组，进而求解电路变量的方法。它主要用于结构规模小、结构简单的电路，适用于手工计算。

对于有 m 条支路、n 个节点的电路，首先要设定每条支路的电流变量，再根据 KCL 列出 $n-1$ 个独立方程，根据 KVL 列出 $m-n+1$ 个独立方程，从而可以求解方程组，得到支路电流变量。注意也可以使用 KCL 结合元件特性，使用欧姆定律等来联立方程组。

【例 2-6】 求图 2-20 中的各支路电流。

【解】 如图 2-20 所示设置参考点和支路电流，应用 KCL 得

$$120 - I_A - 30 - I_B = 0$$

应用 KVL（或欧姆定律）得

$$\frac{I_A}{30} = \frac{I_B}{15}$$

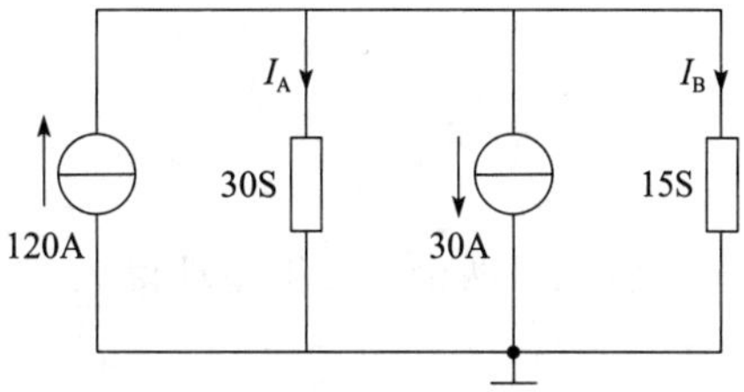

联立求解得

$$I_A = 60\text{A}, \qquad I_B = 30\text{A}$$

图 2-20 例 2-6 图

支路电流法虽然可以列出方程组求解电路变量，但是得到的方程组没有规律，需要手工化简才能得到规范的线性方程组。规范的线性方程组可以输入计算机，利用软件来帮助我们计算。

对于大规模的复杂电路，手工化简的工作量就太大了，我们希望能够更加方便地得到这样的方程组，简化输入计算机之前的工作量，更好地利用计算机软件来帮助我们求解电路变量。

2.2.2 节点分析法

节点分析法也叫节点电位法、节点电压法，是以节点电位为未知数，列 KCL 方程，得到电路对应的线性方程组，求解电路变量的方法。采用节点分析法得到的方程组很有规律，而且可以不必通过手工化简的步骤，直接从电路图得到线性方程组的系数和常数项，从而输入计算机中，所以节点分析法是比支路电流法更为系统、更为有效的方法。

1. 节点方程

节点分析法的第一步是利用 KCL 写出电路所必须满足的线性方程组，称为节点方程。说明如下：

如果电路有 n 个节点，任选其中一个作为参考点，其余 $n-1$ 个节点电压作为未知变量；再对这 $n-1$ 个节点使用 KCL，可得到 $n-1$ 个 KCL 方程。$n-1$ 个未知数对应 $n-1$ 个方程，根据线性代数的知识，该方程组有解。

图 2-21 是有 4 个节点的电路（虚线所圈

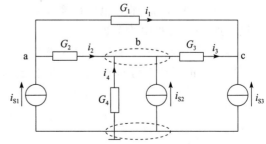

图 2-21 节点分析法求解电路

中的两个节点实际上是一个），应用节点分析法求解如下：

设节点 a、b、c 的电位分别是 u_a、u_b、u_c，并设通过电导 G_1、G_2、G_3、G_4 的电流分别为 i_1、i_2、i_3、i_4，电流的方向如图 2-21 中所示。

根据欧姆定律，得

$$\begin{cases} i_1 = G_1(u_a - u_c) \\ i_2 = G_2(u_a - u_b) \\ i_3 = G_3(u_b - u_c) \\ i_4 = G_4(-u_b) \end{cases}$$

再针对节点 a、b、c 分别使用 KCL，得到每个节点的 KCL 方程

$$\begin{cases} -i_1 - i_2 + i_{S1} = 0 \\ i_2 + i_4 - i_3 + i_{S2} = 0 \\ i_1 + i_3 + i_{S3} = 0 \end{cases}$$

将上述两个方程组整理得

$$\begin{cases} (G_1 + G_2)u_a - G_2 u_b - G_1 u_c = i_{S1} \\ -G_2 u_a + (G_2 + G_3 + G_4)u_b - G_3 u_c = i_{S2} \\ -G_1 u_a - G_3 u_b + (G_1 + G_3)u_c = i_{S3} \end{cases}$$

上述节点方程（组）中，第一个方程是节点 a 的 KCL 方程，第二个方程是节点 b 的 KCL 方程，第三个方程是节点 c 的 KCL 方程。

为了便于讨论，先给出在节点分析法中，与电路节点相关的两个重要概念。

自电导：电路中与某节点相连接的所有支路上的电导之和称为该节点的自电导。图 2-21 中，节点 a 的自电导是 $(G_1 + G_2)$，节点 b 的自电导是 $(G_2 + G_3 + G_4)$，节点 c 的自电导是 $(G_1 + G_3)$。

互电导：电路中两个节点之间的直接相连支路上的所有电导之和的负数称为这两个节点之间的互电导，如果两个节点不相邻，则它们之间的互电导为零。图 2-21 中，节点 a 与节点 b 之间的互电导为 $(-G_2)$，节点 a 与节点 c 之间的互电导为 $(-G_1)$，节点 b 与节点 c 之间的互电导为 $(-G_3)$。

节点方程的系数矩阵就是由自电导和互电导构成的，所以称为电路的电导矩阵。仔细观察节点方程中左边每个变量的系数，以及方程右边的常数项，可以发现如下规律：

1）系数矩阵对角线上的元素分别是与节点 a、b、c 的自电导。

2）系数矩阵的其他元素分别是 a、b、c 两两节点之间的互电导。

3）自电导构成了节点电压在该节点 KCL 方程中的系数，互电导则构成了相邻节点电压在该节点 KCL 方程中的系数。

4）每个节点方程的右边是流入该节点的独立电流源电流的代数和。

这个结论可推广到 n 个节点的情况（此时共有 $n-1$ 个方程）

$$\begin{cases} G_{11}u_1 + G_{12}u_2 + \cdots + G_{1,n-1}u_{n-1} = i_{S11} \\ G_{21}u_1 + G_{22}u_2 + \cdots + G_{2,n-1}u_{n-1} = i_{S22} \\ \vdots \\ G_{n-1,1}u_1 + G_{n-1,2}u_2 + \cdots + G_{n-1,n-1}u_{n-1} = i_{S(n-1),(n-1)} \end{cases}$$

式中，G_{ii} 为第 i 节点的自电导；G_{ij} 是第 i 节点与第 j 节点之间的互电导；i_{sii} 是流入该节点的所有独立电流源电流的代数和。

利用这个规律，建立电路方程的过程就变得十分简单了，只要直接对照电路图确定每个节点的自电导、该节点与其他节点之间的互电导以及流入该节点的独立电流源电流的代数和，即可确定该节点方程的系数和常数项，从而写出该节点的电路方程。组合所有非参考节点的节点方程，即可求解，这种列写节点方程的方法称为观察法。

【注意】 虽已介绍了观察法，但如果不能肯定每个节点的自电导和互电导的话，还是可以通过对每个节点列写 KCL 方程来进行电路分析，毕竟观察法的基础是节点的 KCL 方程，永远都可以直接利用 KCL 进行节点分析。

2. 纯电压源支路和受控源的处理

对于含有纯电压源支路和受控源的电路，因为电压源的电压与流过它的电流无关，无法将该支路的电流表示成电压乘以电导的形式，所以不能直接应用节点分析法，必须做特殊的处理。

下面以独立电压源支路的情况为例说明其处理方法，如果是受控源，可以把它视为独立源处理，然后再将其控制量用节点电压表示即可。

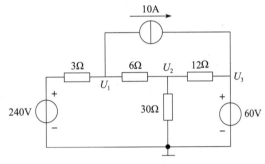

图 2-22　例 2-7 图

第一种方法是将电压源的一端作为电路的参考点处理，该支路的另一端电压就变为已知，这样就不必为这个节点列节点方程。

【例 2-7】 求图 2-22 中的各节点电压。

【解】 如图 2-22 所示，将电压源的一端作为电路的参考点。

因为 3Ω 电阻左边电压始终等于 240V，假如令其等于 U_4，则会得到

$$\left(\frac{1}{3}+\frac{1}{6}\right)U_1-\frac{1}{6}U_2-\frac{U_4}{3}=-10$$

又因为 $U_4=240\text{V}$，移项就可以得到

$$\left(\frac{1}{3}+\frac{1}{6}\right)U_1-\frac{1}{6}U_2=-10+\frac{240}{3}$$

$$-\frac{1}{6}U_1+\left(\frac{1}{6}+\frac{1}{30}+\frac{1}{12}\right)U_2-\frac{1}{12}U_3=0$$

$$U_3=60\text{V}$$

求解上述方程组得

$$U_1=182.5\text{V}, \qquad U_2=124.4\text{V}$$

如果电压源支路的两个端点都不能作为参考节点，就可以考虑采用第二种方法。该方法是在运用 KCL 列节点方程之前，先给该支路假定一个电流，并按已知电流来处理，从而可以列出节点方程。再根据 KVL 写出该电压源支路两个端点的电压关系方程作为辅助方程。这种方法增加了一个未知的电流变量和一个辅助方程，方程组有解。

【例 2-8】 求图 2-23a 中的各节点电压。

通过在电压源支路中增加电流变量 I，可列出节点方程。可能引起混乱的地方是如何计

算节点 2 的自电导，注意到由于电流源的作用，节点电压 U_3 不能对流入节点 2 的电流做出任何贡献，因此节点 2、3 之间的 2kΩ 电阻不能计入节点 2 的自电导。只需牢记节点方程的建立是基于 KCL 的，就不难理解这种处理的正确性。再利用 $U_1 - U_2 = 3V$，以及 $U_3 = 12V$ 列出辅助方程即可。

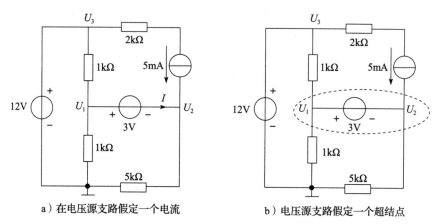

a）在电压源支路假定一个电流   b）电压源支路假定一个超结点

图 2-23 例 2-8 和例 2-9 图

【解】   根据以上叙述，列出节点方程如下

$$\left(\frac{1}{1000}+\frac{1}{1000}\right)U_1 - \frac{12}{1000} = -I$$

$$\frac{1}{5000}U_2 = 0.005+I$$

再列出辅助方程

$$U_1 - U_2 = 3$$

求解上述 3 个方程联立组成的方程组可得

$$U_1 = 8V, \qquad U_2 = 5V$$

另一种方法是把电压源支路作为一个超节点来处理，如图 2-23b 所示，把节点 1、2 作为一个节点来处理。所有流入该区域（超节点）的总电流的代数和为零，这一点是很自然的，因为节点 1、2 流入电流的代数和为零，所以它们的总电流也必然为零。

【例 2-9】   求图 2-23b 中的各节点电压。

【解】   对于超节点，直接使用 KCL 来列写 KCL 方程（注意，这里没有使用观察法）。

$$\frac{12-U_1}{1000}+0.005-\frac{U_2}{5000}-\frac{U_1}{1000}=0$$

再考虑超节点内部有

$$U_1 - U_2 = 3$$

得到

$$U_1 = 8V, \qquad U_2 = 5V$$

最后，将使用节点分析法的一般步骤总结如下：

1）选择一个参考节点，定义其余节点电压变量。

2）如果电路只包含电流源，对每个非参考节点列出节点方程。

3）如果电压源支路的端点不能作为参考节点，则要为该支路增加一个假定电流，或者使用超节点的方法。

4）如果能确定每个节点的自电导和互电导，可使用观察法列出节点方程。

5）如果不能确定每个节点的自电导和互电导，应直接根据 KCL 列写节点方程。

6）求解方程，得到节点电压。

2.2.3 网孔分析法

网孔分析法也叫网孔电流法，是以网孔电流为未知数列 KVL 方程，从而求解电路变量的方法。网孔分析法的适用性不如节点分析法，但它有时更简单。能够使用网孔分析法的网络必须是平面网络，下面首先给出平面网络的定义。

如果一个网络的所有支路都能够在一个平面上画出，即不存在必须从该平面的上面或下面经过的支路，那么这个网络就叫作平面网络。

网孔是平面网络中不包含任何其他回路的回路，它是平面网络的一个特性，对于非平面网络没有定义。回路是首尾相接的路径，而路径就有些难以理解，不过一般情况下我们没有必要考虑太复杂，平面网络通常可画成有许多格子的图形，可以把其中的每个格子看作是一个网孔。如图 2-24 所示，3 个格子构成 3 个网孔。

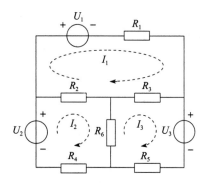

图 2-24 网孔分析法求解电路

假想在每个网孔的闭合路径中存在一个顺时针方向的电流，如图 2-24 中虚线所示的电流 I_1、I_2、I_3，这种假想的电流称为网孔电流。此时每条支路电流都能用该支路所在的各网孔的网孔电流来表示，对照图 2-24 可知，每条支路只有两个网孔与其相关，因此计算支路电流十分简单。最后要指出，网孔电流的选取是任意的，但通常选取顺时针方向，因为由此可得到具有对称性的方程，减少错误的发生。

1. 网孔方程

每个网孔电流从某个节点流入，又必然从该节点流出，此时 KCL 将自动满足。因此网孔分析法需要使用 KVL 来列写方程，方程数与网孔数相等，这里不加证明地指出，对于 m 条支路、n 个节点的平面电路，网孔数（即方程数）等于 $m-n+1$。

对于图 2-24，我们可以根据 KVL 得到如下方程：

$$\begin{cases} R_1 I_1 + R_3(I_1 - I_3) + R_2(I_1 - I_2) + U_1 = 0 \\ R_2(I_2 - I_1) + R_6(I_2 - I_3) + R_4 I_2 - U_2 = 0 \\ R_3(I_3 - I_1) + R_5 I_3 + R_6(I_3 - I_2) + U_3 = 0 \end{cases}$$

整理得

$$\begin{cases} (R_1 + R_2 + R_3)I_1 & -R_2 I_2 & -R_3 I_3 = -U_1 \\ -R_2 I_1 + (R_2 + R_4 + R_6)I_2 & -R_6 I_3 = U_2 \\ -R_3 I_1 & -R_6 I_2 + (R_3 + R_5 + R_6)I_3 = -U_3 \end{cases}$$

这组方程称为网孔方程，对照节点方程可以发现它们很相似。节点分析法中与节点相关的概念是自电导和互电导，网孔分析法中也有与网孔相关的类似概念，叫作自电阻和互电阻。

自电阻：某网孔的所有电阻之和，称为该网孔的自电阻。

互电阻：两个网孔公共支路上的所有电阻之和叫作这两个网孔的互电阻。互电阻的符号与在公共支路上两个网孔电流的方向有关，如果它们的方向相同，则互电阻符号为正；反之，符号为负；当选择所有网孔电流都为同一方向，比如顺时针时，互电阻的符号永远为负。

网孔方程的系数矩阵就是由自电阻和互电阻构成的，因此这个系数矩阵叫作电路的电阻矩阵。网孔方程左边每个变量的系数，以及方程右边的常数项的构成规律如下：

1）系数矩阵对角线上的元素是对应网孔的自电阻。

2）系数矩阵的其他元素是两两网孔之间的互电阻。

3）某网孔电流在该网孔本身的方程中的系数是自电阻，其他网孔电流在该网孔方程中的系数是这两个网孔的互电阻。

4）每个网孔方程的右边是沿该网孔电流方向的所有独立电压源电压升的代数和。即如果独立电压源的电压沿网孔电流方向升高，则符号为正；反之，符号为负。

类似地，这个结论可推广到 k 个网孔的情况（此时共有 k 个方程）：

$$\begin{cases} R_{11}I_1+R_{12}I_2+\cdots+R_{1k}I_k=U_{S11} \\ R_{21}I_1+R_{22}I_2+\cdots+R_{2k}I_k=U_{S22} \\ \qquad\qquad\vdots \\ R_{k1}I_1+R_{k2}I_2+\cdots+R_{kk}I_k=U_{Sk,k} \end{cases}$$

式中，R_{ii} 为第 i 个网孔的自电阻；R_{ij} 为第 i 个网孔与第 j 个网孔之间的互电阻；U_{Sii} 为沿该网孔电流方向的所有独立电压源电压升的代数和。

2. 纯电流源支路和受控源的处理

对于含有纯电流源支路和受控源的电路，因为电流源的电流与其两端电压无关，无法将该支路的电压表示成电流乘以电阻的形式，而是取决于外电路，所以不能直接应用网孔分析法，必须做特殊的处理。

如果电流源支路处于电路的边界上，则该网孔电流为已知，无须为该网孔列网孔方程。

如果电流源支路处在两个网孔的公共支路上，为了列出 KVL 方程，可以给电流源支路假设一个电压，并把它作为已知电压来列写该网孔的 KVL 方程。然后再考虑该公共支路上两个网孔电流所受到的 KCL 约束，即两个网孔电流的代数和等于该电流源的电流。

【例 2-10】 求图 2-25 中的各网孔电流。

【解法 1】 受控电流源位于网孔 1 和网孔 2 之间，设其两端电压为 U，极性如图 2-25 所示，则可列网孔方程如下：

$$I_1=15\text{A}$$
$$-2I_1+(2+3+1)I_2-3I_3=-U$$
$$-I_1-3I_2+(1+2+3)I_3=0$$

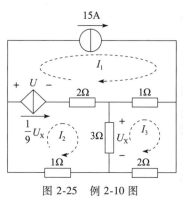

图 2-25 例 2-10 图

又根据 KCL 可得到

$$I_2 - I_1 = \frac{1}{9}U_x$$

根据欧姆定律有

$$3(I_2 - I_3) = U_x$$

联立求解可得

$$I_1 = 15\text{A}, \quad I_2 = 17\text{A}, \quad I_3 = 11\text{A}$$

【解法 2】 首先注意到 15A 电流源支路处于电路的边界上，因此网孔 1 的电流已知为 15A，不必为网孔 1 列方程。可得

$$I_1 = 15\text{A}$$

其次，又因为受控源位于网孔 1 和网孔 2 的公共支路上，而网孔 1 电流为已知，如果把受控源视为独立电流源的话，那么该支路的电流也能够确定，所以我们可以认为受控源也是位于电路的边界上。这样，也就无须为网孔 2 列方程。根据 KCL，可得

$$I_2 = \frac{1}{9}U_x + 15 = \frac{1}{9} \times 3(I_2 - I_3) + 15$$

所以

$$I_2 = \frac{1}{2}(45 - I_3)$$

最后，只需为网孔 3 列 KVL 方程即可，即

$$-1 \times 15 - 3 \times \frac{1}{2}(45 - I_3) + (1 + 2 + 3) = 0$$

从这个方程可得到

$$I_3 = 11\text{A}$$

进而得到

$$I_2 = 17\text{A}$$

【解法 3】 使用超网孔。其基本思路是把含有电流源或受控源的公共支路的两个网孔视为一个超网孔，并对这个超网孔列 KVL 方程，使用这种办法可以避免引入额外的变量（电流源两端的电压）。

【例 2-11】 用超网孔的方法求图 2-26 中 3A 电流源上的电压 U。

【解】 由于网孔 3 上的 2A 电流源位于电路边界上，所以有

$$I_3 = 2\text{A}$$

把网孔 1 和网孔 2 视为一个超网孔，并对这个超网孔列 KVL 方程：

$$-5 + (1 + 5)I_1 + (2 + 3)I_2 - (2 + 5)I_3 = 0$$

再列出辅助方程得到

$$I_2 - I_1 = 3$$

联立求解得

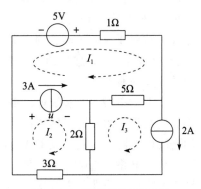

图 2-26 用超网孔求解电路

$$I_1 = 0.364\text{A}, \qquad I_2 = 3.364\text{A}, \qquad I_3 = 2\text{A}$$

可以再对网孔 2 使用 KVL 来求出 U。

$$U + 2(I_2 - I_3) + 3I_2 = 0$$

求解得

$$U = -12.818\text{V}$$

使用网孔分析法的一般步骤总结如下：

1）首先必须保证该网络是一个平面网络，否则不能使用网孔分析法。

2）为电路中的每个网孔设定一个顺时针方向的网孔电流。

3）为每个网孔列写网孔方程。

4）对电流源和受控源支路要做特殊处理，可以使用增加变量法或超网孔法。

5）求解方程，得到网孔电流。

节点分析法和网孔分析法是解决复杂问题的系统化方法，很容易编制成计算机软件来求解大规模的、复杂的电路问题。

这两种方法都是基于基尔霍夫两个定律：以节点电位为未知数，对非参考节点列 KCL 方程，就得到节点分析法；以网孔电流为未知数，对所有网孔列 KVL 方程，就得到网孔分析法。从适用性上看，节点分析法更具有通用性，它能够分析所有类型的电路；网孔分析法对于求解电流的问题更简单直接一些，但不能适用于所有的电路类型。

2.3 线性系统法

2.1 节和 2.2 节分别讲述了等效变换法和网络方程法，其中等效变换法关注串联、并联等电流和电压分配的概念，网络方程法关注节点、支路、回路等网络概念。二者的关注点虽有不同，其根基却都是基尔霍夫定律，都是从结构角度看电路，把电路看成是元件的连接。

本书第 1 章还指出，除了从结构角度看电路、从而把电路看成是元件的连接之外，还可以从功能角度看电路，从而把电路看成实现激励和响应之间变换关系的系统。一个复杂的系统又可以分解为多个子系统，子系统与子系统之间通过信号相互关联。

例如，图 2-27 中，整个系统的输入信号是 x，输出信号是 y；该系统又可以分解为两个子系统，子系统 1 把信号 x 变换为信号 y，子系统 2 把信号 y 变换为信号 z。对子系统 1 而言，x 是输入信号，y 是输出信号，表达成函数就是 $y = f_1(x)$；对子系统 2 而言，

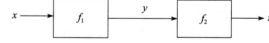

图 2-27 用框图表示系统的分解

y 是输入信号，z 是输出信号，表达成函数就是 $z = f_2(y)$。信号 y 既是子系统 1 的输出，又是子系统 2 的输入。

第 1 章指出，在系统理论中，线性系统理论最简单最成熟，它还是解决非线性理论的基础。这么重要的理论当然应该"为我所用"，来分析我们遇到的各类电路。把线性系统理论用到线性电路中，就形成了线性电路理论，它是我们必须熟练掌握的知识。

线性电路的基础理论是叠加定理，从叠加定理出发，还可以推导很多其他的电路定理。请读者牢记，线性分为齐次性和叠加性，它是线性系统最根本的特性，也是线性系统的定义。本节将运用线性电路理论来分析线性电阻电路，这类电路只包含线性电阻、线性受控源和独立源 3 种元件。

2.3.1 线性电阻电路叠加定理

叠加定理指出，在含有多个独立电源的线性电阻电路中，任何一条支路上的电压（或电流）等于各个独立电源单独作用时在此支路上所产生的电压（电流）之和。想要得到某个独立源单独作用时的响应，就必须保留该独立源，而将其他独立源置零（独立电压源短路，独立电流源开路）。在得到了所有单个独立源的响应之后，再将每个单独的响应代数相加，从而得到总的响应。

【例 2-12】 设图 2-28a 中，$R_1=6\Omega$，$R_2=4\Omega$，$R_3=9\Omega$，电压源 $U_s=3V$，电流源 $I_s=2A$，求电流 I 的值和电阻 R_3 上的功率。

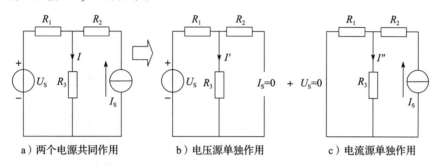

a）两个电源共同作用　　b）电压源单独作用　　c）电流源单独作用

图 2-28　两个独立源单独作用的响应的叠加

【分析】 图 2-28a 中，两个电源共同作用在电阻 R_3 上产生的电流 I，等于每个电源分别作用在电阻 R_3 上产生的电流的代数和。图 2-28b 将电流源开路，求取电压源单独作用时的响应 I'；图 2-28c 将电压源短路，求取电流源单独作用时的响应 I''。按照叠加定理可以按照如下公式计算电流 I：

$$I=I'+I''$$

【解】 根据叠加定理，使 3V 电压源和 2A 电流源分别单独作用，总电流就等于各个电源单独作用时的电流的代数和。

3V 电压源单独作用时，可得到如图 2-28b 所示的电路，按照串联电阻等于所有电阻之和的规律，可计算电流 I' 为

$$I'=\frac{U_s}{R_1+R_2}=\frac{3}{4+6}A=0.3A$$

2A 电流源单独作用时，可得到如图 2-28c 所示的电路，按照并联电阻分流公式［见式（2-5）］，可计算电流 I'' 为

$$I''=\frac{\dfrac{1}{R_3}}{\dfrac{1}{R_1}+\dfrac{1}{R_3}}I_s=\frac{6}{6+9}\times2A=0.8A$$

使用叠加定理得

$$I=I'+I''=0.3A+0.8A=1.1A$$

电阻 R_3 上消耗的功率为

$$P_3=I^2R_3=1.1^2\times9W=10.89W$$

千万注意，功率不是线性响应，所以不能对功率的计算使用叠加定理。请读者验证一下，首先分别计算电压源单独作用时的功率和电流源单独作用时的功率，再把这两个功率加起来，将会发现分别计算所得到的功率之和，不等于前面计算得到的功率 P_3。

【例 2-13】 设图 2-29 中，$R_1 = 6\Omega$，$R_2 = 3\Omega$，$R_3 = 1\Omega$，电压源 $U_{S1} = 6V$，$U_{S2} = 12V$，电流源 $I_{S1} = 3A$，$I_{S2} = 2A$，求电流 I 和电压 U_{ab} 的值。

【分析】 图 2-29 中有 4 个独立电源，如果按照叠加定理原始文字所表述那样，就需要分别计算 U_{S1}、U_{S2}、I_{S1}、I_{S2} 单独作用时所产生的响应分量，再做叠加。因为对每个单独作用的独立电源，都需要画出对应的电路图才能求解，所以就必须针对 4 个电路图单独求解。这个工作量太大，反而不如不用叠加定理，

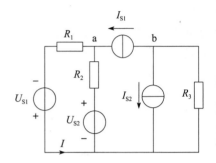

图 2-29 多个电源共同作用的叠加定理

直接使用网络方程法也不会更麻烦。我们学习各种方法，不是为了显示自己懂得多，而是希望更加简单方便，越做越麻烦显然不是学习和应用叠加定理的目的。

如果我们不拘泥于字面的话，仔细思考，就可以知道叠加定理的本质是告诉我们——每个独立源产生的彼此独立的响应可以叠加。线性电路任何时刻任何一点"总的响应等于每个独立源单独作用时对应的响应分量的代数和"这句话所强调的不仅仅是响应可叠加，还包含了"每个独立源的响应分量彼此独立"这个含义。实际上，从线性系统的齐次性——即任何响应分量与产生它的独立源的激励值成正比例（这个响应分量显然与其他激励源无关）——出发，也可以得到"每个独立源的响应分量彼此独立"这个结论。既然如此，这种叠加就不必要求单独计算每个独立源的响应分量，如果方便的话，完全可以把共同作用的多个独立源分解为几部分（每部分可以包含多于一个独立源），然后分别计算每部分独立源所对应的响应分量，再相加即可。所以，叠加定理也可以这样应用——全部独立源在任何时刻任何一点所产生的总的响应等于每部分独立源所产生的响应分量的代数和。这个结论在第 1 章已经指出了。

在这个结论的基础上，我们就可以找到简单方法解决这个问题。注意到图 2-29 中，如果把电流源 I_{S1} 作为一个部分，其余 3 个电源作为另一个部分，就可以得到两个电路，一个是电流源 I_{S1} 单独作用时的电路，另一个是 U_{S1}、U_{S2}、I_{S2} 共同作用（即电流源 I_{S1} 不作用）时的电路，如图 2-30 所示。这两个电路都很容易求解，电流源 I_{S1} 单独作用时的电路如图 2-30a 所示，这已经是一个简单的串并联电路了；电流源 I_{S1} 不作用的电路如图 2-30b 所示，此时，由于电流源 I_{S1} 开路，左右两部分电路之间只有一根导线相连，无法形成回路，所以两部分电路彼此独立，左侧回路中的电源无法影响右侧电路中的电压和电流，右侧回路中的电源也无法影响左侧电路中的电压和电流。

【解】 根据叠加定理，图 2-29 所示电路中 4 个电源共同作用的响应，等于电流源 I_{S1} 单独作用的响应，与电流源 I_{S1} 不作用而其余 3 个电源共同作用的响应，这两个响应分量的代数和。于是得到图 2-30 中的两个电路，下面分别求这两个响应。

图 2-30a 所示电路中，各元件之间关系是 R_1、R_2 并联之后再与 R_3 串联，按照串并联公式即可计算电流源 I_{S1} 单独作用时产生的响应分量为

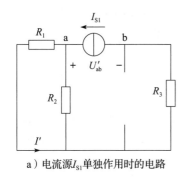
a）电流源I_{S1}单独作用时的电路

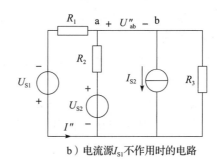
b）电流源I_{S1}不作用时的电路

图 2-30 总响应等于每部分响应的叠加

$$I' = \frac{R_2}{R_1+R_2}I_{S1} = \frac{3}{3+6}\times 3\text{A} = 1\text{A}$$

$$U'_{ab} = (R_1//R_2+R_3)I_{S1} = (6//3+1)\times 3\text{V} = 9\text{V}$$

图 2-30b 所示电路中，左、右回路彼此独立，计算 I 的分量 I'' 无须考虑右回路，所以

$$I'' = \frac{U_{S1}+U_{S2}}{R_1+R_2} = \frac{6+12}{6+3}\text{A} = 2\text{A}$$

U_{ab} 在图 2-30b 中的分量 U''_{ab} 等于 a 点与 b 点的电位差，所以

$$U''_{ab} = U_a - U_b = (R_1 I''-U_{S1})-(-I_{S2}R_3) = (6\times 2-6+2\times 1)\,\text{V} = 8\text{V}$$

最后，把两部分响应分量叠加，得到总的响应

$$I = I'+I'' = 1+2\text{A} = 3\text{A}$$

$$U_{ab} = U'_{ab}+U''_{ab} = (9+8)\,\text{V} = 17\text{V}$$

2.3.2 戴维南定理与诺顿定理

叠加定理给出了线性电路中激励和响应之间的关系，不过，如果我们被限制为只能使用叠加定理来计算电路中的响应的话，就会遇到理论上的困难。比如说，电网里面有很多发电设备（独立电源），各种各样的发电设备通过结构复杂的电网连接到一起，用电设备（负载）通常连接到电网上，在这个有着多个电源的网络里面，怎样计算负载上的响应？

显然，此时不能使用叠加定理，因为从用电设备（负载）的角度来看，根本无法知道电网里究竟有多少个发电设备（独立电源），所以，也就不能分别计算每个独立电源所对应的响应，叠加自然也就无从谈起。

不过读者似乎没有受到这个问题的影响，因为电网电压是一定的，用这个电压作为电压源就可以了。问题是，这是个让我们直接接受的结论，其理论依据却没有告诉我们。而一旦明白了这个结论的理论依据，就可以把这个方法用到类似电路的分析中去。

1. 戴维南定理和诺顿定理的定义与证明

戴维南定理可表述为：任何线性含源二端电阻网络 N，均可等效为一个理想电压源 u_{OC} 与电阻 R_0 的串联；其中 u_{OC} 是网络 N 的开路电压，R_0 是网络 N 中的全部独立电源都置零后的等效电阻。

线性网络 N 可以包括线性受控源，但该受控源的控制量必须也在网络 N 中，而且网络

N 中还不能含有外界受控源的控制量。也可以这样说，线性网络 N 与外部电路的耦合关系只能通过二端网络 N 的两个端点上的电压和电流来实现。在这个意义上，戴维南定理也叫作有源二端网络定理。

理解戴维南定理还要注意的一点是，R_0 是网络 N 中的全部独立电源都置零后得到的等效电阻，不要把网络 N 内部的受控源置零。

根据戴维南定理求出的等效电路称为戴维南等效电路，如图 2-31 所示，从图中可见，戴维南等效电路是一个实际电压源，因此戴维南定理也可以表述为：任何线性含源二端网络都可以等效成一个实际电压源。在这个意义上，戴维南定理也叫等效电压源定理。

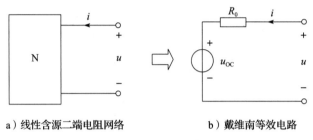

a）线性含源二端电阻网络   b）戴维南等效电路

图 2-31   戴维南等效定理

下面根据叠加定理和替代定理证明戴维南定理。

首先注意到，戴维南定理强调的是"等效"，这就说明，用戴维南等效电路替换线性含源二端电阻网络 N 之后，对于任何外加负载，端口上的电压电流关系应该保持不变。

【例 2-14】   证明戴维南定理。

设线性含源二端电阻网络 N 与负载网络相连，如图 2-32a 所示，此处对负载网络没有要求，它可以是线性或非线性、含源或无源均可。设两个网络连接端口的电压为 u，电流为 i，根据替代定理，可以用理想电流源 $i_s=i$ 替代负载网络，从而得到如图 2-32b 所示的电路，这一替代不会影响网络 N 中的电压和电流，我们用替代后的电路图 2-32b 来计算网络 N 端口上的电压 u 和电流 i 之间的关系。

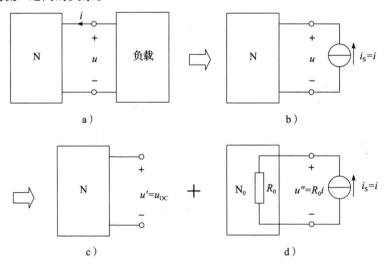

图 2-32   用叠加定理和替代定理求端口电压

图 2-32b 中，只包含网络 N 中的线性电阻元件、网络 N 中的线性受控源、网络 N 中的独立源，以及网络 N 外部的独立电流源 i_s。它是一个线性电路，可以使用叠加定理，根据叠加定理，端口电压 u 等于网络 N 中的全部独立源所产生的响应 u'，以及网络 N 外部的独立电流源 i_s 产生的响应 u'' 的叠加。

欲求网络 N 中的全部独立源所产生的响应 u'，应将独立电流源 i_s 所在支路断开，从而得到图 2-32c，显然，此时的端口电压 u' 就是网络 N 的开路电压 u_{oc}。

$$u' = u_{oc}$$

欲求网络 N 外部的独立电流源 i_s 产生的响应 u''，应将网络 N 中的全部独立源置零，从而得到图 2-32d，其中网络 N_0 表示网络 N 中的全部独立源置零后所得到的网络，电阻 R_0 表示网络 N_0 从端口看进去的等效电阻。显然，此时的端口电压 u'' 等于电阻 R_0 与流过它的电流 i 的乘积。

$$u'' = R_0 i$$

根据叠加定理，端口总电压 u 等于 u' 和 u'' 之和，如图 2-33a 所示。

$$u = u' + u'' = u_{oc} + R_0 i$$

而图 2-33b 所示电路中的端口电压恰好也满足 $u = u_{oc} + R_0 i$，这说明，对任何负载而言，戴维南等效电路与网络 N 的端口电压-电流关系相同，从负载的角度来看，二者等效。

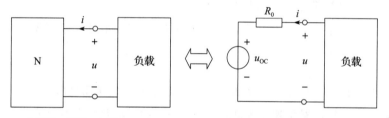

a）网络N的端口电压$u=u_{oc}+R_0 i$ b）电压源串联电阻的端口电压$u=u_{oc}+R_0 i$

图 2-33 从负载的观点来看，戴维南等效电路与网络 N 等效

诺顿定理可以认为是戴维南定理的推论：任何线性含源二端电阻网络 N，均可等效为一个理想电流源 i_{sc} 和一个电阻 R_0 的并联；其中 i_{sc} 是网络 N 的短路电流，R_0 是网络 N 中的全部独立电源都置零后的等效电阻。根据电源变换的等效关系，由戴维南定理很容易得到诺顿定理。诺顿定理也可以表述为：任何线性含源二端电阻网络都可以等效成一个实际电流源。

诺顿定理和诺顿等效电路如图 2-34 所示。

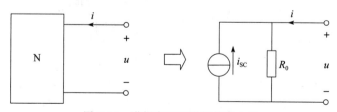

图 2-34 诺顿定理和诺顿等效电路

戴维南等效电路中独立电压源的极性，要确保将戴维南等效电路开路时所得到的开路电压，与原网络的开路电压同极性；类似地，诺顿等效电路中独立电流源的极性，要确保将诺顿等效电路短路时所得到的短路电流，与原网络的短路电流同方向。注意，网络 N 的开路

电压、短路电流、等效电阻既可以计算得到，也可以测量得到。

等效电压源定理、等效电流源定理及其等效电路，在美国以 Thévenin 和 Norton 命名，而在欧洲，则被称为 Helmholtz-Thévenin、Helmholtz-Norton、Mayer-Norton 等，原因如下。

1883 年，法国电报工程师戴维南（Léon Charles Thévenin，1857—1926）在法国科学院的刊物上发表了电压源等效电路，全文仅一页半；1885 年，戴维南的发现被美国贝尔实验室的工程师所重视，从而广为人知。在戴维南出生 4 年前的 1853 年，德国科学家亥姆霍兹（Hermann Von Helmholtz，1821—1894）在一篇描写"动物电"的论文中提出了相同的内容，戴维南的发表其论文时，亥姆霍兹仍健在；在同一论文中，亥姆霍兹首次描述了叠加定理，并将其归功于他的朋友。

1926 年，美国工程师诺顿（Edward Lawry Norton，1898—1983）在贝尔实验室内部的一份技术报告上提出了电流源等效电路。同年，更完整的论文由德国科学家梅耶尔（Hans Ferdinand Mayer，1895—1980）在一份德国刊物上公开发表。

戴维南的论文给出了更为优雅的证明，从事通信工程的戴维南及美国电话电报公司（AT&T）的工程师们的确没看过亥姆霍兹"动物电"的论文，这导致该定理在 30 年后被重新发现。对此，梅耶尔写道："我本人不反对称之为'戴维南定理'，尽管它在其他国家被称为'亥姆霍兹定理'，但有趣的是，在亥姆霍兹发表 30 年之后的 1883 年，它被认为是新的。"

2. 戴维南等效电路与诺顿等效电路的求解

使用戴维南（诺顿）定理的关键是求出戴维南（诺顿）等效电路。根据不同情况，可以使用定义法、开短路法和外加电源法 3 种之一。

（1）定义法

定义法是根据定义直接求出开路电压 u_{OC} 和等效电阻 R_0，从而得出戴维南等效电路。如果是求诺顿等效电路，则需要根据定义直接求出短路电流 i_{sc} 和等效电阻 R_0，继而得到诺顿等效电路。

【例 2-15】 用戴维南定理求图 2-35a 中的电流 i。

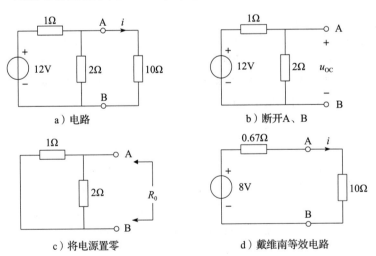

a）电路   b）断开A、B   c）将电源置零   d）戴维南等效电路

图 2-35 例 2-15 图

【分析】 把 10Ω 电阻作为负载，其余部分作为有源二端网络 N，并求其戴维南等效电

路。根据定义法，分别求开路电压 u_{OC} 和等效电阻 R_0 即可。

【解】 首先求开路电压 u_{OC}，它等于从 A、B 两点断开时 2Ω 电阻上的电压，如图 2-35b 所示。

$$u_{OC} = 12 \times \frac{2}{1+2} V = 8V$$

再将 12V 电源置零，并求出从 A、B 两点向左看过去时的等效电阻，如图 2-35c 所示。

$$R_0 = \frac{1 \times 2}{1+2} \Omega = 0.67\Omega$$

于是可以得到戴维南等效电路如图 2-35d 所示。利用这个电路可求得电流 i。

$$i = \frac{8}{0.67 + 10} A = 0.75A$$

请读者思考，为什么图 2-35d 中独立电压源的极性不能是上负下正？

答案在于，当断开 10Ω 负载支路得到图 2-35b，所求出的网络 N 的开路电压 u_{OC} 的极性，存在"A 点电位 u_A 高于 B 点电位 u_B"这一特性，在图 2-35d 中，如果断开 10Ω 负载支路，将会发现此时依然满足"等效替换前后开路电压极性不变"，即"A 点电位 u_A 高于 B 点电位 u_B"这一要求。如果把图 2-35d 中 8V 独立电压源的极性改为上负下正，将会发现等效电路的开路电压与原来网络所得到的开路电压极性相反，所以不能把独立电压源的极性改为上负下正。

（2）开短路法

如果网络 N 中含有受控源，就很难直接求出等效内阻，此时可以考虑采用开短路法求解。可以把戴维南等效电路和诺顿等效电路重画，如图 2-36 所示。

根据电压源与电流源等效的条件[式(2-9)]，可知开路电压 u_{OC} 和短路电流 i_{SC} 存在如下关系：

$$u_{OC} = i_{SC} R_0 \qquad (2\text{-}14)$$

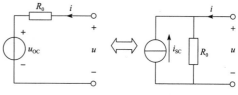

图 2-36　戴维南等效电路和诺顿等效电路

根据式(2-14)，先确定开路电压 u_{OC} 和短路电流 i_{SC}，再求出 R_0 的值，这种方法就是开短路法。应用式(2-14)时，要注意其成立的条件是 u_{OC} 和 i_{SC} 之间必须满足类似关联参考方向的要求——i_{SC} 从 u_{OC} 正端流向负端。请仔细观察下面的例题。

【例 2-16】 用开短路法求出图 2-37a 所示电路的戴维南等效电路和诺顿等效电路。

【解】 首先求开路电压 u_{OC}，如图 2-37a 所示，它等于 3Ω 电阻上的电压和受控源的电压之和。开路时 3Ω 电阻上的电流为

$$i = \frac{9}{6+3} A = 1A$$

再计算开路电压

$$u_{OC} = 3i + 6i = 9 \times 1V = 9V$$

其次要求出短路电流 i_{SC}，如图 2-37b 所示，对右边的网孔列 KVL 方程，可得

$$3i + 6i = 0$$

所以此时有

$$i = 0$$

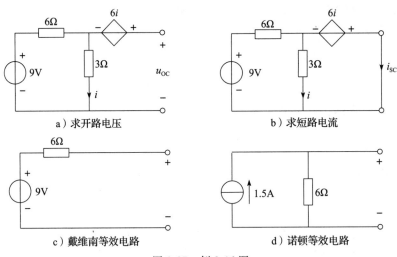

a) 求开路电压　　　　　　　　　　　b) 求短路电流

c) 戴维南等效电路　　　　　　　　d) 诺顿等效电路

图 2-37　例 2-16 图

这表明在短路时 3Ω 电阻上没有电流流过，于是受控源的电压也等于 0。此时可计算出短路电流

$$i_{sc} = \frac{9}{6}A = 1.5A$$

利用式(2-14)计算网络内阻为

$$R_0 = \frac{u_{oc}}{i_{sc}} = \frac{9}{1.5}\Omega = 6\Omega$$

求出 u_{oc}、i_{sc} 和 R_0 之后，可画出戴维南等效电路和诺顿等效电路，分别如图 2-37c、d 所示。

（3）外加电源法

第三种方法叫作外加电源法，是在电路的两个外接端口加上假想的电压源 u_s 或电流源 i_s，并定义网络 N 的端口电压为 u，流出网络 N 的电流为 i，如果最后能够写成 $u = a - bi$ 的形式，就可以断定 $u_{oc} = a$，$R_0 = b$。所加的电压源 u_s 或电流源 i_s 的值并不重要，这种方法尽管计算上可能麻烦一些，但适用性更广。下面的例子说明了这种方法。

【例 2-17】　求图 2-38a 所示电路的戴维南等效电路。

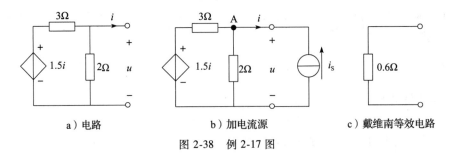

a) 电路　　　　　　　　b) 加电流源　　　　　　　c) 戴维南等效电路

图 2-38　例 2-17 图

【解】　由于网络内部没有独立源，因此本题很容易得到开路电压 $u_{oc} = 0$，但由于内部受控源的存在，无法直接计算出电路的等效内阻，采用第三种方法可以求解。

假设在电路端口上加图 2-38b 所示的电流源，则根据 KCL 对节点 A 列出方程如下：

$$\frac{1.5i-u}{3} - \frac{u}{2} - i = 0$$

化简即得

$$u = -0.6i$$

对照 $u = a - bi$ 的形式，可知 $u_{OC} = 0V$，$R_0 = 0.6\Omega$。戴维南等效电路如图 2-38c 所示。

总结：以上给出了 3 种求解戴维南（诺顿）等效电路的方法，每种方法都有不同的适应性，在应用中要注意灵活使用。

戴维南等效电路与诺顿等效电路都和电源变换存在着某种类似，都可以用来化简电路。如果电路特别复杂，而且受控源的控制量也在被变换的电路之内时，电源变换就无能为力了。戴维南定理与诺顿定理则是更加系统和通用的方法，它对于电源变换法的意义，正如节点分析法和支路电流法之于串并联分析。

2.3.3 最大功率传输定理

在通信、自动控制等电子电路中，由于传输的功率比较小，总是希望负载能够尽可能多地获得信号源所发出的功率。戴维南定理为分析如何获取最大功率的问题提供了方便。

戴维南定理告诉我们，任何线性含源二端电阻网络都可以等效为一个实际电压源。所以如果电源网络只包含线性电阻和电源，不论实际电路如何复杂，它与负载的连接都可以简化为如图 2-39 所示的电路。

此时负载 R_L 所获得的功率可计算为

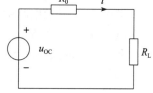

$$P_L = i^2 R_L = \left(\frac{u_{OC}}{R_0 + R_L}\right)^2 R_L = u_{OC}^2 \frac{R_L}{(R_0 + R_L)^2} \qquad (2-15)$$

图 2-39 最大功率传输定理

式（2-15）中的第一项只与电路内部的电源（即信号源）有关，第二项与负载有关，将式（2-15）对 R_L 求导得

$$\frac{dP_L}{dR_L} = u_{OC}^2 \frac{(R_0 + R_L)^2 - 2R_L(R_0 + R_L)}{(R_0 + R_L)^4}$$

当负载功率 P_L 取得极值时，上面的导数必须为零，于是

$$(R_0 + R_L)^2 - 2R_L(R_0 + R_L) = 0$$

或者

$$R_L = R_0 \qquad (2-16)$$

又因为当 $R_L = 0$ 或 $R_L = \infty$ 时，$P_L = 0$ 为极小值，可知 $R_L = R_0$ 时负载所得功率最大。这就是最大功率传输定理：

任何有源线性二端网络，其负载获得最大功率的条件是负载电阻等于该二端网络的戴维南等效电阻。

由于戴维南等效电阻和诺顿等效电阻是相同的，所以上述定理也同样适用于电流源等效电路。

最后，总结一下叠加定理、戴维南定理和诺顿定理、最大功率传输定理之间的关系，叠加定理是线性电路的基础定理，戴维南定理可以从叠加定理推导出来；最大功率传输定理的成立，则必须是基于戴维南定理的基础之上。

　　这 3 个定理从不同的角度描述了线性电路的特征：叠加定理描述了激励和响应之间的关系；戴维南与诺顿定理是从负载的角度看供电网络，指出任何供电网络都可以看成是实际电压源或实际电流源；最大功率传输定理则是从供电网络的角度看负载，指出负载满足何种条件时才能最好地与供电网络匹配（获得最大功率）。

习题

（完成下列习题，并用 LTspice 仿真验证）

2-1　求图 2-40 所示电路中的电流 I_1 和 I_2。

2-2　求图 2-41 所示电路中的 U、I 和 4Ω 电阻吸收的功率。

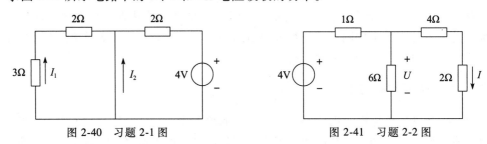

图 2-40　习题 2-1 图　　　　　　　　图 2-41　习题 2-2 图

2-3　如果将一个 110V，20W 的灯泡与一个 110V，40W 的灯泡串联接于 220V 电源上，请问哪一个灯泡会首先损坏？为什么？

2-4　求图 2-42 所示电路中的电流 I。

2-5　电路如图 2-43 所示，已知每个电阻的阻值均为 1Ω，求 A、B 两点间的等效电阻 R_{AB} 以及 A、C 两点间的等效电阻 R_{AC}。

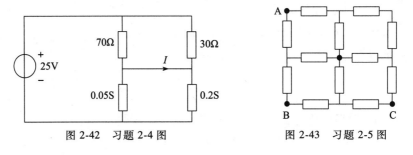

图 2-42　习题 2-4 图　　　　　　　　图 2-43　习题 2-5 图

2-6　用叠加定理求图 2-44 所示电路中的电流 I。

2-7　图 2-45 中的电路称为电桥电路，用节点电压法求流过 1Ω 电阻的电流 I。

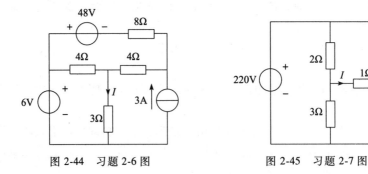

图 2-44　习题 2-6 图　　　　　　　　图 2-45　习题 2-7 图

2-8　其他条件不变，用戴维南定理求解习题2-7。

2-9　已知图2-46a所示的电路中，当两个线性网络没有连接时，测得开路电压 $U_1 = 4V$，$U_2 = 5V$，短路电流 $I_1 = -2A$，$I_2 = 5A$，当把两个电路端点连接起来以后（见图2-37b），求连接点的电压 U 和电流 I。

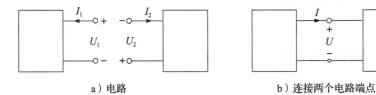

a）电路　　　　　　b）连接两个电路端点

图2-46　习题2-9图

2-10　求图2-47中的电压 U 和电流 I。

2-11　在图2-48所示的电路中，如何调整 R_L 使其获得最大功率？求此时的 R_L。

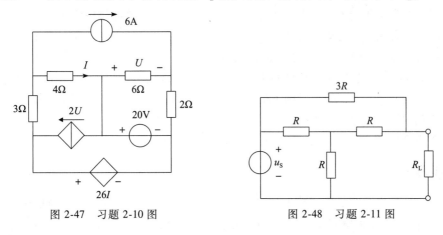

图2-47　习题2-10图　　　　　　图2-48　习题2-11图

2-12　在图2-49所示电路中，已知 $u_S = 1V$，$R_S = 1k\Omega$，$R_E = 2k\Omega$，$\beta = 49$，求出从负载电阻 R_L 看过去的诺顿等效电路。

2-13　已知一个直流电压源的短路电流为2.5A，当外接20Ω电阻时，该电压源能够向这个电阻提供80W的功率，求：（1）该电压源的开路电压；（2）获得最大功率时的负载电阻；（3）该电压源可能输出的最大功率。

2-14　求图2-50所示电路中的电流 I。

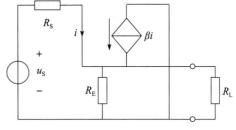

图2-49　习题2-12图

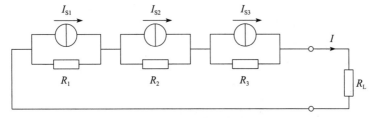

图2-50　习题2-14图

第 3 章
动态元件和动态电路

前面重点研究了线性电阻电路的分析方法，所用到的被动电路元件是电阻。直流激励作用下，只要电阻阻值不变，电阻电路中的响应也一定是直流形式。在任意时刻施加激励，响应（电流、电压）都会瞬间建立，此后只要激励保持不变，响应就保持不变，整个电路一片"静寂"，从这个意义上，可以说线性电阻电路是静态电路。

又因为电路是元件的组合，电路的特性必然是元件特性的综合体现，所以线性电阻电路的静态特征也必然可以从线性电阻元件本身的特性来体现。分析线性电阻元件的电流电压关系可知，其伏安特性为正比例关系，无论何时，一旦电压稳定，电流即保持稳定，反之亦然，所以电阻元件属于静态元件。这里所说的"静"，是指（直流激励下的）响应不随时间而变化。

本章将介绍电容和电感，它们的电压-电流关系不是简单的比例关系，而是与时间有关的微分-积分形式。任意瞬间，在这两类元件上施加了直流激励后，所产生的响应将会是一个随着时间而变化的量，（直流激励下的）响应随着时间而"动"，所以称之为动态元件。包含动态元件的电路称为动态电路，动态电路的分析比电阻电路要复杂。

本章首先介绍动态元件，动态电路的分析留待后文解决。

3.1 电容

实际电容器是在两片导电层中间填充绝缘层所构成的，例如两个金属极板中间被空气隔离，就成为一个最简单的电容器，如图 3-1 所示。在外电路的作用下，施加了正电压的极板上的电子被移走，导致该极板带正电荷 $+q$；同时，施加了负电压的极板上则移来了相应数量的电子，导致该极板带有等量的负电荷 $-q$。显然，施加的电压越大，相应被移走的电子就越多，电容器两个极板上积累的电荷量也就越大。同时，电容正负极板上的电荷必然形成电场，我们知道电场能够存储能量，所以电容能够存储电场能。

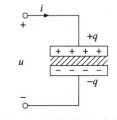

图 3-1 最简单的电容器

实际电容器的理想化数学模型叫作电容元件。我们用电容两个极板所带电荷量与其端电压之间的关系来表征电容器的外特性，即

$$q = Cu \tag{3-1}$$

式中，q 为电容两个极板所带电荷量，单位为库仑（C）；u 为外加电压，单位为伏特（V）；系数 C 称为电容元件的电容量，单位为法拉（F），简称法，$1F = 1C/V$。除了法拉以外，常用的电容量单位还有微法（μF）和皮法（pF），它们之间的关系如下：

$$1F = 10^6 \mu F = 10^{12} pF$$

电容元件的定义是：一个二端元件，如果在任意时刻，其电荷量与其端电压能用电荷-电压（q-u）平面上的曲线确定，就称其为电容元件（简称电容）。显然，这种定义并没有要求

q-u 关系必须是直线，也没有要求这个曲线必须与时间无关，所以该定义包含了非线性、时变的电容。但是在实际使用中，我们更常用的是线性非时变电容元件，书中如不特别指明，"电容元件"均指线性非时变电容元件。线性非时变电容元件的电路符号和 q-u 关系曲线如图 3-2 所示，从图中可知，线性非时变电容元件的电容量 C 为常数。

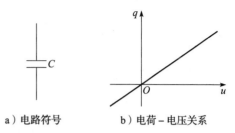

a）电路符号   b）电荷-电压关系

图 3-2 线性非时变电容元件的电路符号及其电荷-电压关系

电容器两个极板之间的这种电荷移动并未穿过极板之间的绝缘介质，但我们的确看到了电荷的移动，由于这种电荷移动而产生的电流称为位移电流。根据电流定义公式很容易得到通过电容的位移电流与电容元件两端的电压之间的关系，即

$$i = \frac{dq}{dt} = C\frac{du}{dt} \tag{3-2}$$

式(3-2)称为电容元件伏安关系的微分形式，它表明，流过电容元件的电流与该时刻电容两端电压的变化率成正比。在直流电路中，电容元件端电压 u 恒定，电流 $i = 0$，电容相当于开路；在电容元件端电压变化的电路中，电压 u 的变化率不等于 0，电流 i 不等于 0。所以电容元件不允许直流电流流过，却能够允许交流电流流过，即具有隔直流、通交流的特性。电容允许交流电流通过的前提是电容两端必须存在交流电压，这与导线上没有压降地通过电流的特点不同，所以更准确的说法应该是隔直流、阻交流。

根据式(3-2)，显然如果电容两端的电压发生跃变，将会产生无限大的电流，而这在物理上是不可能实现的，所以电容两端的电压不能跃变，这是电容元件一个十分重要的特性。

对式(3-2)变形，得

$$du = \frac{1}{C}i(t)\,dt \tag{3-3}$$

对式(3-3)从 $-\infty \sim t$ 进行积分，并设 $u(-\infty) = 0$，这个假设通常是合理的，所以

$$u(t) = \frac{1}{C}\int_{-\infty}^{t} i(\xi)\,d\xi$$

如果从 t_0 时刻开始观察，并假设 t_0 时刻电容两端电压为 u_0，则

$$u(t) = u_0 + \frac{1}{C}\int_{t_0}^{t} i(\xi)\,d\xi$$

写成简化形式为

$$u = u_0 + \frac{1}{C}\int_{t_0}^{t} i\,dt \tag{3-4}$$

式(3-4)称为电容元件电压-电流关系的积分形式，其中 u_0 称为电容的初始电压。它表明任意时刻 t 的电容电压不仅取决于当前电流值，还与该时刻以前电流的"全部历史"有关。或者说，电容电压"记忆"了电流的作用效果，所以称电容为记忆元件。而电阻元件任意时刻 t 的电压值仅取决于该时刻的电流的大小和方向，而与其历史情况无关，因此电阻不是记忆元件。

如图 3-2 所示，如果设定电容两端的电压、电流为关联参考方向，则电容元件的吸收功

率为

$$p = ui = Cu\frac{\mathrm{d}u}{\mathrm{d}t} \tag{3-5}$$

要注意电容的功率可正可负，功率正值表明电容此时在吸收功率，功率负值表明电容此时在释放功率。

对功率从 $-\infty \sim t$ 进行积分，并假定 $u(-\infty) = 0$，可得 t 时刻电容上的储能为

$$w_c(t) = \int_{-\infty}^{t} p(\xi)\mathrm{d}\xi = \int_{-\infty}^{t} Cu(\xi)\frac{\mathrm{d}u(\xi)}{\mathrm{d}\xi}\mathrm{d}\xi = \int_{-\infty}^{t} Cu(\xi)\mathrm{d}u(\xi)$$

$$= \frac{1}{2}Cu^2(t) - \frac{1}{2}Cu^2(-\infty) = \frac{1}{2}Cu^2(t)$$

写成简化形式，就得到任意时刻电容的储能为

$$w_c = \frac{1}{2}Cu^2 \tag{3-6}$$

式(3-6)表明，电容的储能与电容两端电压的二次方成正比。端电压 u 升高，电容所带的电荷量 q 增加，同时电容存储的电场能也增加，这些电荷和能量都来自外电路，或者说外电路向电容充电；反之，端电压 u 降低，电容所带的电荷量 q 减少，同时电容存储的电场能也减少，电容向外电路释放电荷和能量，或者说电容向外电路放电。在端电压交替变化的电路中，电容总是交替处于充、放电的过程之中。在这个过程中，（理想）电容并未消耗能量，仅仅是在存储和释放电能。

【例 3-1】　已知一个 $200\mu\mathrm{F}$ 电容器两端的电压如图 3-3a 所示，求：

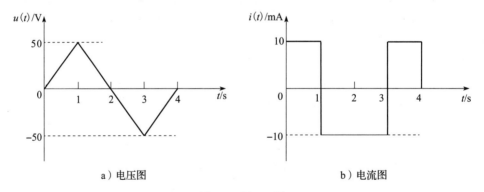

a）电压图　　　　　　　　　　b）电流图

图 3-3　例 3-1 图

1）流过该电容器上的电流。

2）该电容器在哪一时刻存储的能量最大？并求出这个最大的能量值。

【解】

1）根据图形可以写出电容电压的函数表达式为

$$u(t) = \begin{cases} 50t & (0 < t \leqslant 1) \\ 100-50t & (1 < t \leqslant 3) \\ -200+50t & (3 < t < 4) \\ 0 & 其他 \end{cases}$$

利用电容电流微分公式 $i = C \dfrac{\mathrm{d}u}{\mathrm{d}t}$，并将 $C = 200\mu\text{F}$ 代入得

$$i(t) = 200 \times 10^{-6} \times \begin{cases} 50 & (0 < t \leqslant 1) \\ -50 & (1 < t \leqslant 3) \\ 50 & (3 < t < 4) \\ 0 & \text{其他} \end{cases}$$

所以得到电流的最终表达式为

$$i(t) = \begin{cases} 10\text{mA} & (0 < t \leqslant 1) \\ -10\text{mA} & (1 < t \leqslant 3) \\ 10\text{mA} & (3 < t < 4) \\ 0\text{mA} & \text{其他} \end{cases}$$

最后，据此画出电容电流的波形如图 3-3b 所示。

2）根据电容器两端的电压波形，可知在 $t = 1\text{s}$ 和 $t = 3\text{s}$ 时电容器两端电压的绝对值达到最大（50V），此时电容器的储能也达到最大。其能量值为

$$w_c = \frac{1}{2}Cu^2 = \frac{1}{2} \times 200 \times 10^{-6} \times 50^2 \text{J} = 0.25\text{J}$$

即电容器储能的最大值是 0.25J。

读者可能很关心的一个问题是，学习电容的目的是什么，或者说电容究竟能做些什么？要想回答这个问题，就必须清楚电容具有哪些特性，应用电容的过程就是利用电容特性的过程。例如，电容储存电能的特性，可以用于闪光灯、大型激光器上，通过瞬间放电的方式，获得强烈的闪光效果；使用电池的电子设备可以把电容作为临时的电源，在更换电池时，电容的能量可以确保设备所存储的资料不会丢失；如果在电压高的时候把电能存储到电容中，电压低的时候把电能释放出来，还可以实现电压的平滑；更进一步，还可以利用电容的存储电荷的特征来保存资料。再比如，利用电容隔直流、通交流的特征，可以实现直流和交流信号的分离，等等。

下面通过 LTspice 仿真验证例 3-1 的计算结果。

构造实验电路很简单——只要给一个电容器串联一个电压源即可。与前面的不同点有两个：

一是电容器的单位 μF，在 LTspice 中用小写字母 u 表示，所以只要在电容器的电容量（Capacitance）栏填入 200u 即可。

二是图 3-3a 所示的电压源如何产生。方法如下：右键单击电压源，在弹出的对话框（见图 3-4）中单击"高级"（Advanced）按钮，随后弹出对话框如图 3-5 所示，在 Function 列表中选择 PWL(t1 v1 t2 v2...)。PWL 的含义是"分段线性"（Piece-Wise Linear），用来描述由多个直线段所组成的信号。对于图 3-3a 所示电压，用各个转折点即可准确表示（0s 时刻电压为 0V，1s 时刻电压为 50V，3s 时刻电压为 -50V……），这些值需要一一填入对话框，如图 3-5 所示。

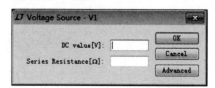

图 3-4 选择 Advanced 电压信号

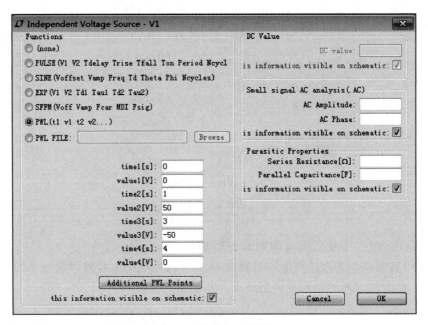

图 3-5　填写 PWL 信号

　　最后，因为电源不是直流电源，也就不能再使用直流仿真了，应该使用"瞬态"（Transient）仿真。方法是：单击工具栏的"运行"（Run）按钮 ，在弹出的"编辑仿真命令"（Edit Simulation Command）对话框中，选择"瞬态"（Transient）选项卡。在瞬态仿真时，需要指定仿真的"截止时间"（Stop Time），针对本例题的输入电压，选择 5s 是合适的，所以在"Stop Time"栏填入"5"。单击下面的"OK"按钮，开始仿真过程，如图 3-6 所示。

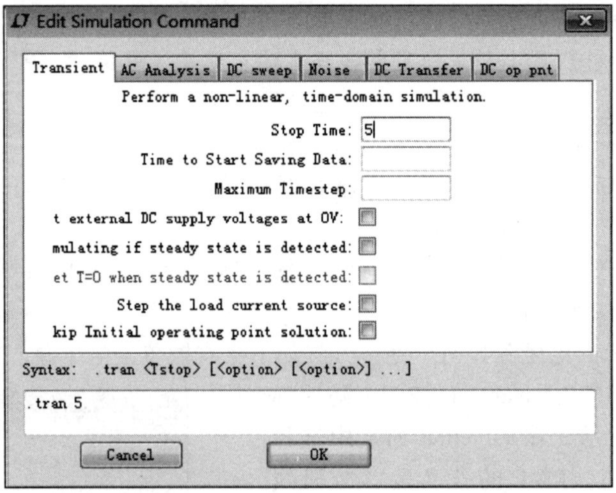

图 3-6　设置瞬态仿真时间

　　最终在 LTspice 中所得到的原理图如图 3-7 所示，其中电压源的值说明该电压源是一个分段线性电压源，转折点为(0，0)、(1，50)、(3，-50)、(4，0)。

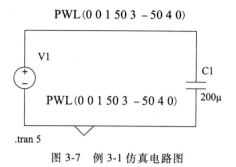

图 3-7 例 3-1 仿真电路图

Spice 命令 ". tran 5" 则表明要运行的是瞬态仿真,截止时间为 5s。

仿真完毕后,将鼠标悬浮在节点或导线上,此时鼠标将会变为红色电压探测器图标✒️,此时单击鼠标左键,就会在波形观察屏幕看到该节点相对地的电压信号;将鼠标悬浮在元件上,则会出现电流探测器图标🔧,此时单击鼠标左键,就会在波形观察屏幕看到流过该元件的电流,电流探测器上的红色箭头方向代表电流的方向。如图 3-8 所示,其中的两条线分别代表电源电压和电容电流。

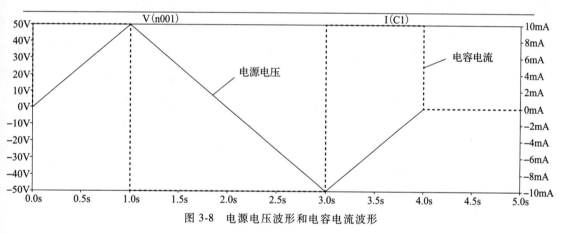

图 3-8 电源电压波形和电容电流波形

3.2 电感

19 世纪,丹麦物理学家奥斯特发现:当导体中有电流通过时,导体周围将产生磁场。法国科学家安培进一步指出,这个磁场的强度与产生它的电流成正比。此后,人们在如何用磁场来产生电方面又进行了大量的实验,英国物理学家法拉第(Michael Faraday, 1791—1861)和美国发明家亨利(Joseph Henry, 1797—1878)几乎同时发现:变化的磁场将使附近的导线产生电压,电压的大小与产生磁场的电流成正比。这就是所谓的法拉第电磁感应定律。

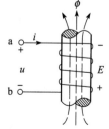

图 3-9 电感示意图

用绝缘导线缠绕在铁心上,形成如图 3-9 所示的线圈,通以电流 i 后会产生磁通 ϕ,在其周围空间建立磁场,这样就构成了电感。如果电感的线圈并未缠绕在任何其他磁导体上,就称作空心电感。线圈的两个引出端 a 和 b 构成了电感的两个端子。磁通 ϕ 的单位为韦伯(Wb),从图 3-9 可以看出,磁通 ϕ 与 N 匝线圈中的每一匝均全部交链，称 $\psi = N\phi$ 为磁链。实验表明，磁通 ϕ 与电流 i 的参考方向满足右手螺旋定则，而且磁链与电流之间有如下关系：

$$\psi(t) = Li \tag{3-7}$$

式(3-7)描述了电感元件的数学模型，其中系数 L 为电感元件的电感量，国际单位是亨利(H)。如果 L 为常数，则这个电感元件叫作线性非时变电感，它的韦安特性可以用 $\psi-i$ 平面上一条通过原点的直线表示。除了亨利以外，电感元件常用的单位还有毫亨(mH)和微亨(μH)，它们之间的关系如下：

$$1H = 10^3 mH = 10^6 \mu H$$

为了全面起见，这里给出电感元件的严格定义：一个二端元件，如果在任意时刻，其韦安关系能用 $\psi-i$ 平面上的曲线确定，就称其为电感元件。显然这样的定义包含了非线性、时变的电感元件。在实际使用中，我们通常讨论的都是线性非时变电感，其电路符号和韦安关系如图 3-10 所示。

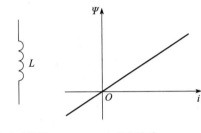

a）电路符号   b）韦安关系

图 3-10   电感元件的电路符号和韦安关系

如果在线圈中通过变化的电流 i，则会形成变化的磁链，而变化的磁链又会在线圈两端产生感应电压 u，它们之间的关系如下：

$$u = \frac{d\psi}{dt} = L \frac{di}{dt} \tag{3-8}$$

式(3-8)称为电感元件伏安关系的微分形式，它表明，电感两端的电压与流过它的电流对时间的变化率成正比，而且电流的变化率越大，其感应电压也越大；特别地，对于恒定的直流电流，不论电流有多大，电感两端的电压都等于零。所以电感具有"通直流，阻交流"的特性。

根据式(3-8)，如果通过电感的电流发生跃变，那么，电感两端将产生无限大的电压。由于物理上不可能出现无限大的电压，所以电感上的电流不能发生跃变。

对式(3-8)变形，得

$$di = \frac{1}{L} u(t) dt \tag{3-9}$$

对式(3-9)从 $-\infty \sim t$ 进行积分，并设 $i(-\infty) = 0$，这个假设通常是合理的，所以

$$i(t) = \frac{1}{L} \int_{-\infty}^{t} u(\xi) d\xi$$

如果从 t_0 时刻开始观察，并假设 t_0 时刻通过电感的电流为 i_0，则

$$i(t) = i_0 + \frac{1}{L} \int_{t_0}^{t} u(\xi) d\xi$$

写成简化形式为

$$i = i_0 + \frac{1}{L} \int_{t_0}^{t} u \, dt \tag{3-10}$$

式(3-10)称为电感元件电压-电流关系的积分形式，其中 i_0 称为电感的初始电流。它表明任意时刻 t 的电感电流不仅取决于当前电压值，还与该时刻以前电压的"全部历史"有关。或者说，电感电流"记忆"了电压的作用效果，所以电感也是一种记忆元件。

如图 3-10 所示，设电感两端的电压和流过的电流为关联参考方向，则电感元件的吸收功率为

$$p = ui = Li\frac{\mathrm{d}i}{\mathrm{d}t} \tag{3-11}$$

与电容的情况类似，电感的功率也可正可负，功率正值表明电感此时在吸收功率，功率负值表明电感此时在释放功率。

对功率从 $-\infty \sim t$ 进行积分，并假定 $i(-\infty) = 0$，可得 t 时刻电感上的储能为

$$w_L(t) = \int_{-\infty}^{t} p(\xi)\mathrm{d}\xi = \int_{-\infty}^{t} Li(\xi)\frac{\mathrm{d}i(\xi)}{\mathrm{d}\xi}\mathrm{d}\xi = \int_{i(-\infty)}^{i(t)} Li(\xi)\,\mathrm{d}i(\xi)$$

$$= \frac{1}{2}Li^2(t) - \frac{1}{2}Li^2(-\infty) = \frac{1}{2}Li^2(t)$$

写成简化形式，就得到任意时刻电感的储能为

$$w_L = \frac{1}{2}Li^2 \tag{3-12}$$

式 (3-12) 表明，电感的储能与电感量及通过它的电流的二次方成正比。电流 i 升高，电感的磁链 ψ 增强，此时外电路的电能被转化成磁场能存储在电感中；反之，电流 i 降低，电感的磁链 ψ 减弱，此时电感中存储的磁场能被转化成电能释放到外电路中。在这个过程中，（理想）电感并未消耗能量，仅仅是在存储和释放电能。

电感也常常被称为电感线圈或者扼流圈，后一个名字从字面上反映了电感具有"阻止"电流变化的特性。

【例 3-2】 电路如图 3-11a 所示，求在直流稳压的条件下，电感和电容的储能。

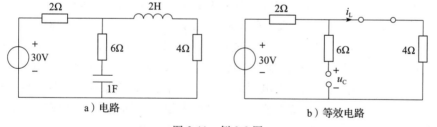

a）电路　　　　　　　　　　b）等效电路

图 3-11　例 3-2 图

【解】 在电路进入直流稳压条件后，所有的电流、电压都是直流恒定值。根据电容、电感的特征，当电流、电压恒定不变时，电容相当于开路，电感相当于短路，所以图 3-11a 所示电路可以等效为图 3-11b 所示电路。

由图 3-11b 可见

$$i_L = \frac{30}{2+4}\mathrm{A} = 5\mathrm{A}$$

又因为此时电容开路所以 6Ω 上没有电流通过，电容电压 u_c 就等于 4Ω 上的电压，即

$$u_c = \frac{4}{2+4}\times 30\mathrm{V} = 20\mathrm{V}$$

从而可计算出电容和电感的储能为

$$w_c = \frac{1}{2} \times 1 \times 20^2 \, J = 200 J$$

$$w_L = \frac{1}{2} \times 2 \times 5^2 \, J = 25 J$$

3.3 电容的串并联

以图 3-12 所示电路为例来讨论电容串联特性。当 N 个电容串联时，流过每个电容的电流均为 i，根据电容两端电压-电流关系的微分形式得

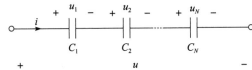

图 3-12 电容的串联

$$i = C_1 \frac{\mathrm{d} u_1}{\mathrm{d} t}, \quad i = C_2 \frac{\mathrm{d} u_2}{\mathrm{d} t}, \quad \cdots, \quad i = C_N \frac{\mathrm{d} u_N}{\mathrm{d} t}$$

根据 KVL，所有电容两端总电压 u 等于所有串联电容的电压之和，即

$$u = u_1 + u_2 + \cdots + u_N$$

两边对时间微分，得

$$\frac{\mathrm{d} u}{\mathrm{d} t} = \frac{\mathrm{d} u_1}{\mathrm{d} t} + \frac{\mathrm{d} u_2}{\mathrm{d} t} + \cdots + \frac{\mathrm{d} u_N}{\mathrm{d} t} = \left(\frac{1}{C_1} + \frac{1}{C_2} + \cdots + \frac{1}{C_N} \right) i \tag{3-13}$$

式(3-13)表明 N 个串联电容可以用一个电容来等效，等效电容 C 与各个串联电容之间的关系为

$$\frac{1}{C} = \frac{1}{C_1} + \frac{1}{C_2} + \cdots + \frac{1}{C_N} \tag{3-14}$$

电容串联还有一个特征，就是彼此串联的电容中，每个电容的电荷量都等于总电荷量。以图 3-12 为例，假如电容 C_1 左极板上存在量为 q 的正电荷，则它的右极板上就必然存在等量为 q 的负电荷；而电容 C_1 右极板上的负电荷，不可能凭空产生，只能来自于电容 C_2 左极板上的自由电子；电容 C_2 左极板上的自由电子移动到电容 C_1 右极板之后，就必然在电容 C_2 左极板上留下等量的正电荷，这个正电荷的量必定也等于 q；再根据电容的特性，电容的 C_2 右极板上也必然存在等量为 q 的负电荷……，以此类推，可知电容 C_N 的左、右极板上同样存在着量为 q 的正、负电荷，所以，每个电容上的电荷量都是 q。而所有电容串联之后的总电荷量，既可以说等于电容 C_1 左极板上的电荷量，也可以说等于电容 C_N 右极板上的电荷量，所以总电荷量还是 q。中间的各个电容，其电荷相互抵消，对总电荷量没有影响。

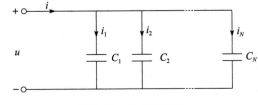

图 3-13 电容的并联

当 N 个电容并联时，如图 3-13 所示，每个电容的端电压均为 u，根据电容两端电压-电流关系的微分形式可以得到流过每个电容的电流为

$$i_1 = C_1 \frac{\mathrm{d} u}{\mathrm{d} t}, \quad i_2 = C_2 \frac{\mathrm{d} u}{\mathrm{d} t}, \quad \cdots, \quad i_N = C_N \frac{\mathrm{d} u}{\mathrm{d} t}$$

又根据 KCL，总电流 i 为

$$i = i_1 + i_2 + \cdots + i_N = (C_1 + C_2 + \cdots + C_N)\frac{\mathrm{d}u}{\mathrm{d}t} \tag{3-15}$$

式(3-15)表明 N 个并联电容可以用一个电容来等效,等效电容 C 与各个并联电容之间的关系为

$$C = C_1 + C_2 + \cdots + C_N \tag{3-16}$$

【例3-3】 电路如图3-14所示,求各个电容两端的电压。

【解】 10mF 电容与 50mF 电容并联后的总电容等于

$$10\mathrm{mF} + 50\mathrm{mF} = 60\mathrm{mF}$$

该 60mF 电容又与一个 30mF 和一个 20mF 电容串联,从而可以计算出整个电路的等效电容为

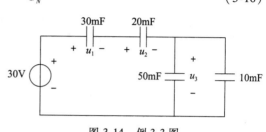

图 3-14 例 3-3 图

$$C_{\mathrm{eq}} = \cfrac{1}{\cfrac{1}{60} + \cfrac{1}{30} + \cfrac{1}{20}}\mathrm{mF} = 10\mathrm{mF}$$

这个 10mF 等效电容两端的电压是 30V,从而可以得到等效电容上的电荷量为

$$q = C_{\mathrm{eq}}u = 10 \times 10^{-3} \times 30\mathrm{C} = 0.3\mathrm{C}$$

彼此串联的电容上的电荷量等于总电荷量,即 30mF 电容和 20mF 电容上的电荷量也等于 0.3C。所以可以计算得到

$$u_1 = \frac{0.3}{30 \times 10^{-3}}\mathrm{V} = 10\mathrm{V}$$

$$u_2 = \frac{0.3}{20 \times 10^{-3}}\mathrm{V} = 15\mathrm{V}$$

电压 u_3 可以根据 KVL 确定,即

$$u_3 = 30 - u_1 - u_2 = 30\mathrm{V} - 10\mathrm{V} - 15\mathrm{V} = 5\mathrm{V}$$

3.4 电感的串并联

当 N 个电感串联时,如图3-15所示,流过每个电感的电流均为 i,根据电感两端电压-电流关系的微分形式得

$$u_1 = L_1\frac{\mathrm{d}i}{\mathrm{d}t}, \quad u_2 = L_2\frac{\mathrm{d}i}{\mathrm{d}t}, \quad \cdots, \quad u_N = L_N\frac{\mathrm{d}i}{\mathrm{d}t}$$

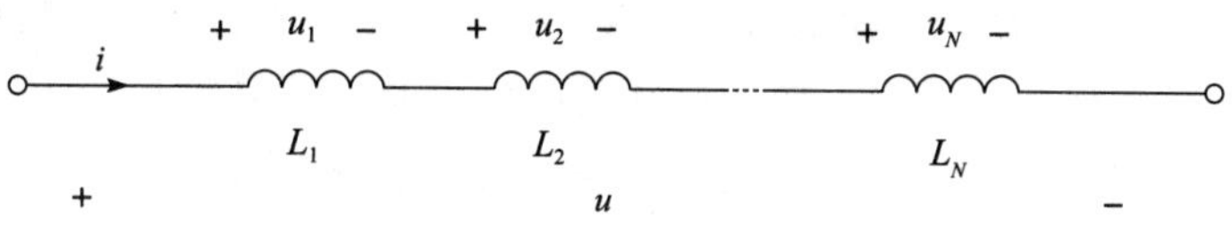

图 3-15 电感的串联

根据 KVL,可得所有电感两端总电压

$$u = u_1 + u_2 + \cdots + u_N = (L_1 + L_2 + \cdots + L_N)\frac{\mathrm{d}i}{\mathrm{d}t} \tag{3-17}$$

式(3-17)表明 N 个串联电感可以用一个电感来等效，等效电感 L 与各个串联电感之间的关系为

$$L = L_1 + L_2 + \cdots + L_N \tag{3-18}$$

当 N 个电感并联时，如图 3-16 所示，每个电感的端电压均为 u，根据电感两端电压–电流关系的微分形式可以得

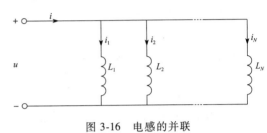

图 3-16　电感的并联

$$u = L_1\frac{\mathrm{d}i_1}{\mathrm{d}t}, \quad u = L_2\frac{\mathrm{d}i_2}{\mathrm{d}t}, \quad \cdots, \quad u = L_N\frac{\mathrm{d}i_N}{\mathrm{d}t}$$

根据 KCL，总电流 i 为

$$i = i_1 + i_2 + \cdots + i_N$$

两边对时间微分，得

$$\frac{\mathrm{d}i}{\mathrm{d}t} = \frac{\mathrm{d}i_1}{\mathrm{d}t} + \frac{\mathrm{d}i_2}{\mathrm{d}t} + \cdots + \frac{\mathrm{d}i_N}{\mathrm{d}t} = \left(\frac{1}{L_1} + \frac{1}{L_2} + \cdots + \frac{1}{L_N}\right)u \tag{3-19}$$

式(3-19)表明 N 个并联电感可以用一个电感来等效，等效电感 L 与各个并联电感之间的关系为

$$\frac{1}{L} = \left(\frac{1}{L_1} + \frac{1}{L_2} + \cdots + \frac{1}{L_N}\right) \tag{3-20}$$

【例 3-4】　求图 3-17 所示电路的等效电感。

【解】　10H 电感和 32H 电感串联之后的串联电感等于 10H + 32H = 42H，这个 42H 电感又与 7H 电感并联，并联后的并联电感为

$$\frac{7 \times 42}{7 + 42}\mathrm{H} = 6\mathrm{H}$$

6H 电感又与 3H 电感和 5H 电感串联，所以整个电路的等效电感是

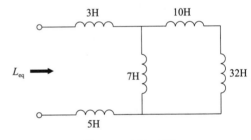

图 3-17　例 3-4 图

$$3\mathrm{H} + 5\mathrm{H} + 6\mathrm{H} = 14\mathrm{H}$$

3.5　线性动态元件

如果用一句话来描述电容和电感的话，应该这样描述：变化的电容电压产生电容电流，变化的电感电流产生电感电压，分别对应着电容特性的表达式式(3-2)和电感特性的表达式式(3-8)，这句话表明了电容元件和电感元件在电流和电压关系上的核心特征。

只有当电容两端的电压变化时，电容中才能有电流通过；类似地，只有当通过电感的两端电流变化时，电感两端才能有电压。电容和电感表现其核心特性以相应电路变量的"变化"为前提，所以被称为动态元件。

本章前文中，把电容量 C 为常数的电容元件称为线性电容，把电感量 L 为常数的电感元件称为线性电感。现在我们来验证线性电容和线性电感是否满足本书第 1 章中所定义的线性概念。

第1章指出，如果某电路元件的输出信号与输入信号呈线性关系（满足齐次性和叠加性），则称为线性电路元件。那么线性电容和线性电感的输入信号和输出信号是否满足线性关系呢？

把线性关系的特性表达式式（1-24）重写如下，它同时包含了齐次性和叠加性：

$$f(k_1 x_1 + k_2 x_2) = k_1 f(x_1) + k_2 f(x_2)$$

3.5.1 线性电容的线性特征

现在来验证电容是否满足线性特性。

首先，考虑电容的微分特性表达式，根据式（3-2），电容的微分特性表达式为

$$i = C \frac{\mathrm{d}u}{\mathrm{d}t}$$

在电容微分特性表达式中，电容电压 u 为输入信号，电容电流 i 为输出信号，将输入输出之间的关系运算代入线性特征关系式验证如下：

$$C \frac{\mathrm{d}(k_1 u_1 + k_2 u_2)}{\mathrm{d}t} = k_1 C \frac{\mathrm{d}u_1}{\mathrm{d}t} + k_2 C \frac{\mathrm{d}u_2}{\mathrm{d}t}$$

可知电容微分特性完全满足线性要求，这说明，在线性电容元件上输入电容电压的线性组合 $(k_1 u_1 + k_2 u_2)$，将得到电容电流的线性组合 $(k_1 i_1 + k_2 i_2)$。

$$k_1 u_1 + k_2 u_2 \mapsto k_1 i_1 + k_2 i_2$$

其次，考虑电容的积分特性表达式，根据式（3-4），电容的积分特性表达式为

$$u = u_0 + \frac{1}{C} \int_{t_0}^{t} i \mathrm{d}t$$

在电容积分特性表达式中，电容电流 i 为输入信号，电容电压 u 为输出信号，式（3-4）表明，任意时刻的电容电压，不仅与电容电流从初始时刻到当前时刻的定积分有关，还与电容电压的初始值有关。如果已知电容电压在初始时刻 t_0 的初始值为 u_0，如果从初始时刻 t_0 到时刻 t 的电流为 i_1，则 t 时刻的电容电压 u_1 为

$$u_1 = u_0 + \frac{1}{C} \int_{t_0}^{t} i_1 \mathrm{d}t$$

把上述电容电流 i_1 与电容电压 u_1 的对应关系记作

$$i_1 \mapsto u_1 = u_0 + \frac{1}{C} \int_{t_0}^{t} i_1 \mathrm{d}t \tag{3-21}$$

其他条件（初始时刻、初始值）保持不变，而电容电流变为 i_2 时，电容电流与电容电压的对应关系为

$$i_2 \mapsto u_2 = u_0 + \frac{1}{C} \int_{t_0}^{t} i_2 \mathrm{d}t \tag{3-22}$$

其他条件（初始时刻、初始值）保持不变，电容电流为 i_1 和 i_2 的线性组合 $(k_1 i_1 + k_2 i_2)$ 时，电容电流与电容电压的对应关系为

$$(k_1 i_1 + k_2 i_2) \mapsto u_0 + \frac{1}{C} \int_{t_0}^{t} (k_1 i_1 + k_2 i_2) \mathrm{d}t \tag{3-23}$$

对比式（3-21）~式（3-23）可以发现，在其他条件（初始时刻、初始值）保持不变的条件

下，电容电流$(k_1 i_1 + k_2 i_2)$所对应的电压，不等于$(k_1 u_1 + k_2 u_2)$，电容的积分特性表达式不满足线性(齐次性与叠加性)要求。

进一步分析可知，电容的积分特性表达式不满足线性要求的原因在于电容初始电压：

1）如果初始电压$u_0 = 0$，电容的积分特性表达式必定满足线性要求。

2）如果初始电压$u_0 \neq 0$，电容的积分特性表达式必定不满足线性要求。

这说明，在把电容电流作为输入信号、电容电压作为输出信号时，电容量C为常数的线性电容元件不满足严格的线性要求。

综上所述，从微分特性表达式(以电容电压作为输入信号、以电容电流作为输出信号)来看，线性电容元件满足线性要求；从积分特性表达式(以电容电流作为输入信号、以电容电压作为输出信号)来看，线性电容元件只在初始电压为零时满足线性要求，在初始电压不为零的时候不满足线性要求。

根据电容微分公式和电容积分公式还可以看出，电容电压可以分解为两部分，一部分为不随时间变化的电容初始电压u_0，它对于电容电流不做出任何贡献；另一部分为随时间变化的电压u_t，电容电流完全由该电压(随时间的变化率)决定。

换个角度看，初始电压不为零的线性电容元件也可以看成输出电压等于电容初始电压的理想直流电压源与初始电压为零的线性电容的串联，前者(理想直流电压源)描述了电容的电压-电流关系的非线性特征，后者(初始电压为零的线性电容)描述了电容的电压-电流关系的线性特征。简单地说就是，电容可以等效为初始电压源与零初始电压电容的串联，如图3-18所示。

图3-18　电容等效为初始电压源与零初始电压电容的串联

图3-18表明，电容初始电压在电路中的效果与电压源的作用类似，作为储能元件，电容的初始电压也可以向电路中提供电能。当然，用电容提供电能与真正的独立电压源还是明显不同的。

3.5.2　线性电感的线性特征

线性电感的特性方程与线性电容特性方程类似，分析步骤也类似，我们可以得到如下结论：

从微分特性表达式(以电感电流作为输入信号、以电感电压作为输出信号)来看，线性电感元件满足线性要求；从积分特性表达式(以电感电压作为输入信号、以电感电流作为输出信号)来看，线性电感元件只在初始电流为零时满足线性要求，在初始电流不为零的时候不满足线性要求。

上述具体分析过程，请读者参考线性电容部分自行完成。

类似地，分析电感微分公式和电感积分公式可知，电感电流也可以分解为两部分，一部分为不随时间变化的电感初始电流i_0，它对于电感电压不做出任何贡献；另一部分为随时间变化的电流i_t，电感电压完全由该电流(随时间的变化率)决定。

初始电流不为零的线性电感元件可以看成输出电流等于电感初始电流的理想直流电流源

与初始电流为零的线性电感的并联，前者（理想直流电流源）描述了电感电压-电流关系的非线性特征，后者（初始电流为零的线性电感）描述了电感电压-电流关系的线性特征。简单地说就是，电感可以等效为初始电流源与零初始电流电感的并联，如图 3-19 所示。

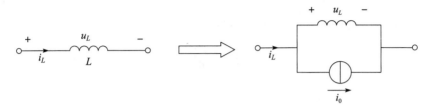

图 3-19　电感等效为初始电流源与零初始电流电感的并联

图 3-19 表明，电感初始电流在电路中的效果与电流源的作用类似，作为储能元件，电感的初始电流也可以向电路中提供电能。当然，用电感提供电能与真正的独立电流源还是明显不同的。

3.6　线性动态电路

含有动态元件的电路称为动态电路，如果动态电路中的被动元件（电阻、电容、电感、受控源）均为线性元件，则称为线性动态电路。如果线性动态电路中的每个元件的电压-电流关系均满足线性（包括齐次性和叠加性）要求，则也可以对该电路应用叠加定理。

根据前文可知，只有初始值（电容的初始值指的是其初始电压、电感的初始值指的是其初始电流）为零时，才能保证线性动态元件（电容和电感）满足线性要求。但是，如果动态元件初始值不为零，就不能使用叠加定理，那么叠加定理在线性动态电路中的意义就十分有限了——这显然不是我们想要的结论。

我们在前文中也已经得到这样的结论，在电路中，电容初始电压与理想电压源的作用类似，电感初始电流与理想电流源的作用类似。下面我们先看看线性动态电路方程是什么样子。

3.6.1　线性动态电路方程的微分-积分形式

首先，我们应该知道基尔霍夫定律是描述电路特性的基本定律，在任何情况下都可以使用它来建立电路方程。下面来看看直接使用基尔霍夫定律会得到什么结果。

如图 3-20 所示，该电路是含有两个回路的简单网络，电流源所在支路电流已知，只要求出电感支路的电流，即可得到所有电路变量；或者只要求出图中所示的节点 1 的节点电压 u，同样可以求出所有的电路变量。设参考节点如图 3-20 所示，则有如下关系式：

$$u_L = u_s - u$$

$$u_C = u$$

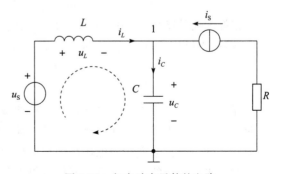

图 3-20　包含动态元件的电路

下面分别使用 KCL 和 KVL 来求解。

首先来使用 KCL 求解节点 1 的电压 u，根据电感两端的电压-电流的积分关系可知

$$i_L = i_0 + \frac{1}{L} \int_{t_0}^{t} (u_s - u)\,\mathrm{d}t$$

再根据电容两端电压-电流的微分关系得到

$$i_c = C\frac{\mathrm{d}u}{\mathrm{d}t}$$

对节点 1 应用 KCL 得

$$i_L + i_s - i_c = 0$$

所以

$$i_0 + \frac{1}{L} \int_{t_0}^{t} (u_s - u)\,\mathrm{d}t - C\frac{\mathrm{d}u}{\mathrm{d}t} + i_s = 0$$

根据这个微分-积分方程式可以求出节点电压 u 的值，从而进一步可以得到所有的电路变量的值。把它改写一下，成为下面的形式：

$$\frac{1}{L} \int_{t_0}^{t} (u_s - u)\,\mathrm{d}t - C\frac{\mathrm{d}u}{\mathrm{d}t} + (i_s + i_0) = 0 \tag{3-24}$$

仔细观察式(3-24)，可以发现，电感的初始电流 i_0 在电路的微分-积分方程中与理想电流源相加，其作用相当于增加了一个流入节点 1 的、输出电流为 i_0 的独立电流源。这符合前面的结论：电感初始电流与理想电流源的作用类似。

那么同样作为储能元件，电容的初始电压是否也有类似的作用呢？下面来看看。

根据电容两端的电压-电流的积分关系得

$$u_c = u_0 + \frac{1}{C} \int_{t_0}^{t} i_c\,\mathrm{d}t = u_0 + \frac{1}{C} \int_{t_0}^{t} (i_L + i_s)\,\mathrm{d}t$$

再根据电感两端电压-电流的微分关系得到

$$u_L = L\frac{\mathrm{d}i_L}{\mathrm{d}t}$$

对图中左边的网孔使用 KVL 得

$$u_L + u_c - u_s = 0$$

$$L\frac{\mathrm{d}i_L}{\mathrm{d}t} + u_0 + \frac{1}{C} \int_{t_0}^{t} (i_L + i_s)\,\mathrm{d}t - u_s = 0$$

根据上面的微分-积分方程式可以求出电感支路电流 i_L，再进一步求解其他的电路变量。这个方程也可以改写成下面的形式：

$$L\frac{\mathrm{d}i_L}{\mathrm{d}t} + \frac{1}{C} \int_{t_0}^{t} (i_L + i_s)\,\mathrm{d}t + (u_0 - u_s) = 0 \tag{3-25}$$

仔细观察之后，也可以发现，在电路的微分-积分方程中，电容的初始电压 u_0 与独立电压源相加，其作用相当于在其所在支路中增加了一个输出电压为 u_0 的独立电压源。这符合我们前面的结论：电容初始电压与理想电压源的作用类似。

对于更加复杂的动态电路，同样可以得到一组类似的微分-积分方程，从而得到以下结论：针对动态电路使用基尔霍夫定律可以得到微分-积分方程组，此时电容的初始电压 u_0 的

作用相当于在其所在支路中增加了一个同样大小的独立电压源，电感的初始电流 i_0 的作用则相当于在其所关联节点上增加了一个同样大小的独立电流源。

3.6.2 线性动态电路方程的微分形式

既有微分又有积分的方程不符合人们的习惯，把式(3-24)对时间求导可以得到

$$\frac{1}{L}(u_s - u) - C\frac{\mathrm{d}^2 u}{\mathrm{d}t} = 0$$

再变形一下，得

$$C\frac{\mathrm{d}^2 u}{\mathrm{d}t} + \frac{1}{L}u - \frac{1}{L}u_s = 0$$

这是一个二阶非齐次线性微分方程，未知数为电压 u。

式(3-25)对时间求导得到

$$L\frac{\mathrm{d}^2 i_L}{\mathrm{d}t^2} + \frac{1}{C}(i_L + i_s) = 0$$

再变形一下，得

$$L\frac{\mathrm{d}^2 i_L}{\mathrm{d}t^2} + \frac{1}{C}i_L + \frac{1}{C}i_s = 0$$

这也是一个二阶非齐次线性微分方程，未知数为电流 i_L。

可见，上述有两个动态元件的电路，不论如何变化，所对应的方程总是二阶非齐次线性微分方程(如果愿意，我们也可以得到相应的积分方程)。这是由于其所包含的元件特征所决定的，由于描述动态元件特征的是微分(或积分)方程，所以对于动态电路应用基尔霍夫定律的结果也必然是微分(或积分)方程。一般来说，有 n 个动态元件的动态电路，所对应的电路方程应该是 n 阶非齐次微分方程。

3.6.3 线性动态电路分析方法概述

既然对任何动态电路应用基尔霍夫定律，都可以得到对应的微分方程，那么很显然动态电路的第一种分析方法就是直接解微分方程，来得到动态电路中各点的电压和电流了。但是我们通常不采用解微分方程的方法来分析动态电路——熟悉微分方程的读者应该知道，求解微分方程的过程并不简单，而且对于高阶微分方程来说，甚至根本就无法直接求解。为了避免列微分方程和解微分方程的烦琐，工程上必须寻找更为简单的方法。换句话说，我们的目的就是要寻找不列、解微分方程，而直接得到微分方程的解的方法；而电路微分方程的解，正是待求的电路变量，这样，就解决了动态电路变量的简单分析方法。

第一个思路是直接从微分方程入手。数学上对一阶、二阶微分方程的研究比较透彻，分析它们解的结构和特点，并把微分方程解中的每一部分与电路在特定条件下的电路变量对应起来，即可通过直接求解特定条件下的电路变量，来直接得到微分方程的解，从而避免了列、解微分方程的烦琐。本书只讨论一阶电路的分析，称为三要素法，请读者阅读第4章的内容。

第二个思路是转换观察问题的角度，通过引入复数，把正弦变量的微分方程转换为代数方程，同样可以避免列、解微分方程的烦琐。这种方法只适用于求解正弦激励下的线性动态电路中的电路变量稳定后的响应(称为稳态响应)，称为正弦稳态分析法，请读者阅读本书

第 5 章的内容。

　　还需要强调的是，线性动态电路也可以使用叠加定理，只要能够求出单个电源作用时电路中的响应，就可以使用叠加定理来求出所有电源共同作用的结果。需要注意的是，使用叠加定理求解电路时，必须注意到电容的初始电压相当于独立电压源，而电感的初始电流相当于独立电流源。

　　如果读者进一步思考，可能会产生一个疑问：正弦稳态分析只能分析正弦激励，那么这种方法解决问题的能力是否太有限？答案是否。实际上，根据傅里叶理论，任何信号都可以分解为多个正弦信号的叠加，所以如果已知一个电路是线性电路，就可以先计算该电路对任意频率正弦激励信号的响应，再根据线性特征，把分解后所有正弦激励所对应的响应叠加起来，就得到了原始信号的响应。

　　人们总是希望能够找到更加简便的解决问题的方法，为此，人们提出了许多方案，例如频域分析就是一种电路分析的高级方法，它是通过某种变换，把电路从时间域转换到频域来讨论，得到频域的解之后，再转换回时间域，从而得到时间域的解。这样做的好处是它可以把微分方程转化为代数方程，从而避免了直接求解微分方程的麻烦。这种"变换"没有改变问题本身，却改变了问题的形式，这有点类似于在地球上（假如没有进行环球航行的话），人们看到地球是平的，而当人类从太空来看地球时，却发现它是一个星球。换个角度的另一个著名的例子是：同样面对月球围绕地球转、行星围绕恒星转的现象，牛顿认为这是由于万有引力作用的结果——质量越大，引力越大；爱因斯坦则认为这是由于时空弯曲的结果，而万有引力只是时空弯曲的结果，所谓"时空告诉物质如何运动，物质告诉时空如何弯曲"。

　　频域分析在电路分析中得到了广泛的应用，本书第 5 章就利用了时间域-频域转换来求解电路响应。考虑到本书的读者对象，我们不对频域分析做深入讲解，有兴趣的读者可以阅读一些有关拉普拉斯变换、傅里叶变换的书籍，学习一些电路分析的高级技术，这些技术很有用，也很有趣，而且能够开阔视野——换个角度、换个空间来考虑问题，事情就变得容易了。

　　与频域分析对应，直接求解微分方程来得到电压和电流表达式的方法，由于始终是在时间域范围内求解问题，就被称为电路的时域分析方法。所谓的时间域，是指在求解过程中，始终在时间 t 一个变量空间之内来进行分析。第 4 章将要介绍的三要素法虽然避免了求解微分方程，但其理论基础依然是微分方程理论。因为电路方程中的微分，都是对时间的微分，它们都是在时间域内寻求解决问题的办法，所以不论直接解微分方程，还是使用三要素法，都属于时域分析法。

　　总结一下，线性动态电路的分析，可以直接使用基尔霍夫定律得到微分电路方程并直接求解。为了回避求解微分方程的复杂性，针对直流激励下的一阶电路，提出了三要素法；针对正弦激励下的动态电路，提出了正弦稳态分析法。进一步扩展，又可以得到时域分析和频域分析两个大的领域，本书对时域分析和频域分析不做深入探讨。再有，从线性系统角度考虑，无论是时域分析还是频域分析，都可以使用叠加定理，本书将对此做探讨。

习题

（完成下列习题，并用 LTspice 仿真验证）

3-1　已知流过 $20\mu F$ 电容器的电流如图 3-21 所示，假定电容在 $t = 0$ 时刻的初始电压为 0V，求出该电容两端的电压。

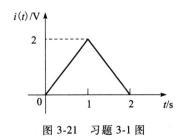

图 3-21 习题 3-1 图

3-2 3 个 30μF 的电容并联，其等效电容是多少？如果改为串联，等效电容又是多少？

3-3 给一个电感通过一个线性增加的电流，该电流在 2s 内从 0.2A 增加到了 0.8A，测得其两端电压是 60mV，求该电感的电感量。

3-4 在图 3-22 所示的电路中，如果要求稳定后电感储能与电容储能相等，问电阻 R 的取值应该是多少？并计算此时的电感储能与电容储能。

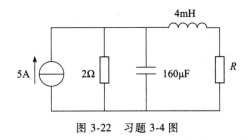

图 3-22 习题 3-4 图

3-5 计算图 3-23 所示的电路中，从端点 A、B 看过去的等效电感。

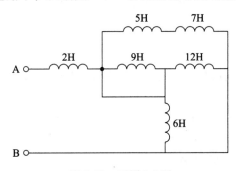

图 3-23 习题 3-5 图

第 4 章

一阶电路分析

通过前面的分析，我们知道针对动态电路列出方程，将会得到微分方程。微分方程的阶数与电路中含有的动态元件的个数有关，通常(但不是绝对的)如果电路中含有一个动态元件，将得到一阶微分方程，而该电路称为一阶电路；如果电路中含有两个动态元件，将得到二阶微分方程，该电路就称为二阶电路；如果电路中含有更多的动态元件，得到的就是更高阶的微分方程，此时的电路称为高阶电路。

本章主要集中在简单的一阶动态电路的分析。这样的电路中只含有一个电感或电容，电路的方程比较容易求解，通过分析其结果，可以得到一个普遍意义的结论(三要素法)。利用这个结论可以极大地简化一阶电路的分析。简化和方便分析，避免烦琐的数学计算，这是我们提出各种分析方法的主要目的。

作为线性电路，一阶电路同样适用叠加定理，但是叠加定理的表现形式与直流电路叠加定理有所不同，本章将深入探讨。

4.1　一阶电路方程

针对只包含一个动态元件的电路列方程，可得到一阶微分方程，下面分别讨论只包含一个电容元件的电路和只包含一个电感的电路，分别对它们列电路方程，并求解所得到的微分方程。

4.1.1　一阶 RC 电路

只包含电源、电阻和电容的电路称为 RC 电路，图 4-1 就是由一个电源、一个电阻和一个电容组成的一阶 RC 电路。在 $t=0$ 时刻电路中的开关闭合，并假设在 $t=0\_$ 时刻电容 C 两端的电压为 u_0，下面分析并求解这个电路。

为分析动态电路，首先必须建立动态电路的方程，因为基尔霍夫定律是描述电路的基本定律，因此可以对图 4-1 所示的电路应用 KVL，得到下面的方程。

$$u_R + u_C = u_S \quad (t>0)$$

根据电容元件的电压-电流约束关系，可得到

$$i = C\frac{\mathrm{d}u_C}{\mathrm{d}t}$$

再根据电阻元件的电压-电流约束关系，有

$$u_R = Ri = RC\frac{\mathrm{d}u_C}{\mathrm{d}t}$$

所以 KVL 方程演变成如下形式

$$RC\frac{\mathrm{d}u_C}{\mathrm{d}t} + u_C = u_S \quad (t>0) \qquad (4\text{-}1)$$

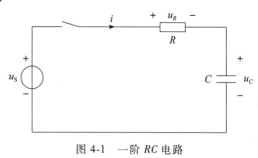

图 4-1　一阶 RC 电路

电路方程是电压 u_c 的一阶微分方程，所以该电路为一阶 RC 电路，将该方程变形为

$$\frac{\mathrm{d}u_c}{u_\mathrm{s}-u_c}=\frac{1}{RC}\mathrm{d}t$$

两边积分得

$$-\ln(u_c-u_\mathrm{s})=\frac{1}{RC}t+k$$

所以

$$\ln(u_c-u_\mathrm{s})=-\left(\frac{1}{RC}t+k\right)$$

或者

$$u_c-u_\mathrm{s}=\mathrm{e}^{-\left(\frac{1}{RC}t+k\right)}$$

令

$$A=\mathrm{e}^{-k}$$

于是得到电容电压 u_c 的表达式为

$$u_c=A\mathrm{e}^{-\frac{1}{RC}t}+u_\mathrm{s} \quad (t>0) \tag{4-2}$$

式中，常系数 A 的值待定。为了确定 A 的值，需要利用初始条件。假设在初始时刻 $t=0$ 时，电容的初始电压为 u_0，前文已经指出，电容两端的电压不能跃变，所以可以将 $t=0$ 的条件代入式(4-2)，得到

$$A+u_\mathrm{s}=u_0$$

所以

$$A=u_0-u_\mathrm{s}$$

将所得的常系数 A 的值代入式(4-1)，就得到了一阶 RC 电路中电容两端电压的一般形式为

$$u_c=u_\mathrm{s}+(u_0-u_\mathrm{s})\mathrm{e}^{-\frac{1}{RC}t} \quad (t>0) \tag{4-3}$$

4.1.2 一阶 RL 电路

只包含电源、电阻和电容的电路称为 RL 电路，图4-2 是由一个电源、一个电阻和一个电感组成的一阶 RL 电路。在 $t=0$ 时刻电路中的开关闭合，并假设在 $t=0$ 时刻通过电感 L 的电流为 i_0，求解如下。

对图 4-2 所示电路应用 KVL，得到下面的方程

$$u_R+u_L=u_\mathrm{s} \quad (t>0)$$

根据电感元件的电压-电流约束关系，可得到

$$u_L=L\frac{\mathrm{d}i}{\mathrm{d}t}$$

所以 KVL 方程演变成如下形式：

$$Ri+L\frac{\mathrm{d}i}{\mathrm{d}t}=u_\mathrm{s} \quad (t>0) \tag{4-4}$$

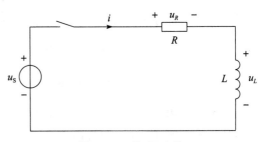

图 4-2 一阶 RL 电路

电路方程是电流 i 的一阶微分方程，所以该电路为一阶 RL 电路，将该方程分离变量得

$$\frac{\mathrm{d}i}{u_\mathrm{s}-Ri}=\frac{1}{L}\mathrm{d}t$$

两边积分

$$-\ln(Ri-u_\mathrm{s})=\frac{R}{L}t+k$$

所以

$$Ri-u_\mathrm{s}=\mathrm{e}^{-\left(\frac{R}{L}t+k\right)}$$

令

$$A=\frac{\mathrm{e}^{-k}}{R}$$

于是得电流 i 的表达式为

$$i=A\mathrm{e}^{-\frac{R}{L}t}+\frac{u_\mathrm{s}}{R}\quad(t>0) \tag{4-5}$$

利用初始条件可以确定常系数 A 的值。假设在初始时刻 $t=0$ 时，电感的初始电流为 i_0，利用通过电感的电流不能跃变的特性，将 $t=0$ 时的条件代入式（4-5），得到

$$A+\frac{u_\mathrm{s}}{R}=i_0$$

所以

$$A=i_0-\frac{u_\mathrm{s}}{R}$$

将所得的常系数 A 的值代入式（4-5），就得到了一阶 RL 电路中电感电流的一般形式为

$$i=\frac{u_\mathrm{s}}{R}+\left(i_0-\frac{u_\mathrm{s}}{R}\right)\mathrm{e}^{-\frac{R}{L}t}\quad(t>0) \tag{4-6}$$

4.1.3　一阶电路方程及其解的形式

对比一下应用基尔霍夫定律到两种一阶电路所得到的一阶微分方程：

$$一阶\ RC\ 电路方程\quad RC\frac{\mathrm{d}u_c}{\mathrm{d}t}+u_c=u_\mathrm{s}\quad(t>0)$$

$$一阶\ RL\ 电路方程\quad Ri+L\frac{\mathrm{d}i}{\mathrm{d}t}=u_\mathrm{s}\quad(t>0)$$

以及数学上微分方程求解方法得到的解（即响应表达式）：

$$一阶\ RC\ 电路的响应\quad u_c=u_\mathrm{s}+(u_0-u_\mathrm{s})\mathrm{e}^{-\frac{1}{RC}t}\quad(t>0)$$

$$一阶\ RL\ 电路的响应\quad i=\frac{u_\mathrm{s}}{R}+\left(i_0-\frac{u_\mathrm{s}}{R}\right)\mathrm{e}^{-\frac{R}{L}t}\quad(t>0)$$

可知，电路方程类似，响应表达式也类似。这一点不应感到奇怪，因为电感和电容的电压-电流特性本身就具有某种对称的特性。

如果我们满足于列微分方程、解微分方程的分析思路，那么一阶电路的分析可以到此为

止了；但是，我们不是在学习数学，不单是要进行理论研究，而是要把知识用到工程实践中去，所以我们就不能满足于列方程、解方程。

理论上，对于任何动态电路，都可以通过基尔霍夫定律以及电路元件的特性直接列微分方程，进而求解这个微分方程，再结合换路定则确定边界条件，最终获得电路变量的响应。但是有谁喜欢经常列微分方程和解微分方程呢？寻求更加简单的解决问题的方法是人们自然的需求，三要素法就是求解一阶动态电路的一种简便方法，它可以避免列微分方程、解微分方程等烦琐步骤。

4.2　三要素分析法

任何电路中，之所以会产生响应，是因为施加了激励。那么，什么才算是激励呢？理想电压源的输出电压、理想电流源的输出电流都是激励，我们进一步思考，这两个电路变量之所以被看作激励，必然是有着共同点，那么，它们的共同点是什么呢？

答案是：这两个电路变量都由其自身决定，而不受其他电路变量的影响。这就给了我们一个提示，凡是能够由自身独立决定，而不受其他电路变量影响的电路变量，就可以视为激励。

用这个标准来考察动态电路中的电路变量，我们可以发现，除了理想电压源的输出电压、理想电流源的输出电流之外，还有两个在某种特殊情况下满足"自身独立决定"这个标准的电路变量：①开关动作（打开或闭合）后一瞬间的电容电压，这仅仅由开关动作前一瞬间的电容电压决定，不受在开关动作后一瞬间的其他电路变量的影响；②开关动作后一瞬间的电感电流，这也仅仅由开关动作前一瞬间的电感电流决定，不受在开关动作后一瞬间的其他电路变量的影响。根据第3章得到的"电容电压不能跃变，电感电流不能跃变"的结论，很容易推导出上面的结论。那么我们至少可以说，在开关动作后的一瞬间，电容电压、电感电流都是由自身独立决定，而不受其他电路变量影响的；我们也至少可以进一步认为，在开关动作后的一瞬间，电容电压、电感电流都可以视为激励。

为了简单起见，我们把开关动作后一瞬间的电路变量的值称为该电路变量的初始值，相应地，把开关动作后一瞬间的电容电压称为电容的初始电压，把开关动作后一瞬间的电感电流称为电感的初始电流。上述结论就可以简单化为：（在开关动作后的一瞬间）电容初始电压和电感初始电流可以视为激励。再强调一下，电容初始电压和电感初始电流"可以视为激励"的前提条件，是"在开关动作后的一瞬间"，就只在那一瞬间，其他时间都不能。

这样，在开关动作后的一瞬间，动态电路中就存在了两类激励，一类是理想电源，另一类是"可以视为激励"的电容初始电压和电感初始电流，此时的电路变量的值，即所谓的初始值，应该是这两类激励同时作用的结果。

进一步就引出了下一个问题，怎样计算电路变量的初始值？答案是：前面学到的各种方法——基尔霍夫定律、网络方程法、等效变换法、叠加定理等——都可以用，只要记得"在计算初始值的时候，电路中同时存在两类激励"就可以。

动态电路的两类激励中，理想电源的输出无须计算，关键就在于如何计算电容初始电压和电感初始电流，这就必须依靠所谓的换路定则。有了电容初始电压和电感初始电流，计算其他初始值就十分简单了。

4.2.1　换路定则和初始值

换路定则的目的是确定电容的初始电压和电感的初始电流，而确定的依据是电容和电感本身的重要特性：电容电压不能跃变，电感电流不能跃变。

设 $t=0$ 时电路发生换路，并把换路前一瞬间记为 0_-，换路后一瞬间记为 0_+，因为换路瞬间电容电压 u_C 不能跃变，电感电流 i_L 不能跃变，所以有

$$u_C(0_+) = u_C(0_-)， \qquad i_L(0_+) = i_L(0_-) \tag{4-7}$$

这个规律被称为换路定则，用它可以确定换路瞬间的电容初始电压和电感初始电流。

根据电容和电感储能的公式

$$w_C = \frac{1}{2}Cu_C^2， \qquad w_L = \frac{1}{2}Li_L^2$$

可知，电容电压和电感电流代表该动态元件储存的能量，在物理上，能量是不能跃变的，所以换路定则实际上反映了能量不能跃变的事实。电容电压不能跃变，实际上说明电容储能不能跃变；电感电流不能跃变，实际上说明电感储能不能跃变。或者说，不能转移能量而不花费任何时间，能量的转移和变换都需要时间。

理解换路定则要注意，在换路瞬间不能跃变的只有电容电压和电感电流，而其他电路变量是可以跃变的。举例来说，电阻元件上的电流（或电压）在换路前和换路后可以发生突变，换路定则并不要求换路前电阻电流必须等于换路后电阻电流，类似地，换路前的电容电流、电感电压也完全可以不等于换路后的电容电流、电感电压，换路定则仅仅规定换路前后电容电压不能跃变、电感电流不能跃变，仅此而已，再无其他。读者千万要注意这一点，不要把"不能跃变"这一要求扩展到其他电路变量上去。

确定了电容初始电压和电感初始电流之后，就可以进一步确定所有电路变量的初始值，在计算初始值的时候，必须把电容初始电压和电感初始电流视为激励。下面我们举几个例子来说明换路定则的应用和初始值的计算。

【例 4-1】　图 4-3 所示电路原处于稳定状态，$t=0$ 时开关闭合，求初始值 $u_C(0_+)$、$i_C(0_+)$ 和 $u(0_+)$。

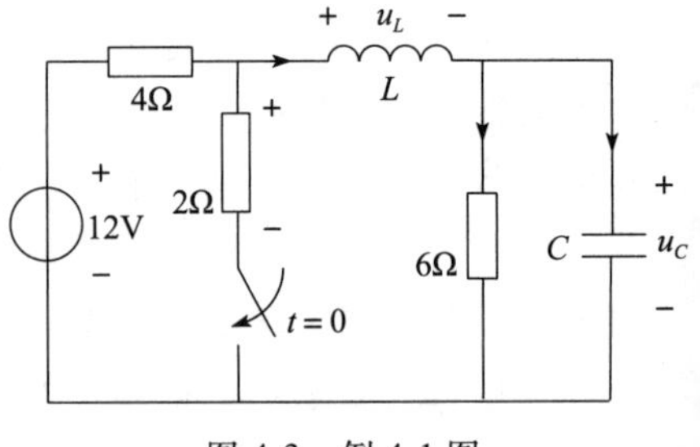

【解】　前文指出，换路的一瞬间，电路中存在两类激励，一类是理想电源，另一类是"可以视为激励"的电容初始电压和电感初始电流；电路变量的初始值，是这两类激励共同作用的结果。因此，要计算换路后各电路变量的初始值，必须首先确定理想电源的输出值、电容初始电压、电感初始电流。

本例题中，理想电源的输出值已知，电容初始

图 4-3　例 4-1 图

电压 $u_C(0_+)$、电感初始电流 $i_L(0_+)$ 未知，下面考虑如何确定电容初始电压 $u_C(0_+)$ 和电感初始电流 $i_L(0_+)$。

确定电容初始电压 $u_C(0_+)$ 和电感初始电流 $i_L(0_+)$ 的根据是换路定则，换路定则告诉我们，电容电压不能跃变，电感电流不能跃变，所以在换路时刻 $t=0$ 前后，必然存在

$$u_C(0_+) = u_C(0_-)， \qquad i_L(0_+) = i_L(0_-)$$

所以确定换路后的初始值 $u_C(0_+)$ 和 $i_L(0_+)$ 的问题，就转换成了如何确定换路前的瞬时值

$u_c(0_-)$ 和 $i_L(0_-)$ 的问题。

（1）由换路前一瞬间（$t=0_-$时）的等效电路，求出 $u_c(0_-)$ 和 $i_L(0_-)$

要计算 $u_c(0_-)$ 和 $i_L(0_-)$，必须首先确定换路前一瞬间电路的工作状态，分析如下：

换路前，电路中只有直流电源，例题中"电路原处于稳定状态"说明电路中的电流和电压已经稳定，而直流激励的动态电路到达稳定状态时，各处的电压和电流亦为直流，此时电感 L 相当于短路、电容 C 相当于开路，又因为 $t=0_-$时开关尚未闭合，所以图 4-3 所示电路在换路前瞬间 $t=0_-$时的电路，等效于图 4-4 所示电路，在图 4-4 中，电感用一段导线替代，电容被断开。

根据图 4-4 很容易计算出 $t=0_-$时电感电流 $i_L(0_-)$ 和电容电压 $u_c(0_-)$：

$$i_L(0_-) = \frac{U_s}{R_1+R_3} = \frac{12V}{4\Omega+6\Omega} = 1.2A$$

根据图 4-4 可知，$t=0_-$时电阻 R_3 上的电流 $i_3(0_-)$ 等于 $t=0_-$时的电感电流 $i_L(0_-)$，所以

$$u_c(0_-) = i_3(0_-)R_3 = i_L(0_-)R_3 = 1.2A \times 6\Omega = 7.2V$$

（2）根据换路定则，得到 $u_c(0_+)$ 和 $i_L(0_+)$

因为电容电压不能跃变，电感电流不能跃变，所以

$$i_L(0_+) = i_L(0_-) = 1.2A$$
$$u_c(0_+) = u_c(0_-) = 7.2V$$

（3）画出换路后一瞬间（$t=0_+$时）的等效电路

因为换路后一瞬间（$t=0_+$时）电容初始电压 $u_c(0_+)$ 和电感初始电流 $i_L(0_+)$ 已知，可视为激励，从而得到 $t=0_+$时的等效电路如图 4-5 所示。

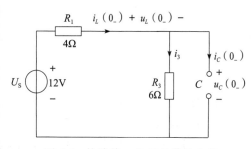
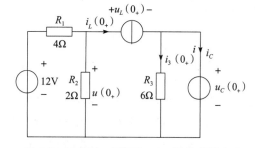

图 4-4 换路前 $t=0_-$时的等效电路　　　　图 4-5 换路后一瞬间（$t=0_+$时）的等效电路

（4）根据换路后一瞬间（$t=0_+$时）的等效电路，求出待求电路变量的初始值根据 $t=0_+$时的等效电路（见图 4-5）可知

$$i_3(0_+) = \frac{u_c(0_+)}{R_3} = \frac{7.2}{6}A = 1.2A$$

$$i_c(0_+) = i_L(0_+) - i_3(0_+) = 1.2A - 1.2A = 0A$$

现在已经通过计算得到了 $u_c(0_+)$、$i_c(0_+)$，还有一个待求变量 $u(0_+)$，这个变量可以使用节点电压法求出。

对电阻 R_2 上端的节点使用观察法列节点电压方程，得到

$$\left(\frac{1}{R_1}+\frac{1}{R_2}\right)u(0_+) = \frac{U_s}{R_1} - i_L(0_+)$$

这个方程只有一个未知数，即节点电压 $u(0_+)$，它的系数是该节点的自电导，方程右边是流入该节点的电流的代数和。对观察法列方程不熟悉的读者，也可以直接用基尔霍夫定律得到上述方程，由此可求出初始值 $u(0_+)$ 如下：

$$u(0_+) = \frac{\dfrac{U_s}{R_1} - i_L(0_+)}{\dfrac{1}{R_1} + \dfrac{1}{R_2}} = \frac{12}{\dfrac{12}{4} - 1.2}{\dfrac{1}{4} + \dfrac{1}{2}} \text{V} = 2.4 \text{V}$$

总结一下求动态电路初始值的步骤：

1）由换路前一瞬间（$t = 0_-$ 时）的等效电路，求出 $u_C(0_-)$ 和 $i_L(0_-)$。

2）根据换路定则，得到 $u_C(0_+)$ 和 $i_L(0_+)$。

3）画出换路后一瞬间（$t = 0_+$ 时）的等效电路。

4）根据换路后一瞬间（$t = 0_+$ 时）的等效电路，求出待求电路变量的初始值。

如果读者已经很熟悉了，就可以省略画换路前后等效电路图的步骤，直接计算即可。

4.2.2 直流激励的稳态值

前面的例子中，首先使用换路定则确定了换路后一瞬间的电容初始电压和电感初始电流，其次在把电容初始电压看作电压源、电感初始电流看作电流源的条件下，求出了电路中所有电路变量的初始值。下面继续思考换路之后的其他时间（不仅仅是换路后的一瞬间），电路变量又会发生怎样的变化。

通过本章前面对一阶 RC 电路和一阶 RL 电路的分析，已经得到了电容电压和电感电流的响应形式为

$$\text{一阶 RC 电路中的电容电压} \quad u_C = u_s + (u_0 - u_s) e^{-\frac{1}{RC}t} \quad (t > 0)$$

$$\text{一阶 RL 电路中的电感电流} \quad i = \frac{u_s}{R} + \left(i_0 - \frac{u_s}{R}\right) e^{-\frac{R}{L}t} \quad (t > 0)$$

显然，在换路之后，一阶电路中的电容电压（或电感电流）的表达式都是时间 t 的指数函数，并将随着时间 t 的变化而永远变化下去。理论上，当 $t = \infty$ 时，表达式中的第二项都将趋近于 0，此时电容电压和电感电流都将稳定在表达式中的第一项。我们把 $t = \infty$ 时的电容电压记作 $u_C(\infty)$，称为电容电压的稳态值；$t = \infty$ 时的电感电流记作 $i_L(\infty)$，称为电感电流的稳态值。显然，一阶直流电路中，$t = \infty$ 时，电容电压的稳态值 $u_C(\infty)$ 和电感电流的稳态值 $i_L(\infty)$ 都是直流量。

直流激励下的动态电路中，电容电压和电感电流稳定到直流量后，电路中已经没有了随时间变化的因素，所以，$t = \infty$ 时，动态电路中所有的电路变量都将稳定到直流量上，即动态电路所有电路变量的稳态值都是直流量。进入稳定状态的动态电路，所有变量都是直流量，此时的动态电路已经相当于直流电路了，完全可以按照直流电路来分析。

把动态电路看作直流电路，分析起来就更加简单了。第 3 章已经指出，在直流电路中，电容相当于开路（电容电流为零，电容电压恒定不变）；电感相当于短路（电感电压为零，电感电流恒定不变）。这个结论是直接从电容和电感的微分特性推导出来的。

直流激励下，动态电路的稳态响应也是直流。因为动态电路稳定时的电流和电压都是直

流，所以，计算直流激励下动态电路的稳态值，就可以根据电容所具有的"隔直流、通（阻）交流"的特征，以及电感所具有的"通直流、阻交流"的特征，在直流激励下计算稳态值时把"电容视为开路，电感视为短路"。实际上，例4-1中已经运用了这个特性。

现在我们总结直流激励下动态电路稳态分析的有关结论如下：

1）$t = \infty$ 时，电路进入稳态，电路变量的直流稳态值是恒定不变的直流量。

2）动态电路的直流稳态等效电路中，电容视为开路，电感视为短路。

下面举例说明，如何应用上述结论求动态电路的稳态值。

【例4-2】 图4-6a所示电路，$t = 0$ 时开关打开，求 u_L、i_L、u 的稳态值。

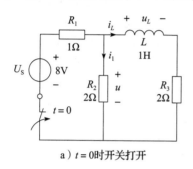 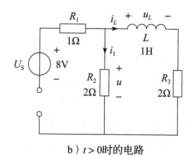

a）$t = 0$ 时开关打开 b）$t > 0$ 时的电路

图4-6 例4-2图

【解】 因为 $t = 0$ 时开关打开，所以 $t > 0$ 时的电路如图4-6b所示，此时电路中的电源 U_s 和电阻 R_1 所在支路被断开。下面从3个方面考虑直流稳态分析：

1）被断开的支路电流必定为零，无法对其他回路产生任何影响，所以在对图4-6b进行直流稳态分析时，可以去掉电源 U_s 和电阻 R_1 所在支路而不影响对右侧回路的分析。

2）$t = \infty$ 时，电路进入稳态，此时所有电路变量都是恒定不变的直流量。

3）动态电路的直流稳态等效电路中，电容视为开路，电感视为短路。

对于图4-6b所示电路，去掉断开支路（电源 U_s 和电阻 R_1 所在支路）后如图4-7a所示，再应用"电容开路、电感短路"原则把电感短路后，如图4-7b所示。

最后得到电路在 $t = \infty$ 时的直流稳态等效电路如图4-7b所示，可见，在电路进入稳态时，没有任何激励源存在，这样的电路中，任何电压或电流都必然等于0，所以

$$i_L(\infty) = 0; \quad u_R(\infty) = 0; \quad u_L(\infty) = 0$$

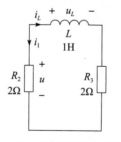 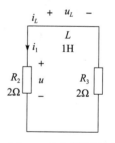

a）$t > 0$ 时去掉断开支路 b）$t = \infty$ 时电感视为短路

图4-7 例4-2的直流稳态等效电路

从能量的角度也可以分析出类似的结论：$t = \infty$ 时电感的初始储能已消耗完毕（在电阻 R_2 和 R_3 上），电路在既没有电源提供能量，又已经把动态元件的初始储能消耗完毕的情况下，不可能存在任何响应，所以其稳态值必然为零。

总结一下求动态电路直流稳态值的步骤：

1）画出换路后的电路。

2）按"电容开路、电感短路"处理换路后的电路，得到稳态电路的等效电路。

3）应用直流电路分析方法分析稳态电路的等效电路，求解动态电路的直流稳态值。

熟练的读者可以省略画路图的步骤，直接计算即可。

4.2.3 过渡过程和时间常数

1. 过渡过程

动态电路换路后一瞬间（$t = 0_+$时）的电路变量处于初始值，稳定后（$t = \infty$ 时）电路变量处于稳态值。一般来说，动态电路换路后电压和电流的初始值与稳态值并不相等，其间需要经过一个变化的过程，这个从初始值到稳态值的变化过程，就称为过渡过程。

要想让一个电路产生过渡过程，这个电路必须发生结构或参数的突然改变，比如开关打开和闭合、元件的参数（例如电阻的阻值）突然改变等，即发生了所谓的换路，所以，一个电路产生过渡过程的条件，是电路中发生了换路。

下面具体分析一阶电路过渡过程。

根据一阶 RC 电路的电容电压表达式式（4-3），即

$$u_C = u_s + (u_0 - u_s)\, e^{-\frac{1}{RC}t} \quad (t > 0)$$

可知，电容电压在换路后一瞬间（$t = 0_+$时）的初始值为

$$u_C(0_+) = u_0$$

$t = \infty$ 时，电容电压的稳态值为

$$u_C(\infty) = u_s$$

所以，式（4-3）所表达的就是电容电压从初始值 u_0 到稳态值 u_s 的过渡过程。

根据式（4-3），可以画出对应的响应曲线，根据初始值和稳态值的不同，分别如图 4-8a、b 所示。

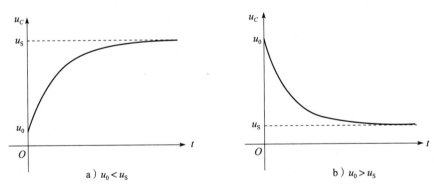

a）$u_0 < u_s$ b）$u_0 > u_s$

图 4-8 一阶 RC 电路在直流激励下的电容电压响应曲线

如果 $u_0 < u_s$，则 u_C 的曲线形状如图 4-8a 所示，电容从初始电压 u_0 开始充电，按指数规律增长，直到到达电路中的激励源的数值 u_s。

如果 $u_0 > u_s$，则 u_C 的曲线形状如图 4-8b 所示，电容从初始电压 u_0 开始放电，按指数规律衰减，直到到达稳态值 u_s。

如果 $u_0 = u_s$，则有 $u_C = u_s$，电路维持原有状态，电容电压不变。

图 4-8 表明在一阶 RC 电路中，当电路的状态发生改变后，电容电压 u_c 从初始状态 u_0 经过指数增长或衰减后到达新的稳定状态 u_s。

类似地，根据一阶 RL 电路中电感电流的一般表达式式(4-6)，即

$$i = \frac{u_s}{R} + \left(i_0 - \frac{u_s}{R} \right) e^{-\frac{R}{L}t} \quad (t>0)$$

可以画出其响应曲线如图 4-9 所示。

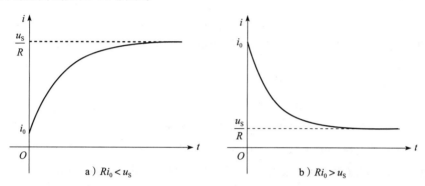

图 4-9   一阶 RL 电路在直流激励下的电感电流响应曲线

如果 $Ri_0 < u_s$，则 i 的曲线形状如图 4-9a 所示，电感电流从初始值 i_0 开始，按指数规律增长，直到到达稳态值 u_s/R。

如果 $Ri_0 > u_s$，则 u_c 的曲线形状如图 4-9b 所示，电感电流从初始值 i_0 开始，按指数规律衰减，直到到达稳态值 u_s/R。

如果 $Ri_0 = u_s$，则电路状态(电流和电压)保持不变。

对比图 4-8 和图 4-9 可知，不同一阶电路中的不同电路变量，它们的响应曲线却很相似，均为指数曲线。所以，一阶电路中任何电路变量的过渡过程，都是从初始值开始，按照指数规律增长或衰减，最后到达稳态值。

过渡过程也常常叫作暂态、瞬态(Transient)，用来表示电路变量所处于的变化的、暂时的状态，相应地，求解电路变量的过渡过程，也常常称为暂态分析或者瞬态分析。

2. 时间常数

一阶电路的响应曲线相似，却并不相同，它们之间的区别在哪里呢？仔细分析各个不同的响应曲线，可以发现把各个指数响应曲线区别开来的 3 个元素：指数曲线的初始值、指数曲线的稳态值和指数曲线随时间的变化率。

初始值和稳态值我们已经讲过了，下面以一阶 RC 电路中电容电压的表达式为例来分析指数曲线随时间的变化率。

根据一阶 RC 电路中电容电压的表达式

$$u_c = u_s + (u_0 - u_s) e^{-\frac{1}{RC}t} \quad (t>0)$$

得到 $t>0$ 时电容电压的变化率为

$$\frac{\mathrm{d}u_c}{\mathrm{d}t} = (u_0 - u_s) e^{-\frac{1}{RC}t} \left(-\frac{1}{RC} \right) = \frac{u_s - u_0}{RC} e^{-\frac{1}{RC}t} \quad (t>0)$$

对于不同的指数曲线来说，如果初始值 u_0、稳态值 u_s 相同，那么曲线在任意时刻的变

化率就仅仅取决于 RC 的乘积。对任意给定的时间 t，RC 的值越大，u_c 的衰减（或增长）得越慢；RC 的值越小，u_c 的衰减（或增长）越快。

因为指数 $-t/RC$ 是一个无量纲的数，所以 RC 必然具有时间的量纲，称 $\tau = RC$ 为一阶 RC 电路的时间常数。在国际单位制下，时间常数 τ 的单位是秒（s）。

下面我们以 $u_s = 0$ 时的过渡过程为例，来分析响应曲线的变化率。首先，将 $u_s = 0$ 代入式（4-3）得到过渡过程的函数表达式为

$$u_c = u_0 e^{-\frac{1}{RC}t} = u_0 e^{-\frac{t}{\tau}} \quad (t>0) \tag{4-8}$$

图 4-10 是对应式（4-8）的响应曲线。该曲线在每个时刻的变化率就是 u_c 此时的衰减速率：

$$\frac{\mathrm{d}u_c}{\mathrm{d}t} = -\frac{u_0}{RC} e^{-\frac{1}{RC}t} = -\frac{u_0}{\tau} e^{-\frac{1}{\tau}t} \quad (t>0)$$

代入 $t=0$，就可以得到一阶电路响应曲线的初始变化率。由于 $t=0$ 时，e 的指数项得到最大值 1，所以一阶电路响应曲线在 $t=0$ 时的初始衰减速率最大。

图 4-10 所示响应曲线的初始变化率可以通过把 $t=0$ 代入式（4-8）求出

$$\frac{\mathrm{d}u_c}{\mathrm{d}t} = -\frac{u_0}{\tau} e^{-\frac{t}{\tau}} \bigg|_{t=0} = -\frac{u_0}{\tau}$$

在 $t=0$ 点对 u_c 的响应曲线作切线，该切线的方程为

$$u = -\frac{u_0}{\tau}t + u_0$$

根据这个方程，易于求出该切线与时间轴的交点为 τ。所以可根据作图法来求出时间常数。

每经过一个时间 τ，u_c 与初值 u_0 之比为

$$\frac{u_c}{u_0} = e^{-\frac{t}{\tau}} \bigg|_{t=\tau} = e^{-1} = 0.368$$

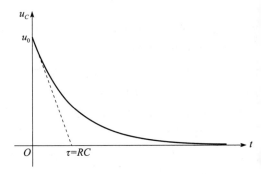

图 4-10　一阶 RC 电路 $u_s = 0$ 时的响应曲线

这表明每经过一个时间常数 τ，u_c 变为其初值 u_0 的 36.8%，或者说经过时间 τ 后 u_c 的值与其稳态值还差 63.2%。理论上，按指数规律变化的 u_c 永远不可能达到其稳态值，但简单计算表明，在经过 3~5 个时间常数后，u_c 将变为初值 u_0 的 4.98%~0.7%，与稳态值的差别已经很小，工程上可近似认为经过 3~5 个时间常数以后，过渡过程已经结束，电路进入稳态。

类似分析应用于一阶 RL 电路的响应公式

$$i = \frac{u_s}{R} + \left(i_0 - \frac{u_s}{R} \right) e^{-\frac{R}{L}t} \quad (t>0)$$

可知一阶 RL 电路的时间常数 $\tau = L/R$，而且，经过 $(3~5)\tau$，电路将结束过渡过程，并进入稳态。分析过程与对一阶 RC 电路的分析完全相同，具体步骤留给有兴趣的读者。

时间常数表示了电路从一个状态变化到另一个状态所需要的时间，时间常数越大，电路状态变化所需要的时间就越长，或者说电路状态变化越慢。

时间常数的计算是一阶电路分析中的难点。通过前文对图 4-1、图 4-2 所示电路的分析

可知，理想电压源、电阻、电容串联电路的时间常数 $\tau = RC$，理想电压源、电阻、电感串联电路的时间常数 $\tau = L/R$。

　　根据电源变换理论可知，理想电流源与电阻并联等效于理想电压源和电阻串联，所以图4-11a、b所示两电路等效，电容 C 在两个电路中所获得的电流、电压都是相同的，所以这两个电路的时间常数也必然是相同，否则就无法保证电容 C 的电流、电压相同了。图4-11中的电容完全可以替换为电感，依然能够得到时间常数相同的结论。

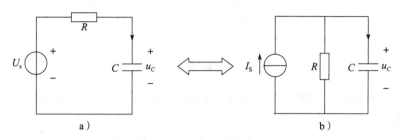

图 4-11　U_s、R、C 串联电路与 I_s、R、C 并联电路的时间常数均为 $\tau = RC$

　　所以，我们可以得到如下结论：

　　1）电压源与 R、C 串联的电路、电流源与 R、C 并联的电路，其时间常数均为 $\tau = RC$。

　　2）电压源与 R、L 串联的电路、电流源与 R、L 并联的电路，其时间常数均为 $\tau = L/R$。

　　如果我们遇到更复杂的电路，就可以通过电源变换或戴维南定理和诺顿定理，把它变为 U_s、R、C（或 L）串联电路或 I_s、R、C（或 L）并联电路，然后直接使用 $\tau = RC$ 或 $\tau = L/R$ 计算时间常数。图4-12a可以用来表示任何一阶电感电路，其中线性二端电阻网络 N 代表电感元件之外的部分，而且可以确定网络 N 只包含电源和电阻，从而能够使用戴维南定理把它变换为图4-12b所示电路，这个电路的时间常数可以直接使用 $\tau = L/R$ 计算。

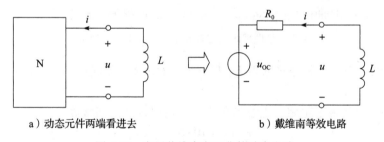

a）动态元件两端看进去　　　　　　　b）戴维南等效电路

图 4-12　应用戴维南定理化简动态电路

　　使用戴维南定理和诺顿定理时要注意，我们所要求的是从电容（或电感）两端看进去的等效电源和等效电阻，而且在求解过程中，要注意电源的参考方向与动态元件端电压的连接，要保持动态元件端电压的方向不变。

　　【例4-3】　求图4-13a所示动态电路的时间常数。

　　【解】　$t = 0$ 时开关打开，电流源接入电路，所以 $t > 0$ 时的电路如图4-13b所示。（其中已将电容去掉，以强调"从电容两端看进去"，画图时不去掉亦可。）

　　1）根据图4-13b可以求出开路电压 u_{oc}，步骤如下：

$$i_1 = 2A$$
$$u_{oc} = i_1 R_1 + 2i_1 = 2 \times 4V + 2 \times 2V = 12V$$

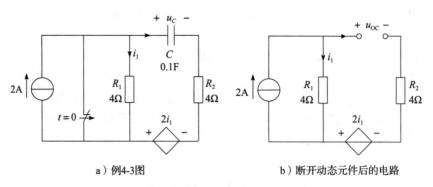

a）例4-3图　　　　　　　　　b）断开动态元件后的电路

图4-13　戴维南定理和诺顿定理用于动态电路

2）把图4-13b中的电流源开路，得到图4-14a，利用外加电源法求出从电容两端看进去的等效内阻为

$$u = i_1 R_1 + 2i_1 + i_1 R_2 = 4i_1 + 2i_1 + 4i_1 = 10i_1$$

$$R_{eq} = \frac{u}{i} = \frac{10i_1}{i_1} = 10\Omega$$

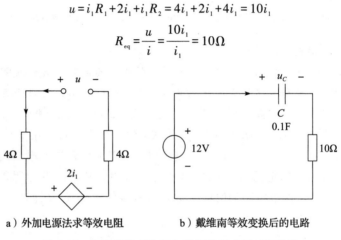

a）外加电源法求等效电阻　　　　　　b）戴维南等效变换后的电路

图4-14　借助戴维南定理和诺顿定理求解时间常数

3）得到开路电压 u_{OC} 和等效电阻 R_{eq} 后，即可得到戴维南等效变换后的电路如图4-14b所示。

4）这是一个电压源、电阻、电容简单串联的电路，其时间常数为

$$\tau = RC = 10 \times 0.1\mathrm{s} = 1\mathrm{s}$$

实际上，如果单纯地为了求解时间常数，上面的步骤1）求开路电压，以及步骤3）求戴维南等效电路，都是不必要的。读者直接完成步骤2）、4）即可，本例题做法仅仅是为了让大家更加清楚解题思路。

4.2.4　三要素法求解一阶电路

综合图4-1和图4-2的分析过程可知，对任何一阶电路，使用基尔霍夫定律和元件特性，可得一阶微分方程，该方程的解是一个从初始值开始，按照指数规律变化，经过无限长的时间之后到稳态值结束的电压或电流变量。

对任何一个按照指数规律变化的量，初始值表明它从哪里开始，稳态值表明它到哪里结束，时间常数则表明（连接初始值和稳态值的）指数曲线的形状。所以，对于一阶电路中的

任何电压和电流变量，只要知道了初始值、稳态值和时间常数，就可以得到它随时间变化的表达式，这种方法叫作分析一阶电路的三要素法。这里的"三要素"，指的是初始值、稳态值和时间常数。

如果一阶电路在 $t=0$ 时刻发生换路，用 $f(t)$ 表示电路中的电压或电流变量，$f(0_+)$ 表示该变量的初值，$f(\infty)$ 表示该变量的稳态值（即时间趋于无穷大时的终值），τ 为该一阶电路的时间常数，则变量 $f(t)$ 的表达式为

$$f(t)=f(\infty)+[f(0_+)-f(\infty)]e^{-\frac{t}{\tau}} \quad (t>0) \tag{4-9}$$

最后，需要说明一下当换路动作发生在 $t=t_0$ 时刻，一阶电路的响应表达式：根据数学理论，这时的响应曲线只是对式(4-9)所表示的曲线进行了一次从 $t=0$ 到 $t=t_0$ 的平移，如果用 $f(t_{0+})$ 表示初始值，$f(\infty)$ 表示稳态值，τ 表示时间常数，则变量 $f(t)$ 的表达式为

$$f(t)=f(\infty)+[f(t_{0+})-f(\infty)]e^{-\frac{t-t_0}{\tau}} \quad (t>t_0) \tag{4-10}$$

必须注意，如果换路动作发生在 $t=t_0$ 时刻，则换路定则应该写作

$$u_c(t_{0+})=u_c(t_{0-}), \qquad i_L(t_{0+})=i_L(t_{0-}) \tag{4-11}$$

三要素法让我们可以无须求解微分方程，只要进行简单的代数运算即可得出一阶电路中电压和电流变量的表达式。

现将使用三要素法求解一阶电路的方法归纳如下：

1）求初始值：用换路定则，求换路后的电容电压初始值、电感电流初始值；根据换路后瞬间的电路，列方程求解待求变量的初始值；注意不要滥用换路定则，因为换路定则只能用于换路前后的电容电压和电感电流，其他变量不适用。

2）求稳态值：当时间趋于无穷大时，直流激励的电路中电容相当于开路，电感相当于短路，据此即可求出变量的稳态值。

3）求电路的时间常数：先求出从动态元件两端看进去的戴维南等效电阻 R，然后对于一阶 RC 电路，$\tau=RC$；对于一阶 RL 电路，$\tau=L/R$。

4）代入式(4-9)或式(4-10)，得到待求电流或电压换路后的表达式。

【例 4-4】 电路如图 4-15a 所示，已知开关动作前电路已经处于稳态，$t=0$ 时开关闭合，用三要素法求 $t>0$ 时的电流 $i(t)$。

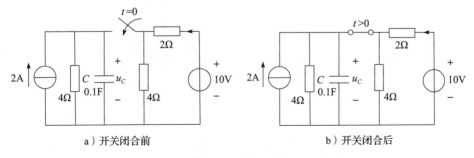

a）开关闭合前   b）开关闭合后

图 4-15 例 4-4 图

【解】 分别计算初始值、稳态值、时间常数，并代入三要素公式即可，步骤如下：

（1）计算初始值

开关闭合前，电路(见图 4-15a)已经稳定，此时电容相当于开路，电流源全部流入电阻

R_1 中，因电容 C 与电阻 R_1 并联，所以电容电压与电阻电压相等，有

$$u_C(0_-) = 2 \times 4\text{V} = 8\text{V}$$

依据换路定则，电容电压不能跃变，所以

$$u_C(0_+) = u_C(0_-) = 8\text{V}$$

开关闭合后，电路如图 4-15b 所示。在换路后瞬间，电容电压相当于电压源，此时电阻 R_3 左端电位等于 $u_C(0_+)$，即 8V，右端电位等于 10V，电流 i 在换路后瞬间的初始值为

$$i(0_+) = \frac{10\text{V} - u_C(0_+)}{R_3} = \frac{10-8}{2}\text{A} = 1\text{A}$$

（2）计算稳态值

图 4-15b 所示电路进入稳态之后，电容相当于开路，此时电流 i 是电压源和电流源共同作用的叠加，电压源作用的结果与电流 i 的方向相同，电流源作用的结果与电流 i 的方向相反，用叠加定理求电流 i 在换路后的稳态值为

$$i(\infty) = \frac{10\text{V}}{2\Omega + (4\Omega//4\Omega)} - \frac{2\text{A} \times (4\Omega//4\Omega//2\Omega)}{2\Omega} = 1.5\text{A}$$

（3）计算时间常数

计算从电容两端看进去的戴维南等效电阻，把图 4-15b 中的电流源开路、电压源短路，容易发现，从电容两端看进去，电阻 R_1、R_2、R_3 并联，所以

$$R_{eq} = 4\Omega//4\Omega//2\Omega = 1\Omega$$

按照一阶 RC 电路时间常数计算公式，有

$$\tau = R_{eq}C = 1 \times 0.1\text{s} = 0.1\text{s}$$

（4）代入三要素公式

将 $i(0_+) = 1\text{A}$，$i(\infty) = 1.5\text{A}$，$\tau = 0.1\text{s}$ 代入式（4-9）得

$$i(t) = i(\infty) + [i(0_+) - i(\infty)]e^{-\frac{t}{\tau}} = [1.5 + (1-1.5)e^{-\frac{t}{0.1}}]\text{A} = (1.5 - 0.5e^{-10t})\text{A} \quad (t>0)$$

4.2.5 用 LTspice 仿真一阶电路的瞬态响应

1. 用电压控制开关实现机械开关

在 LTspice 中没有机械开关元件，可以用电压控制开关（Voltage Controlled Switch）来实现机械开关的功能。

第一步，在原理图中添加电压控制开关，步骤如下：

1）单击工具栏内的 "器件" 按钮 ，并在弹出的 "Select Component Symbol" 对话框中选择 "sw"，如图 4-16 所示。

2）单击 "OK" 按钮，即可添加电压控制开关。通过按〈Ctrl+E〉键（镜像翻转）、〈Ctrl+R〉键（旋转）使器件放置于合适的位置。

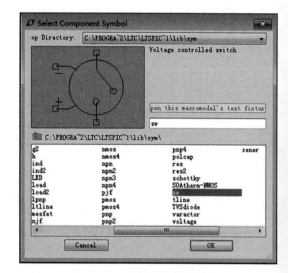

图 4-16 选择电压控制开关

第二步，设置开关的属性，如图 4-17 所示，步骤如下：

1）右键单击原理图中的电压控制开关，弹出"器件属性编辑器"（Component Attribute Editor）对话框，准备编辑其中的各行列的值。

2）在"器件属性编辑器"对话框中，设置 SpiceModel 名称为"hscSw"（该名称可任意设定，只要不引起名称冲突即可），它用来进一步设置器件的参数。

3）清空 Value 行的值（常开开关设置为 on，常闭开关设置为 off，为简单起见，可忽略此设置）。

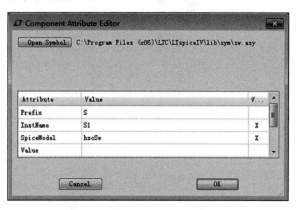

图 4-17　设置电压控制开关的属性

4）在 Vis. 列中单击，出现 X 表示该行参数可见（Visible）。

第三步，设置开关的模型，步骤如下：

1）单击工具栏最右侧的".op"按钮 **·op**（在图 4-18 工具栏的最右侧）。

图 4-18　".op"按钮在工具栏的最右侧

2）在弹出的对话框中，选定 Spice 指令（SPICE directive）单选按钮，并输入文字，如图 4-19 所示。

".model hscSw SW（Ron = 1m）"是一行 Spice 指令，其作用是设定开关的接触电阻（Ron）为 $1m\Omega$，以便模拟优质的机械开关。

经过上述设定的电压控制开关，当且仅当控制电压大于零时，开关闭合；否则，开关断开。

第四步，给开关添加控制电压：要让开关闭合，则令控制电压为正；要让开关断开，则令控制电压为负。步骤如下：

1）在原理图中添加电压源。

2）右键单击电压源，在弹出的对话框中单击"高级"（Advanced）按钮，如图 4-20 所示。

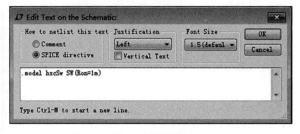

图 4-19　设置开关的模型（model）

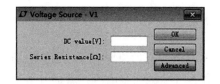

图 4-20　设置电压源参数，单击"高级"（Advanced）按钮

3）在弹出的对话框中，单击 PWL（t1 v1 t2 v2...）单选框，并在下方的输入栏中，设置转折点（-1，-1）、（0，0）、（1，1），如图 4-21 所示。

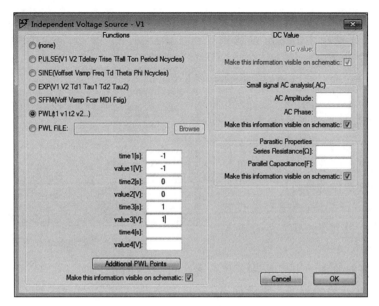

图 4-21　设置电压源为 PWL 类型的参数

4）这时会在电压源两端输出一个从(-1，-1)、(0，0)到(1，1)的折线电压，它在 0s 之前的电压为负，0s 之后的电压为正。用 PWL 类型电压源产生控制电压的 LTspice 原理图及其输出电压(0s 之前的电压不能显示)如图 4-22 所示。

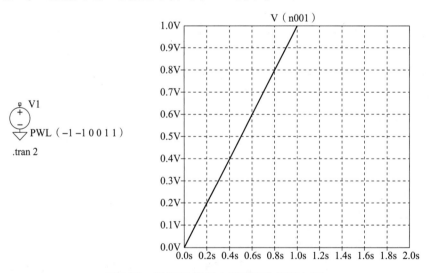

图 4-22　用 PWL 类型电压源产生控制电压

5）把上述控制电压添加到电压控制开关的控制端，作为开关的控制电压，就能让开关在 0s 时刻打开，如图 4-23 所示。

控制电压的正负决定开关的开闭：负电压使开关断开，正电压使开关闭合。

说明：实现机械开关的方法不这一种，上述方法

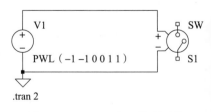

图 4-23　用 PWL 电压控制开关

只是相对直观的一个方案。读者可以阅读 LTspice 指南，找到更多方案。

2. 瞬态仿真

完成原理图的编辑后，单击"运行"（Run）按钮💃，在弹出的"编辑仿真命令"（Edit Simulation Command）对话框中，单击 Transient(瞬态仿真)标签，然后需要在 Transient 选项卡内的"Stop Time"文本框内填入瞬态仿真的截止时间，这时在最下面的文本框内会出现"．tran 4"字样，如图 4-24 所示。

单击"OK"按钮，将开始运行瞬态仿真，仿真停止时间为 4s。

实际设置停止时间时，应根据具体电路设置，例如对于一阶电路，截止时间应在换路时刻的基础上，加 4~5 个时间常数，以保证过渡过程结束。

下面完成例 4-4 的瞬态仿真，首先输入原理图（见图 4-25）。

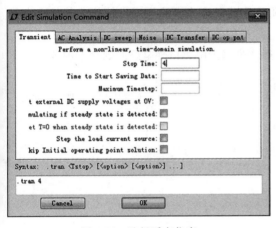

图 4-24 选择瞬态仿真

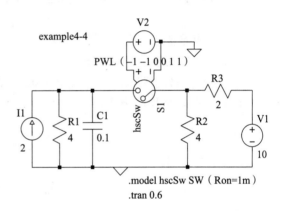

图 4-25 例 4-4 的 LTspice 原理图

仿真完成后，要测量电流 $i(t)$，因为 $i(t)$ 是电阻 R_3 上从右向左方向的电流，所以需要将鼠标悬浮在电阻 R_3 上，此时鼠标变为电流计的符号，且有红色箭头表示电流方向（如果红色箭头的方向与待测电流的参考方向不一致，则需旋转 R_3 以使其上电流方向与待测电流的参考方向一致）。最终我们得到了图 4-26 所示的（瞬态）仿真结果。

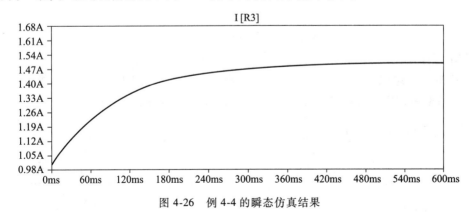

图 4-26 例 4-4 的瞬态仿真结果

【例 4-5】 图 4-27 是一个产生高压放电的电路，这个电路可以用来实现电焊机。在该电路中 A、B 两点代表两个尖端，它们之间距离很小，每当 A、B 两点之间电压达到 45kV 时，就会产生电弧放电，已知受控电流源的系数 $\beta = 2.25$，求：开关闭合以后，需要多长时间 A、B 间会产生电弧放电？

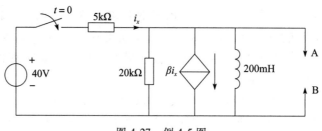

图 4-27　例 4-5 图

【解】　要计算产生电弧放电的时间，必须确定电感电压的表达式；要确定电感电压的表达式，必须确定从电感两端看进去的等效电阻；为此，应先求除电感以外部分的戴维南等效电路。

又因为电路含有受控源，所以需要采用开短路法来确定电感以外电路的戴维南等效电路。

（1）求电感两端的开路电压

当 $t>0$ 时，将电感开路，并设开路电压 u_{oc} 的参考方向为上正下负，得到图 4-28 所示电路。

针对节点 a 列 KCL 方程得

$$i_x - \frac{u_{oc}}{20 \times 10^3} - \beta i_x = 0$$

所以

$$u_{oc} = 20 \times 10^3 (1-\beta) i_x$$

又

$$i_x = \frac{40 - u_{oc}}{5 \times 10^3}$$

代入得

$$u_{oc} = 20 \times 10^3 \times (1 - 2.25) \times \frac{40 - u_{oc}}{5 \times 10^3} = -200\text{V} + 5u_{oc}$$

所以

$$u_{oc} = 50\text{V}$$

（2）求短路电流

当 $t>0$ 时，将电感短路，并设短路电流 i_{sc} 从开路电压 u_{oc} 的正端流入短路线、负端流出短路线（二者必须设定为关联参考方向），得到图 4-29 所示电路。

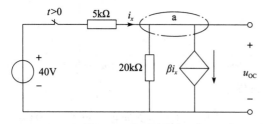

图 4-28　求开路电压

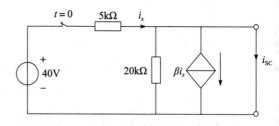

图 4-29　求短路电流

短路时，20kΩ 电阻和受控源被短路，不能影响电流 i_x，所以

$$i_x = \frac{40}{5 \times 10^3} A = 8 \times 10^{-3} A$$

又因为 $\qquad\qquad i_x = \beta i_x + i_{SC}$

所以

$$i_{SC} = i_x - \beta i_x = -1.25 \times 8 \times 10^{-3} = -10^{-2}(A)$$

（3）求等效内阻

$$R_0 = \frac{u_{OC}}{i_{SC}} = \frac{50}{-10^{-2}} \Omega = -5 \times 10^3 \Omega$$

（4）画出戴维南等效电路（见图 4-30）

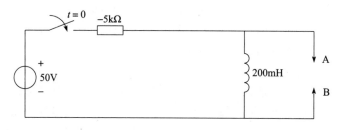

图 4-30　戴维南等效电路

（5）用三要素法求电感电压表达式

根据图 4-30 可知

$$u_{AB}(0_+) = 50V, \qquad u_{AB}(\infty) = 0V$$

$$\tau = \frac{L}{R} = \frac{200 \times 10^{-3}}{-5 \times 10^3} s = -40 \times 10^{-6} s$$

代入三要素公式得

$$u_{AB} = 50 e^{-\frac{1}{-40 \times 10^{-6}}t} V = 50 e^{2.5 \times 10^4 t} V$$

（6）求电弧放电时间

电弧放电时间，即电感电压 u_{AB} 从初始值变化到 45kV 所需要的时间，计算如下。
令

$$u_{AB} = 50 e^{2.5 \times 10^4 t} V = 45\,000 V$$

即得放电所需时间

$$t = \frac{\ln(900)}{2.5 \times 10^4} s = 0.27 ms$$

请读者自行完成例 4-5 的仿真。

4.3 线性动态电路叠加定理

本书第 3 章已经探讨了动态电路的线性特征，如果动态电路中的每个元件都是线性元件，那么这个动态电路也一定属于线性电路，既然属于线性电路，也应适用叠加定理。
根据 3.5 节，初始电压为零的线性电容、初始电流为零的线性电感都满足线性要求。

对于一个初始电压不为零的电容元件，可以等效为一个输出电压等于初始电压的电压源与一个零初始电压的电容元件的串联；对于一个初始电流不为零的线性电感，可以等效为输出电流等于初始电流的电流源与一个零初始电流的电感元件的并联。

为了表述上方便，把线性电容和线性电感统称为线性动态元件，把电容初始电压和电感初始电流统称为线性动态元件的初始状态。显然，导致线性动态元件显示出非线性特性的关键因素，就是它的初始状态。初始状态为零的线性动态元件都是严格意义上的线性元件，由它所构成的线性动态电路也就是严格意义上的线性电路。所以，在初始状态为零的情况下，线性动态电路中的电压或电流响应等于各个电源单独作用时的响应的叠加。

初始状态不为零的线性动态元件，则等效于一个输出值为非零初始状态的电源，与零初始状态的线性动态元件的叠加（电压源与电容串联、电流源与电感并联）。但是这样处理并不方便。而根据三要素法的讨论可知，动态元件的初始状态在电路中的作用，就是影响了电路变量的初始值；所以只要在确定电路变量初始值的时候，一次性考虑动态元件的初始状态的影响，就可以放心大胆地使用叠加定理了。

强调：在使用叠加定理过程中，要一次性地考虑动态元件的初始状态对电路变量初始值的影响，不要反复使用。换句话说，只在一个地方确定初始值的时候考虑动态元件的初始状态，其他确定初始值的场合都不要考虑初始状态的影响，因为已经过考虑一次了。

【例 4-6】   电路如图 4-31a 所示，已知 $u_{S1} = u_{S2} = 50V$，开关在动作前电路已经处于稳态，用叠加原理求电路中的电流 i_L。

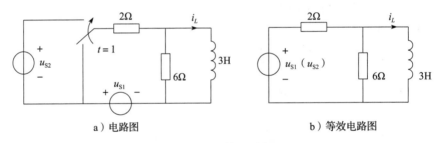

a）电路图   b）等效电路图

图 4-31   例 4-6 图

【解】   叠加原理说明，多个独立源共同作用的线性电路中，任一支路的电流或电压，等于每个独立源单独作用时在该支路所产生的电流或电压的代数和。在图 4-31a 中，有两个独立源共同作用，分别是电源 u_{S1} 和电源 u_{S2}，根据叠加定理，电流 i_L 应该等于它们各自单独作用时所产生的电流或电压的代数和。在确定初始值的时候，要一次性地考虑电感初始电流的影响。

图 4-31a 所示电路中，电源 u_{S1} 在所有时间内一直作用，而电源 u_{S2} 则是在 $t>1$ 时才起作用。图 4-31b 既是 u_{S1} 单独作用时的等效电路，也是 u_{S2} 在 $t>1$ 单独作用时的等效电路。

由于电源 u_{S1} 在所有时间内一直作用，电路必定处于稳态（不牵涉初始值），所以当 u_{S1} 单独作用时电感相当于短路，所产生的电感电流为

$$i_{L1}(t) = \frac{u_{S1}}{2} = \frac{50}{2}A = 25A$$

当 u_{S2} 单独作用时，假定 $u_{S1} = 0$，使用三要素法求解 u_{S2} 单独作用下电路响应的步骤如下：

$t = 1_+$ 时的初始电流（一次性确定初始值）

$$i_{L2}(1_+) = i_{L2}(1_-) = 0\,\mathrm{A}$$

$t = \infty$ 时的稳态电流

$$i_{L2}(\infty) = \frac{u_{S2}}{2} = \frac{50}{2}\mathrm{A} = 25\,\mathrm{A}$$

电路中的等效电阻

$$R_{eq} = 2\Omega /\!/ 6\Omega = 1.5\Omega$$

时间常数

$$\tau = \frac{L}{R_{eq}} = \frac{3}{1.5}\mathrm{s} = 2\,\mathrm{s}$$

代入三要素公式可得到 u_{S2} 单独作用下电路的响应电流为

$$i_{L2}(t) = i_{L2}(\infty) + [\,i_{L2}(1_+) - i_{L2}(\infty)\,]\,\mathrm{e}^{-\frac{t-t_0}{\tau}}$$

$$= [\,25 + (0-25)\,\mathrm{e}^{-\frac{t-1}{2}}\,]\mathrm{A} = (25 - 25\mathrm{e}^{\frac{1-t}{2}})\,\mathrm{A} \quad (t>1)$$

电路中的总响应电流为

$$i_L(t) = i_{L1}(t) + i_{L2}(t) = \begin{cases} 25\,\mathrm{A} & t \leqslant 1 \\ (50 - 25\mathrm{e}^{\frac{1-t}{2}})\,\mathrm{A} & t > 1 \end{cases}$$

此例题仿真的难点在于单刀双掷开关，可以用两个电压控制开关来模拟，依据的原理就是"控制电压的正负决定开关的开闭：负电压使开关断开，正电压使开关闭合"。仿真原理图如图 4-32 所示，电源 V3 的输出电压在 1s 前为负、1s 后为正，使 S1 由闭合转为断开，S2 由断开转为闭合，换路发生的时刻为 1s。

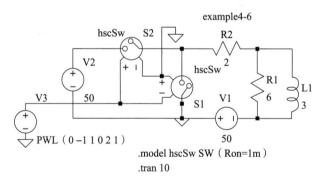

图 4-32　例 4-6 的仿真原理图

4.3.1　零状态响应和零输入响应

从线性元件的独有特点出发，线性动态电路叠加定理除了可以表现为不同电源所产生的响应的叠加（与电阻电路叠加定理相同，例 4-6 就用到了这个特点）之外，还可以表现为其他响应形式的叠加。首先，请读者理解几个概念。

1. 状态

"状态"是用来描述系统特征的量，可用来确定系统的特征。电路系统中，所有元件

（或支路）电压和电流一旦确定，这个电路的工作状态也就确定了，所以，可用所有元件的电压和电流来表示电路的状态。

然而用"所有元件的电压和电流"来表征一个电路的状态，数据量又显得太大了，那么能否缩小用来表征电路状态的变量个数呢？

在直流激励的线性电阻电路中，只要确定电阻的阻值以及电源的输出参数，就可以计算所有元件的电压和电流，电路一旦确定，电流和电压就不再改变，电路本身就表明了电路的特征，根本无须考虑电路状态的问题。

直流激励的线性动态电路却不具有这样的特点，即使我们已经知道了组成动态电路的所有元件的参数（电源的输出、电阻值、电容量、电感量），也无法确定动态电路的电流和电压。在任意时刻，动态电路中不能改变的电路变量，除了电压源的电压、电流源的电流之外，还有电容的电压、电感的电流，其他支路的电流和电压必须由这些不能改变的电路变量所决定。在任意时刻，对任何确定的动态电路，电容电压、电感电流决定了电路中的电压和电流值，所以电容电压、电感电流就是能够动态电路状态的最小电路变量集合。换句话说，任意时刻的电容电压、电感电流就是动态电路在该时刻的状态，或者说，动态电路的状态变量由电容电压、电感电流组成。

对一阶电路来说，动态元件的初始状态（电容的初始电压和电感的初始电流）又具有特殊的地位，只要知道了动态元件的初始状态，就可以求解微分方程得到所有支路电流和电压在任意时刻的表达式。动态元件的初始状态（电容的初始电压和电感的初始电流）就是动态电路的初始状态，它决定了换路后所有的电路状态。"动态"二字的含义就是"状态变化"的意思，而电路状态的变化又取决于初始状态，所以电路的初始状态就具有了特别重要的地位，不同的初始状态决定了对应着不同的响应（电压和电流）变化规律。

从能量的角度来看，电容、电感与电源一样，都既能向电路提供电能，也能从电路吸收电能，它们有着类似的效果，电源和动态元件的初始储能都是电路的激励。动态电路中的响应，是由电源和动态元件的初始状态（电容初始电压、电感初始电流）共同决定的。由于电源一般作为电路的输入，所以也可以说，动态电路中的响应是由输入和初始状态共同决定的。

2. 零输入响应

动态电路在输入为零（而初始状态不为零）时的响应，叫作零输入响应。"零输入"即"没有输入"，但是必须有初始状态，如果既没有输入又没有初始状态，就不会有任何响应了，所以，零输入响应实际上是"非零状态"所引起的响应，它反映了动态电路在外加电源为零、单纯在初始状态作用下所呈现的特征。

在没有外加电源的情况下，一阶电路中的任何电压或电流，其稳态值 $f(\infty)$ 必然为零；至于其初始值 $f(t_{0_+})$，则仅仅由非零初始状态所决定。根据三要素法，很容易知道零输入响应的形式应该是

$$f'(t) = f'(t_{0_+}) \mathrm{e}^{-\frac{t-t_0}{\tau}} \quad (t > t_0) \tag{4-12}$$

根据式（4-12）可见，零输入响应与初始状态呈线性关系。如果初始状态增大为 k 倍，零输入响应也增大为 k 倍，这是线性电路线性特征的体现。

3. 零状态响应

动态电路在初始状态为零（而输入不为零）时的响应，叫作零状态响应。"零状态"即"没有初始状态"（而有外界输入），所以，"零状态"响应实际上是"非零输入"所引起的响应，它反映了动态电路在没有初始状态、单纯在输入（即外加电源）作用下所呈现的特性。

"零状态"的含义是电容初始电压、电感初始电流为零，但并不能保证动态电路中的其他元件上的电流和电压初始值为零，所以动态电路的零状态响应表达式中的初始值不一定为零。分别讨论如下：

1）如果要求电容电压或电感电流的零状态响应，则

$$u''_C(t) = u''_C(\infty)\left(1 - e^{-\frac{t-t_0}{\tau}}\right) \quad (t > t_0) \tag{4-13}$$

$$i''_L(t) = i''_L(\infty)\left(1 - e^{-\frac{t-t_0}{\tau}}\right) \quad (t > t_0) \tag{4-14}$$

2）如果要求其他元件的电流和电压的零状态响应，则必须同时考虑零状态条件下的初始值 $f(0_+)$ 和稳态值 $f(\infty)$，代入三要素公式，或采用其他方法求解。

$$f''(t) = f''(\infty) + [f''(t_{0+}) - f''(\infty)]e^{-\frac{t-t_0}{\tau}} \quad (t > t_0) \tag{4-15}$$

类似地，零状态响应与输入（外加激励）呈线性关系。如果外加激励增大为 k 倍，零状态响应也增大为 k 倍；如果多个电源共同作用于线性动态电路，可以使用叠加定理分别求出各个电源单独作用的零状态响应，再叠加从而得到共同作用的零状态响应。

4. 完全响应

动态电路既有外加电源又有初始状态时，所产生的响应称为完全响应，简称全响应。对于线性动态电路而言，完全响应等于零输入响应与零状态响应的叠加。

$$f(t) = f'(t) + f''(t) \tag{4-16}$$

式中，$f(t)$ 为完全响应；$f'(t)$ 为零输入响应；$f''(t)$ 为零状态响应。

这种叠加实际上是线性电路叠加定理在"动态元件初始状态可视为激励"这一前提下的扩展。叠加定理指出：多个激励源共同作用的线性网络中，任意一点在任意时刻的响应，都等于每个激励源单独作用时在该点所产生的响应的叠加。既然动态元件的初始状态也是激励，而线性动态电路显然也是线性网络，那么，很自然的结论就是：线性动态电路中的响应，等于动态电路本身初始状态激励所产生的响应（即零输入响应），与外界电源输入激励所产生的响应（即零状态响应）的叠加。

关于零输入响应、零状态响应，总结如下：

1）没有输入、只有初始状态时，动态电路中的响应为零输入响应。零输入响应与初始状态呈线性关系。

2）没有初始状态、只有输入时，动态电路中的响应为零状态响应。零状态响应与外界输入，即电压源电压或电流源电流，呈线性关系。

3）动态电路的完全响应，等于零输入响应与零状态响应的叠加。

4）要注意，动态电路的完全响应，既不与动态元件的初始状态成正比，也不与外界输入成正比。

【例4-7】 电路如图4-33a所示，开关动作前电路已经处于稳态。已知 $U_{S1} = 6V$，$U_{S2} =$

5V，求电容电流 i_c 的零输入响应、零状态响应和完全响应。

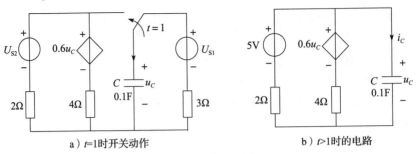

a）$t=1$时开关动作   b）$t>1$时的电路

图 4-33   例 4-7 图

【解】   开关动作前电路已经处于稳态，意味着换路前电容电压已经稳定，此时电容相当于开路。注意到换路时刻发生在 1s，所以换路前的电容电压和电容电流分别为

$$u_c(t) = U_{S1} = 6V \quad (t<1s)$$

$$i_c(t) = 0A \quad (t<1s)$$

换路前一瞬间的电容电压为

$$u_c(1_-) = 6V$$

由换路定则

$$u_c(1_+) = u_c(1_-) = 6V$$

换路后的电路如图 4-33b 所示。

（1）求时间常数

从电容两端看进去，换路后电路的等效电阻如图 4-34a 所示，采用外加电源法，戴维南等效电阻应该等于端口电压 u 除以端口电流 i。

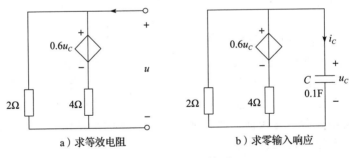

a）求等效电阻   b）求零输入响应

图 4-34   例 4-7 解答图 1

注意到在图 4-34a 中，端口电压 u 与电容电压 u_c 相等，所以此时受控电压源的控制电压 u_c 就是端口电压 u，于是有

$$R_{eq} = \frac{u}{i} = \frac{u}{\dfrac{u}{2} + \dfrac{u-0.6u}{4}} = \frac{1}{\dfrac{1}{2} + \dfrac{0.4}{4}}\Omega = \frac{4}{2.4}\Omega = \frac{10}{6}\Omega$$

$$\tau = R_{eq}C = \frac{10}{6} \times 0.1s = \frac{1}{6}s$$

（2）求零输入响应

零输入响应是输入激励为零时的响应，所以求零输入响应时，应将电源置零。将

图 4-33b 中的电压源短路，得到求解零输入响应的电路如图 4-34b 所示。求解零输入响应时，电路的初始状态（电容 C 的初始电压）不为零，有

$$u'_c(1_+) = u_c(1_-) = 6V$$

使用 KCL 确定电容电流的初始值

$$i'_c(1_+) = -\left[\frac{u'_c(1_+)}{2} + \frac{u'_c(1_+) - 0.6u'_c(1_+)}{4}\right] = -3.6A$$

代入式（4-8）得到零输入响应为

$$i'_c(t) = i'_c(1_+)e^{-\frac{t-1}{\tau}} = -3.6e^{6-6t}A \quad (t > 1s)$$

（3）求零状态响应

根据前文对零状态响应的讨论，如果求的是电容电压或电感电流的零状态响应，直接根据稳态值代入式（4-13）或式（4-14）即可，但是本题所求的是电容电流，所以只能使用三要素法求解零状态响应。

求解零状态响应的电路如图 4-33b 所示，零状态响应意味着电路的初始状态（电容 C 的初始电压）为零，即换路瞬间的电容电压为零，即

$$u''_c(1_+) = 0V$$

这导致换路后瞬间的受控电压源的电压也为零，得到求解零状态响应初始值的电路如图 4-35a 所示，于是

$$i''_c(1_+) = \frac{U_{S2}}{2} = 2.5A$$

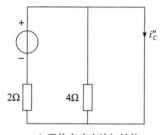 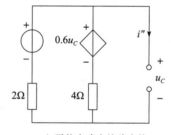

a）零状态响应的初始值　　　　　b）零状态响应的稳态值

图 4-35　例 4-7 解答图 2

电路到达稳态时，电容开路，如图 4-35b 所示，所以

$$i''_c(\infty) = 0A$$

根据三要素法得到零状态响应表达式为

$$i''_c(t) = i''_c(\infty) + [i''_c(0_+) - i''_c(\infty)]e^{-\frac{t-1}{\tau}} = 2.5e^{6-6t}A \quad (t > 1s)$$

（4）求完全响应

$$i_c(t) = i'_c(t) + i''_c(t) = (-3.6e^{6-6t} + 2.5e^{6-6t})A = -1.1e^{6-6t}A \quad (t > 1s)$$

4.3.2　零状态响应和零输入响应的 LTspice 仿真

针对例 4-7 的完全响应的仿真方法与前面各例题的仿真方法相同，其对应的 LTspice 仿真电路如图 4-36 所示。

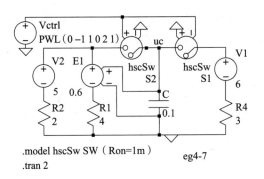

图 4-36　例 4-7 的完全响应的 LTspice 仿真电路

在例 4-7 中，换路动作发生在 $t=1\text{s}$，而两个电压源所起的作用是不同的：U_{S2} 在换路后依然起着激励源的作用，所以 U_{S2} 是换路后电路的输入；U_{S1} 在换路后被开关断开，不再起激励作用，所以对于换路后的电路而言，U_{S1} 不是输入信号，它所决定的只是电容电压的在换路后初始值 $u_c(1_+)$，即电路的初始状态。由此可知，在仿真零输入响应（输入为零、初始状态不为零）的时候，应将 U_{S2} 置零，而保留 U_{S1}，如图 4-37a 所示。

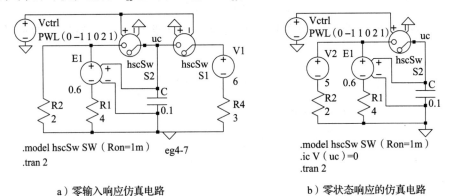

a）零输入响应仿真电路　　　　　　　　　　b）零状态响应的仿真电路

图 4-37　例 4-7 的零输入响应和零状态响应的 LTspice 仿真电路

仿真零状态响应（初始状态为零、输入不为零）的时候，除了要保留输入信号源之外，还需要设定电路的初始状态，在 LTspice 中，电路的初始状态是通过设置节点电压和电感电流实现的。对例 4-7 而言，由于电容器的一端接地，可以计算出另一端的电压必须是 0V 才是零状态，所以只需设置节点电压 U_c 的初始值为 0V 即可，对应的命令是

$$.\text{ic V}(\text{uc})=0$$

仿真零状态响应的 LTspice 原理图如图 4-37b 所示。

实际上，实现仿真的方法不止一个，对于例 4-7 而言，通过设置节点电压 U_c 的初始值为 6V，也可以得到零输入响应；类似地，如果只去掉电压源 U_{S1}（保留 U_{S2}），所得到的也就是零状态响应。读者可以通过修改图 4-36 来实现。

4.3.3　受迫响应和自由响应

一阶电路响应的三要素法表达式为

$$f(t)=f(\infty)+[f(0_+)-f(\infty)]\text{e}^{-\frac{t}{\tau}}\quad(t>0)$$

以"+"号为界，分为两部分。

"+"号以前部分的响应分量，即 $f(\infty)$，一般来说，在形式上与输入激励的形式相同：如果输入激励的形式是直流，则响应的形式也是直流；如果输入激励的形式是交流，则响应的形式也是交流。这部分响应分量的形式和大小与初始状态无关，而由外界输入决定，也可以说，它是由电源"强迫"产生的，所以称之为强制响应，或受迫响应（Forced Response）。

"+"号以后部分的响应分量，是常数项与指数项的乘积，常数项确定了该分量变化的起始点，指数项则确定了该分量变化的模式。由于指数项与输入激励和初始状态激励均无关，所以，无论电路的输入和初始状态如何，这部分响应分量都将按照"电路自己的模式"——时间 t 的特定指数规律——而变化。之所以说这种特定指数规律是电路自己的模式，是因为指数项中时间 t 的系数仅仅与时间常数 τ 有关，而时间常数 τ（不论 $\tau = RC$，或 $\tau = L/R$）又仅仅反映了电路本身的特征，与输入激励、初始状态激励都无关。因为这部分响应分量的变化模式取决于电路本身，所以称之为固有响应，或自由响应（Natural Response）。

受迫响应和自由响应的区别在于它的变化形式取决于谁：受迫响应的变化形式取决于输入，自由响应的变化形式取决于电路本身。

受迫响应中"受迫"二字的含义，是指响应的变化形式受输入电源所迫；自由响应中"自由"二字的含义，是指响应的变化形式由电路自身结构决定，固有响应中"固有"二字也好地表达了"自身决定"这个含义。

显然，一阶电路的完全响应可以分解为受迫响应和自由响应。

4.3.4 暂态响应和稳态响应

一般来说，一阶电路的自由响应会随着时间的增大按指数规律衰减，最终趋近于零。在一阶电路中，自由分量是一个终将消失的响应分量，或者说是一个暂时的、瞬间的分量，所以称之为暂态响应、瞬态响应。理论上，暂态响应需要经过无限大的时间才能趋近于零，实际上，一般认为经过 $3 \sim 5$ 个时间常数，暂态响应就已经结束。

受迫响应的变化形式取决于输入，如果输入激励是稳定的，则响应也是稳定的，稳定输入所产生的受迫响应，称为稳态响应。例如，直流激励下的受迫响应，就是直流稳态响应；正弦激励下的受迫响应，就是正弦稳态响应。

在这个意义上，一阶电路的完全响应又可以分解为暂态响应与稳态响应。

关于一阶电路过渡过程及其分解，总结如下：

1）在一阶电路中，由于电容电压、电感电流不能跃变，当发生换路（电路突然打开或闭合、元件参数突然改变）时，电路的电压、电流变量会从当前状态开始，经过一段时间后到达一个新的稳定状态，这个过程叫作过渡过程。

2）一阶电路中，换路通常会引发过渡过程，但是如果遇到了初始值等于稳态值的特殊情况，会导致自由响应（即暂态响应）为零，此时换路动作不会引起过渡过程。

3）表示一阶电路过渡过程的完全响应，从产生响应的原因来看，可以分解为零输入响应和零状态响应；从响应出现的时间顺序来看，可以分解为暂态响应和稳态响应。

【例 4-8】 如果图 4-33a 中的电源 $U_{S1} = 1V$，$U_{S2} = 10V$，求零输入响应、零状态响应、完全响应、暂态响应和稳态响应。

【解】 应用动态电路叠加定理，在例 4-7 的基础上，本例题可以根据零输入响应、零状态响应的线性性质求得。

根据例 4-7 可知，当 $U_{S1}=6V$ 时，零输入响应

$$i'_c(t)\big|_{U_{S1}=6V}=-3.6e^{6-6t}A \quad (t>1s)$$

根据零输入响应的比例性，当 $U_{S1}=1V$ 时，零输入响应与初始状态按相同比例变化，所以

$$i'_c(t)\big|_{U_{S1}=1V}=\frac{1}{6}\times i'_c(t)\big|_{U_{S1}=6V}=-0.6e^{6-6t}A \quad (t>1s)$$

当 $U_{S2}=5V$ 时，零状态响应 $i''_c(t)\big|_{U_{S2}=5V}=2.5e^{6-6t}A \quad (t>0)$

根据零状态响应的比例性，当 $U_{S2}=10V$ 时，零状态响应与输入激励按相同比例变化，所以

$$i''_c(t)\big|_{U_{S2}=10V}=\frac{10}{5}\times i''_c(t)\big|_{U_{S2}=5V}=5e^{6-6t}A \quad (t>1s)$$

当 $U_{S1}=1V$、$U_{S2}=10V$ 时的完全响应为

$$i_c(t)=i'_c(t)\big|_{U_{S1}=1V}+i''_c(t)\big|_{U_{S2}=10V}=(-0.6e^{6-6t}+5e^{6-6t})A=4.4e^{6-6t}A \quad (t>1s)$$

对照三要素公式的分解可知：

暂态响应为 $4.4e^{6-6t}A \quad (t>1s)$；

稳态响应为 0A $\quad (t>1s)$。

习题

（完成下列习题，并用 LTspice 仿真验证）

4-1 在如图 4-38 所示的电路中，开关在 $t=0$ 时刻打开，求：

1）$t\geq 0$ 时，电流 i 的表达式。

2）电流 i 下降到初值 $i(0)1/2$ 的时间。

4-2 在如图 4-39 所示的电路中，已知当 $t<0$ 时电源 $u_s=20V$；当 $t=0$ 时电路已经达到稳态；当 $t>0$ 时电源 $u_s=0V$，求 $t>0$ 时电流 i 的表达式。

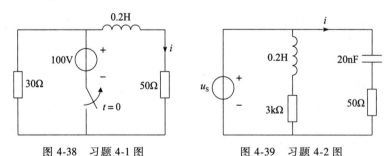

图 4-38 习题 4-1 图 　　　　图 4-39 习题 4-2 图

4-3 已知图 4-6a 所示电路在换路前已经处于稳态，求 u_L、i_L、u 的零输入响应。

4-4 图 4-40 是一个在电路切换后形成的等效电路，已知当 $t>0$ 时，$u_c=10e^{-4t}V$，$i=0.2e^{-4t}A$，求：

1）R 和 C 的值。

2）电容的初始储能。

3）电容初始储能消耗到 50% 的时间。

4-5 电路如图 4-41 所示,电感初始电流为 0,求开关闭合后的电压 $u(t)$。

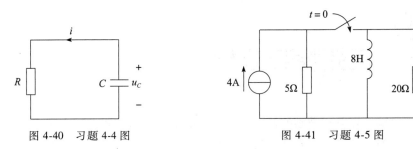

图 4-40 习题 4-4 图   图 4-41 习题 4-5 图

4-6 电路如图 4-42 所示,已知开关动作前电路已经处于稳态,求开关动作后电容上的电压和电流。

4-7 如图 4-43 所示的一阶 RC 电路,输入周期为 T 的方波电压信号 u_i,通过适当选取电阻 R 和电容 C 的值,可以用作近似的微分电路或积分电路。如果 $\tau \ll T$,例如 $\tau < 0.1T$,那么当从电阻两端取输出电压时,电路就可以作为一个微分器来使用;如果 $\tau \gg T$,例如 $\tau > 10T$,且输出电压取自电容两端,电路就可以作为一个积分器使用。已知 $R = 300\text{k}\Omega$,$C = 200\text{pF}$,求:

1)用电阻两端电压作为微分输出时,u_o 和 u_i 的关系表达式;并计算此时允许的最小脉冲宽度。

2)用电容两端电压作为积分输出时,u_o 和 u_i 的关系表达式,并计算此时允许的最大脉冲宽度。

3)如果将图 4-43 中的电容换成电感,并从电感两端取输出电压,此时电路是微分电路还是积分电路?

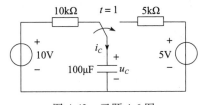   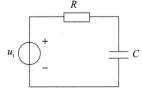

图 4-42 习题 4-6 图   图 4-43 习题 4-7 图

第5章

正弦稳态分析

前面都是针对电路在直流激励的情况下所产生的响应进行分析的，但是在实际应用中，除了直流激励源之外，还存在更多种类的激励源，其中正弦激励源就是十分常见的一种。因为市电电压和电力公司在传输中所使用的高压电都是正弦信号，所以正弦激励源与人们生活关系十分密切。

5.1 正弦交流电

5.1.1 正弦信号的三要素

直流电的电压和电流的大小和方向都不随着时间而改变，而交流电的电压和电流的大小和方向则通常会随着时间按正弦规律变化，一个按正弦规律变化的电流如图 5-1 所示。

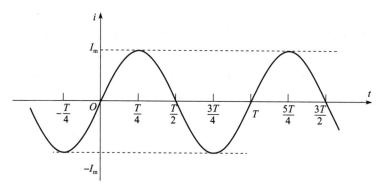

图 5-1 按正弦规律变化的电流

可以看出，正弦波的变化呈现周期性，每隔 T 时间正弦波的变化循环一次，因此这个正弦波的周期为 T。周期为 T 的正弦波每秒内循环 $1/T$ 次，这个次数称为频率，用 f 表示，频率的单位为赫兹（Hz）。所以

$$f = \frac{1}{T}$$

可以用式（5-1）来描述这个电流随时间的变化情况，即

$$i(t) = I_m \sin\omega t \tag{5-1}$$

式中，$i(t)$ 为电流的瞬时值（Instantaneous Value）；I_m 为正弦波的幅值或者说是最大值；ωt 则称为正弦波在 t 时刻的辐角或（瞬时）相位，用 Φ 表示，辐角的单位是弧度（rad）或度（°）。由数学知识可以知道，正弦函数每个周期辐角的变化为 2π 弧度，这也就意味着对于频率为 f 的正弦波而言，每秒辐角要变化 f 个 2π 弧度。式（5-1）的正弦波在 $t = 0$s 时的辐角为零，那么到 $t = 1$s 时，它的辐角必然为 $2\pi f$ 弧度，所以，计算 $t = 1$s 时的辐角就可以得到

$$\omega = 2\pi f \qquad\qquad (5\text{-}2)$$

这个 ω 叫作正弦波的角频率（Angular Velocity），根据频率和周期的关系，它也可以写成

$$\omega = 2\pi / T$$

正弦波在 $t=0\text{s}$ 时的瞬时相位（辐角）称为初相，用 θ 来表示，通常规定初相在 $|\theta| \leqslant \pi$ 范围内取值。前面已经指出，式（5-1）描述的正弦波在 $t=0\text{s}$ 时的辐角为零，所以它的初相也等于零。初相为 θ 的正弦电流的一般表达式为

$$i(t) = I_{\text{m}} \sin(\omega t + \theta) \qquad\qquad (5\text{-}3)$$

如果 $\theta>0$，则以式（5-3）描述的正弦波波形如图 5-2 中的左侧曲线所示，右侧曲线是初相为 0 的正弦波波形（过原点），从图中可以看出，如果把初相为 0 的正弦波波形向左移动 θ 弧度，就可以得到初相为 θ 的正弦波波形。在时间上，曲线 $I_{\text{m}}\sin(\omega t+\theta)$ 上的点要比曲线 $I_{\text{m}}\sin\omega t$ 上的点早发生 $\theta/\omega\,\text{s}$，所以称 $I_{\text{m}}\sin(\omega t+\theta)$ 比 $I_{\text{m}}\sin\omega t$ 超前 $\theta/\omega\,\text{s}$，或者说 $I_{\text{m}}\sin(\omega t+\theta)$ 比 $I_{\text{m}}\sin\omega t$ 超前 θrad。反过来，也可以说 $I_{\text{m}}\sin\omega t$ 比 $I_{\text{m}}\sin(\omega t+\theta)$ 滞后 $\theta/\omega\,\text{s}$，或者说 $I_{\text{m}}\sin\omega t$ 比 $I_{\text{m}}\sin(\omega t+\theta)$ 滞后 θrad。

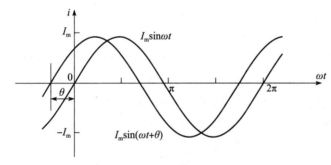

图 5-2　正弦波的超前和滞后

如果一个正弦信号与时间轴原点间隔最近的正向（信号值由负到正）过零点位于原点左侧，则 $\theta>0$；如果正向过零点位于原点右侧，则 $\theta<0$。

式（5-3）表明，如果已知一个正弦信号的振幅、角频率和初相，就能完全确定它随时间变化的全过程，所以振幅、角频率和初相叫作正弦信号的三要素。

我国电力工业使用的交流电标准频率是 50Hz。

【例 5-1】　计算我国工频电源的周期和角频率。

【解】　我国工频电源的频率为 50Hz，所以

$$T = \frac{1}{f} = \frac{1}{50}\text{s} = 0.02\text{s}$$

$$\omega = 2\pi f = 2\times 3.14\times 50\text{rad/s} = 314\text{rad/s}$$

5.1.2　正弦信号的相位差

一般性地考虑两个同频率的正弦电流和电压信号

$$i(t) = I_{\text{m}} \sin(\omega t + \theta_i)$$

$$u(t) = U_{\text{m}} \sin(\omega t + \theta_u)$$

定义两个正弦信号的相位（辐角）之差为它们的相位差，即

$$\Phi_{iu} = \Phi_i - \Phi_u = (\omega t + \theta_i) - (\omega t + \theta_u) = \theta_i - \theta_u$$

可见，两个同频率的正弦信号的相位差就等于它们的初相之差，它是一个不随时间而改变的量。需要注意的是，只有两个相同频率的正弦信号，才可以比较它们的相位，在不同频率的正弦信号之间比较相位差是没有意义的。

特别地，如果 $\theta_i - \theta_u = 0$，则称电流和电压同相；如果 $\theta_i - \theta_u = \pi$，则称电流和电压反相；如果 $\theta_i - \theta_u = \pi/2$，则称电流和电压正交。

5.1.3   正弦信号的参考方向

对于正弦信号规定参考方向可能令人困惑，因为电路中的电子是在交变地改变着方向和运动速度，所以不能借用直流电路中的概念来定义正弦信号方向。不过如果考虑到电子在每个瞬间的运动有方向的事实，还是可以根据电子运动的瞬间相位差来定义同频率正弦信号的方向。反映到同频率正弦信号相位差上，很容易得到

$$-I_m \sin(\omega t + \theta) = I_m \sin(\omega t + \theta + \pi) \tag{5-4}$$

可见，如果规定某个电路变量（电压或电流）的方向为参考方向，则相反方向的变量意味着与它的相位相差 π。

在正弦稳态电路的分析中，通常规定某个正弦量的初相为零，并称之为参考正弦量。其余正弦量就可以参照它来计算出各自的初相，从而确定每个正弦量的表达式。从前面的叙述中可知，参考正弦量的作用是确定电路中每个正弦量的初相，从这一点来看，参考正弦量的作用与电路中的零参考电位点的作用十分类似。正如在直流电路分析中只能有一个参考电位点一样，在分析交流电路时，也只能定义一个参考正弦量。

其余电路变量的初相应按照式（5-4）来处理负号，增加或减少 π 时，还必须保证增减后的初相符合 $|\theta| \leqslant \pi$ 的规定。

5.1.4   正弦信号的有效值

在使用室内的电源插座时，大家都知道使用的是 220V 交流电，通过前面的叙述，可知"交流电"代表了正弦电压，那么"220V"是什么意思呢？大家可能知道它是有效值，提出这个概念的目的是便于分析和计算周期性信号的能量效应。

有效值是一个直流量，这个直流量在电阻上所产生的功率与一个周期为 T 的信号在该电阻上所产生的平均功率相等。因为正弦信号是交变的瞬时值，根据公式 $p = i^2 R$ 所计算的功率也必然是一个随着时间而改变的瞬时功率，而采用瞬时功率来分析电路元件的能量效应是非常不方便的，所以在工程上常常使用有效值来衡量周期性信号。

以电流变量为例，一个周期为 T 的电流 i 通过电阻 R 时所产生的瞬时功率为 $p = i^2 R$，对应的平均功率为

$$P = \frac{1}{T} \int_0^T i^2 R \mathrm{d}t$$

而一个直流电流 I 通过电阻 R 时产生的功率是

$$P = I^2 R$$

根据有效值的定义，得到

$$I^2R = \frac{1}{T}\int_0^T i^2 R \mathrm{d}t$$

可以得到任意周期为 T 的电流的有效值为

$$I = \sqrt{\frac{1}{T}\int_0^T i^2 \mathrm{d}t} \tag{5-5}$$

正弦电流信号 $i(t) = I_\mathrm{m}\sin\omega t$ 也是一种周期性信号，所以其有效值 I 可计算为

$$I = \sqrt{\frac{1}{T}\int_0^T I_\mathrm{m}^2\sin^2\omega t\mathrm{d}t} = I_\mathrm{m}\sqrt{\frac{1}{T}\int_0^T \frac{1-\cos2\omega t}{2}\mathrm{d}t}$$

从而得到正弦电流信号的有效值为

$$I = \frac{I_\mathrm{m}}{\sqrt{2}} = 0.707I_\mathrm{m} \tag{5-6}$$

式中，I 为电流的有效值；I_m 为电流的幅值或最大值。

类似地，正弦电压信号的有效值 U 与其幅值 U_m 之间的关系为

$$U = \frac{U_\mathrm{m}}{\sqrt{2}} = 0.707U_\mathrm{m} \tag{5-7}$$

正弦交流电的平均功率 P 的计算公式为

$$P = UI = \frac{U_\mathrm{m}I_\mathrm{m}}{2} \tag{5-8}$$

需要指出的是，在测量交流电路时使用的仪器，如交流电压表、交流电流表等，所得到的读数都是正弦信号的有效值。

5.1.5　正弦信号的运算

根据数学的知识，可以把一个幅度为 A、初相为 θ 的正弦信号转换成如下表达式：

$$A\sin(\omega t+\theta) = A\sin\omega t\cos\theta + A\cos\omega t\sin\theta = K_1\sin\omega t + K_2\cos\omega t \tag{5-9}$$

式中

$$K_1 = A\cos\theta, \qquad K_2 = A\sin\theta$$

显然对于常数初相 θ 而言，K_1、K_2 为常数，并可求得

$$\begin{cases} A = \sqrt{K_1^2+K_2^2} \\ \theta = \arctan\dfrac{K_2}{K_1} \end{cases} \tag{5-10}$$

任意两个正弦信号相加的结果为

$$A_1\sin(\omega t+\theta_1) + A_2\sin(\omega t+\theta_2)$$
$$= (A_1\sin\omega t\cos\theta_1 + A_1\cos\omega t\sin\theta_1) + (A_2\sin\omega t\cos\theta_2 + A_2\cos\omega t\sin\theta_2) \tag{5-11}$$
$$= (A_1\cos\theta_1 + A_2\cos\theta_2)\sin\omega t + (A_1\sin\theta_1 + A_2\sin\theta_2)\cos\omega t$$
$$= K_1\sin\omega t + K_2\cos\omega t$$

注意式(5-11)中

$$K_1 = A_1\cos\theta_1 + A_2\cos\theta_2, \qquad K_2 = A_1\sin\theta_1 + A_2\sin\theta_2$$

对比式(5-9)和式(5-11)可知，两个相同频率的正弦信号相加的结果仍然是相同频率的

正弦信号，但由于式(5-9)和式(5-11)中的常数系数 K_1、K_2 并不相同，从式(5-10)可知，两个正弦信号相加会改变结果正弦信号的幅度和相位。这个结论完全可以推广到任意多个正弦信号相加的情况。

而正弦信号的微分和积分分别为

$$\frac{\mathrm{d}A\sin(\omega t+\theta)}{\mathrm{d}t}=\omega A\cos(\omega t+\theta)=\omega A\sin\left(\omega t+\theta+\frac{\pi}{2}\right) \tag{5-12}$$

$$\int A\sin(\omega t+\theta)\,\mathrm{d}t=\frac{A}{\omega}\sin\left(\omega t+\theta-\frac{\pi}{2}\right) \tag{5-13}$$

可见，正弦信号的微分和积分仍然是同频率的正弦信号，只是幅度和相位发生了改变，式(5-12)表明，微分后的正弦信号在相位上超前原信号 $\frac{\pi}{2}$，幅度上调整为原信号幅度的 ω 倍；式(5-13)表明积分后的正弦信号在相位上滞后原信号 $\frac{\pi}{2}$，幅度上调整为原信号幅度的 $1/\omega$。

综合以上计算结果，可知任意一个同频率的正弦信号的代数和，以及任意一个正弦信号的任意阶导数和积分的代数和，仍然是一个同频率的正弦信号。

在动态电路中，如果给电阻两端加上正弦电压，根据电阻的电压-电流关系特性 $u=iR$ 可知，必然产生相同频率，相同相位的正弦电流；反之，如果正弦电流通过电阻，则必然在该电阻两端产生同频同相的正弦电压。

如果在电容两端加上正弦电压，根据电容的电压-电流关系特性的微分形式

$$i=C\frac{\mathrm{d}u}{\mathrm{d}t}$$

可知，在电容上将产生同频率的正弦稳态电流，电流幅度增加到电压幅度的 ωC 倍，电流相位比电压相位超前 $\frac{\pi}{2}$。反之，如果在电容上通过正弦电流，电容两端也必然会产生相同频率的正弦电压，电压幅度等于电流幅度的 $\frac{1}{\omega C}$，电压相位滞后于电流相位 $\frac{\pi}{2}$。

如果在电感上通过正弦电流，根据电容的电压-电流关系特性的微分形式

$$u=L\frac{\mathrm{d}i}{\mathrm{d}t}$$

可知，在电感上将产生同频率的正弦稳态电压，电压幅度等于电流幅度的 ωL 倍，电压相位比电流相位超前 $\frac{\pi}{2}$。反之，如果已知电感两端的电压为正弦电压，就可以知道流过电感的电流是相同频率的正弦电流，电流幅度等于电压幅度的 $\frac{1}{\omega L}$，电流相位滞后于电压相位 $\frac{\pi}{2}$。

总结上述分析，可得到以下结论，如果在电阻、电感或电容元件的两端加上正弦电压，必然产生同频率的正弦电流；反之，如果通过电阻、电感或电容元件的电流为正弦电流，那么加在该元件两端的电压必然是同频率的正弦电压。

基尔霍夫定律所描述的电压和电流关系都是代数和的关系，根据这两条定律所列出的方程也必然是各元件电压或电流的代数和，或者是各元件电压或电流的微积分的代数和。虽然

很难直接求解这样的微分方程组，但从上面的叙述中却可以知道，如果电路中只存在相同频率的正弦信号源，那么必然存在一组相同频率的正弦稳态电压或电流解，能够满足这一个微分方程组。或者说，在相同频率的正弦激励下，完全由线性元件组成的动态电路中将产生同频率的正弦稳态响应。这是一个十分重要的结论，它是我们后续讨论的基础。

为此，必须另辟蹊径，寻找更加简单的解决办法。

5.2 相量

从前面的计算中可以看到，正弦函数的运算十分烦琐，而且求解微分方程也不是一件容易的事。利用相量法可以把正弦时间函数映射到复数空间中的复数，用复平面上的相量来代表正弦时间函数，而微分方程则转化成了简单的代数方程，从而简化了正弦稳态电路的分析和求解。

5.2.1 复数及其运算

1. 虚数

在数学中，如求方程 $x^2+9=0$ 的解，则会得到

$$x_{1,2} = \pm\sqrt{-9} = \pm3\sqrt{-1} = \pm j3$$

这里的解 $x_{1,2} = \pm j3$ 是虚数。其中 j 称为虚数的单位，并且 $j = \sqrt{-1}$（在数学中一般用 i 表示复数的虚数单位，在电路理论中，为了避免与电流符号混淆而改用 j 表示）。

2. 复数

复数由实数和虚数相加减构成，如求解方程 $x^2+2x+5=0$，就会得到复数解 $x_{1,2} = -1\pm j2$。复数的表达形式有代数、指数和极坐标 3 种。

（1）代数形式（直角坐标形式）

$$A = a+jb$$

式中，a 为复数 A 的实部；b 为复数 A 的虚部。a 和 b 可记作

$$a = \text{Re}A = \text{Re}(a+jb), \qquad b = \text{Im}A = \text{Im}(a+jb)$$

式中，Re 表示取复数的实部；Im 表示取复数的虚部。

复数反映在复平面上是一条带箭头的直线，称作矢量。所谓复平面是指横坐标表示复数的实部、纵坐标表示复数的虚部的一个平面。横轴叫作实轴，记作"+1"；纵轴叫虚轴，记作"+j"。如 $A = 3+j2$，$B = -2-j2$，表示在复平面上如图 5-3a 所示。

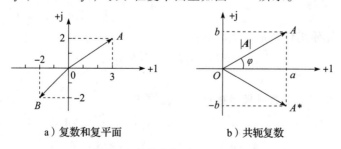

a）复数和复平面　　　　　b）共轭复数

图 5-3　复数在复平面上的表示

　　两个实部相等、虚部互为相反数的复数互为共轭复数。复数 A 的共轭记作 A^*（数学中用 $\overline{A}$ 表示复数 A 的共轭复数，这里为了避免与电子技术中的其他符号混淆，用 A^* 代替 $\overline{A}$），二者的关系如图 5-3b 所示。如 $A=a+jb$，则 $A^*=a-jb$。

　　图 5-3 中线段的长度 $|A|$ 恒为正，称为矢量 A 的模。矢量与实轴正方向之间的夹角 φ 称为该矢量的辐角。从实轴正方向逆时针旋转到矢量 A 时，辐角 φ 为正，顺时针旋转时，辐角 φ 为负。

　　（2）指数形式

　　根据图 5-4b 的关系可知

$$a=|A|\cos\varphi, \qquad b=|A|\sin\varphi$$

所以

$$A=|A|\cos\varphi+j|A|\sin\varphi=|A|(\cos\varphi+j\sin\varphi)$$

　　依据欧拉公式，$e^{j\varphi}=\cos\varphi+j\sin\varphi$，所以可以把复数的三角函数形式转化为

$$A=|A|e^{j\varphi}$$

上式即为复数的指数形式。其中的值与代数形式的关系为

$$|A|=\sqrt{a^2+b^2}, \qquad \varphi=\arctan\frac{b}{a}$$

　　注意辐角 φ 所在象限由 a、b 的正、负号决定，而非 $\dfrac{b}{a}$ 的正负号决定，例如 $\pm4\pm j3$ 的辐角分别如下：

$$\arg(4+j3)=36.9° \qquad \arg(4-j3)=-36.9°$$
$$\arg(-4+j3)=143.1° \qquad \arg(-4-j3)=-143.1°$$

　　（3）极坐标形式

　　工程上常把复数简写成极坐标形式，因为只要知道了模 $|A|$ 和辐角 φ 就可以写出一个复数，所以得到了如下的极坐标形式简化记法：

$$A=|A|\underline{/\varphi}$$

以上几种复数的表达形式完全相等，即

$$A=a+jb=|A|e^{j\varphi}=|A|\underline{/\varphi}$$

　　设 $A_1=a_1+jb_1=|A_1|e^{j\varphi_1}=|A_1|\underline{/\varphi_1}$，$A_2=a_2+jb_2=|A_2|e^{j\varphi_2}=|A_2|\underline{/\varphi_2}$。如果两个复数 $A_1=A_2$，则必然有 $a_1=a_2$，$b_1=b_2$；$A_1=A_2$，$\varphi_1=\varphi_2$。

　　对于共轭复数，则有 $A=a+jb=|A|e^{j\varphi}=|A|\underline{/\varphi}$ 的共轭复数 $A^*=a-jb=|A|e^{-j\varphi}=|A|\underline{/-\varphi}$。

3. 复数的运算

　　（1）加减法

　　复数的加减运算使用代数形式比较简便。

$$A_1\pm A_2=(a_1\pm a_2)+j(b_1\pm b_2)$$

　　（2）乘除法

　　复数的乘除运算使用指数或极坐标形式比较简便。

$$A_1\cdot A_2=|A_1|e^{j\varphi_1}\cdot|A_2|e^{j\varphi_2}=|A_1|\cdot|A_2|e^{j(\varphi_1+\varphi_2)}=|A_1|\cdot|A_2|\underline{/\varphi_1+\varphi_2}$$

$$\frac{A_1}{A_2}=\frac{|A_1|e^{j\varphi_1}}{|A_2|e^{j\varphi_2}}=\frac{|A_1|}{|A_2|}e^{j(\varphi_1-\varphi_2)}=\frac{|A_1|}{|A_2|}\underline{/\varphi_1-\varphi_2}$$

5.2.2 将微分方程转化为代数方程

根据欧拉公式，对于任何实数 x，存在以下关系：

$$e^{jx} = \cos x + j\sin x$$

所以，可以把正弦函数表达成复指数 e^{jx} 的虚部，即对于任何实数 x，有

$$\sin x = \mathrm{Im}\left[e^{jx}\right]$$

令 $x = \omega t + \theta$，则

$$\sin(\omega t + \theta) = \mathrm{Im}\left[e^{j(\omega t + \theta)}\right] \tag{5-14}$$

式（5-14）表明，每一个正弦时间函数都可以映射到复数空间的一个复指数。自然，正弦时间函数之间的运算也就可以映射为复指数之间的运算了。

通过前面的分析，我们已经知道，在多个频率相同的正弦信号激励下，线性动态电路中将产生同频率的正弦稳态响应。所以即使还没有求出响应的最终形式，至少我们可以知道，该响应是与激励相同频率的正弦时间函数。根据前面的结论，可以把这些正弦时间函数的运算映射到复数空间中去，反过来，知道了复数空间中的结果以后，也可以很容易地写出它的正弦时间函数的对应形式。

以图 5-4 为例，为了简单起见，假设正弦激励源的初相为零，即 $u_s = U_m \sin \omega t$，下面来说明采用这种映射后会得到什么结果。

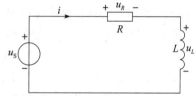

图 5-4 一阶 RL 电路的稳态响应

通过前面的讲解，可以写出这个电路的微分方程：

$$Ri + L\frac{\mathrm{d}i}{\mathrm{d}t} = u_s, \qquad t > 0$$

因为我们已经知道响应必然是与激励相同频率的正弦时间函数，所以电流 i 必然为如下形式：

$$i = I_m \sin(\omega t + \theta)$$

电源 u_s 和响应电流 i 对应的复指数变量分别为

$$u_s = U_m \sin \omega t = U_m \mathrm{Im}\left[e^{j\omega t}\right]$$

$$i = I_m \sin(\omega t + \theta) = I_m \mathrm{Im}\left[e^{j(\omega t + \theta)}\right]$$

将正弦时间函数的变量映射到复数空间的变量后，我们得到

$$RI_m e^{j(\omega t + \theta)} + L\frac{\mathrm{d}}{\mathrm{d}t}(I_m e^{j(\omega t + \theta)}) = U_m e^{j\omega t}$$

即

$$RI_m e^{j(\omega t + \theta)} + j\omega L I_m e^{j(\omega t + \theta)} = U_m e^{j\omega t}$$

这样把前面的微分方程转化成了一个代数方程，消去公因子 $e^{j\omega t}$，得到

$$RI_m e^{j\theta} + j\omega L I_m e^{j\theta} = U_m$$

或者

$$I_m e^{j\theta}(R + j\omega L) = U_m$$

把复数 $R + j\omega L$ 表示成复指数的形式，得到

$$R + j\omega L = \sqrt{R^2 + \omega^2 L^2}\, e^{j\arctan(\omega L/R)}$$

则原方程变为

$$I_m \sqrt{R^2 + \omega^2 L^2}\, e^{j[\arctan(\omega L/R) + \theta]} = U_m$$

于是得到

$$I_m = \frac{U_m}{\sqrt{R^2 + \omega^2 L^2}}$$

$$\theta = -\arctan(\omega L/R)$$

现在已经求出电流 i 的幅值 I_m 和初相 θ，而角频率 ω 已知，这样就可以直接写出响应电流 i 的正弦时间函数形式为

$$i = \frac{U_m}{\sqrt{R^2 + \omega^2 L^2}} \sin\left(\omega t - \arctan\frac{\omega L}{R}\right)$$

以上分析表明，通过把正弦时间函数映射到复数空间，难以求解的微分方程就转化成了关于复数的代数方程，利用这个代数方程求出复数空间的解，再把复数解映射回时间域内的正弦时间函数，方便了正弦稳态电路的求解。

5.2.3　正弦信号的相量表示

前文已经指出，在单一角频率 ω 激励下的正弦稳态电路中，任何电压和电流都是角频率为 ω 的正弦信号；又根据欧拉公式，将正弦信号映射为复数空间内的复指数形式，以电流信号为例，任何一点的电流都可写成如下形式：

$$i = I_m \sin(\omega t + \theta) = I_m \mathrm{Im}\left[e^{j(\omega t + \theta)}\right] = I_m \mathrm{Im}\left[e^{j\omega t} e^{j\theta}\right]$$

需要注意的是，因为一个正弦稳态电路中的任何电压或电流信号的角频率都是 ω，所以只要确定了任何正弦信号的幅值 I_m 和初相 θ，就可以立即写出任何电压或电流响应的正弦函数及其对应的复指数形式。即只要知道了如下的复指数：

$$\dot{I}_m = I_m e^{j\theta} \tag{5-15}$$

就可以立即知道对应的正弦信号的函数表达式。式（5-15）中的 I_m 和 θ 都是常数，所以它是一个复常数，如图 5-5 所示，可以用复平面上的一个有向线段来表示，这种图叫作相量图。因为 I_m 是电流 i 的振幅，所以 $\dot{I}_m = I_m e^{j\theta}$ 称为正弦电流 i 的振幅相量。振幅相量也可以写成如下的简单形式：

$$\dot{I}_m = I_m \underline{/\theta}$$

从相量的简单表示形式可以更加明确地看出，相量只包含幅度和相位信息。为了区别于一般的复数，我们在表示正弦信号的复数上方加上一点，就成了相量。

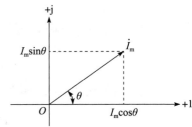

图 5-5　正弦信号的相量表示

相应地，对于有效值，我们定义了有效值相量，表达式为

$$\dot{I} = I e^{j\theta} = \frac{I_m}{\sqrt{2}} e^{j\theta} = I \underline{/\theta}$$

相量是用来表示正弦信号的复常数，它本身并不是正弦信号。而要完整地表达一个正弦信号，还必须在其相量上乘以 $e^{j\omega t}$，这时我们得到了以时间 t 为自变量的复函数 $I_m e^{j(\omega t + \theta)}$，当时间 t 为 $0 \sim \infty$ 时，相量与实轴夹角为初相 $\theta \sim \infty$，从而得到一个逆时针旋转的相量，称之为旋转相量。旋转相量与实轴之间的夹角等于对应的正弦量在时刻 t 的相位；当 $t = 0$ 时的夹角

等于对应正弦量的初相。旋转相量在虚轴上的投影就等于正弦量在时刻 t 的瞬时值，图 5-6 表示了旋转相量与正弦信号的对应关系。

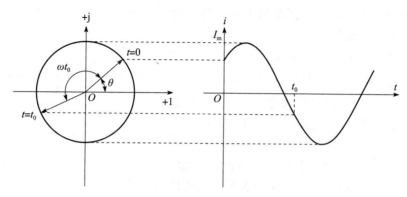

图 5-6　旋转相量与正弦信号

在电子技术中，将电流 i 的正弦函数表达式称为 i 的时域表示，它表达了电流 i 随时间的变化规律；而将其相量表达式称为 i 的频域表示，使用频域表示进行电路分析的方法也称为频域分析法。

5.2.4　正弦量的微分、积分的相量表示

对正弦量 $i(t) = I_\mathrm{m}\sin(\omega t+\theta)$ 求导如下：

$$
\begin{aligned}
\frac{\mathrm{d}i(t)}{\mathrm{d}t} &= \omega I_\mathrm{m}\cos(\omega t+\theta) = \omega I_\mathrm{m}\sin\left(\omega t+\theta+\frac{\pi}{2}\right) = \omega I_\mathrm{m}\mathrm{Im}\left[\mathrm{e}^{\mathrm{j}\left(\omega t+\theta+\frac{\pi}{2}\right)}\right] \\
&= \mathrm{Im}\left[\omega\mathrm{e}^{\mathrm{j}\frac{\pi}{2}}I_\mathrm{m}\mathrm{e}^{\mathrm{j}\omega t}\mathrm{e}^{\mathrm{j}\theta}\right] = \mathrm{Im}\left[\mathrm{j}\omega\dot{I}\mathrm{e}^{\mathrm{j}\omega t}\right]
\end{aligned}
\tag{5-16}
$$

式（5-16）表明，对正弦量微分转换到相量域中相当于在原相量上乘以 $\mathrm{j}\omega$；还可以看出，正弦量微分后在幅值上增大到原正弦量的 ω 倍，而在相位上超前了 $\dfrac{\pi}{2}$，即

$$
\frac{\mathrm{d}i(t)}{\mathrm{d}t} \Longleftrightarrow \omega\dot{I}\mathrm{e}^{\frac{\pi}{2}\mathrm{j}} \Longleftrightarrow \mathrm{j}\omega\dot{I}
\tag{5-17}
$$

类似地，正弦量的积分转换到相量域中，就相当于原相量除以 $\mathrm{j}\omega$；正弦量积分后在幅值上减少到原正弦量的 $1/\omega$，而在相位上滞后了 $\dfrac{\pi}{2}$，即

$$
\int i(t)\,\mathrm{d}t \Longleftrightarrow \frac{1}{\omega}\dot{I}\mathrm{e}^{-\frac{\pi}{2}\mathrm{j}} \Longleftrightarrow \frac{1}{\mathrm{j}\omega}\dot{I}
\tag{5-18}
$$

从式（5-17）和式（5-18）可以得出这样的结论：在频域（相量域）中乘以（或除以）纯虚数 j 对应着时域中正弦量相位的变化，每乘以（或除以）一次 j，就代表了该正弦量在相位上超前（或滞后）了 $\dfrac{\pi}{2}$。

5.2.5　总结：从时域表示到频域表示

正弦量的频域表示可能是一件令人困惑的事，我们用映射的观点来观察，实际上时域表

示和频域表示所反映的是一个事物，只是转变了观察问题的角度，正如从地面上观察时看到的地球与从太空中观察时看到的地球完全不同一样。

图 5-7 表示了从时域表示到频域表示的转变过程，要记住它们所反映的是同一件事。

正弦函数表达式 $I_m\sin(\omega t+\theta)$ 是正弦量在时域空间的表示，而 $I_m\mathrm{Im}[\mathrm{e}^{\mathrm{j}(\omega t+\theta)}]$ 则是同一个正弦量在时域空间的复指数表达式；$\dot{I}_m=I_m\mathrm{e}^{\mathrm{j}\theta}$ 又把同样的正弦量映射到了相量空间，称为频域表示，在这个转换过程中，因为在正弦稳态电路中，任何电压和电流的角频率 ω 都是相同的，所以没有显式地写出 ω 的值，只明确了幅值 I_m 和初相 θ；$\dot{I}_m=I_m\underline{/\theta}$ 是相量形式的另一种表达式，同样明确了幅值 I_m 和初相 θ，所以也可以表达出该正弦量。

正弦量的时域表示和频域表示之间的关系可以表示为

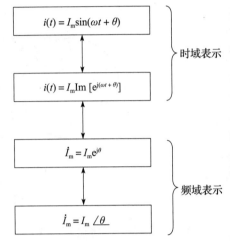

图 5-7　从时域表示到频域表示的转变过程

$$I_m\sin(\omega t+\theta)=I_m\mathrm{Im}[\mathrm{e}^{\mathrm{j}(\omega t+\theta)}]=\mathrm{Im}[I_m\mathrm{e}^{\mathrm{j}\theta}\mathrm{e}^{\mathrm{j}\omega t}]=\mathrm{Im}[\dot{I}_m\mathrm{e}^{\mathrm{j}\omega t}]$$

必须记住，只有正弦量的频率是常数时，这些计算才能使用相量分析。

【例 5-2】　已知 $i_1=40\sin(\omega t+50°)\mathrm{A}$，$i_2=20\sin(\omega t-30°)\mathrm{A}$，用相量法计算这两个正弦电流叠加的结果 $i=i_1+i_2$，写出它的幅值相量和有效值相量。

【解】　首先写出两个正弦量的相量形式为

$$\dot{I}_{m1}=40\underline{/50°}\mathrm{A}=40(\cos 50°+\mathrm{j}\sin 50°)\mathrm{A}=(25.71+\mathrm{j}30.64)\mathrm{A}$$

$$\dot{I}_{m2}=20\underline{/-30°}\mathrm{A}=20[\cos(-30°)+\mathrm{j}\sin(-30°)]\mathrm{A}=(17.32-\mathrm{j}10)\mathrm{A}$$

相量相加得 i 的幅值相量为

$$\dot{I}_m=\dot{I}_1+\dot{I}_2=(43.03+\mathrm{j}20.64)\mathrm{A}=47.72\underline{/25.63°}\mathrm{A}$$

从而可以写出电流 i 的瞬时值表达式为

$$i=47.72\sin(\omega t+25.63°)\mathrm{A}$$

电流 i 的有效值相量为

$$\dot{I}=\frac{\dot{I}_m}{\sqrt{2}}=33.74\underline{/25.63°}\mathrm{A}$$

注意到叠加后电流的角频率没有改变，但是相位和幅值改变了。

5.3　相量分析

使用相量法来求解正弦激励下的动态电路时，可以将复杂的微分方程转化成代数方程。但是前面的推导始终是从时域分析出发的，如何才能从频域分析入手呢？我们知道，电路分析的基础是电路元件的伏安特性和基尔霍夫定律，时域分析正是以这两个约束关系为出发点来进行的，频域分析也必须以这两个约束关系为出发点。如果能够得到这两个约束关系在频域中的表达形式，就可以直接在频域中进行分析了。

5.3.1　电路元件伏安特性的相量形式

1. 电阻

在时域中，电阻的伏安特性为

$$u(t) = Ri(t)$$

这个关系对于任何信号都成立，正弦信号自然也不例外，所以对于图 5-8a 所示的电路，如果电流为

$$i(t) = I_m \sin(\omega t + \theta)$$

则必然有

$$u(t) = R I_m \sin(\omega t + \theta)$$

电阻元件的时域模型和伏安特性的波形图如图 5-8 所示。

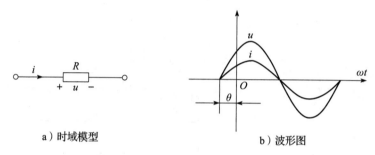

a）时域模型　　　　b）波形图

图 5-8　电阻元件的时域模型和伏安特性的波形图

将正弦函数写成相量形式就得到

$$\dot{I}_m = I_m e^{j\theta} = I_m \underline{/\theta}$$

$$\dot{U}_m = R I_m e^{j\theta} = R I_m \underline{/\theta}$$

对比这两个式子可得到电阻元件伏安特性的相量形式为

$$\dot{U}_m = R\dot{I}_m$$

写成一般形式得到

$$\dot{U} = R\dot{I}$$

可见，不论在时域还是频域，欧姆定律总是成立的，在正弦稳态电路中，电阻电压与电阻电流同相。电阻元件的相量模型和伏安特性的相量图如图 5-9 所示。

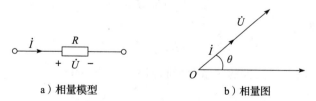

a）相量模型　　　　b）相量图

图 5-9　电阻元件的相量模型和伏安特性的相量图

2. 电感

线性电感的伏安特性为

$$u(t) = L\frac{\mathrm{d}i(t)}{\mathrm{d}t} \tag{5-19}$$

将正弦稳态时的电流 $i(t) = I_\mathrm{m}\sin(\omega t + \theta_i)$ 代入式（5-19），得到

$$u(t) = L\frac{\mathrm{d}}{\mathrm{d}t}\left[I_\mathrm{m}\sin(\omega t + \theta_i)\right] = \omega L I_\mathrm{m}\cos(\omega t + \theta_i) = \omega L I_\mathrm{m}\sin\left(\omega t + \theta_i + \frac{\pi}{2}\right)$$

所以电感元件的电压和电流幅值关系以及相位关系如下：

$$U_\mathrm{m} = \omega L I_\mathrm{m}$$

$$\theta_u = \theta_i + \frac{\pi}{2}$$

这说明，在正弦稳态电路中，电感电压的幅值等于电感电流的 ωL 倍，电感电压的相位超前于电感电流 $\frac{\pi}{2}$。电感元件的时域模型和伏安特性的波形图如图 5-10 所示。

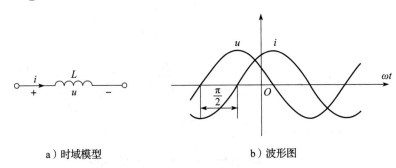

a）时域模型   b）波形图

图 5-10　电感元件的时域模型和伏安特性的波形图

将正弦电流和电压写成相量形式为

$$\dot{I}_\mathrm{m} = I_\mathrm{m}\mathrm{e}^{\mathrm{j}\theta_i} = I_\mathrm{m}\theta_i$$

$$\dot{U}_\mathrm{m} = \omega L I_\mathrm{m}\mathrm{e}^{\mathrm{j}\left(\theta_i + \frac{\pi}{2}\right)} = \omega L I_\mathrm{m}\left/\theta + \frac{\pi}{2}\right.$$

因为

$$\mathrm{e}^{\mathrm{j}\frac{\pi}{2}} = \cos\frac{\pi}{2} + \mathrm{j}\sin\frac{\pi}{2} = \mathrm{j}$$

所以得到

$$\dot{U}_\mathrm{m} = \mathrm{j}\omega L\dot{I}_\mathrm{m}$$

写成一般形式就得到

$$\dot{U} = \mathrm{j}\omega L\dot{I}$$

关联参考方向下的电感元件的相量模型和相量图如图 5-11 所示。

a）相量模型   b）相量图

图 5-11　电感元件的相量模型和相量图

3. 电容

线性电容的伏安特性为

$$i = C\frac{\mathrm{d}u}{\mathrm{d}t}$$

设电容两端的电压为

$$u(t) = U_{\mathrm{m}}\sin(\omega t + \theta_u)$$

则流过电容的电流为

$$i(t) = \frac{\mathrm{d}}{\mathrm{d}t}\left[U_{\mathrm{m}}\sin(\omega t + \theta_u)\right] = \omega CU_{\mathrm{m}}\cos(\omega t + \theta_u) = \omega CU_{\mathrm{m}}\sin\left(\omega t + \theta_u + \frac{\pi}{2}\right)$$

得到电容元件的电压和电流的幅值关系以及相位关系如下：

$$I_{\mathrm{m}} = \omega CU_{\mathrm{m}}$$

$$\theta_i = \theta_u + \frac{\pi}{2}$$

这说明，在正弦稳态电路中，电容电流的幅值等于电容电压的 ωC 倍，电容电流在相位上比电容电压超前 $\frac{\pi}{2}$。电容元件的时域模型及其伏安特性的波形图如图5-12所示。

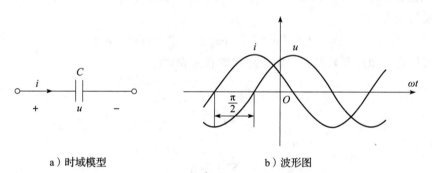

　　a）时域模型　　　　　　　　　b）波形图

图5-12　电容元件的时域模型及其伏安特性的波形图

将正弦电流和电压写成相量形式：

$$\dot{U}_{\mathrm{m}} = U_{\mathrm{m}}\mathrm{e}^{\mathrm{j}\theta} = U_{\mathrm{m}}\underline{/\theta_u}$$

$$\dot{I}_{\mathrm{m}} = \omega CU_{\mathrm{m}}\mathrm{e}^{\mathrm{j}\left(\theta_u + \frac{\pi}{2}\right)} = \omega CU_{\mathrm{m}}\underline{/\theta_u + \frac{\pi}{2}}$$

所以得到

$$\dot{I}_{\mathrm{m}} = \mathrm{j}\omega C\dot{U}_{\mathrm{m}}$$

写成一般形式就得到

$$\dot{I} = \mathrm{j}\omega C\dot{U}$$

或者

$$\dot{U} = \frac{1}{\mathrm{j}\omega C}\dot{I}$$

关联参考方向下的电容元件的相量模型和相量图如图5-13所示。

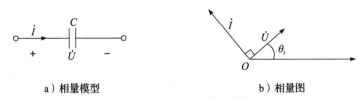

a）相量模型　　　　　　　　　　　b）相量图

图 5-13　电容元件的相量模型和相量图

5.3.2　基尔霍夫定律的相量形式

在时域中，基尔霍夫定律表述为

KCL：对任一节点

$$\sum_{k=0}^{n} i_k = 0$$

KVL：对任一回路

$$\sum_{k=0}^{n} u_k = 0$$

在正弦稳态电路中，任何电压和电流都是同频率的正弦量，即基尔霍夫定律中的 i_k 和 u_k 都可以表达为 $A\sin(\omega t+\theta)$ 的形式。根据时域中的正弦量与频域中的相量之间的对应关系，可将正弦量转换为

$$i(t) = I_m \mathrm{Im}\left[e^{j(\omega t+\theta)} \right] = \mathrm{Im}\left[I_m e^{j\theta} e^{j\omega t} \right] = \mathrm{Im}\left[\dot{I}_m e^{j\omega t} \right]$$

显然可以得到相同形式的基尔霍夫定律的相量表达。

KCL：

$$\sum_{k=0}^{n} \dot{I}_k = 0$$

KVL：

$$\sum_{k=0}^{n} \dot{U}_k = 0$$

5.4　阻抗和导纳

5.4.1　欧姆定律的相量形式

根据前面的分析，我们知道在交流电路中，如果设定电阻、电容和电感上的相量电压和相量电流的参考方向为关联参考方向，则有如下关系：

$$\dot{U} = R\dot{I}, \qquad \dot{U} = \frac{1}{j\omega C}\dot{I}, \qquad \dot{U} = j\omega L\dot{I}$$

上面的关系式在形式上与欧姆定律十分相似，它表明，电压相量与电流相量成正比，其中的比例系数是一个复数，它表明了该元件对正弦电流的阻碍或抵抗能力，称为该元件的阻抗，用符号 Z 表示，即

$$\dot{U} = Z\dot{I} \tag{5-20}$$

式（5-20）称为欧姆定律的相量形式，其中的 $\dot{U}$ 和 $\dot{I}$ 是复数形式的电压相量和电流相量，分别代表正弦交流电路中的电压和电流，它们有着对应的正弦函数形式；而阻抗 Z 虽然也

是复数形式，但它并不是相量，没有对应的正弦函数表达式，所以在 Z 的上面没有"·"（本书中，用上面带"·"的大写字符来表示相量）。

在这里强调一下频域和时域的概念，在正弦电路中，电压和电流的正弦函数表达式是时域中的概念，而电压相量和电流相量则是频域中的概念，频域中的相量和时域中的正弦量有着对应的关系。但阻抗仅仅在频域中有意义，在时域中是不能讨论阻抗的。

根据定义，可知电阻、电容和电感的阻抗分别为

$$Z_R = R, \qquad Z_C = \frac{1}{j\omega C}, \qquad Z_L = j\omega L$$

阻抗的单位是欧姆。电阻的阻抗是一个实数值，它等于电阻的阻值。

电感的阻抗是一个纯虚数，为了强调这是由电感所引起的阻抗，通常把 $X_L = \omega L$ 称为感抗，感抗的大小与频率成正比；电容的阻抗也是一个纯虚数，而把 $X_C = \frac{1}{\omega C}$ 称为容抗，容抗的大小与频率成反比。

从感抗的表达式中也可以看到，频率越高，感抗越大，即电感对电流的阻碍作用越强；频率越低，感抗越小；如果是直流（频率为零），那么感抗也为零。所以电感具有通直流、阻交流的作用。这里得到的结论与在时域中对电感的分析所得到的结论是一致的。把类似的分析用于容抗可知，电容具有隔直流、通交流的作用（具体分析留给读者）。

阻抗的倒数称为导纳 Y，单位是西门子（S）。

$$Y = \frac{1}{Z}$$

所以，欧姆定律的相量形式也可以写成

$$\dot{I} = Y\dot{U}$$

5.4.2 阻抗的串并联

在分析电阻的串并联时，所基于的是欧姆定律和基尔霍夫定律，又因为在频域中欧姆定律和基尔霍夫定律依然适用，所以阻抗串并联组合遵守与电阻串并联组合同样的规则。

以两个阻抗的串联为例，如图 5-14a 所示，在关联参考方向下，串联时

$$\dot{U} = \dot{U}_1 + \dot{U}_2 = (Z_1 + Z_2)\dot{I}$$

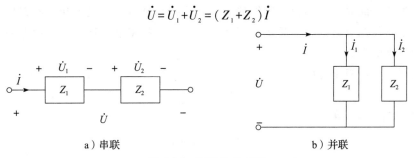

a）串联   b）并联

图 5-14　阻抗的串并联

所以总的等效阻抗为

$$Z = Z_1 + Z_2$$

类似地，对图 5-14b 所示的两个阻抗的并联情形，可得到

$$\frac{1}{Z} = \frac{1}{Z_1} + \frac{1}{Z_2}$$

或者

$$Z = \frac{Z_1 Z_2}{Z_1 + Z_2}$$

这个结论完全可以推广到多个阻抗串并联的情形或者Y－△变换的情形。

5.4.3 阻抗的意义

阻抗作为复数，显然可以表达成如下形式：

$$Z = R + jX$$

阻抗的实部 R 仍称为电阻，虚部 X 则称为电抗。

现在以 RLC 串联电路为例来说明阻抗的意义，如图 5-15 所示。

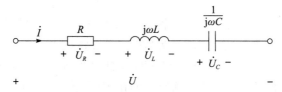

图 5-15 RLC 串联电路的阻抗

R、L、C 三个元件串联，所以可根据阻抗串并联规则计算总的阻抗，得

$$Z = Z_R + Z_L + Z_C = R + j\omega L + \frac{1}{j\omega C}$$

写成实部与虚部的形式为

$$Z = R + j\left(\omega L - \frac{1}{\omega C}\right) = R + j(X_L - X_C)$$

任何无源网络都可以等效成电阻、电感、电容的串联形式，由此可见，阻抗 Z 的实部等于电路中的等效电阻，虚部等于电路的等效感抗与等效容抗之差。如果电路中的等效感抗大于等效容抗，则虚部为正，此时称电路为电感性的；如果电路中的等效容抗大于等效感抗，则虚部为负，此时电路称为电容性的。根据容抗和感抗的定义可知，电路呈现电容性或电感性，与正弦稳态电路的工作频率密切相关，在某一频率下呈现电感性的电路，在另一个频率下可能呈现电容性。

阻抗也可以写成极坐标的形式：

$$Z = |Z| \underline{/\theta}$$

式中，$|Z|$ 为阻抗模；θ 为阻抗角，且满足

$$|Z| = \sqrt{R^2 + X^2}$$

$$\theta = \arctan\left(\frac{X}{R}\right)$$

因为电抗 X 与电源角频率有关，所以阻抗 Z 也与电源角频率有关。

一般地，考虑图 5-16a 所示的任意线性无源网络，在正弦激励下，其端口上的电压、电流相量符合相量形式的欧姆定律，即

$$\dot{U} = Z\dot{i}$$

不论该二端网络的内部元件如何连接，其等效阻抗 Z 总可以写成实部、虚部分离的形式，即

$$Z = R + jX$$

式中，R 称为该二端网络的等效电阻；X 称为该二端网络的等效电抗。等效阻抗 Z、等效电阻 R 和等效电抗 X 以及阻抗角 θ 之间的关系（也称阻抗三角形）如图 5-16b 所示。

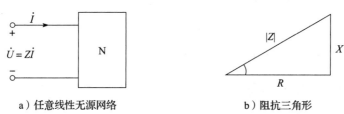

a）任意线性无源网络　　　　　　　　　b）阻抗三角形

图 5-16　线性无源网络和阻抗三角形

阻抗概念和阻抗的极坐标形式的引入对于简化正弦稳态电路的分析具有十分重要的意义，这应归功于斯泰因梅茨（Charles Proteus Steinmetz，1865—1923），所以相量法中复数的极坐标表达形式又称为斯泰因梅茨形式。

斯泰因梅茨创立了计算交流电路的实用方法——相量法，并于 1893 年向国际电工会议报告，受到广泛的欢迎。随后他进入美国通用电气公司工作，1923 年 10 月 26 日在纽约去世。他一生的研究领域涉及发电、输电、配电、电照明、电机、电化学等方面，对交流电系统的发展做出了巨大贡献。

导纳 Y 是阻抗 Z 的倒数，所以

$$Y = \frac{1}{Z} = \frac{1}{R+jX} = \frac{R}{R^2+X^2} - j\frac{X}{R^2+X^2}$$

导纳的复数形式记为

$$Y = G + jB$$

式中，实部 G 称为电导；虚部 B 称为电纳。它们与电阻、电抗的关系为

$$G = \frac{R}{R^2+X^2}$$

$$B = \frac{-X}{R^2+X^2}$$

与感抗和容抗的概念相对应，电感引起的电纳部分称为感纳，电容引起的电纳称为容纳。

导纳的极坐标形式为

$$Y = |Y| \underline{/\theta'}$$

它与阻抗的极坐标形式之间的关系为

$$|Y| = \frac{1}{|Z|}, \qquad \theta' = -\theta$$

【例 5-3】　已知电路中某元件上的电压和电流为 $u(t) = 100\sin\left(314t + \frac{\pi}{2}\right)$ V，$i(t) =$

$70\sin\left(314t+\dfrac{\pi}{4}\right)$A，求该元件的阻抗 Z。该元件是容性的还是感性的？

【解】 首先写出元件电压和电流的相量形式为

$$\dot U = 100\underline{\big/\dfrac{\pi}{2}}\,\text{V}, \qquad \dot I = 70\underline{\big/\dfrac{\pi}{4}}\,\text{A},$$

$$Z = \dfrac{\dot U}{\dot I} = \dfrac{100}{70}\underline{\big/\dfrac{\pi}{2}-\dfrac{\pi}{4}}\,\Omega = 1.43\underline{\big/\dfrac{\pi}{4}}\,\Omega$$

该元件是电感性的元件。

【例 5-4】 在图 5-17 所示的电路中，已知输入电压 $u_i =$
$20\sin\left(4t+\dfrac{\pi}{6}\right)$V，求输出电压 u_o 和输入电压 u_i 之比，并求
出输出电压 u_o 的时域表达式。

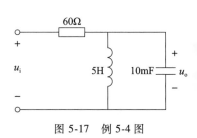

图 5-17 例 5-4 图

【解】 要进行频域分析，首先必须写出电路元件的频
域形式，因为电源的角频率 $\omega = 4\text{rad/s}$，所以

$$\text{电阻：} 60\Omega \implies Z_R = 60\Omega$$

$$\text{电感：} 5\text{H} \implies Z_L = \text{j}\omega L = \text{j}4\times 5\,\Omega = \text{j}20\Omega$$

$$\text{电容：} 10\text{mF} \implies Z_C = \dfrac{1}{\text{j}\omega C} = \dfrac{1}{\text{j}4\times 10\times 10^{-3}}\,\Omega = -\text{j}25\Omega$$

$$\text{输入电压：} u_i = 20\sin\left(4t+\dfrac{\pi}{6}\right)\text{V} \implies \dot U_i = 20\underline{\big/\dfrac{\pi}{6}}\,\text{V}$$

根据阻抗串并联关系，首先计算出电感和电容的并联阻抗为

$$Z_{LC} = (\text{j}20)\,/\!/\,(-\text{j}25) = \dfrac{(\text{j}20)\times(-\text{j}25)}{(\text{j}20)+(-\text{j}25)}\,\Omega = \text{j}100\Omega$$

这个并联阻抗与 60Ω 电阻之间是串联关系，于是可以得到 u_o 和 u_i 之比为

$$\dfrac{\dot U_o}{\dot U_i} = \dfrac{Z_{LC}}{Z_{LC}+Z_R} = \dfrac{\text{j}100}{\text{j}100+60} = 0.857\underline{/30.96^\circ}$$

u_o 的相量表达式为

$$\dot U_o = (0.857\underline{/30.96^\circ})\dot U_i = (0.857\underline{/30.96^\circ})\times 20\underline{/30^\circ}\,\text{V} = 17.15\underline{/60.96^\circ}\,\text{V}$$

最后从频域中转换回时域，从而得到 u_o 的时域表达式为

$$u_o = 17.15\sin(4t+60.96^\circ)\,\text{V}$$

5.4.4 交流电路的相量分析仿真和瞬态仿真

1. 交流电路的相量分析仿真

以例 5-4 为例讲解用 LTspice 实现相量分析的步骤。

首先，把图 5-17 输入到 LTspice 原理图，为了实现仿真，图中 u_i 的位置要添加一个电压
源（否则电路中没有信号源），这个电源的输出必须等于 u_i。

其次，要设置电阻值为 "60"、电容量为 "10m"、电感量为 "5"，这是些很简单的操作。

需要注意的是电源的设置方法，相量分析中的正弦电源设置如图 5-18 所示。注意左上

角的 Functions 单选框，所选择的是（none）；而在右侧栏目中的"小信号交流分析"（Small signal AC analysis（AC））项下，分别设置了"交流幅值"（AC Amplitude）和"交流相位"（AC Phase）。根据例 5-4 中 u_i 的表达式，u_i 的幅值等于 20V，所以设置 AC Amplitude 为"20"；u_i 的初相等于 $\pi/6$ 弧度，转换成角度为 180/6，所以被设置为"{180/6}"。

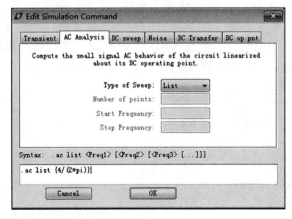

图 5-18　交流（相量）分析中的正弦电源设置

在 LTspice 中，用花括号括起来的表达式将被求值，并替换为一个浮点数。

原理图输入完毕后，单击"运行"（Run）按钮 🏃，在弹出的"编辑仿真命令"（Edit Simulation Command）对话框中，单击"AC Analysis"标签。在"AC Analysis"选项卡中，在"Type of Sweep"列表中选择"List"，此时该页下方的输入文本框中将出现".ac list"；最后在该文本框内的 list 之后填入仿真所用的频率，"{4/(2 * pi)}"中的"pi"代表 π，所以整个表达式所计算得到的结果就是"角频率 4"所对应的频率。如图 5-19 所示。

仿真命令

```
.ac list {4/(2*pi)}
```

的含义是在 $4/(2\pi)$ 频率（角频率为 4）条件下，实施交流（相量）分析。

实现相量分析的完整电路图如图 5-20 所示。

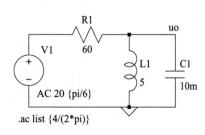

图 5-19　输入 AC Analysis 命令　　　　图 5-20　实现相量分析的完整电路图

仿真结果为

```
---AC Analysis ---
frequency:     0.63662              Hz
V(uo):     mag:   17.148    phase:   60.96°      voltage
V(n001):   mag:   20        phase:   30°         voltage
I(C1):     mag:   0.685919  phase:   150.96°     device_current
I(L1):     mag:   0.857398  phase:   -29.0372°   device_current
I(R1):     mag:   0.17148   phase:   150.974°    device_current
I(V1):     mag:   0.17148   phase:   150.974°    device_current
```

从仿真结果可见，输出电压 V(uo) 的幅度（mag）为 17.148，初相（phase）为 60.96°，与计算结果完全相同。

2. 交流电路的瞬态分析仿真

交流瞬态分析时，电源的设置如图 5-21 所示。

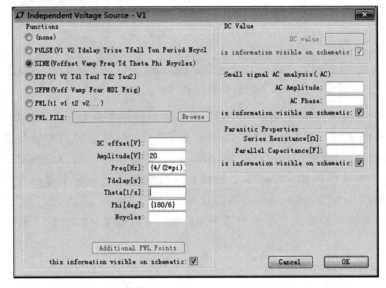

图 5-21　交流瞬态分析中的正弦电源设置

在瞬态分析中，交流电源必须选择"Functions"单选框的"SINE"（正弦函数），根据例 5-4 可知，其"幅值"（Amplitude）应设置为"20"，"频率"（Freq）应设置为"{4/(2 * pi)}"，"初相"（Phi）应设置为"{180/6}"（角度）。参数 Tdelay 表示延迟开始时间，参数 Theta 表示衰减因子，它们的详细含义请读者查询相关资料。由此得到交流电路的瞬态仿真原理图如图 5-22 所示。

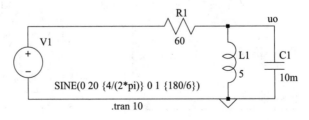

图 5-22　例 5-4 的交流电路的瞬态仿真原理图

运行瞬态仿真，即可观察相应的波形。

5.5　谐振

前面的分析表明，RLC 正弦交流电路的阻抗与电源频率有关，通过改变电源频率或元件的参数，可能使电路总体阻抗中的虚部即电抗成分为零，即电路呈现为纯电阻性，此时称电路发生了谐振。显然，谐振发生时，电路输入端的电压与电流同相。根据 RLC 元件的连接方式不同，谐振又可分为串联谐振和并联谐振。

5.5.1　串联谐振：总阻抗最小

图 5-23a 所示电路中，RLC 元件串联，它的阻抗为

$$Z = R + j\left(\omega L - \frac{1}{\omega C}\right)$$

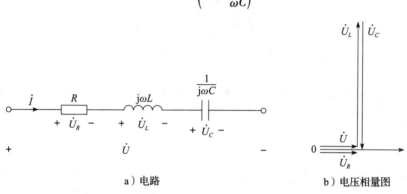

a）电路　　　　　　　　　　b）电压相量图

图 5-23　串联谐振电路及谐振时各元件的电压相量图

其虚部（电抗）与角频率 ω 有关，如果在角频率为 ω_0 时谐振，则电抗必然为零，即

$$\omega_0 L - \frac{1}{\omega_0 C} = 0$$

从而可以求出谐振时的角频率为 ω_0 为

$$\omega_0 = \frac{1}{\sqrt{LC}} \tag{5-21}$$

注意到谐振时阻抗的实部 R 并未发生变化，所以在串联谐振发生时，电路的总阻抗（即阻抗的模）达到最小值 R；在幅值恒定的正弦电压源作用下，电路中的电流达到最大值

$$I_0 = \frac{U}{R}$$

通常在串联谐振时，满足 $R \ll X_C = X_L$ 的条件，由于通过电阻、电感和电容元件的电流相同，根据欧姆定律的相量形式，可知在串联谐振发生时，电感或电容上产生的正弦电压的幅值要远远大于加在该串联谐振电路上的总的正弦电压的幅值（$U_L = U_C \gg U_R$），所以串联谐振也称为电压谐振（电抗电压幅值远大于总电压幅值）。

又因为电路在串联谐振时的总阻抗只表现为电阻 R，所以 RLC 串联电路的总电压 U 就等于此时的电阻电压 U_R，或者说加在串联谐振电路端口上的全部电压都加在了电阻元件上，即

$$U_L = U_C \gg U_R = U$$

这是一个有点奇怪的结论，R、L、C 串联在同一支路上，而总电压却仅仅等于其中一个元件上的电压，那么 L、C 上的分压意味着什么呢？要理解这一点，就必须考虑到正弦信号的相位。实际上，L、C 上的电压仍旧存在，只是它们的相位恰好相反，所以互相抵消了。串联谐振电路以及谐振时各元件上的电压及其相量关系如图 5-23b 所示。

当角频率 ω 偏离 ω_0 时，RLC 串联电路的总阻抗的模 $|Z|$ 将增大；其中，与 $|Z| = \sqrt{2}R$（总阻抗的模等于增大到最小阻抗的 $\sqrt{2}$ 倍）对应的 ω 叫作截止角频率（Cutoff Angular Frequency），根据下面的等式

$$|Z| = \sqrt{R^2 + \left(\omega L - \frac{1}{\omega C}\right)^2} = \sqrt{2}R$$

计算出 RLC 串联谐振的高频截止角频率 ω_H 和低频截止角频率 ω_L 分别为

$$\omega_H = \frac{RC + \sqrt{R^2 C^2 + 4LC}}{2LC} = \frac{R}{2L} + \sqrt{\frac{R^2}{4L^2} + \frac{1}{LC}}$$

$$\omega_L = \frac{-RC + \sqrt{R^2 C^2 + 4LC}}{2LC} = -\frac{R}{2L} + \sqrt{\frac{R^2}{4L^2} + \frac{1}{LC}}$$

ω_H 和 ω_L 二者之差 $\Delta\omega = \omega_H - \omega_L$ 在某些资料上被称为带宽，对于 RLC 串联电路而言，易得到

$$\Delta\omega = \omega_H - \omega_L = \frac{R}{L}$$

但是更加常见的带宽指的是频率的宽度而不是角频率的宽度，其单位是赫兹（Hz），所以带宽常常被定义为高频截止频率 f_H 和低频截止频率 f_L 之差，记作 BW（Bandwidth），有

$$\text{BW} = \Delta f = f_H - f_L$$

显然 RLC 串联谐振电路的带宽 BW 为

$$\text{BW} = \frac{1}{2\pi}\frac{R}{L} \tag{5-22}$$

高频截止频率 f_H 和低频截止频率 f_L 分别位于谐振频率 f_0 的两边，在理想情况下电阻 R 很小，这时有

$$f_0 = (f_H + f_L)/2$$

从这个意义上说，谐振频率 f_0 也被称为中心频率（Center Frequency）。

显然，在截止频率上，当外加电压不变的情况下，由于 RLC 串联电路的总阻抗的模增加到 $\sqrt{2}R$，其所流过的电流必然降低到 $(I_0/\sqrt{2})$。

5.5.2   并联谐振：总导纳最小（总阻抗最大）

RLC 并联电路的导纳

$$Y = \frac{1}{R} + \text{j}\left(\omega C - \frac{1}{\omega L}\right) = G + \text{j}(B_C - B_L)$$

如果要求电路呈现出纯电阻性，则必须要求导纳为实数，因此谐振发生时，谐振角频率 ω_0 满足

$$\omega_0 C - \frac{1}{\omega_0 L} = 0$$

所以，并联谐振时电路的容纳等于感纳，整体上呈现出纯电阻特性，所以在并联谐振时，电流和电压仍然保持同相。同时，也可以进一步求出谐振频率 ω_0 为

$$\omega_0 = \frac{1}{\sqrt{LC}} \tag{5-23}$$

在并联谐振时，因为导纳 Y 的虚部为零，所以总导纳（导纳的模 $|Y|$）达到最小值 G；在外加幅值恒定的正弦稳态电流时，电路端口上的电压 U_0 达到最大，即

$$U_0 = I/G = IR$$

在幅值恒定的正弦电压源作用下，并联谐振时，通过电路的总电流 I_0 达到最小值，即

$$I_0 = GU = \frac{U}{R}$$

可以发现此时干路中的电流全部经过电阻支路流过，电感支路和电容支路并未对干路电流的通过做出贡献。

通常在并联谐振时，满足 $G \ll B_C = B_L$ 的条件，电感和电容支路的电纳相等（$B_C = B_L$），且远远大于电阻支路的电导（$G = 1/R$），考虑到加在电阻、电感以及电容两端的电压相等，所以此时通过电阻支路的电流要远远小于电感和电容支路的电流。推导过程如下：

$$GU \ll B_C U = B_L U$$

从而

$$I_R \ll I_C = I_L$$

所以并联谐振也叫作电流谐振（电抗电流幅值远大于总电流幅值）。并联谐振时电感和电容支路中的电流尽管很大，但因为幅值相等、相位相反而相互抵消，因此干路中的电流 I 与通过电阻支路 I_R 的电流相等，即

$$I = I_R \ll I_C = I_L$$

并联谐振电路以及并联谐振时各元件上的电流及其相量图如图 5-24 所示。

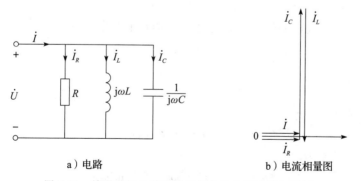

a）电路　　　　　　　　b）电流相量图

图 5-24　并联谐振电路及各元件上的电流及其相量图

当角频率 ω 偏离 ω_0 时，RLC 并联电路的总导纳的模 $|Y|$ 将增大；类似地，截止角频率对应着 $|Y| = \sqrt{2}G$（总导纳的模等于增大到最小导纳的 $\sqrt{2}$ 倍）的情况。根据

$$|Y| = \sqrt{G^2 + \left(\omega C - \frac{1}{\omega L}\right)^2} = \sqrt{2}G$$

计算出 RLC 并联谐振的高频截止角频率 ω_H 和低频截止角频率 ω_L 分别为

$$\omega_H = \frac{GL+\sqrt{G^2L^2+4LC}}{2LC} = \frac{G}{2C} + \sqrt{\frac{G^2}{4C^2}+\frac{1}{LC}}$$

$$\omega_L = \frac{-GL+\sqrt{G^2L^2+4LC}}{2LC} = -\frac{G}{2C} + \sqrt{\frac{G^2}{4C^2}+\frac{1}{LC}}$$

进而计算 RLC 并联谐振电路的带宽为

$$\Delta\omega = \omega_H - \omega_L = \frac{G}{C} = \frac{1}{RC}$$

$$BW = \frac{1}{2\pi}\frac{G}{C} = \frac{1}{2\pi}\frac{1}{RC} \tag{5-24}$$

在截止频率上，当外加电流不变的情况下，由于 RLC 并联电路的总导纳的模增加到 $\sqrt{2}\,G$，其两端电压也必然降低到（$U_0/\sqrt{2}$）。

在实际的串联谐振和并联谐振电路中，常常不会看到图 5-23 和图 5-24 中的电阻元件，这是因为图 5-23 和图 5-24 中的电阻元件表示的是电容和电感本身所存在的电阻，当然，这个电阻的阻值通常很小。所以实际的 LC 串联谐振电路在发生谐振时相当于一个很小的电阻，而 LC 并联谐振电路在发生谐振时相当于一个很大的电阻。

在实际生活中，有时要有意识地利用谐振以获得更大的电压或者电流，例如收音机、电视机的信号输入电路就是利用谐振来放大从天线耦合进来的微弱的输入信号；有时却必须避免谐振，例如在电力系统中，串联及并联谐振会放大谐波，造成危险的过电压或过电流，危害设备甚至人身安全。

5.5.3　谐振的物理本质：LC 储能的无损转移

下面从谐振发生时电路中的能量关系来看一看谐振的物理本质。以串联谐振为例，谐振发生时外加电压 u 的角频率必然为 ω_0，因此可以表示为

$$u = \sqrt{2}\,U\sin\omega_0 t$$

因为谐振时电路呈纯电阻性，所以流过串联 RLC 电路中的电流为

$$i = \sqrt{2}\,I_0\sin\omega_0 t$$

式中，$I_0 = \dfrac{U}{R}$。

此时电阻所消耗的功率为

$$p_R = i^2 R = 2I_0^2 R\sin^2\omega_0 t$$

而电源的输出功率为

$$p_o = ui = 2UI_0\sin^2\omega t = 2I_0^2 R\sin^2\omega_0 t$$

这表明在谐振状态下，任意时刻电阻所消耗的功率总是等于电源的输出功率，从这里可以得到的一个推论就是，电路中虽然事实上存在着电容和电感等储能元件，但它们却没有与电源交换任何能量。但是，电容和电感上显然是储存有能量的，因为它们既有电压，又有电流，那么，这个能量是从哪里来的，又到哪里去了呢？

谐振时，电感中储存的磁场能量为

$$W_L = \frac{1}{2}Li^2 = LI_0^2 \sin^2 \omega_0 t$$

根据相量法可知，电容电压为

$$\dot{U}_C = \frac{1}{j\omega_0 C}\dot{I}$$

映射到时域空间，可以得到谐振时电容电压的正弦形式为

$$u_c = \frac{\sqrt{2}I_0}{\omega_0 C}\sin\left(\omega_0 t - \frac{\pi}{2}\right) = -\frac{\sqrt{2}I_0}{\omega_0 C}\cos\omega_0 t$$

所以电容中储存的电场能则为

$$W_c = \frac{1}{2}Cu_c^2 = \frac{I_0^2}{\omega_0^2 C}\cos^2\omega_0 t$$

考虑到 $\omega_0 = \dfrac{1}{\sqrt{LC}}$，可将 W_c 改写成

$$W_c = LI_0^2 \cos^2 \omega_0 t$$

电感储能和电容储能之和为

$$W = W_c + W_L = LI_0^2(\sin^2\omega_0 t + \cos^2\omega_0 t) = LI_0^2$$

这表明在谐振时，回路中所储存的总能量是恒定的。事实上，能量不断地在电感和电容之间转移，但在任何瞬间，存储在电感中的磁场能与存储在电容中的电场能之和始终不变，变化的仅仅是能量储存的形式。谐振时外电路提供的功率完全为电阻所吸收，电源与储能元件之间不存在能量交换。在一般情况下，电路所储存的能量是时间的周期性函数，而在谐振时，电路中稳定地存储着一定量的电场、磁场能，这部分能量只在电感与电容之间交换。

谐振的物理本质是 LC 储能的无损转移。LC 储能的转移表现为电容电压和电感电流在变化，所以在储能转移过程中，与 LC 串联或并联的电阻上必然有电流流过，从而造成能量的损耗，如果这部分能量损耗能够得到补充，谐振就可以维持下去，表现为振幅不变；否则谐振就无法维持，表现为振幅衰减。

电感和电容的储能来自接入电路后的暂态过程中的外部输入，进入谐振状态后，电感和电容的总储能即保持恒定，不再需要外电路提供无功功率。为了维持谐振，外电路仍需提供有功功率，用来向谐振电路补充电阻上所消耗的能量。

5.5.4 谐振的品质因数：储能效率、选频能力

谐振电路的品质因数具有以下几个方面的含义。

1. 储能效率

为了利用谐振电路的特性，当然希望它的储能大一些，而消耗的能量小一些，二者的比值显然反映了谐振质量的好坏。考虑到谐振时电路的总储能是恒定值，而电阻所消耗的能量是周期值，所以定义

$$Q = 2\pi \frac{谐振时电路的总储能}{每个周期所消耗的能量} \tag{5-25}$$

为谐振的品质因数(quality factor)，通常电路谐振时的总储能要比该电路在一个周期 T 内所

消耗的能量大很多倍。

注意到电路的总储能与每个储能元件（电容或电感）中储能的最大值相等，所以品质因数也可定义为

$$Q = 2\pi \frac{\text{元件储能的最大值}}{\text{每个周期所消耗的能量}} \tag{5-26}$$

以上给出的谐振的品质因数的定义具有普遍意义，不仅适用于串联谐振，也适用于并联谐振；不仅适用于集中参数电路，也适用于分布参数电路；还可以应用于各种非电路的谐振系统，如光学系统、声学系统和机械系统的谐振现象。

因为电阻是谐振电路中唯一的耗能元件，所以从根本意义上说，电路的品质因数反映了电路的最大储能效率。Q 值越高，电路的储能效率就越高，也就是说，储存一定的能量所付出的能量消耗就越小。

当谐振电路工作在截止频率时，RLC 串联电路的电流降低到 $I_0/\sqrt{2}$，RLC 并联电路的电压降低到 $U_0/\sqrt{2}$，此时谐振电路在每周期所消耗的有功功率等于谐振时消耗功率的 $1/2$，所以截止频率也被称为半功率频率（Half-Power Frequencies）。

截止频率的另一个名字叫作 -3dB 频率，这是由于对于电流或电压而言，当降低到 $1/\sqrt{2}$ 时，所对应的分贝数近似等于 -3。

$$20\lg\left(\frac{1}{\sqrt{2}}\right) \approx -3.013\text{dB}$$

2. 串联谐振的品质因数

RLC 串联电路谐振时，在一个周期 T 内所吸收的电能是

$$W_{RT} = I_0^2 R T$$

将 Q 值的定义应用于串联谐振，可以得到

$$Q = 2\pi \frac{W}{W_{RT}} = 2\pi \frac{L I_0^2}{I_0^2 R T} = \frac{2\pi}{T} \frac{L}{R} = \frac{\omega_0 L}{R} \tag{5-27}$$

注意到，无论对于串联谐振电路还是并联谐振电路，谐振角频率 ω_0 都可以表示为

$$\omega_0 = \frac{2\pi}{T} = \frac{1}{\sqrt{LC}}$$

代入式（5-27）就可以得到

$$Q = \frac{1}{\sqrt{LC}} \frac{L}{R} = \frac{1}{R}\sqrt{\frac{L}{C}} \tag{5-28}$$

可见，品质因数仅仅取决于电路中各个元件的参数，与 $\sqrt{L}$ 成正比，与 $R\sqrt{C}$ 成反比。

用 I 表示串联谐振时通过电路各元件的电流，还可从式（5-27）得到下面的结论：

$$Q = \frac{I\omega_0 L}{IR} = \frac{U_L}{U_R} = \frac{U_L}{U} = \frac{U_C}{U} \tag{5-29}$$

即串联谐振的品质因数等于储能元件电压有效值与整个电路总电压有效值之比。

3. 并联谐振的品质因数

将 Q 值的定义应用于并联谐振，可以得到

$$Q = 2\pi \frac{W_{C\max}}{W_{RT}} = 2\pi \frac{CU^2}{U^2 GT} = \frac{\omega_0 C}{G} = \omega_0 CR \tag{5-30}$$

式中，U 为并联电路的电压有效值；$G = 1/R$ 为电阻支路的等效电导。代入谐振角频率 ω_0 的表达式，得到

$$Q = \frac{1}{\sqrt{LC}} RC = R\sqrt{\frac{C}{L}} \tag{5-31}$$

可见在并联谐振电路中，品质因数与 $R\sqrt{C}$ 成正比，与 $\sqrt{L}$ 成反比。

将式（5-30）中 $Q = \dfrac{\omega_0 C}{G}$ 的分子分母同时乘以电压 U，就得到

$$Q = \frac{\omega_0 CU}{GU} = \frac{I_C}{I_R} = \frac{I_C}{I} = \frac{I_L}{I} \tag{5-32}$$

即并联谐振的品质因数等于储能元件电流有效值与整个电路总电流有效值之比。

4. 选频能力

根据串联谐振和并联谐振的品质因数表达式，很容易验证，它们的品质因数与谐振频率 ω_0 成正比，与角频率带宽 $\Delta\omega$ 成反比，即

$$Q = \frac{\omega_0}{\Delta\omega} = \frac{1}{2\pi} \frac{\omega_0}{\mathrm{BW}} = \frac{f_0}{\mathrm{BW}} = \frac{f_0}{\Delta f} \tag{5-33}$$

由于 $\Delta\omega$ 之外频率上的阻抗与 ω_0 上的阻抗至少相差 $\sqrt{2}$ 倍以上，中心频率 ω_0 与带宽 $\Delta\omega$ 之比越大，说明电路在谐振频率上的阻抗与在其他频率上的阻抗差别越大，电路就越能够把谐振频率的信号挑选出来，所以 Q 值越大，选频能力就越好，或者说谐振电路的频率选择性越好。

【例 5-5】 已知在 RLC 串联谐振电路中，$R = 2\,\Omega$，$L = 1\,\mathrm{mH}$，$C = 0.4\,\mu\mathrm{F}$，求：

1）该电路的谐振频率 f_0、品质因数 Q。

2）该电路在哪一个频率作用下其阻抗最小？并求出这个最小阻抗。

3）已知 RLC 串联电路的总电压 $U = 1\,\mathrm{V}$，求出 $R = 2\,\Omega$、$20\,\Omega$、$200\,\Omega$ 时的 Q 值，根据电阻 R 上的电压值 U_R 随频率变化的曲线，验证 Q 值与频率选择性的关系。

【解】

1）谐振角频率

$$\omega_0 = \frac{1}{\sqrt{LC}} = \frac{1}{\sqrt{1 \times 10^{-3} \times 0.4 \times 10^{-6}}}\,\mathrm{rad/s} = 50\,\mathrm{krad/s}$$

谐振频率

$$f_0 = \frac{\omega_0}{2\pi} = \frac{50}{2\pi}\,\mathrm{kHz} \approx 7.9578\,\mathrm{kHz}$$

品质因数

$$Q = \frac{\omega_0 L}{R} = \frac{50 \times 10^3 \times 1 \times 10^{-3}}{2} = 25$$

2）电路在发生串联谐振时，总的阻抗最小，因为此时 L 和 C 上的阻抗大小相等、方向相反而互相抵消，此时电路中的阻抗就等于电阻的阻抗，即

$$Z_{\min} = R = 2\Omega$$

3）把 $R = 2\Omega$、20Ω、200Ω 代入公式 $Q = \dfrac{\omega_0 L}{R}$ 计算得到品质因数分别为 25、2、0.25，可知电路在 $R = 2\Omega$ 时的频率选择性最好。U_R 随频率变化的曲线见 5.5.5 节仿真结果。

5.5.5　谐振电路的频率特性仿真

以例 5-5 为例，讲解谐振电路的仿真方法。

首先，给 RLC 谐振电路加上 1A 的交流电流源，如图 5-25a 所示。在外加单位电流源的作用下，RLC 电路的总电压就等于它阻抗，所以可通过测量 a 点电压 U_a 作为 RLC 谐振电路的总电阻。

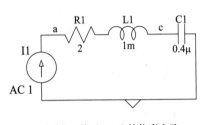
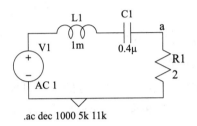

　　　　a）例5-5的1）、2）的仿真电路　　　　　　　　　b）例5-5的3）的仿真电路

图 5-25　例 5-5 仿真电路图

原理图输入完毕，单击"运行"（Run）按钮，在弹出的"编辑仿真命令"（Edit Simulation Command）对话框中，单击 AC Analysis 标签，"AC Analysis"选项卡如图 5-26 所示。

在"Type of Sweep"列表用于确定输出窗口的横坐标（X 轴）的分度单位，可选"倍频程"（Octave）、"十倍频程"（Decade）或"线性"（Linear）。"Number of points per decade"确定在分度单位内的扫描多少个频点。Start Frequency（扫描起始频率）和 Stop Frequency（扫描结束频率）确定了扫描频率的范围。例如

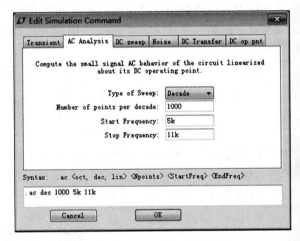

图 5-26　"AC Analysis"选项卡

图 5-26 所设定的扫描参数是：每十倍频程扫描 1000 点，扫描范围是 5～11kHz。

测量 U_a 所得到的仿真结果如图 5-27 所示，实线表示幅度随频率变化的曲线，称为幅频特性；虚线表示相位随频率变化的曲线，称为相频特性。仿真结果表明，在 7.9kHz 附近，幅值最小，相位为零，与计算结果相同。

横坐标选择十倍频程，对应的横坐标分度是频率的常用对数 $\lg f$，频率变化十倍，横坐标变化一个单位长度。读者可试用其他横坐标分度单位，并观察仿真输出。

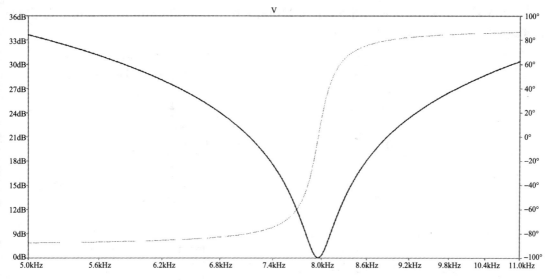

图 5-27 测量 U_a 所得到的仿真结果

RLC 串联电路的总电压 $U = 1V$，计算 U_R 的电路图及 $R = 2\Omega$、20Ω、200Ω 时 U_R 随频率变化的曲线所需要的电路如图 5-25b 所示，改变电阻 R_1 的值，即可得到不同的 U_R-频率曲线，请读者对比，看看不同电阻值下的频率选择性。

动态电路中的电学量(电流、电压、电阻、电导、磁链等)随频率变化的曲线常常被称为谐振曲线。Q 值越大，谐振曲线越尖锐，电路的频率选择性就越好；Q 值越小，谐振曲线越平坦，电路的频率选择性就越差。

5.6 相量分析法

在线性电路分析中，我们得到了一些具有普遍意义的分析方法，例如电源变换法、节点分析法和网孔分析法；还讲解了十分重要的定理，如戴维南定理、诺顿定理和叠加定理等。应用这些方法和定理的前提条件是电路必须是线性的，即电路元件为线性元件，而且满足基尔霍夫两条定律。借助于相量法，我们已经得到了正弦稳态电路中欧姆定律和基尔霍夫定律的相量形式，这就是说，在相量表达形式下，动态电路也符合线性电路的条件。很自然地，我们也可以把线性电路的这些分析方法推广到正弦稳态电路的分析之中。

在应用线性电路的分析方法时，要注意使用这些方法的前提：第一，电路必须处于正弦稳态，以后将会看到，某些类型的电路当含有受控源时，可能出现暂态响应随着时间增大的情况，此时电路就没有进入稳态，这时不能使用线性电路分析法。第二，只有当电路只存在相同频率的激励源时，才能应用上面提到的线性分析方法；如果电路中同时存在不同频率的激励信号，就必须首先求出每个频率的信号单独作用时的相量解，最后在时间域内再将不同频率的响应叠加(因为频率不同，不能在频域内进行相量叠加)，叠加的结果即为所有激励同时作用时的稳态响应。

相量分析法的具体分析过程与线性电路分析过程相同，所不同的只是在计算过程中必须使用复数，相量法中用复数形式的阻抗来表示元件特性，电压、电流的相量表示也必须使用复数。

【例5-6】 图5-28a所示电路中，已知其中的激励源 $i_s = 5\sqrt{2}\sin 10t\,\text{A}$。用戴维南定理求电容两端电压 u_c 的稳态值。

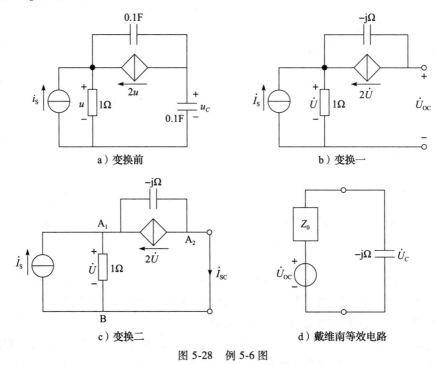

a）变换前　　　　　　　　　　　　b）变换一

c）变换二　　　　　　　　　d）戴维南等效电路

图 5-28　例 5-6 图

【解】 首先，去掉待求变量所在的支路，并将各元件转换为阻抗形式，得到图 5-28b 所示电路，其中 $\dot{I}_s = 5\underline{/0°}\,\text{A}$。

其次，求开路电压的相量形式。在图 5-28b 中，容易看出 1Ω 电阻上的电压为
$$\dot{U} = 1 \times 5\underline{/0°}\,\text{V} = 5\underline{/0°}\,\text{V}$$

又因为在图 5-28b 中，开路电压等于 1Ω 电阻和 0.1F 电容上的分压之和，所以
$$\dot{U}_{oc} = \dot{U} - 2\dot{U}(-j) = (5 + j10)\,\text{V}$$

再求短路电流。在图 5-28c 中，假设 B 点是接地点，对节点 A_1 列 KCL 方程得
$$\dot{I}_s - \dot{I}_{sc} = \frac{\dot{U}}{1}$$

对节点 A_2 列 KCL 方程得
$$\dot{I}_{sc} + 2\dot{U} = \frac{\dot{U}}{-j}$$

上面两个方程中，$\dot{I}_s$ 为已知，可以求出 $\dot{I}_{sc}$ 的值。
$$\dot{I}_{sc} = \frac{10 - j5}{1 - j}\,\text{A}$$

利用开路电压和短路电流的相量形式，就可以求出戴维南等效电源的内部阻抗 Z_0 为
$$Z_0 = \frac{\dot{U}_{oc}}{\dot{I}_{sc}} = \frac{5 + j10}{\dfrac{10 - j5}{1 - j}}\,\Omega = (1 + j)\,\Omega$$

从而可以得到戴维南等效电路如图 5-28d 所示，根据阻抗分压规律，很容易求出容抗上的电压(有效值相量)为

$$\dot{U}_c = \frac{-j}{Z_0-j}\dot{U}_{oc} = \frac{-j}{(1+j)-j} \times (5+j10) \text{ V} = (10-j5) \text{ V} = 5\sqrt{5}\underline{/-26.6°} \text{ V}$$

最后，写出 u_c 稳态值的时域形式(注意，有效值变为瞬时值时要乘以 $\sqrt{2}$)为

$$u_c = 5\sqrt{10}\sin(10t-26.6°) \text{ V}$$

请读者参照 5.4.3 节的内容，完成相量分析的仿真，验证答案的正确性。

5.7　交流电路的功率

5.7.1　平均功率

如果将正弦电压 $u = U_m\sin\omega t$ 加在阻抗 $Z = |Z|\underline{/\theta}$ 上，则会得到同频率的正弦电流 $i = I_m\sin(\omega t-\theta)$，即电压和电流的相位差等于阻抗角 θ。此时该阻抗所消耗的瞬时功率为

$$p = ui = U_m\sin\omega t \cdot I_m\sin(\omega t-\theta) = \frac{1}{2}U_mI_m[\cos\theta-\cos(2\omega t-\theta)]$$

式中，U_m、I_m 分别为电压和电流的幅值。考虑到有效值和幅值之间的关系，可得到用有效值表达的瞬时功率计算公式为

$$p = UI[\cos\theta-\cos(2\omega t-\theta)] = UI\cos\theta-UI\cos(2\omega t-\theta) \tag{5-34}$$

式(5-34)表明，瞬时功率是随时间 t 而改变的一个量，这使得它在实际应用中，例如要计算负载所消耗的能量时显得并不实用，所以更经常用到的是正弦交流电的平均功率。

仔细分析瞬时功率的表达式，可见它的第一项 $UI\cos\theta$ 是一个不随时间 t 改变的常量，而第二项 $UI\cos(2\omega t-\theta)$ 是一个周期性的变量，根据三角学的知识，很容易知道第二项的在一个周期上的积分为零，所以阻抗 $Z = |Z|\underline{/\theta}$ 从正弦交流电的电源所获取的平均功率就等于第一项的值，用 P 表示平均功率就得到

$$P = UI\cos\theta$$

平均功率不仅仅取决于电压有效值与电流有效值之积，还与电压和电流之间的相位差 θ 有关。系数 $\cos\theta$ 称为功率因数。

考虑到电压 u 和电流 i 之间的相位差 θ 等于负载的阻抗角，所以负载元件的阻抗特性会影响到电路的平均功率。当负载的阻抗角 $\theta = 0$ 即负载为纯电阻特性时，该负载所消耗的平均功率最大，即

$$P_{max} = UI$$

需要注意的是，负载的阻抗角 θ 是由电路参数和电源频率共同决定的。

虽然负载上得到的平均功率只是 $UI\cos\theta$，但电源的确提供了有效值为 U 的电压和有效值为 I 的电流，而且负载上的电压和电流有效值也分别等于 U 和 I。对电源设备而言，有效值的乘积 UI 表明了该设备的容量即该电源能够输出的最大平均功率(当负载为纯电阻特性时，电源实际输出的平均功率达到最大)，称这个功率为视在功率，用符号 S 表示，则

$$S = UI \tag{5-35}$$

视在功率的单位为伏安（VA），工业上常用的还有千伏安（kVA）。

在电工设备上标识的额定功率实际上就是它的视在功率或容量，例如在发电机、变压器、荧光灯的标牌上往往只标明额定功率和额定电压，根据视在功率的计算公式不难求出对应的额定电流。例如 600kVA 的设备，如果其额定电压是 30kV，很容易求出其额定电流为 20A。

5.7.2　复功率、有功功率和无功功率

通过引入复功率的概念，可以有效地简化交流电路的功率计算，并得到与直流电路的功率计算十分相似的交流功率表达式。复功率的计算是基于正弦电压和电流的相量表示形式基础之上的，定义复功率为电压相量和电流相量的共轭之积，即

$$\tilde{S} = \dot{U}\dot{I}^* \tag{5-36}$$

式中，$\dot{U}$ 为电压相量；$\dot{I}^*$ 为电流相量的共轭；$\tilde{S}$ 为复功率。

对于图 5-29 所示的电路，假设任意二端网络 N 的阻抗角为 θ，并设电压相量和电流相量为关联参考方向，则有

$$Z = |Z| \underline{/\theta}, \qquad \dot{U} = U\underline{/\varphi_u}, \qquad \dot{I} = I\underline{/\varphi_i}, \qquad \varphi_u - \varphi_i = \theta$$

于是该二端网络所消耗的复功率为

$$\tilde{S} = \dot{U}\dot{I}^* = U\underline{/\varphi_u}\,I\underline{/-\varphi_i} = UI\underline{/(\varphi_u - \varphi_i)} = UI\underline{/\theta} \tag{5-37}$$

注意到视在功率 $S = UI$，所以也可以得到

$$\tilde{S} = S\underline{/\theta} = P + \mathrm{j}Q \tag{5-38}$$

对比式（5-37）和式（5-38）可知，P 代表复功率的实部，称为有功功率；Q 代表复功率的虚部，称为无功功率。

$$P = UI\cos\theta = S\cos\theta$$

$$Q = UI\sin\theta = S\sin\theta$$

复功率的模等于视在功率 S，因此复功率也可以看作复数视在功率的简称。视在功率 S、有功功率 P 和无功功率 Q 构成了与阻抗三角形非常类似的三角形，称为功率三角形，如图 5-29b 所示。

a）复功率　　　　　　　　b）功率三角形

图 5-29　复功率和功率三角形

根据相量形式的欧姆定律，复功率也可以计算为

$$\tilde{S} = \dot{U}\dot{I}^* = Z\dot{I}\dot{I}^* = ZI^2 = I^2R + \mathrm{j}I^2X \tag{5-39}$$

式（5-39）表明，复功率的实部即有功功率 $P = I^2R$，而虚部即无功功率 $Q = I^2X$。其中 R 和 X 分别代表阻抗网络的等效电阻和等效电抗，这表明，正弦稳态电路中的有功功率实际上是消耗在阻抗的等效电阻上的功率，而无功功率实际上是消耗在阻抗的等效电抗上的功率。正

弦稳态电路中的有功功率与平均功率永远是相等的，这也很容易理解，因为在介绍电抗元件（电感或电容）时我们已经知道，电抗元件在一个周期内所吸收的能量是零，自然电路中电源提供所有的功率都必然消耗在电阻上了。

功率角与阻抗角相等，所以

$$\theta = \arctan \frac{Q}{P} = \arctan \frac{X}{R}$$

有功功率的单位与直流电路中一样，都是瓦（W）；而无功功率的单位则称为乏（var），意思是无功伏安，这是为了区分它和有功功率，它提示我们，无功功率并不向外界实际输出功率，或者说，负载并没有实际消耗电源提供的无功功率部分。

既然负载并没有消耗无功功率，那么强调它有什么意义呢？原因有三：

第一，电力系统中实际使用的绝大多数负载是感性负载，为了维持感性负载的工作，电源除了要向其提供有功功率以外，还必须向其提供无功功率。有功功率部分用于向外界做功，而无功功率则用来进行电源和负载之间的能量交换，为了维持感性负载的正常工作，这部分能量是不可少的。作为动力使用的负载多属此类，例如电梯、电冰箱、洗衣机等。

第二，在负载的有功功率 P 以及电源电压 U 保持恒定的情况下，向感性负载供电所需要的电流要比纯电阻性负载所需要的电流大。这个结论很容易从有功功率的计算公式中得到，因为 $P = UI\cos\theta$，在电阻负载中，电流与电压同相，$\theta = 0$，所以功率因数 $\cos\theta = 1$；在感性负载中，$\theta > 0$，所以功率因数 $\cos\theta < 1$，要获得与电阻性负载同样的有功功率（即向外界输出同样的功），必须要提供比电阻性负载更大的电流才行。因此，虽然负载获得的有功功率（即平均功率）相同，向电感性负载供电的电源设备容量却要比向纯电阻性负载供电的电源设备容量大，另外，为了提供较大的电流，还必须使用更粗的电缆，等等，这就需要更多的投资。电力公司向谁来收取这部分费用呢？当然是那些拥有感性负载的用户了。

第三，感性负载所需要的较大电流还会造成线路损耗增大，因为在输电距离很长的情况下，线路电阻不能忽略，输电电流越大，线路损耗也就越大。所以电力公司通常要求拥有大量感性负载的用户调整其功率因数，以便充分利用电源设备的容量，并降低线路损耗。

【例 5-7】 某设备工作时的电压为 $u(t) = 220\cos(314t + 45°)\,\text{V}$，电流为 $i(t) = 10\cos(314t - 10°)\,\text{A}$，求该设备的瞬时功率和平均功率。

【解】 瞬时功率为

$$\begin{aligned} p &= ui = 220\cos(314t + 45°)\,\text{V} \times 10\cos(314t - 10°)\,\text{A} \\ &= 1100[\cos 55° + \cos(628t + 35°)]\,\text{W} \\ &= [631 + 1100\cos(628t + 35°)]\,\text{W} \end{aligned}$$

平均功率为 631W。

或者也可以如下计算：

$$P = \frac{1}{2}U_m I_m \cos(\theta_u - \theta_i) = \frac{1}{2} \times 220 \times 10 \cos[45° - (-10°)]\,\text{W} = 631\text{W}$$

【例 5-8】 一个感性负载工作在 220V 电压下，负载的平均功率为 8kW，功率因数为 0.8。求负载的无功功率、复功率和负载阻抗。

【解】 负载的视在功率为

$$S = \frac{P}{\cos\theta} = \frac{8\times10^3}{0.8}\text{VA} = 10\text{kVA}$$

无功功率为

$$Q = \sqrt{S^2 - P^2} = \sqrt{10^2 - 8^2}\,\text{kvar} = 6\text{kvar}$$

复功率为

$$\tilde{S} = P + \text{j}Q = (8 + \text{j}6)\text{kVA}$$

因为 $P = UI\cos\theta$，所以 $I = \dfrac{P}{U\cos\theta} = \dfrac{8\times10^3}{220\times0.8}\text{A} = 45.45\text{A}$

于是 $\qquad\qquad\qquad\qquad |Z| = \dfrac{U}{I} = \dfrac{220}{45.45}\Omega = 4.84\Omega$

功率角 $\qquad\qquad\qquad\qquad \theta = \arccos 0.8 = 36.9°$

所以负载阻抗 $\qquad\qquad Z = 4.84\underline{/36.9°}\,\Omega = (3.9 + \text{j}2.9)\,\Omega$

5.7.3　最大功率传输定理

在分析电阻电路时曾提出了最大功率传输定理，它在正弦稳态电路中也有类似的形式。但是由于负载的不同性质，在实际使用中又经常分为共轭匹配和模匹配两种情况。

1. 共轭匹配

根据戴维南定理，任何同频率激励的正弦稳态电路都可以等效变换成一个复数形式的电压源与一个复数阻抗相串联的形式，所以如图 5-30 所示的电路具有普遍意义。假定正弦信号电压源用 $\dot{U}_s$ 表示，等效电源的内部阻抗为 Z_0，则当负载阻抗 Z_L 等于 Z_0 的复共轭时，负载获得的功率达到最大，这个结论也称为正弦稳态电路的最大功率传输定理。

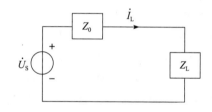

图 5-30　相量空间中的最大功率传输定理

这个定理我们不证明，有兴趣的读者可以利用数学中的极值条件去推导这个结论。下面给出简单的计算过程，设电源内阻抗和负载阻抗分别为

$$Z_0 = R_0 + \text{j}X_0, \qquad Z_L = R_L + \text{j}X_L$$

则电路电流为

$$\dot{I}_L = \frac{\dot{U}_s}{Z_0 + Z_L} = \frac{\dot{U}_s}{(R_0 + R_L) + \text{j}(X_0 + X_L)}$$

负载上的平均功率即有功功率等于负载的电阻部分上的功率，即

$$P_L = \dot{I}_L^2 R_L = \dot{I}_L \dot{I}_L^* R_L = \frac{U_s^2 R_L}{(R_0 + R_L)^2 + (X_0 + X_L)^2}$$

显然，在负载阻抗可以自由变化的情况下，欲使有功功率 P_L 最大，必须使 $X_0 = -X_L$，此时负载的平均功率（有功功率）变为

$$P_L = \frac{U_s^2 R_L}{(R_0 + R_L)^2} \qquad\qquad\qquad (5\text{-}40)$$

将式(5-40)对 R_L 求导，并令所得到的导数为零，可求得当 $R_0 = R_L$ 时，负载获得的最大

平均功率（即有功功率）。

任何有源线性二端网络，其负载获得最大功率的条件是负载阻抗 Z_L 等于该二端网络的戴维南等效阻抗 Z_0 的共轭，即

$$Z_L = R_L + jX_L = R_0 - jX_0 = Z_0^*$$

此时称为负载与网络共轭匹配。

2. 模匹配

如果负载阻抗的模可变，但辐角不能改变，则可以得到负载上能够得到最大功率的条件是（推导步骤略）

$$|Z_L| = |Z_0| \tag{5-41}$$

式（5-41）表明，如果负载阻抗的辐角不能改变，则负载获得最大功率的条件是：负载阻抗的模等于二端网络戴维南等效阻抗的模，这一条件也称为负载与二端网络模匹配。

显然，当负载是纯电阻时，它与二端网络之间要实现最大功率传输，也必须是模匹配。

5.8　三相电路

前面讲述正弦电路的稳态分析时所针对的都是单个正弦激励，而在实际电力系统还常常使用三相电源和三相负载。特别是在动力系统中，三相电源和负载的使用更为常见，这是由于三相电源和负载具有某些单相电源和负载所不具备的优势。

在家用电器中一般不使用三相电源，而是仅仅使用三相电源中的一相，在我国就是我们常说的 220V、50Hz 交流电。

5.8.1　三相电源

电力系统通常利用三相旋转发电机来产生电能，这种发电机所产生的电压是三个幅度相等、频率相同的正弦波，但是这三个正弦电压之间存在着相位差，每一个电压与其他两个电压之间都相差 $2\pi/3$，能同时提供这样 3 个电压的电源就称为三相电源。三相发电机就是一种常见的三相电源。

三相发电机的结构如图 5-31a 所示。发电机定子内侧嵌入 3 个完全相同的、在空间上彼此相隔 $2\pi/3$ 的绕组 ax、by 和 cz，分别称为 a 相、b 相和 c 相绕组。其中 a、b、c 表示绕组的始端，用来作为向外界提供电源的接线端子；x、y、z 为末端，通常将这 3 个末端连接在一起，称为中性点，用 n 表示。发电机的转子由导磁性能较好的材料制成，上面有绕组，通以直流后在周围空间产生磁场。当转子在外力驱动下以角速度 ω 匀速旋转时，将分别在绕组 ax、by 和 cz 上感应出频率、幅值相同而相位上彼此相差 $2\pi/3$ 的正弦电压 u_{ax}、u_{by} 和 u_{cz}，称为相电压。因为 3 个绕组的末端接在一起，所以相电压也就是 3 个端子 a、b、c 与中性线端子 n 之间的电压 u_{an}、u_{bn} 和 u_{cn}，简记为 u_a、u_b 和 u_c，如果三相电压大小相等，就用 U_p 表示其大小。3 个相电压按照达到正向最大值的次序，分别称为 a 相、b 相和 c 相，这个次序就称为相序。如图 5-31b 所示。

图 5-31b 画出了以 u_a 为参考电压（令其初相为零）时，三相电源中 3 个相电压的相量图。图中的相序为 a→b→c，称为正序或顺序，如果相序为 c→b→a，则称为反序或逆序。图 5-31b 中 3 个相电压的相量表示为

$$\begin{cases} \dot{U}_a = U\angle 0 \\ \dot{U}_b = U\angle -\dfrac{2}{3}\pi \\ \dot{U}_c = U\angle \dfrac{2}{3}\pi \end{cases}$$

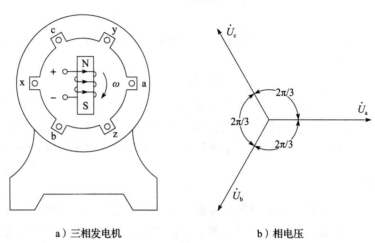

a）三相发电机　　　　　　　　　b）相电压

图 5-31　三相发电机结构及相电压的相序

显然，3 个相电压之和为零，即

$$\dot{U}_a + \dot{U}_b + \dot{U}_c = 0 \tag{5-42}$$

三相电压的瞬时值表达式为

$$\begin{cases} u_a = U_m \sin\omega t \\ u_b = U_m \sin\left(\omega t - \dfrac{2}{3}\pi\right) \\ u_c = U_m \sin\left(\omega t + \dfrac{2}{3}\pi\right) \end{cases} \tag{5-43}$$

显然，3 个相电压正弦波的瞬时值之和在任意时刻也都为零，即

$$u_a + u_b + u_c = 0 \tag{5-44}$$

如图 5-32a 所示，相电压表现为 3 个端子 a、b、c 与中性点 n 之间的电压，而电压 u_{ab}、u_{bc}、u_{ca} 与相电压是不同的，称之为线电压，记为 u_l。根据基尔霍夫定律，线电压和相电压关系为

$$\begin{cases} \dot{U}_{ab} = \dot{U}_a - \dot{U}_b \\ \dot{U}_{bc} = \dot{U}_b - \dot{U}_c \\ \dot{U}_{ca} = \dot{U}_c - \dot{U}_a \end{cases}$$

因为发电机的 3 个相电压大小、频率相等，相位彼此相差 $2\pi/3$，按照上面的运算，3 个线电压也必然大小、频率相等，相位彼此相差 $2\pi/3$。图 5-32b 表明了这一点。根据相量计算关系的平行四边形法则还可以得到

$$\begin{cases} \dot{U}_{ab} = \sqrt{3}\,\dot{U}_{a}\left/\dfrac{\pi}{6}\right. \\[3mm] \dot{U}_{bc} = \sqrt{3}\,\dot{U}_{b}\left/\dfrac{\pi}{6}\right. \\[3mm] \dot{U}_{ca} = \sqrt{3}\,\dot{U}_{c}\left/\dfrac{\pi}{6}\right. \end{cases} \tag{5-45}$$

因为 $U_a = U_b = U_c = U_p$，所以 $U_l = U_{ab} = U_{bc} = U_{ca} = \sqrt{3}\,U_p$。即三相电源的线电压大小是相电压大小的 $\sqrt{3}$ 倍，线电压的相位则比对应的相电压的相位超前 $\pi/6$。

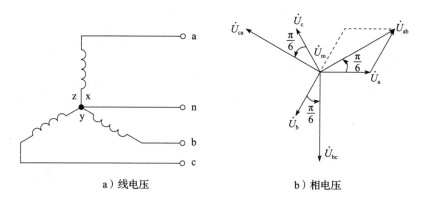

a) 线电压　　　　　　b) 相电压

图 5-32　线电压和相电压

通常说我国的三相电源电压是 380V，就是指我国三相电源的线电压是 380V，而每相的相电压则是 220V。因为民用电就是从三相电源中的一相引入的，所以民用电的电压也等于 220V。在提到三相电压时，如果不做特别说明，就是指三相电源的线电压。

5.8.2　三相电路的负载

三相供电系统的负载可以分为对称三相负载和不对称三相负载两类。对称三相负载的特点是每相负载及其阻抗都是相同的（模相同、阻抗角也相同），如三相电动机、三相变压器等。而居民用电通常都是单相供电的，且每个居民用电的情况都是不同的，此时三相供电系统的负载各不同，称为不对称三相负载。不对称三相系统是在 3 个同频率的正弦电压作用下运行的复杂系统，本书主要分析对称三相系统。

负载与三相供电系统的连接方式有星形联结和三角形联结两种。具体采用哪种方式，取决于负载所要求的额定电压。

5.8.3　三相电路负载的星形(丫)联结

如果负载要求的相电压等于电源相电压，则必须采用星形联结，如图 5-33 所示的三相四线制供电系统便采用星形联结。

这种供电方式在电源端的中性点 n 与负载端的中性点 N 之间存在着导电通路，称为中性线（也叫零线）。由于中性线的存在，各相电源电压事实上是单独对各相负载供电，所以每相负载上的电压与电源的相电压相等。

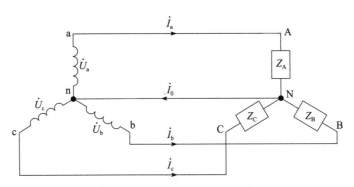

图 5-33 三相四线制供电系统

在三相供电系统中，流过的每个绕组的电流就称为相电流，用 I_p 表示；而在每个端子引出线上流动的电流称为线电流，记为 I_1。

在图 5-33 中，$\dot{I}_a$、$\dot{I}_b$、$\dot{I}_c$ 都是线电流，显然此时的线电流与相电流是相等的，计算公式为

$$\dot{I}_a = \frac{\dot{U}_a}{Z_A}, \qquad \dot{I}_b = \frac{\dot{U}_b}{Z_B}, \qquad \dot{I}_c = \frac{\dot{U}_c}{Z_C}$$

如果负载是对称的，即 $Z_A = Z_B = Z_C$ 时，则 $\dot{I}_a$、$\dot{I}_b$、$\dot{I}_c$ 必然也是对称的，有 $I_p = I_1$，而且

$$\dot{I}_0 = \dot{I}_a + \dot{I}_b + \dot{I}_c = 0 \tag{5-46}$$

式 (5-46) 表明，当负载对称时，中性线中没有电流，从而可以去掉中性线而不影响负载系统正常工作。这样就成了图 5-34 所示的三相三线制供电系统。

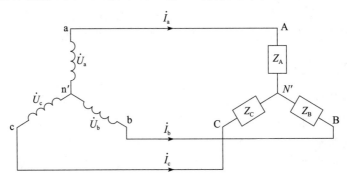

图 5-34 三相三线制供电系统

对比图 5-33 和图 5-34，可以发现二者的差别仅仅在与有无中性线，前者用了 4 根导线向负载供电，所以叫作三相四线制，通常用于不对称三相负载；后者用了 3 根导线向负载供电，所以叫作三相三线制，只能用于对称三相负载。

必须强调，如果负载是不对称三相负载，例如在居民用电系统中，就必须使用三相四线制供电，而且必须确保中性线不能断开。因为如果中性线断开，负载端的中性点 N' 与电源端的中性点 n' 之间将产生电位差，此时负载上的各相电压将不再相同，有的相电压可能升高，从而烧坏用电设备；有的相电压可能降低，从而造成设备无法正常工作。所以在实际应用时，中性线上不允许接熔丝。

居民室内墙上的电源插座一般有 3 个接线孔，分别是相线、中性线和保护接地（PE）线。

所有的用电设备理论上只要相线和中性线就能工作了，但实际使用中应接好 PE 线，以确保用电安全。建筑物中通常将所有的插座 PE 线与供电系统的 PE 线直接相连，统一接到下水管道上。对于设备而言，相线和中性线是可以互换的，它们都是电源传输线。为了安全起见，中性线要接地。

常见到的三相系统可以有 5 根线：3 根相线、1 根中性线和 1 根 PE 线，称为三相五线制。一般三孔插座用到的只是 3 根相线中的 1 根，相线俗称火线是为了强调它具有危险性。

【例 5-9】　一个对称负载星形电路连接到相电压为 220V 的三相电源上，已知每相负载为 $(15+\mathrm{j}6)\Omega$，求在忽略电源内阻时，电路上的线电流。

【解】　每一相负载为

$$Z_{\mathrm{Y}} = (15+\mathrm{j}6)\,\Omega = 16.155\underline{/21.8°}\,\Omega$$

得到星形联结时电路的线电流为

$$\dot{I}_{\mathrm{a}} = \frac{\dot{U}_{\mathrm{a}}}{Z_{\mathrm{A}}} = \frac{220}{16.155\mathrm{e}^{\mathrm{j}21.8°}}\mathrm{A} = 13.62\underline{/-21.8°}\,\mathrm{A}$$

利用三相电路的对称性不难得出其余两个线电流为

$$\dot{I}_{\mathrm{b}} = \dot{I}_{\mathrm{a}}\underline{/-120°} = 13.62\underline{/-141.8°}\,\mathrm{A}$$

$$\dot{I}_{\mathrm{c}} = \dot{I}_{\mathrm{a}}\underline{/120°} = 13.62\underline{/98.2°}\,\mathrm{A}$$

5.8.4　三相电路负载的三角形(△)联结

如果负载所要求的相电压等于电源线电压，则负载必须为三角形联结，如图 5-35 所示。

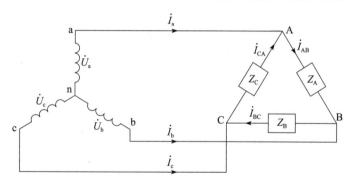

图 5-35　三相电路负载的三角形(△)联结

此时，负载的相电压等于电源的线电压，即

$$\dot{U}_{\mathrm{AB}} = \dot{U}_{\mathrm{ab}}, \qquad \dot{U}_{\mathrm{BC}} = \dot{U}_{\mathrm{bc}}, \qquad \dot{U}_{\mathrm{CA}} = \dot{U}_{\mathrm{ca}}$$

而负载相电流就等于相应线电压与负载阻抗之比，即

$$\dot{I}_{\mathrm{AB}} = \frac{\dot{U}_{\mathrm{ab}}}{Z_{\mathrm{AB}}}, \qquad \dot{I}_{\mathrm{BC}} = \frac{\dot{U}_{\mathrm{bc}}}{Z_{\mathrm{BC}}}, \qquad \dot{I}_{\mathrm{CA}} = \frac{\dot{U}_{\mathrm{ca}}}{Z_{\mathrm{CA}}}$$

从图 5-35 中还可以看出，三角形联结时，负载相电流不等于线电流，那么它们之间是什么关系呢？根据基尔霍夫定律，有

$$\dot{I}_{\mathrm{a}} = \dot{I}_{\mathrm{AB}} - \dot{I}_{\mathrm{CA}}, \qquad \dot{I}_{\mathrm{b}} = \dot{I}_{\mathrm{BC}} - \dot{I}_{\mathrm{AB}}, \qquad \dot{I}_{\mathrm{c}} = \dot{I}_{\mathrm{CA}} - \dot{I}_{\mathrm{BC}}$$

如果负载对称，则线电流和负载相电流必然也是对称的，于是可以画出线电流和负载相电流之间的关系如图 5-36 所示，根据相量计算法则可知

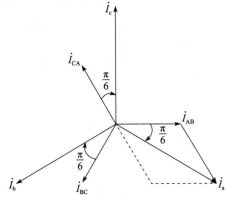

$$\begin{cases} \dot{I}_a = \sqrt{3}\, \dot{I}_{AB} \left/ -\dfrac{\pi}{6} \right. \\[4pt] \dot{I}_b = \sqrt{3}\, \dot{I}_{BC} \left/ -\dfrac{\pi}{6} \right. \\[4pt] \dot{I}_c = \sqrt{3}\, \dot{I}_{CA} \left/ -\dfrac{\pi}{6} \right. \end{cases} \tag{5-47}$$

可见，当对称三相负载为三角形联结时，线电流幅值是负载相电流幅值的 $\sqrt{3}$ 倍，即

$$I_1 = \sqrt{3}\, I_p$$

而线电流相位则比负载相电流相位滞后了 $\pi/6$。

图 5-36　负载为三角形（△）联结时的线电流和相电流

5.8.5　三相电路的功率

计算三相电路的功率时，只要按照单相电路的计算方法，分别求出每相电路的功率再相加，就是三相电路的总功率。用 $\dot{U}_a$、$\dot{U}_b$、$\dot{U}_c$ 代表相电压，$\dot{I}_a$、$\dot{I}_b$、$\dot{I}_c$ 代表相电流，θ_a、θ_b、θ_c 代表各相负载的功率因数角，则各相功率为

$$P_a = U_a I_a \cos\theta_a, \qquad P_b = U_b I_b \cos\theta_b, \qquad P_c = U_c I_c \cos\theta_c$$

总功率为

$$P = P_a + P_b + P_c$$

如果是对称负载，则相电压、相电流也必然都对称，所以

$$\begin{cases} U_a = U_b = U_c = U_p \\ I_a = I_b = I_c = I_p \\ \theta_a = \theta_b = \theta_c = \theta \end{cases}$$

于是

$$P = 3 U_p I_p \cos\theta \tag{5-48}$$

当对称负载为星形联结时

$$I_p = I_1, \qquad U_1 = \sqrt{3}\, U_p$$

当对称负载为三角形联结时

$$I_1 = \sqrt{3}\, I_p, \qquad U_1 = U_p$$

不论哪一种联结方式，总存在如下关系：

$$P = \sqrt{3}\, U_1 I_1 \cos\theta \tag{5-49}$$

习题

（完成下列习题，并用 LTspice 仿真验证）

5-1　电路如图 5-37 所示，已知电源角频率 $\omega = 1000\text{rad/s}$，A、B 端子之间的阻抗的模 $|Z_{AB}| =$

5kΩ，在 AB 端施加输入电压 u_1，并在 CD 端测量输出电压 u_2，测得结果表明电压 u_1 的相位比电压 u_2 超前 $\pi/6$，求电阻 R 和电容 C 的值。

5-2 图 5-38 所示电路，已知 $u_1 = 10\cos(1000t+\pi/3)$ V，$u_2 = 5\cos(1000t-\pi/6)$ V，电容 $C = 100\mu$F，求二端网络 N 的阻抗以及该网络吸收的功率。

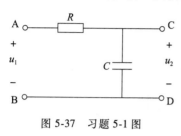

图 5-37　习题 5-1 图

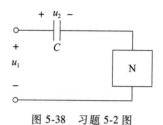

图 5-38　习题 5-2 图

5-3 电路如图 5-39 所示，已知电源为 220V、50Hz 交流电，如果无论如何调整 Z_L 的值，流过该负载阻抗的电流始终为 10A，试确定电感 L 和电容 C 的值。

5-4 某企业负载状况如图 5-40 所示，其中 A 是视在功率为 6kVA 的感性负载，功率因数为 0.5；B 是视在功率为 5kVA 的纯电阻性负载。求：

1）该企业总的功率因数。

2）电力部门要求该企业的功率必须提高到 0.92，应该采取什么措施？画出电路图，并给出元器件的数值。

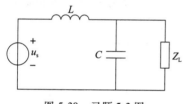

图 5-39　习题 5-3 图

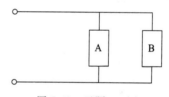

图 5-40　习题 5-4 图

5-5 图 5-41 所示电路称为 RC 选频电路，当频率为某个特定频率时，$\dot{U}_0/\dot{U}_1$ 最大，求：

1）$\dot{U}_0/\dot{U}_1$ 达到最大时的角频率。

2）此时的 $\dot{U}_0/\dot{U}_1$ 值。

5-6 图 5-42 所示电路称为电桥电路，其中 D 为电流检测器，如果 D 上的电流为零，则称为电桥平衡。试证明电桥平衡条件是 $Z_1Z_4 = Z_2Z_3$。

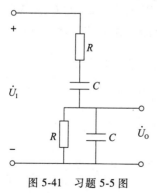

图 5-41　习题 5-5 图

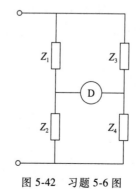

图 5-42　习题 5-6 图

5-7 电路如图 5-43 所示，已知电压源 $u_s = 10\sqrt{2}\sin t$V，电流源 $i_s = 10\sqrt{2}\cos t$A，$g = 1$S，求电压 u 的表达式。

5-8 如图 5-44 所示电路中，电阻 R 固定，正弦电压源的角频率 $\omega = 2000$rad/s，问电容 C 为何值时，能使流过 RC 支路的电流有效值最大？

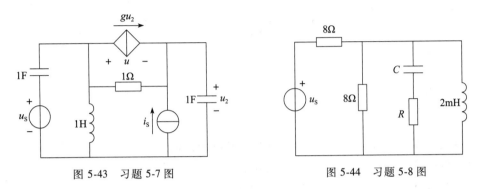

图 5-43　习题 5-7 图　　　　　图 5-44　习题 5-8 图

5-9 某用电器的正常工作电流为 4A，在其两端并联一个电容后，测得干路电流为 $I = 3$A，电容上的电流 $I_c = 5$A（见图 5-45），求该电器正常工作时消耗的功率。

5-10 在图 5-46 所示电路中，R_s 为信号源内阻，R_L 为负载。为了使负载与信号源匹配，以获得最大传输功率，可以在信号源与负载之间接入图中点画线所示的电抗网络，其中 X_1、X_2 都是纯电抗元件。问如何选择 X_1、X_2 的值，才能使负载电阻 R_L 获得最大功率？

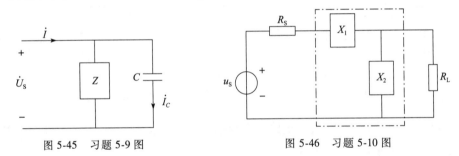

图 5-45　习题 5-9 图　　　　　图 5-46　习题 5-10 图

5-11 在如图 5-47 所示电路中，已知输入正弦电压信号 u 的幅度有效值恒为 0.1V，但频率可调，通过调节输入信号频率，发现在 $\omega = 10^4$rad/s 时，电流表的读数达到最大值 1A，测得此时电感两端的电压为 10V，求 R、L、C 的值以及电路的品质因数。

5-12 在图 5-48 所示电路中，当在输入端施加电压 $u_i = U_{m1}\sin\omega t + U_{m2}\sin3\omega t$ 时，测得电阻两端的输出电压 $u_o = U_{m1}\sin\omega t$，已知电容 $C_2 = 8\mu$F，求电容 C_1 的大小。

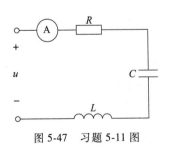
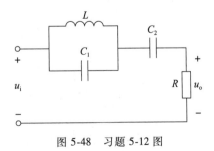

图 5-47　习题 5-11 图　　　　　图 5-48　习题 5-12 图

5-13 在图 5-33 所示的负载星形联结的三相供电系统中，当中性线断开时，负载中性点与电源中性点之间的电位差是多大？此时负载上的各相电压有什么变化？

5-14 在图 5-35 所示的负载三角形联结的三相供电系统中，负载是对称三相负载，且 $Z_{AB} = Z_{BC} = Z_{CA} = (3+j4)\Omega$，已知电源相电压为 220V，求负载每相电压、电流以及线电流的相量值。

5-15 实际三相电路中，线路阻抗通常要予以考虑，在图 5-49 所示的三相电路中，已知线路阻抗 $Z_1 = (1+j4)\Omega$，负载额定电压为 380V，额定功率为 3.3kW，感性负载的功率因数为 0.5，问：

1）如果电源线电压为 380V，求负载端的线电压和负载实际消耗的功率。

2）如果要求负载端线电压必须为 380V，求此时电源线电压。

5-16 利用图 5-50 所示电路可以从单相电源得到对称三相电压，试分析该电路是如何工作的。当单相电源的频率为 50Hz，每相负载电阻为 20Ω 时，确定 L 和 C 的值。

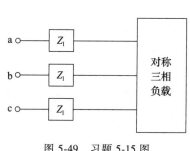

图 5-49　习题 5-15 图

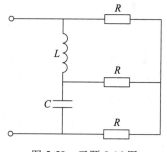

图 5-50　习题 5-16 图

5-17 对称三相负载的每相阻抗为 $(6+j8)\Omega$，接于相电压为 220V 的三相交流电源上，分别计算负载为星形联结和三角形联结时负载消耗的有功功率。

第6章

半导体元器件

本书第 1 章指出，电路的功能可分为两类：一类是实现电能的产生、传输、分配和转换，另一类是完成电信号的产生、传输、存储和变换。人们对电的应用，最初更多是作为能量和动力的来源，也很自然地从产生、传输、分配的角度来认识和分析电路；但是从无线电报的发明开始，电的应用就进入了信号处理的广阔领域。而电子信号处理的基础正是半导体器件的发明和广泛应用，本章将带领读者走进半导体的世界。

6.1 从电子管到晶体管

所谓半导体，是指这样一类物质，它的导电性能比导体小得多，又比绝缘体大得多。早在 1833 年，法拉第就发现了半导体现象，到了 19 世纪末，半导体在电报中有了用武之地。

最初的无线电通信采用简单的火花发报机和矿石接收机，其中接收信号所用的方铅矿石，就是一种半导体。但是，火花发报机和矿石接收机又太简单了，简单到了甚至无法放大的地步（请读者想象一台不具有放大功能的收音机，它所发出的声音，只能来自无线电波所携带的微弱信号，就能理解当时的通信是多么原始了）。

首先解决信号放大问题的是电子管，也叫真空管。

1904 年，弗莱明发明了真空电子二极管，它有两个极，一个叫阴极，一个叫阳极，如图 6-1a 所示。阴极加热后会发射电子，如果阳极带正电，将会吸引电子而形成电流；如果阳极带负电，将会排斥电子而阻断电流。所以真空电子二极管具有单向导电性。

但是真空电子二极管的功能还是太简单了，1906 年，美国发明家李·德弗雷斯特（De Forest Lee）在真空电子二极管的阴极和阳极之间添加了一段金属丝（后改为金属栅网，并称为"栅极"），称为真空电子三极管，如图 6-1b 所示。当栅极加正电时，将促进电子向阳极运动；当栅极加负电时，将阻碍电子向阳极运动。于是，当栅极电压发生小幅变化时，到达阳极的电流就会发生形状相同、但幅度大得多的变化，这就产生了放大效应。

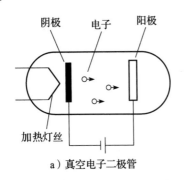

a）真空电子二极管

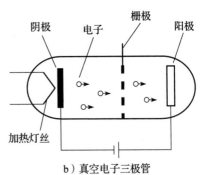

b）真空电子三极管

图 6-1 真空管原理示意图

真空电子三极管的出现在电子技术史上具有革命性的意义，它为通信、计算机的发展铺平了道路，奠定了近代电子工业的基础。1942 年，世界上第一台电子管计算机"ENIAC"在美国问世。

虽然真空电子管对电子工业的进步意义重大，但它有着笨重、能耗大、寿命短、故障多等缺点，20 世纪 50 年代，当有着同样功能、却没有这些缺点的半导体晶体管出现以后，真空电子管迅速地被取代了。现在，除了在极少数领域之外，已经看不到真空电子管的应用。半导体对科技和经济的发展影响巨大，随着晶体管在集成电路中的广泛应用，半导体器件已成为现代电子工业的基础。

6.2　半导体

导电能力介于导体和绝缘体之间的物质，称为半导体。相对于导体和绝缘体，半导体虽然发现时间最晚，却在很多领域中得到了广泛的应用，例如：

1）半导体的导电能力具有热敏性：当温度上升时，半导体的电导率明显增加（电阻率明显下降）。利用这个性质，可以制成测温器件，如热敏电阻。

2）半导体的导电能力具有光敏性：当光照增强时，半导体的电导率明显增加（电阻率明显下降）。利用这个性质，可以制成测光器件，如光敏电阻、光电二极管、光电晶体管。

除此以外，半导体还在光伏电池、发光光源等领域得到了广泛应用。

那么半导体为什么具有这么多有用的特征呢？这要从半导体材料晶体的特殊性说起。半导体可以是单一元素组成，也可以是多种元素的化合物组成。我们从最常用的单一元素半导体材料——硅和锗的原子结构开始说起。

6.2.1　本征半导体

纯净晶体结构的半导体称为本征半导体（Intrinsic Semiconductor）。硅元素和锗元素都是四价元素，其简化原子结构模型如图 6-2 所示，在原子最外层轨道上有 4 个价电子。

在纯净的硅或锗晶体中，两个相邻的原子共用一对价电子，形成共价键，共价键中的价电子同时受到自身原子核与相邻原子核的吸引。每个原子都与周围的 4 个原子以共价键的形式互相紧密地联系起来，整块晶体的内部结构完全相同，形成单晶，如图 6-3a 所示。此时，每个原子最外层都有 8 个电子，形成稳定的结构。

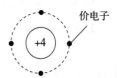

图 6-2　硅和锗简化原子结构模型

在受热（热激发）或者光照（光激发）时，共价键中的价电子可能获得一定的能量，少数价电子摆脱共价键的束缚而成为自由电子，同时在共价键中留下空位，称为空穴，如图 6-3b 所示。空穴可能会吸引相邻共价键中的价电子，原有的空位被填补，又在新的位置留下空位，价电子移动的过程，也就是带正电的空穴做相反方向移动的过程。这意味着在外电场的作用下，半导体中存在两种能够承载电荷、自由移动、参与导电的粒子——带负电的自由电子和带正电的空穴，统称为载流子。

在本征半导体中，价电子获得能量产生自由电子-空穴对，自由电子在运动过程中也会与空穴复合，使自由电子-空穴对消失。自由电子与空穴成对产生、成对消失，因此它们的浓度相等。

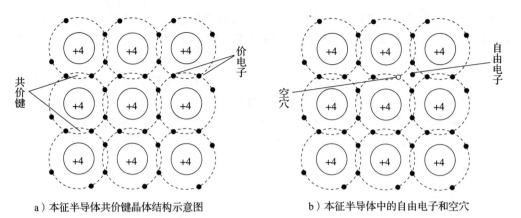

a）本征半导体共价键晶体结构示意图　　　b）本征半导体中的自由电子和空穴

图 6-3　本征半导体

在一定的温度下，载流子的浓度保持一定，自由电子与空穴不断成对产生的同时，又不断复合成对消失，产生过程与复合过程相对平衡。本征半导体中"本征"一词的含义，就是指载流子的浓度取决于半导体自身的固有（本征）特征。

如果温度升高或者光照强度增加，则（共价键中的）价电子所获得的能量增加，就会有更多的价电子挣脱共价键的束缚，从而产生更多的自由电子-空穴对，所以，本征半导体中的载流子浓度除了与半导体材料自身特性有关以外，还与温度、光照等因素有关。载流子浓度增加，导电能力自然也增加，这就解释了半导体导电能力的热敏性和光敏性，利用这一特性，可以制造出半导体热敏器件和光敏器件。

6.2.2　杂质半导体

本征半导体的导电能力很弱，热稳定性也很差，因此，不宜直接使用它制造半导体器件。半导体器件多数是用含有一定数量的某种杂质的半导体制成的。根据掺入杂质性质的不同，杂质半导体（Doped Semiconductor）分为 N（Negative）型半导体和 P（Positive）型半导体两种。

1. N 型半导体

用 5 价元素（如磷、砷、锑）作为杂质掺入本征半导体，本征半导体晶格中的部分原子将被替换为杂质原子，5 价杂质原子的周围仍旧是 4 价的本征半导体原子。如图 6-4 所示，杂质原子只需要 4 个价电子就可以和周围的本征半导体原子构成共价键，多出来的 1 个价电子不受共价键束缚，就成了自由电子。

掺杂浓度越高，5 价杂质原子所带来的自由电子就越多，导电能力就越强。由于 5 价杂质原子提供自由电子，因此称其为施主（Donor）原子。

掺入 5 价杂质元素不能彻底消灭空穴，因为只要受到热激发，共价键就必定会产生自由电子-空穴对。此时自由电子有两个来源：主要来源是施主原子，次要来源是共价键的热激发；空穴只有一个来源：共价键的热激发。由此可知，这种杂质半导体中同时存在两种载流子，自由电子多，

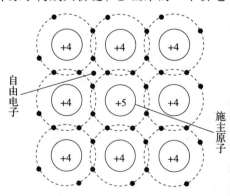

图 6-4　N 型半导体共价键结构

称为多子(多数载流子);空穴少,称为少子(少数载流子)。所以多子的浓度主要取决于杂质的掺杂浓度,而少子的浓度则主要取决于温度。

又因为这种杂质半导体主要靠(带负电的)自由电子导电,因此称为电子型半导体或 N 型半导体。在 N 型半导体中,自由电子为多子,空穴为少子。

自由电子浓度与空穴浓度的乘积是一个与温度有关、与掺杂浓度无关的常数,温度上升,这个常数会变大。因此加大掺杂浓度,多子浓度会增加,少子浓度会降低。

2. P 型半导体

如果向本征半导体晶体掺入 3 价元素(如硼、铝、镓、铟),3 价杂质原子在与周围的 4 个本征半导体原子形成共价键时,所带的 3 个价电子就不够用了,导致杂质原子的某个共价键出现了 1 个空位(空穴),如图 6-5 所示。每掺入一个 3 价杂质原子,就增加一个空穴,掺入越多,空穴浓度就越多,而自由电子就越少。显然,在这种杂质半导体中,空穴是多子,自由电子是少子;又因为参与导电的主要是带正电的空穴,所以称之为空穴型半导体或 P 型半导体。

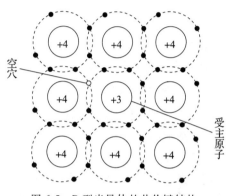

图 6-5 P 型半导体的共价键结构

P 型半导体中,3 价杂质原子能够接受电子,所以称为受主(Acceptor)原子。

6.2.3 PN 结

PN 结是构成各种半导体器件的核心,很多半导体器件都是由不同数量的 PN 结构成的。

1. PN 结的形成

在一块硅片上,用不同工艺使其一边形成 N 型半导体,另一边形成 P 型半导体,就形成了 PN 结。由于 P 区含有高浓度的空穴,N 区含有高浓度的自由电子,因此在交界面两侧存在着两种载流子的浓度差。

浓度差的存在使得载流子从高浓度区域向低浓度区域扩散:N 区的自由电子向 P 区扩散,P 区的空穴向 N 区扩散。或者说,由于浓度差,产生了多子的扩散运动:P 区多子向 N 区扩散,N 区多子向 P 区扩散。

N 区的自由电子与 P 区的空穴相遇并复合,交界面附近 N 区一侧留下了不能移动的施主正离子,P 区一侧留下了不能移动的受主负离子,形成了一个没有载流子的离子薄层,称为空间电荷区,又称为耗尽层。由于没有载流子,耗尽层的导电性能很差,所以也称为阻挡层、高阻区。空间电荷区也叫势垒区,N 区一侧电势高于 P 区一侧;电场方向从 N 区(正离子区)指向 P 区(负离子区),称为内电场或自建场。PN 结的形成如图 6-6 所示。

载流子在电场作用下将产生漂移运动:由于 N 区电势高、P 区电势低,P 区的自由电子向 N 区运动,N 区的空穴向 P 区运动。或者说,由于电势差,产生了少子的漂移运动:P 区少子向 N 区扩散,N 区少子向 P 区扩散。

总结一下:浓度差导致了多子扩散;多子扩散,形成了内电场;内电场导致了少子漂移。浓度梯度越大,多子扩散就越强;多子扩散越强,内电场也越强;内电场越强,少子漂

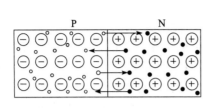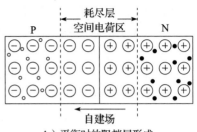

a）多数载流子的扩散运动　　　　　　　　　b）平衡时的阻挡层形成

图 6-6　PN 结的形成

移越强。由于多子扩散与少子漂移方向相反，随着扩散的进行，浓度差减弱，而空间电荷区加宽，内电场增强。当多子扩散与少子漂移达到动态平衡时，就形成了稳定的空间电荷区。

2. PN 结的单向导电性

由于耗尽层中没有载流子，电阻很高，而 P 区和 N 区载流子较多，电阻较小，所以在 PN 结两端施加电压时，外加电压几乎全部加了在耗尽层两端。

1）当 P 区电压高于 N 区电压时，称为 PN 结正向偏置。此时外电场与内电场方向相反，内电场被削弱，少子漂移随之减弱。多子扩散超过了少子漂移，N 区的自由电子向 P 区扩散，并与阻挡层 N 区一侧的正离子中和；P 区的空穴向 N 区扩散，并与阻挡层 P 区一侧的负离子中和，阻挡层变窄，载流子浓度梯度增大，多子扩散增强。多子能够不断地从电源得到补充，使得扩散运动可以继续进行。增强的多子扩散与减弱的少子漂移，共同形成了较大的正向电流 I_D，如图 6-7a 所示。

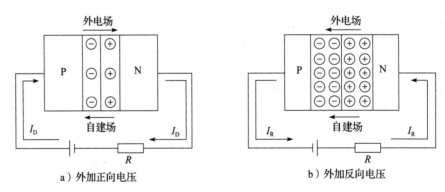

a）外加正向电压　　　　　　　　　　　　b）外加反向电压

图 6-7　PN 结的单向导电性

正向电压越大，则内电场越弱，少子漂移越弱，多子扩散与少子漂移的差也越大，宏观上正向电流 I_D 也越大，所以，PN 结的正向电流随正向电压的增大而增大。继续增加正向电压，达到外电场完全抵消了内电场的程度的时候，少子漂移运动将消失，阻挡层也将消失，这时，PN 结已经完全导通，电流完全来自多子扩散。

2）当 N 区电压高于 P 区电压时，称为 PN 结反向偏置。此时外电场与内电场的方向相同，在强电场作用下，更多的 P 区和 N 区多子被从 PN 结拉走(P 区空穴向负电压端运动，N 区自由电子向正电压端运动，均远离 PN 结)，阻挡层变宽，载流子浓度梯度减小，多子扩散减弱。强电场同时增强了少子漂移，使得少子漂移超过了多子扩散，形成了从 N 区向 P

区的反向电流 I_R，如图 6-7b 所示。

少子的数量取决于本征激发，反向电压的增加不能增加少子的数量，所以当反向电压在一定的范围内变化时，反向电流几乎不随外加电压的变化而变化，因此反向电流又称为反向饱和电流。常温下，少数载流子数量不多，反向电流很小，这就是反向偏置 PN 结的截止。显然，PN 结的反向截止并不是百分之百的关断。半导体材料的本征激发随温度升高而加剧，因而 PN 结的反向电流随着温度的升高而成倍增长。

PN 结的单向导电性也称为整流性，包括了"正向偏置时导通、反向偏置时截止"这两个方面。正向导通时，PN 结的正向电流取决于多子扩散，且随着随外加电压的增大而增大；反向截止时，PN 结的反向电流取决于少子漂移，且保持在反向饱和电流不变。

3. PN 结的反向击穿特性

当反向电压超过一定数值时，PN 结电阻突然减小、反向电流突然增大，这种现象称为 PN 结的反向击穿。PN 结的反向击穿有两种类型：

1）齐纳击穿：对于掺杂浓度较高的 PN 结，当反向电压足够大时，它所产生的强电场会将阻挡层中的电子从共价键中强行拉出，产生新的电子-空穴对，使载流子剧增。这种击穿称为齐纳击穿，齐纳击穿电压一般低于 6V。

2）雪崩击穿：对于掺杂浓度较低的 PN 结，较低电压所产生的电子-空穴对尚不足以使载流子浓度增加太多。但是当反向电压继续增高时，强电场的加速作用使阻挡层中的载流子获得了足够的能量，碰撞其他原子将产生新的电子-空穴对。被撞出的载流子获得能量后又会碰撞别的原子，再产生新的电子-空穴对。连锁碰撞的效果，造成了载流子的剧增，类似于雪崩，故称之为雪崩击穿。雪崩击穿电压一般高于 6V。

单纯由于电压过高而导致的击穿称为电击穿，去掉过高的反向电压后，PN 结能够恢复单向导电性，所以 PN 结的电击穿是可逆的。如果对击穿电流不加限制，就可能引发过热而导致热击穿，热击穿是不可逆的永久性损坏，PN 结无法恢复单向导电性。

4. PN 结方程

理论分析证明，流过 PN 结的电流 i 与外加电压 u 之间的关系为

$$i = I_S(e^{qu/kT} - 1) = I_S(e^{u/U_T} - 1) \tag{6-1}$$

式中，I_S 为 PN 结的反向饱和电流；$U_T = kT/q$，为温度的电压当量或热电压，在 $T = 300K$（室温）时，$U_T = 26mV$。在今后的计算中，通常认为 $U_T = 26mV$。

由式（6-1）可知，加正向电压时，u 只要大于 U_T 几倍以上，则 $i \approx I_S e^{u/U_T}$，即 PN 结的正向电流随 u 按指数规律变化；加反向电压时，$|u|$ 只要大于 U_T 几倍以上，则 $i \approx -I_S$，即 PN 结的反向电流维持于 I_S。由此可画出 PN 结的伏安特性曲线，如图 6-8 所示。

当温度升高时，半导体的载流子浓度增加，所以在相同电压作用下，PN 结正向电流和反向电流都随温度的升高而增大。如图 6-8 所示，在 PN 结伏安特性曲线上，当温度升高时，表现为正向特性曲线向左移动，而反向特性曲线向下移动。这说明，PN 结正向导通电流（对应图 6-8 中第一象限中的高温、低温特性曲线）和反向饱和电流（对应图 6-8 中第

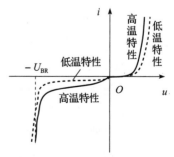

图 6-8　PN 结的伏安特性曲线

三象限中的高温、低温特性曲线）都随温度的增加而增大。

图 6-8 的反向特性中，当反向电压超过反向击穿电压时，PN 结被击穿，反向电流突然增大。PN 结发生击穿时的电压，称为反向击穿电压 U_{BR}。

5. PN 结的电容效应

当 PN 结上的外加电压变化时，会引起 PN 结（即耗尽层）所存储的电荷量的变化，PN 结所具有的这种"电压变化引起电荷量变化"的特征，就是 PN 结的电容效应。根据结电容的成因，可分为势垒电容和扩散电容。

1）势垒电容：耗尽层的宽度随外加电压而改变，导致耗尽层中所包含的正、负带电离子数也随外加电压而改变，从效果上看，相当于耗尽层内的正、负电荷量随外加电压而改变。

2）扩散电容：PN 结正向偏置时，多子扩散越过 PN 结后，一部分没有来得及复合的多子，将会堆积在 PN 结附近的效果。外加电压不同，扩散电流即正向电流的大小也不同，堆积在 PN 结附近的多子数量也不同，这就相当于电容效应。

6.3　半导体二极管

二极管（Diode）是一种具有不对称导电特性的双端电子器件，它在一个电流方向上的电阻很小（理想情况是零），在另一个电流方向上的电阻却很大（理想情况是无穷大）。矿石检波器是最早出现并得到广泛应用的半导体二极管，电子管出现后，半导体元器件被大量替代，直到硅、锗等半导体的广泛应用，新型半导体器件再度占据了统治地位。

现在应用的半导体二极管多数是利用 PN 结的单向导电性来实现的。在 PN 结上加上接触电极、引线和管壳封装，就成为半导体二极管，并用图 6-9 所示的电路符号表示，P 型侧的引线称为阳极（Anode），N 型侧的引线称为阴极（Cathode），电流只能从阳极流向阴极，不能从阴极流向阳极。

图 6-9　二极管的电路符号

二极管有金属封装、塑料封装和玻璃封装等形式，大功率二极管通常采用金属封装以便于散热。二极管的外壳上用一个不同颜色的环标示负极，或者直接标注"−"号。

6.3.1　半导体二极管的基本结构

针对不同的应用，需要使用不同的材料、结构和工艺来制造半导体，下面介绍几种典型的二极管结构，便于读者了解 PN 结、二极管的制造过程。

1. 点接触型二极管

点接触型二极管（Point-Contact Diode）是最早出现的类型，矿石检波器就属于这种类型，后来主要用于锗二极管和某些类型的硅二极管。

点接触型二极管的结构如图 6-10a 所示，它的结构很简单，通过在 N 型半导体晶片的表面压上一根金属触丝（曾被叫作猫须）就可以了，制造过程中要在金属触丝上通间歇性的大电流，大电流所产生的热会使接触点附近的半导体变为 P 型半导体，所以点接触型二极管实际上也利用了 PN 结的特性，只不过它的 PN 结局限于一个点。

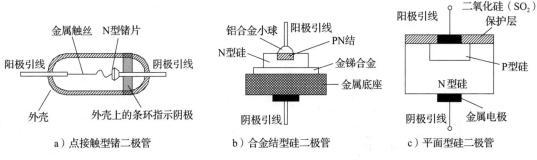

a）点接触型锗二极管　　　　b）合金结型硅二极管　　　　c）平面型硅二极管

图 6-10　二极管的电路符号与几种结构

由于点接触型二极管中 PN 结的结面积小，所以它只能用于工作电流很小的场合；结面积小导致结电容也很小，所以其允许工作频率很高。历史上，点接触型锗二极管主要用于无线电检波器中，随着技术的发展，点接触型锗二极管逐渐退出了历史舞台。

2. 结型二极管

结型二极管（Junction Diode）中的 PN 结分布于一个面，所以也称为面接触型、面结型，根据制造工艺的不同，又分为合金结型（Alloy-Junction）、扩散结型（Diffused-Junction）、生长结型（Grown-Junction）等。下面以合金结型为例说明其制造过程。

合金结型硅二极管的结构如图 6-10b 所示，它的制造方法是把 P 型掺杂物（如铝合金）置于 N 型半导体表面，加热直到两种材料的接合面发生液化，两种材料在接合面附近发生合金反应，冷却后在接合面附近就形成了 PN 结。

结型二极管中，PN 结的结面积大，所以其允许的工作电流较大；结面积大导致结电容也大，所以其允许工作频率较低。

3. 平面型二极管

平面型二极管（Planar Diode）是在扩散工艺基础上发展起来的，所以又称为扩散平面型二极管（Planar Diffused Diode），它的结构如图 6-10c 所示。

平面型二极管的制造方法是先用加热法在 N 型单晶硅片表面生成 SiO_2 保护层；再用光刻法在 SiO_2 薄膜上开窗口，通过窗口扩散硼等 3 价元素形成 P 型区，从而在 P 区和 N 区的界面上形成 PN 结；最后在 P 型区和 N 型硅片上蒸镀金属层（如金属铝）作为电极，并引出阳极和阴极引线。

由于受到 SiO_2 氧化膜的保护，所以平面型二极管的性能稳定，寿命长。通过改变光刻窗口的大小，很容易控制 P 型区的形状和大小，因此 PN 结面积可大可小，面积大者就能通过大电流，面积小者频率响应好，所以平面型二极管的适应范围较广。通过光刻扩散工艺很容易一次性生产众多参数一致的 PN 结，所以平面型二极管被广泛地用于集成电路制造。

6.3.2　二极管的特性

1. 二极管的伏安特性曲线

二极管本身就是 PN 结封装而成，由于引线接触电阻、P 区和 N 区体电阻以及表面漏电流等影响，其伏安特性与 PN 结的伏安特性非常近似但略有差异，如图 6-11 所示。

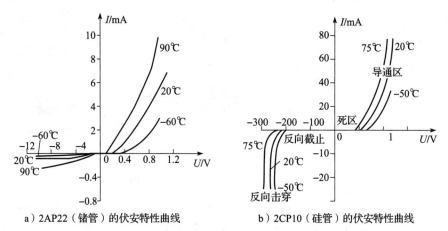

a）2AP22（锗管）的伏安特性曲线　　　　b）2CP10（硅管）的伏安特性曲线

图 6-11　二极管的伏安特性曲线

（1）正向特性

正向电压很小的时候，正向电流近似为零；当正向电压达到某个电压值的时候，正向电流开始出现，把正向电流开始出现时所对应的正向电压叫作开启电压 U_{th}（也称死区电压）。显然，正向电压低于 U_{th} 时，正向电流为零；正向电压高于 U_{th} 后，正向电流开始明显增大。在室温下，硅管的 U_{th} 为 0.5V，锗管的 U_{th} 为 0.1V。

继续增高正向电压，正向电流快速增加，正向电阻接近零，二极管呈现出完全导通的特性，这时的压降称为导通电压 U_{on}，硅管的 U_{on} 为 0.5~0.8V，锗管的 U_{on} 为 0.1~0.3V。

通常取硅管的 U_{on} 为 0.7V，锗管的 U_{on} 为 0.2V，并认为正向电压 $U<U_{on}$ 时，二极管截止；$U \geqslant U_{on}$ 时，二极管导通。

（2）反向特性

二极管加反向电压，反向电流数值很小，且基本不变，即反向饱和电流。硅管反向饱和电流为纳安（nA）数量级，锗管反向饱和电流为微安（μA）数量级。当反向电压达到一定值时，反向电流急剧增加，产生击穿现象。普通二极管反向击穿电压 U_{BR} 可达几十伏，高反压二极管的 U_{BR} 可达几千伏。

（3）温度特性

二极管的特性对温度很敏感，温度升高，正向特性曲线向左移，反向特性曲线向下移。其规律是：在室温环境中的同一电流下，温度每升高 1℃，正向压降减小 2~2.5mV；温度每升高 10℃，反向电流约增大 1 倍。

2. 二极管的特性参数

（1）最大整流电流 I_F

最大整流电流 I_F 是指二极管长期连续工作时允许通过的最大正向平均电流，电流过大会使二极管因过热而烧坏，也叫额定正向工作电流。

（2）最大反向工作电压 U_{RM}

反向电压过大，会使二极管发生反向击穿，失去单向导电性。为保证二极管正常工作，规定最大反向工作电压（U_{RM}）为反向击穿电压（U_{BR}）的 1/2~2/3。

（3）反向电流 I_R

反向电流 I_R 是二极管施加反向电压，但是未击穿时的反向电流值。反向电流越小，二极管的单向导电性越好。因为反向电流是由少子形成的，因此 I_R 的值受温度的影响很大。

（4）最高工作频率 f_M

二极管的最高工作频率 f_M 主要取决于 PN 结结电容的大小，结电容越大，二极管允许的最高工作频率越低。若工作频率超过 f_M，二极管的单向导电性将受到影响。

6.3.3 二极管的应用

在实际工作中，为了分析方便，经常把二极管的理想化为理想二极管：正向导通时，二极管视为短路，正向电阻为零，正向压降忽略不计；反向截止时，二极管视为开路，反向电阻为无穷大，反向电流忽略不计。

下面举例说明二极管的典型应用。

1. 二极管整流（检波）电路

图 6-12a 是一个简单的二极管半波整流电路。假设二极管为理想二极管，输入电压 u_i 为正弦波。正半周时，二极管导通（相当于开关闭合），$u_o = u_i$；负半周时，二极管截止（相当于开关打开），$u_o = 0$。由此可得到输入、输出电压波形如图 6-12b 所示，该电路把交流电变为直流电，所以称为整流。

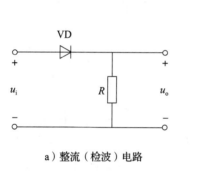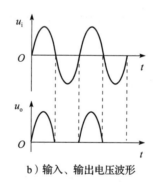

　　a）整流（检波）电路　　　　　　　b）输入、输出电压波形

图 6-12　二极管半波整流电路

输出电流小于 100mA 的整流就是检波，用来从输入信号中取出需要的信号。

2. 二极管限幅电路

在需要对电压波动幅度进行限制的场合，经常需要限幅电路。利用二极管导通时压降固定的特点，可以构成限幅电路。

以图 6-13a 所示上限幅电路为例说明二极管限幅的工作原理。当 $u_i \geq 3.7\text{V}$ 时，二极管 VD 导通，$u_o = U_{D(on)} + U_S = 3.7\text{V}$，即将 u_o 的最大电压限制在 3.7V 上；当 $u_i < 3.7\text{V}$ 时，二极管 VD 截止，二极管支路开路，$u_o = u_i$。图 6-13b 为该电路的输入、输出电压波形。如果忽略二极管自身导通压降，则图 6-13a 所示的二极管限幅电路实际上就是确保输出电压不能高于电压源 U_S。

由于限幅电路能够将输入信号中超出指定幅度的部分削平，所以也称为削波电路。

同样一个电路，换个角度看，就是另一种功能。如果换个角度看图 6-13a 所示的二极管

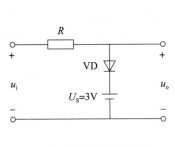

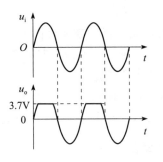

a）二极管上限幅电路　　　　　　b）输入、输出电压波形

图 6-13　二极管限幅电路

限幅电路，我们也可以说，该电路实际上是在电压源 U_s 和输入电压 u_i 之间选择一个较低的电压作为输出。

3. 二极管低电平选择电路（逻辑门电路）

图 6-13a 所示电路只能在一个变化的输入电压与一个固定电压之间选择一个作为输出，它的功能还是比较简单。图 6-14a 所示电路则可以在两路输入信号中选择电压更低的一路作为输出，并且很容易扩展为在多路输入中选择一路作为输出。

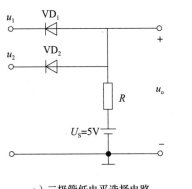

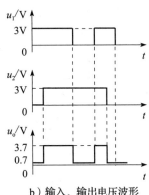

a）二极管低电平选择电路　　　　b）输入、输出电压波形

图 6-14　二极管低电平选择电路及波形

图 6-14a 所示电路中，如果 u_1、u_2 均高于 U_s，则二极管 VD_1、VD_2 都截止，输出电压 $u_o = U_s$。如果 u_1、u_2 均小于 U_s，二极管 VD_1、VD_2 却无法同时导通。用反证法可以证明这一点：假如 VD_1 导通，则 VD_1 阳极电压应该是 $(u_1 + U_{on})$；假如 VD_2 导通，则 VD_2 阳极电压应该是 $(u_2 + U_{on})$；显然这两个表达式不等。现在假定 VD_1、VD_2 同时导通，因为 VD_1、VD_2 的阳极连接在一起，要求它们的阳极电压必须相等，即 $u_1 + U_{on} = u_2 + U_{on}$，在多数情况下，这两个表达式不可能相等，可见 "$VD_1$、$VD_2$ 同时导通" 这个假定不成立，VD_1、VD_2 不会同时导通。如果 $u_1 < u_2$，则在 VD_1 导通的同时将把 u_o 限制在低电平 u_1 上，使 VD_2 截止；反之，若 $u_2 < u_1$，则 VD_2 导通，u_o 被限制在低电平 u_2 上，从而使 VD_1 截止。只有当 $u_1 = u_2$ 时，VD_1、VD_2 才能同时导通，这说明该电路能选出任意时刻两路输入信号中的较低水平的电压作为输出。

这种能够从多路输入信号中选出最低电平或最高电平的电路，叫作电平选择电路。

当输入信号 u_1、u_2 为方波时，二极管低电平选择电路的输入、输出电压波形如图6-14b所示。在数字电路中，通常把高于2.4V的电平当作高电平，记为逻辑1，把低于0.8V的电平当作低电平，记为逻辑0，此时图6-14a所示的电路的输出信号就等于两个输入信号的逻辑"与"，所以该电路又称为二极管"与"门电路。

4. 稳压二极管

当发生反向击穿时，由于反向电流很大，PN结温度上升，严重时将过热损坏，所以普通二极管应该避免被击穿。稳压二极管却有着特殊的反向击穿特性，在反向击穿区，虽然流过二极管的反向电流变化较大，其反向电压却能保持基本不变。

工程上使用的稳压二极管无一例外都是硅管，它的伏安特性曲线与硅二极管的伏安特性曲线也完全一样，如图6-15a所示。电路符号如图6-15b所示。

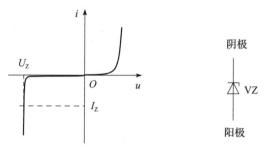

a）稳压二极管的伏安特性曲线　　b）稳压二极管的电路符号

图6-15　稳压二极管

稳压二极管的主要参数如下：

（1）稳定电压 U_Z

稳定电压 U_Z 是指稳压二极管正常工作（反向击穿）时，二极管两端反向电压的稳定值。

（2）最大稳定工作电流 I_{Zmax} 和最小稳定工作电流 I_{Zmin}

要保证稳压二极管的反向电压稳定于 U_Z，必须确保其稳压电流 I_Z 满足 $I_{Zmin} < I_Z < I_{Zmax}$，如果稳压二极管的反向电流超出此范围之外，则稳压二极管不能正常工作，依然无法稳压。

（3）额定功耗 P_{ZM}

额定功耗 P_{ZM} 是指稳压二极管正常工作时所允许的最大功耗，$P_{ZM} = U_Z I_{Zmax}$。

【例6-1】　图6-16是典型的稳压电路，其中 R_L 为负载电阻，R 为限流电阻。

已知稳压二极管的 $U_Z = 6V$，$I_{Zmin} = 5mA$，$P_{ZM} = 150mW$，限流电阻 $R = 1k\Omega$，负载电阻 $R_L = 500\Omega$，分别计算 U_I 为15V、30V、45V时输出电压 U_0 的值。

【分析】　要让稳压二极管起到稳压作用，必须满足两个条件：①稳压二极管必须工作在反向击穿状态；②流过稳压二极管的反向电流必须在 I_{Zmin} 和 I_{Zmax} 之间。

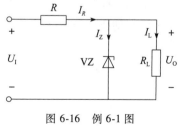

图6-16　例6-1图

为判断是否满足稳压条件①，应首先假设稳压二极管不工作（反向未击穿），在反向截止（开路）的条件下，求出稳压二极管的两端电压。如果此时的两端电压高于稳定电压 U_Z，则可以确定稳压二极管工作在反向击穿状态。

单纯满足稳压条件①，依然不能保证稳压二极管起到稳压作用。因为稳压条件①只能保证稳压二极管已被反向击穿，但是如果反向工作电流超出允许范围，依然无法稳压。所以，在满足稳压条件①的前提下，还需要判断是否满足稳压条件②。

为判断是否满足稳压条件②，应假设稳压二极管工作（反向电压等于击穿电压），求出流过稳压二极管的反向电流，如果所得到的反向电流在 I_{Zmin} 和 I_{Zmax} 之间，则稳压二极管可以稳压，否则不能稳压。

【解】

1）根据 P_{ZM} 计算 I_{Zmax}。

$$I_{Zmax} = \frac{P_{ZM}}{U_Z} = \frac{150}{6}mA = 25mA$$

2）当 $U_I = 15V$ 时，假设 VS 开路（稳压二极管反向截止），计算此时的稳压二极管两端电压为

$$U'_O \mid_{U_I=15V} = \frac{U_I}{R+R_L}R_L = \frac{15V}{1000+500}\times500 = 5V$$

因为 VZ 开路时，所计算得到的稳压二极管两端电压小于 U_Z，所以稳压二极管截止，$U_O = 5V$。

3）类似地，当 $U_I = 30V$ 时，假设 VZ 开路，计算此时的稳压二极管两端电压为

$$U'_O \mid_{U_I=30V} = \frac{U_I}{R+R_L}R_L = \frac{30V}{1000+500}\times500 = 10V > U_Z$$

稳压二极管已经处于反向击穿状态，满足稳压条件①。

再假设稳压二极管工作于稳压状态，并计算此时的稳压二极管反向电流为

$$I_R \mid_{U_I=30V} = \frac{U_I-U_Z}{R} = \frac{30-6}{1000}A = 0.024A = 24mA$$

$$I_L = \frac{U_Z}{R_L} = \frac{6}{500}A = 0.012A = 12mA$$

计算假定条件下的稳压二极管反向电流，并判断其是否处于稳压电流范围之内。

$$I_Z \mid_{U_I=30V} = I_R - I_L = 24mA - 12mA = 12mA$$

$$I_{Zmin} < I_Z \mid_{U_I=30V} < I_{Zmax}$$

稳压二极管反向电流在 I_{Zmin} 和 I_{Zmax} 之间，满足稳压条件②，所以稳压二极管可以正常工作，能起到稳压作用，所以

$$U_O = U_Z = 6V$$

4）类似地，当 $U_I = 45V$ 时，假设 VZ 开路，计算此时的稳压二极管两端电压为

$$U'_O \mid_{U_I=45V} = \frac{U_I}{R+R_L}R_L = \frac{45V}{1000+500}\times500 = 15V > U_Z$$

稳压二极管已经处于反向击穿状态，满足稳压条件①。

再假设稳压二极管工作，计算此时的稳压二极管反向电流为

$$I_R \mid_{U_I=45V} = \frac{U_I-U_Z}{R} = \frac{45-6}{1000}A = 0.039A = 39mA$$

$$I_{L} \bigg|_{U_I=45\text{V}} = \frac{U_Z}{R_L} = \frac{6}{500}\text{A} = 0.012\text{A} = 12\text{mA}$$

$$I_Z = I_R - I_L = 39\text{mA} - 12\text{mA} = 27\text{mA} > I_{Z\text{max}}$$

稳压二极管反向电流超过 $I_{Z\text{max}}$，将因功耗过大而损坏，电路不能正常工作。此时稳压二极管不能起到稳压作用，根据其损坏情况，才能确定输出电压，而它的损坏，可能是击穿，也可能是烧毁，不同情况，输出电压显然不同。

5. 发光二极管

发光二极管（LED）是一种广为应用的光源器件，由特殊的半导体材料，如磷化镓（GaP）或磷砷化镓（GaAsP）、砷铝镓（GaAlAs）等制成。图 6-17 是发光二极管的图形符号。

图 6-17 发光二极管的图形符号

正向偏置时，二极管导通，N 区的自由电子、P 区的空穴均流向 PN 结，二者在 PN 结内复合，并释放光子和声子。由于发光二极管所用半导体材料的特殊性，电子与空穴在 PN 结内复合时产生的声子很少而光子很多，大量的光子发射出来，导致发光二极管发光。

反向偏置时，二极管截止，仅有 P 区的自由电子（少子）、N 区的空穴（少子）流向 PN 结并复合。由于少子数量太少，不足以产生足够的光子，所以发光二极管不能发光。

早期的发光二极管只能发出红外线或红光，现在，已经可以发出红外线、可见光到紫外线的所有单色光。LED 本身只是单色光源，如果需要发出白光，则需要三基色（红、绿、蓝）的光混合起来，即所谓的三基色光源。LED 已广泛用于显示、照明和光通信等领域。

发光二极管必须正向偏置才能发光，所以必须串联限流电阻以避免通过太大电流。

6. 光电二极管

光电二极管（Photodiode）与普通二极管结构相似，只是在管壳上有一个能入射光线的光窗。光电二极管能够将光信号转换为电信号，这是通过半导体 PN 结的光电效应实现的。图 6-18 为光电二极管的图形符号。

图 6-18 光电二极管的图形符号

光电二极管的管芯是一个具有光敏特征的 PN 结，光照所激发的自由电子和空穴（光生载流子）随光照强度的增加而线性增加。

在有光照而无外加电压时，由于 PN 结内电场的方向是从 N 区指向 P 区的，耗尽层内光激发产生的空穴流向 P 区，自由电子流向 N 区。结果，在 P 区一侧积累了大量正电荷，在 N 区一侧积累了大量负电荷，此时光电二极管相当于一个电池，P 区为正极，N 区为负极。据此，可利用光电二极管构成太阳能电池。

外加反向电压时，外电场增强了内电场，N 区的自由电子、P 区的空穴被从 PN 结拉走，耗尽层变宽，多子扩散被削弱。强电场同时促进了少子漂移，反向饱和电流的大小取决于 P 区、N 区的少子数量，而少子的数量（即光生载流子的数量）又与光照强度有关。

1）无光照时，P 区、N 区的少子数量很少，少子漂移很弱，反向饱和电流很小，这时的反向电流称为暗电流。

2）有光照时，光激发所产生的光生载流子增加了 P 区、N 区的少子数量，反向饱和电流随之增加，这时的反向电流称为光电流。由于光生载流子数量与光照强度成比例，光电流的大小也必然与光照强度成比例。

基于上述原因，检测光电流的大小，就可以确定光照强度。由于光电流是光电二极管的反向饱和电流，所以，作为光检测器件使用时，光电二极管必须反向偏置。暗电流越小，光电二极管检测的准确性越高。实际上，通过测量光照情况下光敏半导体的电阻，也可以做成光检测器件；而光电二极管测量的是 PN 结的反向饱和电流，精度更高。

7. 二极管电路的分析方法

二极管电路的分析，可以采用类似"反证法"的思想：

第一步：假定截止。分析在截止情况下，二极管两端的电压。

第二步：判断通断。根据第一步计算得到的电压进行判断：

1）如果发现二极管两端电压反向偏置，且反向偏置电压大于或等于反向击穿电压，则二极管反向击穿。

2）如果发现二极管两端电压反向偏置，且反向偏置电压小于反向击穿电压，则说明截止假定成立，二极管截止。

3）如果发现二极管两端电压正向偏置，说明截止假定不成立，二极管很可能导通（具体是否导通，需要按照导通情况继续分析）。

第三步：假定导通。把可能导通的二极管看作导通，分析是否违反电路定律；如果出现矛盾，则需进一步分析。例如并联的同极性二极管，电压差大的导通，小的截止（见前文提及的二极管电平选择电路）。

第四步：计算电路变量。

1）对导通的二极管，按照导通处理，其阳极到阴极的压降为导通电压（如果是理想二极管，导通电压为零）。

2）对反向击穿的二极管，按照反向击穿处理，其阴极到阳极的压降为反向击穿电压，从阴极到阳极的电流为反向击穿电流。

3）对截止的二极管，按开路处理，其电流为零。

然后，就可以用 KCL、KVL、叠加定理、电源变换、戴维南定理和诺顿定理等线性电路分析理论，计算任何电路变量，这已经是前文介绍过的内容了。

此外，还可以采用等效变换的方法。例如对于图 6-19a 所示的电路，既可以在假定二极管 VD 截止的情况下计算 A 点电压 U_A 作为分析的第一步（后面的步骤如前所述）；也可以用电源变换或戴维南等效变换的方法，将其变换为图 6-19b，此时二极管两端电压为 U_{eq}，所以如果 $U_{eq} \geq U_{on}$，则 VD 导通，否则 VD 截止（可以证明 $U_{eq} = U_A$，所以两种算法得到的结论必定相同）。

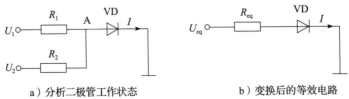

a）分析二极管工作状态   b）变换后的等效电路

图 6-19 使用等效变换分析二极管工作状态

总之，分析二极管电路时，必须注意二极管是一个非线性器件，所以首先要确定二极管的工作状态（导通、截止、反向击穿），然后对不同状态分别处理：

1）二极管正向偏置，阳极到阴极的压降为导通压降，近似为硅管 0.7V 或锗管 0.2V。

2）二极管反向偏置，截止（断开，电流为 0）。

3）二极管反向偏置电压过大，反向击穿，此时阴极到阳极的压降为反向击穿电压，从阴极到阳极的电流为反向击穿电流。

这个过程就是把非线性器件线性化，此后的计算，就变成了前面章节所讲述的线性电路分析问题了。

6.3.4　二极管的应用仿真

在 LTspice 中，有 Diode（二极管）、LED（发光二极管）、Varactor（变容二极管）、Zener（稳压二极管）4 类与二极管相关的器件，输入原理图时应在"Select Component Symbol"对话框中选择相应器件。第一次添加二极管时，它会带有两个标签：D1 表示这个二极管的标识符，D 表示二极管，1 是编号；另一个标签是 D，代表 D1 这个二极管的模型，它是一个内置的模型。

以例 6-1 为例，讲解二极管的应用仿真。

首先，要输入仿真电路的原理图，如图 6-20 所示，稳压二极管 D1 应选择 Zener 器件类型；与图 6-16 相比，在 LTspice 电路原理图中添加了输入电压源 U_i。

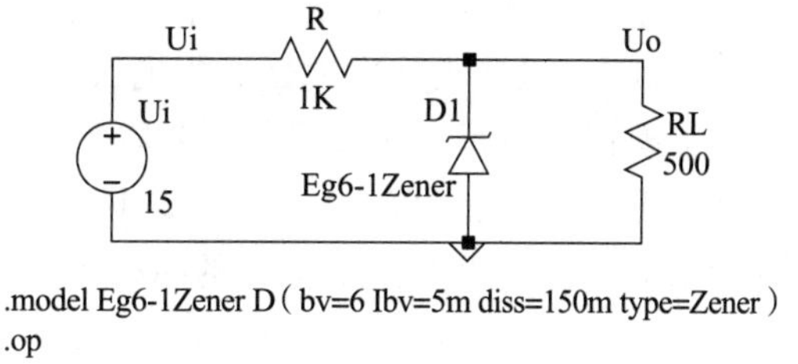

.model Eg6-1Zener D（bv=6 Ibv=5m diss=150m type=Zener）
.op

图 6-20　对应图 6-16 的仿真电路图

为了设置稳压二极管的参数，右键单击二极管 D1 的模型标签 D，并更改为自己所希望的模型名称。图 6-20 中，二极管 D1 的模型被设置为 Eg6-1Zener。

命令语句.model 用来设置稳压管的参数：

```
.model Eg6-1Zener D(bv=6 Ibv=5m diss=150m type=Zener)
```

所用到的参数含义如下：

bv（Reverse Breakdown Voltage）：反向击穿电压。

Ibv（Current at Breakdown Voltage）：击穿电流，即最小稳定工作电流。

diss（Maximum Power Dissipation Rating）：额定功耗。

运行直流仿真.op，可知在 $U_i = 15V$ 时，输出 $U_o = 5V$；稳压二极管电流 I(D1) 很小。符合计算结果（稳压二极管截止）。

$U_i = 30V$ 时，仿真输出结果为

```
V(uo):   6.0225        voltage
I(D1):   -0.0119325    device_current
```

U_o 近似等于 6V，二极管反向电流接近 12mA。仿真结果符合计算结果。

$U_i = 45V$ 时，仿真输出结果为

```
V(uo):   6.04349       voltage
I(D1):   -0.0268695    device_current
```

显示二极管的反向电流为 27mA，但是未能提示超过额定功耗。

LTspice 不能很好地提示电路中存在超过元件极限值的情况，这是其不足之处，读者使用时需要注意这一点。

6.4　双极型晶体管

晶体管（Transistor）是最早出现的半导体三端放大器件，1947 年由贝尔实验室发明之后，很快开始取代真空电子三极管，获得了广泛的商业应用，20 世纪 50 年代我国科学家将其命名为晶体管。不过严格来讲，晶体管分为两大类，一类称为双极型晶体管（Bipolar Junction Transistor，BJT），另一类称为场效应晶体管（单极型晶体管）。晶体管习惯上指的就是双极型晶体管，而场效应晶体管通常不被简称为晶体管（尽管它有着 3 个极，也是 Transistor）。

6.4.1　双极型晶体管的基本结构

在一块半导体（锗或硅）上，按照特定要求制作出两个背靠背的 PN 结，再引出 3 个电极，即构成双极型晶体管（简称晶体管）。

晶体管由 3 部分杂质半导体构成，分别为发射区（Emitter）、基区（Base）和集电区（Collector）。基区夹在发射区和集电区之间，其掺杂类型与发射区和集电区不同。

根据构成中间和两边部分的杂质半导体类型的不同，晶体管可以分成 NPN 型和 PNP 型两类。图 6-21a 为 NPN 型晶体管，其发射区、基区、集电区分别被掺杂成 N 区、P 区、N 区；图 6-21b 为 PNP 型晶体管的结构示意图。

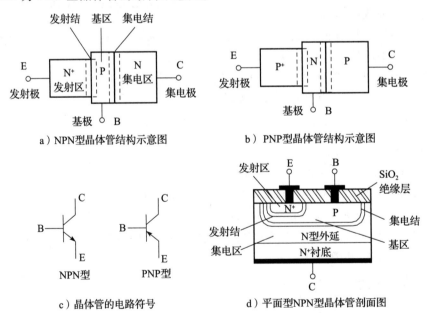

a）NPN型晶体管结构示意图　　　　b）PNP型晶体管结构示意图

NPN型　　　　PNP型

c）晶体管的电路符号　　　　d）平面型NPN型晶体管剖面图

图 6-21　双极型晶体管的结构

晶体管发射区的引出电极称为发射极，用 E 或 e 表示；基区的引出电极称为基极，用 B 或 b 表示；集电区的引出电极称为集电极，用 C 或 c 表示。

晶体管内部存在着两个 PN 结，发射区与基区之间的 PN 结，称为发射结；集电区与基区之间的 PN 结，称为集电结。图 6-20c 是两类晶体管的电路符号，发射极用箭头特别标出，箭头指向 N 型半导体，与二极管符号中箭头所指方向一致。

晶体管内部的这两个 PN 结中的任何一个都具有单向导电性，都可以作为二极管使用。不过，晶体管远远不止连接在一起的两个二极管，由于其结构上的特殊性，两个 PN 结互相影响的结果，让晶体管出现了质的飞跃，表现出了远远超出单向导电性的特征——电流放大作用。

晶体管之所以能够具有电流放大作用，是因为其内部构造上的特点：基区很薄，发射区掺杂浓度高，集电结面积大。图 6-20d 为平面型 NPN 型晶体管的剖面示意图，发射区用 N^+ 表示，集电区用 N 表示，表明发射区的掺杂浓度比集电区的掺杂浓度高；同时，也很容易看出，集电结面积要比发射结面积大。

常用的半导体材料有硅和锗，因此共有 4 种晶体管类型。国产晶体管的对应型号分别为 3A(锗 PNP)、3B(锗 NPN)、3C(硅 PNP)、3D(硅 NPN)4 种系列。

6.4.2 双极型晶体管的工作原理

在两个 PN 结上施加不同的偏置电压，可以改变晶体管内部的载流子运动，从而导致基极电流 I_B、集电极电流 I_C、发射极电流 I_E 的改变。各极电流不同，说明晶体管内部载流子的运动状态不同，或者说晶体管处于不同的工作状态。

下面以 NPN 型晶体管为例，说明不同偏置电压对晶体管内部载流子运动的影响，以及晶体管的不同工作状态。

1. 双极型晶体管的放大

如果发射结正向偏置、集电结反向偏置，晶体管将处于放大状态，基极电流 I_B 与集电极电流 I_C 之间将表现出如下关系：

$$I_C = \beta I_B \tag{6-2}$$

式中，β 是一个 10~200 之间的常数。式(6-2)说明，当发射结正向偏置、集电结反向偏置时，I_C 的值受 I_B 的值控制，或者说，I_C 放大了 I_B，这里"放大"的实质是控制。

图 6-22 所示的 NPN 型晶体管电路中，外加电压保证了 $U_C > U_B > U_E$，$U_{BE} > 0$(P 区电压高于 N 区)，$U_{BC} < 0$(P 区电压低于 N 区)，下面说明其电流放大原理。

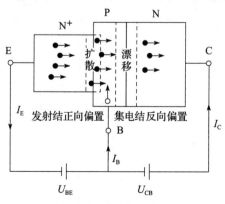

a) 放大状态时的电流形成

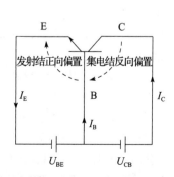

b) 发射结正向偏置、集电结反向偏置

图 6-22 NPN 型晶体管的放大状态

如果发射结的正向偏置电压高于 PN 结的导通电压，则外电场完全抵消了内电场，发射结导通。发射区（N^+ 层）的自由电子向基区扩散，同时大量电子源源不断地从电源负极注入发射区，形成发射极电流 I_E。基区的掺杂浓度比发射区低很多，所以虽然基区的多子（空穴）也会向发射区扩散，其数量却很少，对 I_E 的贡献可以忽略。

来自发射区的自由电子进入基区以后，会与基区（P 层）的空穴相遇并复合，基区被复合掉的空穴又不断从电源正极得到补充，形成基极电流 I_B。由于发射区掺杂浓度高，从发射区扩散到基区的自由电子浓度远大于基区空穴浓度，再由于基区很薄，很多扩散过来的自由电子还没有来得及被复合，就扩散到了 P 层与集电结的边缘。从 N^+ 层扩散到 P 层与集电结的边缘的自由电子，在反向偏置的集电结电场作用下，加速向集电区（N 层）漂移，最终回流到电源正极，形成集电极电流 I_C。

NPN 型晶体管处于放大状态时，如果把晶体管看成一个封闭节点，I_B 和 I_C 为流入晶体管的电流，I_E 为流出晶体管的电流，根据 KCL，可知

$$I_B + I_C = I_E \tag{6-3}$$

把式（6-2）代入式（6-3），得

$$I_E = (1+\beta) I_B \tag{6-4}$$

由于 β 值远大于 1，对比式（6-2）与式（6-4）可知，在放大状态下，晶体管的 I_E 只比 I_C 大了一点点，实际上二者几乎相等。

集电结反向偏置，还会导致 N 层的空穴向 P 层漂移，P 层的自由电子向 N 层漂移，二者相遇并复合，形成集电极-基极反向饱和电流 I_{CBO}，它实际上也是集电极电流 I_C 的一部分。集电区的掺杂浓度低，有利于增加集电结的反向击穿电压，减少集电结反向偏置时 N 层漂移到 P 层的空穴数量，所以在放大状态下 I_{CBO} 的值很小，对集电极电流的影响可以忽略。

在基极开路、发射结正向偏置、集电结反向偏置的条件下，从 N 层扩散到 P 层的空穴，将与来自 N^+ 层的自由电子相遇并复合，形成集电极-发射极反向饱和电流 I_{CEO}，也称穿透电流。I_{CEO} 与 I_{CBO} 的关系是

$$I_{CEO} = (1+\beta) I_{CBO} \tag{6-5}$$

I_{CEO} 与 I_{CBO} 都是少子运动形成的电流，反映了特定温度下杂质半导体热激发所产生的本征载流子的浓度。由于晶体管的放大作用靠的是掺杂载流子（多子），本征载流子（少子）对放大作用没有贡献。本征载流子数量越多，对掺杂载流子的影响就越大，晶体管的放大性能也就越差，所以 I_{CEO} 与 I_{CBO} 的值越小，晶体管的热稳定性越好。I_{CEO} 比 I_{CBO} 更容易测量，它是衡量晶体管优劣的主要指标。

由于集电结面结大，P 层与集电结的边缘就可以收集尽可能多的自由电子，来自 N^+ 层的自由电子一旦到达 P 层与集电结的边缘，立即就会被集电结的反向偏置电场加速，漂移到 N 层。结果在 P 层与集电结的边缘就不能保存任何的自由电子，所以，在 P 层与集电结的边缘，自由电子的浓度始终保持为零。NPN 型晶体管在放大状态下其基区的自由电子浓度分布如图 6-23 所示。

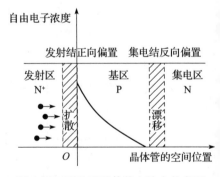

图 6-23　NPN 型晶体管在放大状态下基区自由电子浓度分布

　　半导体 PN 结的导通与金属导体的导通不同，PN 结的导通表现为载流子从高浓度区域向低浓度区域的扩散，金属导体的导通表现为电子在电场引力作用下从高电势区域向低电势区域的运动。所以，半导体的载流子的运动取决于浓度差（梯度），浓度梯度越大，载流子运动越强烈，电流也就越大。

　　增大发射结的正向偏置电压 U_{BE}，从电源负极注入发射区的自由电子就越多，从 N^+ 层到 P 层与集电结边缘的自由电子的浓度差（梯度）就越大。浓度差越大，自由电子的扩散运动就越强烈，也就会有更多的自由电子扩散到 P 层与集电结的边缘并进而被集电结收集。增大 U_{be}，也会导致更多的空穴被注入基区，更多的自由电子被空穴复合，导致基极电流 I_B 增大。所以，增大发射结正向偏置电压 U_{be}，I_E、I_B 和 I_C 都将增大。

　　P 层越窄，自由电子通过基区的时间就越短，被 P 层空穴复合的概率也就越小，到达集电结的概率就更大。这就说明，晶体管的电流放大倍数，即式（6-2）中集电极电流 I_C 和基极电流 I_B 的比值 β，取决于晶体管的内部构造。

2. 双极型晶体管的饱和

　　发射结正向偏置、集电结正向偏置电压很小（集电极电位稍低于基极电位）时，N^+ 层的自由电子越过发射结向 P 层扩散，如图 6-24a 中①所示，并形成图 6-24b 中虚线①所示的自由电子浓度差分布；N 层的自由电子也越过集电结向 P 层扩散，如图 6-24a 中②所示，并形成图 6-24b 中虚线②所示的自由电子浓度差分布。基区自由电子浓度的最终分布是两种扩散结果的叠加，如图 6-24b 中实线③所示。

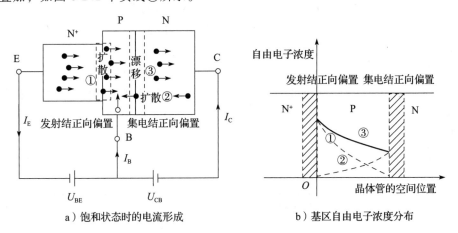

a）饱和状态时的电流形成　　　　　　b）基区自由电子浓度分布

图 6-24　NPN 型晶体管的饱和状态

　　这时 P 层与集电结边缘的自由电子浓度大于零，基区中自由电子的浓度梯度小于放大状态时的浓度梯度，由于自由电子的扩散强度与浓度梯度成正比，从 N^+ 层扩散到 P 层与集电结边缘的自由电子的流量要少于放大状态时的流量。这意味着在 I_B 相同的情况下，I_C 的值比放大状态时的值变小了。

　　由于集电结的正向偏置电压很小，不足以完全抵消内电场，所以集电结内部仍然存在内电场，这个内电场的强度比放大状态时的强度要小。积累在 P 层与集电结边缘的自由电子（P 层的少子），被集电结内电场所收集，以漂移运动的形式越过集电结，进入集电区。

发射结正向偏置、集电结正向偏置电压很小时，$I_C < \beta I_B$，晶体管进入饱和状态。饱和状态下，晶体管的集电结的内电场依然存在，集电结的内电场依然在"收集"从发射区扩散到基区的少子（也叫作非平衡载流子），形成集电极电流 I_C 的主要部分。

晶体管进入饱和状态时，虽然 $I_C < \beta I_B$，但是 I_E、I_B 和 I_C 的方向都没有变，对 NPN 型晶体管来说，I_B 和 I_C 流入晶体管，I_E 流出晶体管，根据 KCL，必然存在式（6-3）的关系，即

$$I_B + I_C = I_E$$

如果集电结的正向偏置电压很大，以至于从 N 层扩散到 P 层的自由电子的浓度梯度，与从 N^+ 层扩散到 P 层的自由电子的浓度梯度相等，图 6-24b 中的实线③就应该是水平的了，这时，P 层少子（自由电子）的浓度差不复存在，从发射区向集电区的电流也就消失了。这时，晶体管已经相当于两个完全导通的二极管。当然，这并不是晶体管的典型应用。

3. 双极型晶体管的截止

发射结反向偏置（或者正向偏置电压小于 PN 结的导通电压）、集电结反向偏置时，N^+ 层的自由电子就无法向 P 层扩散，集电结无法收集自由电子形成集电极电流。发射结、集电结都截止，多子扩散受到遏制，基极、发射极、集电极上只存在由少子漂移所形成的反向电流，I_E、I_B、I_C 都近似为零，晶体管处于截止状态。

4. 双极型晶体管的倒置

发射结反向偏置，集电结正向偏置时，集电区（N 层）的自由电子将越过集电结向基区（P 层）扩散，一部分与基区的空穴复合，另一部分被反向偏置的发射结收集，形成发射极电流。这时相当于将发射极与集电极对调使用，称为晶体管的倒置工作状态。由于集电结掺杂浓度低，发射结收集面积小，最终收集的电子也很少，所以倒置工作的晶体管不具有放大作用。倒置工作状态下，增大基极电流，晶体管也能进入饱和状态；减小集电结正向偏置电压到导通电压以下，晶体管也会截止。倒置工作状态主要应用于集成电路中的特定场合，它不是晶体管的典型应用，在此不做深入介绍。

晶体管的 4 种工作状态总结见表 6-1。

表 6-1　晶体管的 4 种工作状态

工作状态	发射结（BE 结）	集电结（BC 结）	电流关系
放大	正向偏置	反向偏置	$I_C = \beta I_B$
饱和	正向偏置	正向偏置	$I_C < \beta I_B$
截止	反向偏置	反向偏置	$I_B = 0$、$I_C = 0$
倒置	反向偏置	正向偏置	

5. 双极型晶体管放大电路的 3 种组态

模拟电子技术主要利用晶体管的放大特性，数字电子技术主要利用晶体管的截止和饱和特性。从系统的观点来看，作为放大器件，晶体管在模拟电路中的作用，就是把输入信号"放大"为输出信号，或者说，使输出信号（或其变化）与输入信号（或其变化）成比例，如图 6-25a 所示。

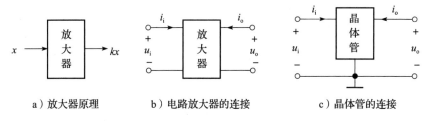

a）放大器原理　　　b）电路放大器的连接　　　c）晶体管的连接

图 6-25　双极型晶体管放大电路的公共端

在电路中，输入信号和输出信号只能用电压量或电流量来表示，而电压和电流的输入和输出必须有两个端点才行，所以电路中的放大器的输入端口和输出端口都必须具有两个端点，如图 6-25b 所示。晶体管只有 3 个端子，为了实现输入、输出信号的接入，必须选择一个端子作为输入和输出端口的公共端，如图 6-25c 所示。

晶体管的基极、集电极和发射极都可以选择作为输入、输出端口的公用端子，根据公用端子的不同选择，晶体管放大电路可以分为共基极放大电路、共集电极放大电路和共发射极放大电路 3 类，这称为晶体管放大电路的 3 种组态，即 3 种连接方式，如图 6-26 所示。

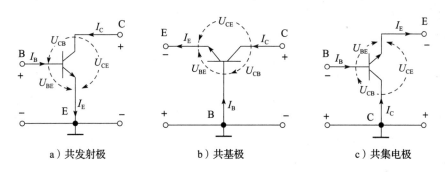

a）共发射极　　　　　b）共基极　　　　　c）共集电极

图 6-26　双极型晶体管放大电路的 3 种组态

在 3 类放大电路中，只要满足 $U_C > U_B > U_E$ 这样的电压偏置要求，就能够确保 NPN 型晶体管发射结正向偏置、集电结反向偏置，都能使晶体管工作于放大状态，从而实现用输入信号（电压或电流）控制输出信号（电压或电流）的目的。

在图 6-26a 所示电路中，控制信号从 B-E 极输入，被控制信号从 C-E 极输出，输入、输出回路共同使用了发射极，故称之为共发射极放大电路。

在图 6-26b 所示电路中，控制信号从 B-E 极输入，被控制信号从 C-B 极输出，输入、输出回路共同使用了基极，故称之为共基极放大电路。

在图 6-26c 所示电路中，控制信号从 B-C 极输入，被控制信号从 C-E 极输出，输入、输出回路共同使用了集电极，故称之为共集电极放大电路。

晶体管各种不同接法下的载流子运动大体相同，例如，共发射极接法的晶体管偏置电路以及在放大状态下的载流子运动如图 6-27 所示。电阻 R_B 称为基极电阻（接在基极上的电阻），R_C 称为集电极电阻；电源 U_{BB} 通过电阻 R_B 向发射结提供正向偏置电压，电源 U_{CC} 通过电阻 R_C 向集电结提供反向偏置电压。显然，在这个电路中，必须保证 U_{CC} 的电压高于 U_{BB} 的电压才能保证集电结反向偏置。

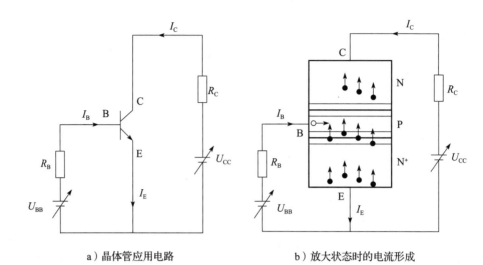

a）晶体管应用电路   b）放大状态时的电流形成

图 6-27   共发射极接法的晶体管偏置电路以及在放大状态下的载流子运动

6.4.3   双极型晶体管的特性

图 6-24b 所示的双端口放大器件的特性可以用输入、输出端口上的电压电流（包括输入电压 u_i、输入电流 i_i、输出电压 u_o、输出电流 i_o）关系来表示。不同的放大器应该使用不同的电压电流关系来表示，例如电压放大器用电压放大倍数（$A_u = u_o/u_i$，也叫电压增益）来表示，电流放大器用电流放大倍数（$A_i = i_o/i_i$，也叫电流增益）来表示。放大器的输入特性（u_i-i_i 关系）就表示了放大器的输入电阻，输出特性（u_o-i_o 关系）则表示了放大器的输出电阻。除此之外，还可以使用转移特性，例如转移电阻（u_o-i_i 关系，也称为互阻）特性、转移电导（i_o-u_i 关系，也称为互导）特性等。

那么，应该怎样描述双极型晶体管的特性呢？显然，作为电流放大器件，晶体管最重要的特性，就是基极电流对集电极电流的控制作用，这个特性可以用电流放大倍数来定义。

1. 双极型晶体管的电流控制特性

这个特性可以用式（6-2）来表示

$$I_C = \beta I_B$$

式中，β 是晶体管本身的特性参数，它表明了基极电流 I_B 对集电极电流 I_C 的控制特性。所以

$$\beta = \frac{I_C}{I_B} \tag{6-6}$$

称为晶体管的共发射极电流放大倍数。这是因为 β 值恰好是晶体管共发射极电路输出电流与输入电流的比值，这一点可以从图 6-26a 看出来，输入电流就是 I_B，输出电流就是 I_C。

对于共基极放大电路，根据图 6-26b 可知，它的输入电流是 I_E，输出电流是 I_C，相应地，定义共基极电流放大倍数为

$$\alpha = \frac{I_C}{I_E} \tag{6-7}$$

根据式（6-6）、式（6-7）以及对晶体管电流所列的 KCL 表达式

$$I_B + I_C = I_E$$

可知，共发射极电流放大倍数 β 和共基极电流放大倍数 α 之间的关系为

$$\alpha = \frac{\beta}{1+\beta} \qquad (6-8)$$

$$\beta = \frac{\alpha}{1-\alpha} \qquad (6-9)$$

一般来说，晶体管的 β 值为 $20 \sim 100$，根据式（6-8）可知，共基极电流放大倍数 α 的值应该在 $0.95 \sim 0.99$，α 永远小于 1，说明晶体管的共基极接法并不具备电流放大能力。

2. 双极型晶体管的电压控制特性

根据晶体管的结构和工作原理可知，晶体管基极电流 I_B 的大小，主要取决于发射结的结电压。例如，对于 NPN 型晶体管，根据 PN 结特性方程可知，晶体管 B-E 极之间的电压 U_{BE} 与 I_B 之间应该存在如下关系：

$$I_B = I_{BS}(e^{U_{BE}/U_T} - 1) \qquad (6-10)$$

式中，I_{BS} 为发射结反向偏置时的基极饱和电流。

1）如果 $U_{BE} < 0$ 或者小于发射结死区电压 $U_{BE(th)}$，则 $I_B = 0$，晶体管截止。

2）如果 U_{BE} 高于发射结死区电压 $U_{BE(th)}$，U_{BE} 的增加将引起 I_B 的明显增加。

3）增大 U_{BE} 到导通电压 $U_{BE(on)}$ 以上（$U_{BE} > U_{BE(on)}$ 时），发射结完全导通。这时，U_{BE} 的微小变化就可以引起 I_B 的巨大变化。

所以，晶体管的 U_{BE}-I_B 之间的关系如图 6-28a 所示，它表明了晶体管发射结电压对基极电流的控制作用。又因为从图 6-26a 可知，U_{BE} 恰好是共发射极放大电路的输入电压，I_B 恰好是共发射极放大电路的输入电流，所以曲线可以从共发射极放大电路测量而来，所以称之为共发射极放大电路的输入特性曲线。

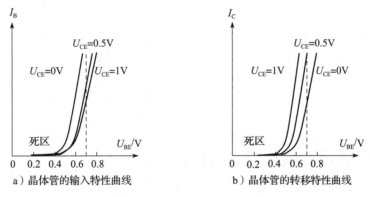

a）晶体管的输入特性曲线　　　　b）晶体管的转移特性曲线

图 6-28　双极型晶体管的电压控制特性曲线

再考虑电压 U_{CE} 对 I_B 的影响：保持 U_{BE} 不变，增加 U_{CE} 意味着增加 U_{CB}，导致集电结的反向偏置电压增加，从发射区注入基区的自由电子更多地被集电区收集，集电结耗尽层变厚，基区变窄，注入基区的空穴减少，I_B 减小。"U_{CE} 增加，I_B 减小"这一特性，在输入特性曲线上表现为随着 U_{CE} 的增加，输入特性曲线右移。U_{CE} 增加到 1V 以上，继续增加集电结的反向偏置电压已不能收集更多自由电子，I_B 基本上不再右移。

考虑了 U_{CE} 对 I_B 影响之后的输入特性曲线，已经不再是一条单一的曲线了，它是一个与 U_{CE} 相关的曲线族，所以输入特性的定义为

$$I_B = f(U_{BE}) \Big|_{U_{CE}=常数}$$

发射极电流 I_E 与电压 U_{BE} 之间也近似存在类似二极管正向特性的关系：

$$I_E = I_{ES}(e^{U_{BE}'/U_T} - 1) \tag{6-11}$$

保持 U_{BE} 不变，增加 U_{CB} 不会对发射结电压造成太多影响，所以 U_{CE} 对 I_E 的影响主要通过集电结电流 I_C 的变化表现出来。

而集电极电流 I_C 与电压 U_{BE} 之间的关系为

$$I_C = \beta I_{BS} e^{U_{BE}'/U_T}\left(1 + \frac{U_{CE}}{U_A}\right) \tag{6-12}$$

式中，U_A 为晶体管的 Early 电压，它反映了 I_C 随 U_{CE} 改变的现象，其值取决于晶体管的物理特性。式(6-12)表明，晶体管的集电极电流 I_C 随 U_{CE} 的增加而线性增大，随 U_{BE} 的增加而指数增大，说明 I_C 受发射结电压的影响更明显，所以，晶体管不仅可以看成是一个电流控制电流的放大器件($I_C = \beta I_B$)，还可以看成是一个电压控制电流(U_{BE} 控制 I_C)的放大器件，只不过电流控制电流的关系是线性关系，而电压控制电流的关系是指数关系。晶体管的 U_{BE}-I_C 之间的关系曲线如图 6-28b 所示，它与 U_{BE}-I_B 之间的关系曲线十分相似。

3. 双极型晶体管的共发射极输出特性

再考虑集电极-发射极间电压 U_{CE} 对 I_C 的影响。因为需要使用图 6-26a 所示的共发射极放大电路的输出端电压和电流来测试，所以称为晶体管的共发射极输出特性曲线。它是以 I_B 为参变量，表示 I_C 与 U_{CE} 之间关系的一组特性曲线，即

$$I_C = f(U_{CE}) \Big|_{I_B=常数}$$

晶体管共发射极输出特性曲线可以分为 3 个区：

（1）截止区

发射结反向偏置或者 $U_{BE} < U_{BE(th)}$ 时，$I_B \approx 0$，I_E 和 I_C 也近似为零，图 6-29 中，$I_B = 0 \mu A$ 曲线以下的部分即为截止区。在截止区，I_C 和 I_E 只能流过少量的穿透电流 I_{CEO}，一般硅晶体管的穿透电流小于 $1 \mu A$，锗晶体管的穿透电流为几十至几百微安。

发射结正向偏置、$I_B \geq 0$ 时，发射区开始向基区注入电子，晶体管开始脱离截止区。

（2）放大区

发射结正向偏置、集电结反向偏置时，晶体管进入放大区。如图 6-29 中输出特性曲线比较平坦的部分所示，此时的 U_{CE} 比较大，如果 I_B 不变，I_C 的值基本上不随 U_{CE} 而变化。

在放大区，I_B 与 I_C 之间呈比例关系，所以放大区也称线性区。I_B 与 I_C 的关系为

$$I_C = \beta I_B$$

I_B 的变化量 ΔI_B 与 I_C 的变化量 ΔI_C 也存在同样的比例关系，即

$$\Delta I_C = \beta \Delta I_B$$

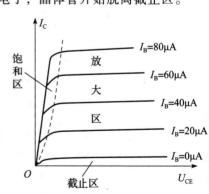

图 6-29 双极型晶体管的共发射极输出特性曲线

严格来说，由于 I_{CBO} 和 I_{CEO} 的影响，晶体管对于直流电流的直流放大倍数（$\overline{\alpha}=I_C/I_E$ 和 $\overline{\beta}=I_C/I_B$）和对变化量的交流放大倍数（$\alpha=\Delta I_C/\Delta I_E$ 和 $\beta=\Delta I_C/\Delta I_B$）是不相等的，但是因为 I_{CBO} 和 I_{CEO} 都很小，这个差异又不是很大，所以通常认为二者相等，并且用同样的符号 α 和 β 来表示。

（3）饱和区

如果 U_{CE} 比较小，则外加电压已经不足以向集电结提供足够的反向偏置电压，集电结收集电子的能力下降，I_C 无法提供与 I_B 成比例的电流，晶体管进入饱和区。当 U_{CE} 降低到 0V 时，集电结已经处于正向偏置状态，集电极已经失去收集电子的能力，此时 $I_C<\beta I_B$。

当集电结反向偏置电压 $U_{CB}=0$，即 $U_{CE}=U_{BE}$ 时，称为晶体管处于临界饱和状态；当集电结反向偏置电压 $U_{CB}<0$，即 $U_{CE}<U_{BE}$ 时，称为过饱和。在深度饱和时，小功率晶体管的饱和管压降 U_{CES} 一般要低于 0.3V。

4. 双极型晶体管的极限参数

晶体管所能承受的电压、电流和功率都是有限的，超过了允许范围，就会导致晶体管不能正常工作。

首先，晶体管允许通过的电流不能太大，如果流过集电极的电流太大，β 值会显著下降。把导致 β 值下降到额定值 2/3 或 1/2 时的集电极电流称为 I_{CM}，集电极电流超过 I_{CM} 时，一般不会导致晶体管损坏，但是其放大作用明显变差。

其次，晶体管任意两个电极之间的电压不能太大，否则将导致晶体管被击穿。

1）集电极-基极反向击穿电压 $U_{(BR)CBO}$：发射极开路时，集电结的反向击穿电压。

2）发射极-基极反向击穿电压 $U_{(BR)EBO}$：集电极开路时，发射结的反向击穿电压。

3）集电极-发射极击穿电压 $U_{(BR)CEO}$：基极开路时，C-E 极之间的击穿电压。

最后，晶体管本身所消耗的功率不能太大，否则会导致晶体管因过热而损坏。这可以用集电极最大允许耗散功率 P_{CM} 来表示，定义为 $P_{CM}=I_CU_{CE}$。

可见，电流、电压和功率都对晶体管的工作范围做出了限制，一个晶体管实际允许工作的范围不应超过这些极限参数（I_{CM}、P_{CM}、$U_{(BR)CEO}$ 等），在输出特性曲线上可以画出晶体管的安全工作区，如图 6-30 所示。

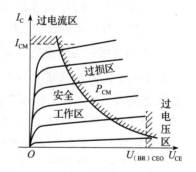

图 6-30　双极型晶体管的安全工作区

6.4.4　双极型晶体管的应用

1. 双极型晶体管工作状态分析

从内部 PN 结和载流子运动的角度去分析晶体管的工作状态显得十分烦琐，而从"能否实现电流放大"的角度来分析晶体管的工作特性，就显得十分直观。下面以图 6-31 所示的电路为例来说明晶体管的应用。

改变输入电压 U_I 的值。

1）如果 $U_I<U_{BE(th)}$，则 $I_B=0$、$I_C=0$，晶体管处于截止状态。

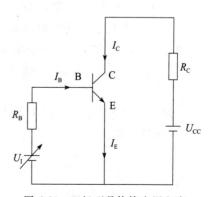

图 6-31　双极型晶体管应用电路

2）如果 $U_\mathrm{I}>U_\mathrm{BE(th)}$ 但是还不是太高，则 $I_\mathrm{C}=\beta I_\mathrm{B}$，晶体管处于放大状态，此时晶体管发射结电压稳定在 $U_\mathrm{BE(on)}$。

3）如果 U_I 电压太高，以至于 I_B 太大了，大到电源 U_CC 无法提供 βI_B 这么大的 I_C 时，就出现了 $I_\mathrm{C}<\beta I_\mathrm{B}$ 的现象，晶体管已经饱和了。

由于开启电压和导通电压之间的差别很小，分析中通常可以认为 $U_\mathrm{BE(th)}=U_\mathrm{BE(on)}$。

判断晶体管是否饱和的很重要的一点就是"外部电源无法提供 βI_B 这么大的 I_C"，所以，外部电源所能提供的最大 I_C 值，也就是晶体管从放大状态进入饱和状态的临界点。

分析晶体管电路要抓住两点，一是反映元件连接关系的基尔霍夫定律，二是反映晶体管本身特性的电流放大关系（$I_\mathrm{C}=\beta I_\mathrm{B}$）。对图 6-31 所示集电极回路应用 KVL 得

$$U_\mathrm{CE}=U_\mathrm{CC}-I_\mathrm{C}R_\mathrm{C}\approx U_\mathrm{CES}$$

晶体管处于饱和状态时的集电极电流称为集电极饱和电流 I_CS，它是晶体管集电极可能流过的最大电流值。常用晶体管的 $U_\mathrm{CES}\approx 0.3\mathrm{V}$，误差不是很大的情况下，也经常认为 $U_\mathrm{CES}\approx 0\mathrm{V}$（$U_\mathrm{CES}$ 不可能是负值，否则集电结就不能收集电子了，即 U_CE 最小也只能接近于零），所以

$$I_\mathrm{CS}=I_\mathrm{Cmax}=\frac{U_\mathrm{CC}-U_\mathrm{CES}}{R_\mathrm{C}}\approx\frac{U_\mathrm{CC}}{R_\mathrm{C}}$$

此时的基极电流称为基极临界饱和电流 I_BS，有

$$I_\mathrm{BS}=\frac{I_\mathrm{CS}}{\beta}\approx\frac{U_\mathrm{CC}}{\beta R_\mathrm{C}}$$

当基极注入电流 I_B 超过其临界值 I_BS（$I_\mathrm{B}\geqslant I_\mathrm{BS}$）时，晶体管将进入饱和状态。

下面我们看看晶体管能做些什么。

2. 作为可控开关使用的双极型晶体管

如果我们在图 6-31 中，令 U_I 电压在极小值和极大值之间切换，就能够让晶体管在截止和饱和之间切换，此时，晶体管相当于一个在 U_I 控制下的开关。如果我们把 R_C 替换成一个灯泡，则这个灯泡就能够在 U_I 的控制下点亮或熄灭。

【例 6-2】 图 6-31 所示电路中，晶体管 $\beta=50$，$U_\mathrm{CC}=10\mathrm{V}$，$R_\mathrm{B}=10\mathrm{k}\Omega$，$R_\mathrm{C}=5\mathrm{k}\Omega$，求 $U_\mathrm{I}=0\mathrm{V}$ 和 $U_\mathrm{I}=5\mathrm{V}$ 时晶体管的工作状态，以及流过电阻 R_C 的电流。

【解】 首先，注意到本例题中 R_C 上的电流恰好为集电极电流 I_C，所以，知道了集电极电流，也就知道了流过 R_C 的电流。

当 $U_\mathrm{I}=0\mathrm{V}$ 时，因为发射结外加电压小于开启电压，所以晶体管截止，截止状态下晶体管的基极电流 I_B 和集电极电流 I_C 均为零，可知流过 R_C 的电流为零。

当 $U_\mathrm{I}=5\mathrm{V}$ 时，对基极回路列 KVL 方程，得

$$U_\mathrm{I}=U_\mathrm{BE}+I_\mathrm{B}R_\mathrm{B}$$

因为发射结导通的情况下，其结电压为导通电压 $U_\mathrm{BE(on)}$，取为 $0.7\mathrm{V}$（这是硅管的导通电压），于是得到

$$I_\mathrm{B}=\frac{U_\mathrm{I}-U_\mathrm{BE(on)}}{R_\mathrm{B}}=\frac{5\mathrm{V}-0.7\mathrm{V}}{10\mathrm{k}\Omega}=0.43\mathrm{mA}$$

取 U_CES 为 $0\mathrm{V}$，计算 U_CC 所能提供的最大饱和电流为

$$I_{CS} \approx \frac{U_{CC}}{R_c} = \frac{10V}{5k\Omega} = 2mA$$

而 $$\beta I_B = 50 \times 0.43mA = 21.5mA$$

显然 $I_{CS} < \beta I_B$，这说明外部电源所能提供的最大电流也无法满足基极电流的放大要求，晶体管已经饱和。饱和状态下，集电极电流只能是它的最大饱和电流，所以 $U_I = 5V$ 时流过 R_c 上的电流为 $2mA$。

3. 作为放大器件使用的双极型晶体管

如果晶体管发射结的外加电压高于导通电压，但是所产生的基极电流又没有大到足以使晶体管进入饱和状态的程度，就可以让晶体管处于放大状态。

【例 6-3】 图 6-31 所示电路中，晶体管 $\beta = 50$，$U_{CC} = 10V$，$R_B = 10k\Omega$，$R_c = 5k\Omega$，求 $U_I = 1V$ 时，晶体管的工作状态，以及流过电阻 R_c 的电流。

【解】 晶体管集电极饱和电流 I_{CS} 由外加电源 U_{CC} 所决定，根据例 6-2 可知

$$I_{CS} \approx 2mA$$

根据集电极饱和电流 I_{CS}，可以得到基极临界饱和电流 I_{BS} 为

$$I_{BS} = \frac{I_{CS}}{\beta} = \frac{2mA}{50} = 0.04mA$$

当 $U_I = 1V$ 时，外加电压高于 $U_{BE(on)}$，晶体管导通，此时的基极电流为

$$I_B = \frac{U_I - U_{BE(on)}}{R_B} = \frac{1 - 0.7}{10k\Omega} = 0.03mA < I_{BS}$$

此时的 I_B 小于基极临界饱和电流，晶体管处于放大状态，利用电流放大公式得

$$I_C = \beta I_B = 50 \times 0.03mA = 1.5mA$$

6.4.5 双极型晶体管的应用仿真

以例 6-2 和例 6-3 为例，讲解双极型晶体管的应用仿真。

首先，把图 6-31 输入仿真电路原理图，如图 6-32 所示。在"Select Component Symbol"对话框中选择"npn"器件，来输入 NPN 型晶体管 Q1。右键单击 Q1 的模型标签"NPN"，并更改为自己所希望的模型名称。图 6-31 中，Q1 的模型被设置为"Eg6-2BJT"。

命令语句.model 用来设置双极型晶体管的参数

`.model Eg6-2BJT NPN(BF=50)`

其中的参数 BF（Ideal Maximum Forward Beta）即双极型晶体管的电流放大倍数 β。

分别设置电压源 U_i 为 0V、5V，运行直流仿真.op，所得结果符合例 6-2 的估算结果。

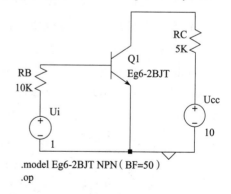

图 6-32 对应图 6-31 的仿真电路图

设置电压源 U_i 为 1V，运行直流仿真.op，所得结果与估算结果相差较大：

```
Ib(Q1): 2.22958e-005     device_current
Ic(Q1): 0.00111479       device_current
```

这是因为本书所采用的双极型晶体管的估算模型是最简单的模型，而 LTspice 所采用的 Ebers-Moll 模型要复杂得多。

此外，一个双极型晶体管的参数也不能仅仅通过电流放大倍数 β 来反映，LTspice 的 BJT 模型用到了很多参数，例如传输饱和电流 I_s（Transport Saturation Current）就会极大地影响仿真的结果，该参数的默认值是 10^{-16}A。修改 I_s 参数为 10^{-14}A 的时候，仿真结果会更接近估算值。修改命令如下：

```
.model Eg6-2BJT NPN(BF=50 IS=1E-14)
```

读者可以验证修改后的仿真结果。

总之，在二极管和双极型晶体管的仿真过程中，出现与估算结果的误差是很正常的。

6.5 场效应晶体管

场效应晶体管（Field Effect Transistor，FET）是利用电场效应来控制半导体中电流的半导体器件。场效应晶体管也有 3 个电极，其中起控制作用的电极称为栅极，相当于 BJT 的基极；其他两个电极称为漏极和源极，分别对应 BJT 的集电极和发射极。改变施加在场效应晶体管栅极上的电压，就可以控制漏极和源极之间的电流，所以场效应晶体管是一种电压控制型器件；与之对比，BJT 通常被看作电流控制型器件，用基极电流控制集电极电流。

场效应晶体管比双极型晶体管噪声更低、热稳定性更好、抗辐射能力更强、输入阻抗更高。

根据内部结构不同，场效应管可分为结型场效应晶体管（JFET）和绝缘栅型场效应晶体管（IGFET）之分。IGFET 也称金属-氧化物-半导体晶体管（MOSFET），其性能更优越，发展迅速，广泛地应用在现代集成电路中。

6.5.1 结型场效应晶体管

最先出现的场效应晶体管是结型场效应晶体管（Junction Field-Effect Transistor，JFET）。

1. 结型场效应管的基本结构

在一块 N 型衬底上制造两个高浓度 P 型区域，衬底两端各引出一个电极，分别称为漏极（Drain，D）和源极（Source，S），两侧的 P 型区的引线连接在一起称为栅极（Gate，G），就构成了 N 沟道结型场效应晶体管，如图 6-33a 所示。图 6-33b 为 P 沟道 JFET，其衬底为 P 型半导体，两侧为高浓度 N 型区。栅极与衬底之间的 PN 结称为栅结，结型场效应晶体管有

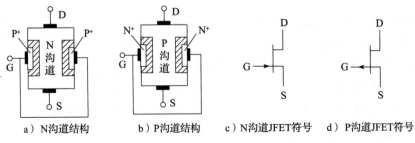

a）N沟道结构   b）P沟道结构   c）N沟道JFET符号   d）P沟道JFET符号

图 6-33   结型场效应晶体管的结构和符号

两个栅结，图中阴影部分表示每个栅结的耗尽层。耗尽层之间的衬底为杂质半导体，作为漏极和源极之间的电流通路，称为导电沟道。根据衬底半导体材料的不同，就产生了 N 沟道和 P 沟道之分。

N 沟道和 P 沟道结型场效应晶体管的电路符号如图 6-33c、d 所示，场效应晶体管电路符号中箭头的方向与 BJT 电路符号中箭头的方向一样，都是从 P 区指向 N 区。

2. 结型场效应晶体管的工作原理

场效应晶体管导电沟道中的少子电流比多子电流低几个数量级，可以忽略不计，所以场效应晶体管是依靠多子导电的（BJT 的电流放大作用是依靠少子导电实现的）。与多子相比，半导体的少子更易受到温度、辐射的干扰，这就是使用多子导电的场效应晶体管比使用少子导电的 BJT 更加稳定的原因。

从上面的叙述还可以看出，场效应晶体管是依靠一种载流子（即衬底中的多子）来实现导电和放大作用的，N 沟道管中参与导电的载流子是自由电子，而 P 沟道管中参与导电的载流子则是空穴。对比一下，BJT 内部的既有空穴导电，又有电子导电，两种载流子都参与导电，故称之为双极型晶体管。从这个意义上说，场效应晶体管也可以称之为单极型（Unipolar）器件。

下面以 N 沟道 JFET 为例来说明结型场效应晶体管的工作原理。

（1）栅源反向偏置电压对导电沟道及漏极电流的影响

如图 6-34 所示，我们把漏源电压 U_{DS}（漏极和源极之间的电压）置零，只考虑栅源电压 U_{GS}（栅极和源极之间的电压）的作用。

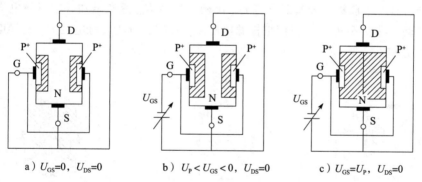

a）$U_{GS}=0$, $U_{DS}=0$ b）$U_P<U_{GS}<0$, $U_{DS}=0$ c）$U_{GS}=U_P$, $U_{DS}=0$

图 6-34 栅源反向偏置电压对导电沟道及漏极电流的影响

栅源电压、漏源电压均为零时，栅结（栅极与衬底之间的 PN 结）电压为零，载流子自然扩散所产生的耗尽层厚度很小，导电沟道最宽，漏源之间电阻最小，如图 6-34a 所示。

增加栅源之间的反向偏置电压、保持漏源电压为零（$U_P<U_{GS}<0$，$U_{DS}=0$），栅结反向偏置，耗尽层厚度增加，导电沟道变窄，漏源之间电阻增大，如图 6-34b 所示。

继续增加栅源之间的反向偏置电压、保持漏源电压为零（$U_{GS}=U_P$，$U_{DS}=0$），栅结耗尽层的厚度随 U_{GS} 的增加而增加；当栅结反向偏置电压达到夹断电压（称为 $U_{GS(off)}$ 或 U_P）时，两侧的耗尽层将连接在一起，导电沟道消失，漏源之间电阻变为无穷大，如图 6-34c 所示。

图 6-35 在栅源反向偏置电压 U_{GS} 的基础上，增加了漏源电压 U_{DS}。由于漏极电位高于源极电位，电子将从源极进入沟道，而从漏极离开沟道，"源"和"漏"这两个字恰当地表明

了源极和漏极在载流子运动中的作用。

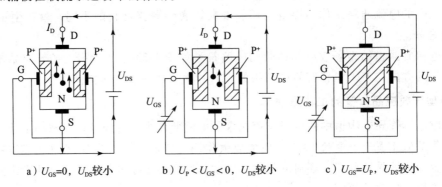

a）U_{GS}=0，U_{DS}较小 　　　　b）$U_P < U_{GS} < 0$，U_{DS}较小　　　　c）$U_{GS}=U_P$，U_{DS}较小

图 6-35　栅源反向偏置电压控制沟道电阻

当 U_{DS} 较小时，它对栅结耗尽层的影响可以忽略，导电沟道的宽度仍然可以认为是由 U_{GS} 所控制的；而导电沟道的宽度又决定了漏源间的电阻，所以，当 U_{DS} 较小时，场效应晶体管的漏极和源极之间相当于一个受栅源间反向偏置电压 U_{GS} 控制的可变电阻。栅源间反向偏置电压 U_{GS} 越大，漏源之间的电阻也越大。

也许读者会问，栅源电压正向偏置会出现什么情况？事实上，这是不允许的，因为这时两个 PN 结均处于正向偏置，场效应晶体管将无法调节导电沟道的宽度，从而失去对电流的调节作用。在实际应用中，要求场效应晶体管必须保证 U_{GS} 反向偏置。

（2）漏源正向偏置电压对导电沟道及漏极电流的影响

上述分析有一个前提，即漏源电压 U_{DS} 比较小。当 U_{DS} 逐渐增加，它对导电沟道的影响就不能再忽略。在图 6-36 中，我们把栅源电压 U_{GS} 置零，分析漏源电压 U_{DS} 对导电沟道及漏极电流 I_D 的影响。

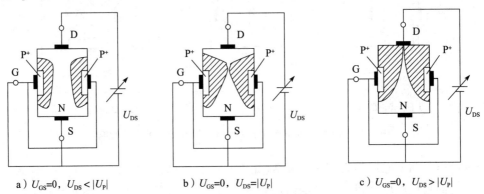

a）U_{GS}=0，$U_{DS} < |U_P|$　　　　b）U_{GS}=0，$U_{DS}=|U_P|$　　　　c）U_{GS}=0，$U_{DS} > |U_P|$

图 6-36　漏源正向偏置电压对沟道及漏极电流的影响

栅源电压、漏源电压均为零时，导电沟道最宽，但是由于漏源电压 U_{DS} 也为零，所以漏极电流 I_D 也为零，如图 6-34a 所示。

栅源电压 U_{GS} 为零、漏源正向偏置电压 U_{DS} 还不是很大时，由于栅极与漏极间为反向偏置电压，栅极与源极间为零偏置电压，导致栅结耗尽层在接近漏极一端宽、在接近源极一端窄，导电沟道形成楔形，如图 6-36a 所示。由于导电沟道仍然存在，漏源之间表现为电阻特征。此时由于漏源电压 U_{DS} 不是很大，所以漏极电流 I_D 也不是很大。

保持栅源电压 U_{GS} 为零,提高漏源正向偏置电压 U_{DS},导电沟道变窄,漏-源极间的电阻在增加,漏极电流 I_D 也在增大。当 $U_{DS}=|U_P|$ 时,栅-漏极间反向偏置电压已经等于夹断电压,而栅源电压仍为零,导致栅结耗尽层在接近漏极一端宽到几乎相遇,而在接近源极一端仍然很宽,这称为预夹断,如图6-36b所示。导电沟道仍然存在,但在预夹断区附近变得很窄,沟道电阻随着 U_{DS} 的增加快速增加。这时,U_{DS} 的增加一方面有助于加速载流子运动(增大电流),另一方面又迅速提高沟道电阻(减小电流),正反作用的结果,导致漏极电流 I_D 无法随 U_{DS} 的增加而增加。这时($U_{GS}=0$,$U_{DS}=|U_P|$)的 I_D 为结型场效应晶体管正常工作时漏极电流的最大值,称为漏极饱和电流 I_{DSS}。继续提高 U_{DS},I_D 几乎不再增加。

保持栅源电压 U_{GS} 为零,继续提高漏源正向偏置电压,当 $U_{DS}>|U_P|$ 时,夹断区一方面向漏极扩展,另一方面在高速运动的载流子作用下向漏极偏移,导电沟道形状发生改变,如图6-36c所示。漏极电流 I_D 保持不变,场效应晶体管表现出恒流特性。

如果 U_{DS} 超过漏源击穿电压 $U_{(BR)DS}$,耗尽层将发生击穿,导致漏极电流 I_D 迅速增加。

3. 结型场效应晶体管的特性曲线

综合考虑 U_{GS} 和 U_{DS} 的作用,可得到如图6-37a所示的N沟道结型场效应晶体管的输出特性曲线。它表明了以 U_{GS} 为参变量时,U_{DS} 对 I_D 的控制作用。

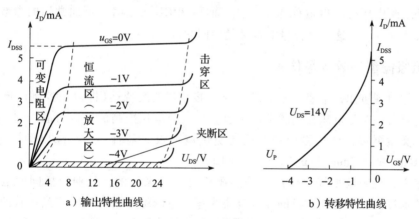

a)输出特性曲线　　　　　　　　b)转移特性曲线

图6-37 N沟道结型场效应晶体管的特性曲线

N沟道结型场效应晶体管的输出特性曲线具有如下特性:

1) $U_{DS}=0$ 时,导电沟道的宽度仅仅取决于 U_{GS}。但因为 $U_{DS}=0$,相当于在沟道电阻上加了零电压,此时不会有电流,所以 $I_D=0$。

2) 当 U_{DS} 很小、$U_P<U_{GS}<0$ 时,沟道没有夹断,但是沟道电阻取决于 U_{GS} 的大小,$|U_{GS}|$ 越大,沟道越窄,电阻越大。当 U_{GS} 一定时,I_D 随 U_{DS} 的增加而线性增加,且输出特性曲线的斜率仅仅取决于 U_{GS},说明这时JFET的沟道电阻受 U_{GS} 的明显控制,该区域称为可变电阻区。

3) U_{DS} 增加到使得栅漏电压 U_{GD} 低于 U_P 时,漏端沟道发生预夹断,沟道靠近漏极的电阻开始明显加大。如果 U_{DS} 继续增加,则耗尽层靠拢的部分加长,沟道的电阻进一步增大。这时 U_{DS} 的增加量几乎完全被伴随而来的沟道电阻的增加量所抵消(然而沟道电阻的加大还没有达到无穷大的程度,所以还不足以使得 I_D 降低为零,毕竟,沟道电阻的增加是由 U_{DS} 自身的增加所引起的,无论如何也不能超出 U_{DS} 效应的影响)。这时的电流 I_D 不再随着 U_{DS}

的增大而增大，而几乎保持恒定值，该区域称为恒流区、放大区或饱和区。

从可变电阻区进入恒流区的临界条件是 $U_{GD} = U_P$，即 $U_{GS} - U_{DS} = U_P$。在输出特性图中，可变电阻区与恒流区的分界线就是 $U_{DS} = U_{GS} - U_P$，这条曲线叫作预夹断轨迹。

结型场效应晶体管在恒流区的内部工作特点是：漏端沟道预夹断、源端沟道未夹断。

4）增大 U_{DS} 到击穿电压以上，漏源之间发生击穿，I_D 急剧增大，该区域称为击穿区。

5）当 U_{GS} 反向偏置电压达到 U_P 以下时，整个沟道都夹断，$I_D \approx 0$，该区域称为夹断区。

在恒流区，选择 U_{DS} 固定时，即可从输出特性曲线得到 I_D 与 U_{GS} 的关系曲线，该曲线称为转移特性曲线，它反映了 U_{GS} 对 I_D 的控制作用。N 沟道结型场效应晶体管的转移特性曲线如图 6-37b 所示：U_{GS} 反向偏置电压越大，I_D 越小；$U_{GS} = 0$ 时，I_D 最大，即漏极饱和电流 I_{DSS}，场效应晶体管被饱和；$U_{GS} = U_P$ 时，I_D 最小，$I_D \approx 0$，场效应晶体管被夹断。

实际上，在恒流区，U_{GS} 相同时，不同 U_{DS} 所对应的 I_D 基本相同，N 沟道结型场效应晶体管 U_{GS} 与 I_D 的控制作用可以用式(6-13)表示：

$$I_D = I_{DSS} \left(1 - \frac{U_{GS}}{U_P} \right)^2 \quad (U_{DS} \geq U_{GS} - U_P) \tag{6-13}$$

所以，不同 U_{DS} 所对应的转移特性曲线也基本相同。

另外，夹断电压有时也被称作 $U_{GS(off)}$，而在 SPICE 仿真时，更加常用的参数是 V_{to}，可以认为 U_P、V_{to}、$U_{GS(off)}$ 这 3 个符号的含义是相同的。

6.5.2　绝缘栅型场效应晶体管

根据工作原理可知，结型场效应晶体管能够实现放大特性（即电压控制电流特性）的关键，在于它具有一个受电压控制的导电沟道，从"受电压控制的导电沟道"这一思路出发，可以设计出类型更多、结构更简单、性能更优越的放大器件——绝缘栅型场效应晶体管（Insulated Gate Field-Effect Transistor，IGFET）。

顾名思义，绝缘栅型场效应晶体管的栅极是"绝缘"的，其栅源极间的电阻非常大；在栅极上施加控制电压时，栅极的输入电流为零，所以绝缘栅型场效应晶体管的功耗很低。低功耗、结构简单这些特点，使得绝缘栅型场效应晶体管更加易于集成，在集成电路中得到了比结型场效应晶体管和双极型晶体管更加广泛的应用。

绝缘栅型场效应晶体管的栅极之所以能够"绝缘"，是因为它的栅极（通常用金属铝制作）与半导体之间存在一个 SiO_2 薄层，形成"金属-氧化物-半导体"这样的结构，所以绝缘栅型场效应晶体管通常被称为 MOS 场效应晶体管（Metal-Oxide-Semiconductor Field-Effect Transistor，MOSFET）。

1. 绝缘栅型场效应晶体管的基本结构

根据导电沟道的不同特性，IGFET 也有 N 沟道和 P 沟道之分，这一点与 JFET 类似；与 JFET 不同的是，IGFET 还有增强型（Enhancement-Type）和耗尽型（Depletion-Type）之分。

1）增强型 IGFET 没有初始导电沟道，导电沟道的形成有赖于栅极电压的存在，增强栅极电压将导致沟道变宽，从而实现用栅极电压控制漏-源电流的目的。

2）耗尽型 IGFET 的导电沟道在栅极不加电压的情况下就已经存在，增强栅极电压，导电沟道将变窄直至夹断（这意味着导电沟道被消耗殆尽）。

N 沟道增强型 IGFET(MOSFET)的基本结构如图 6-38a 所示,其制作工艺为:在一块 P 型半导体上生成一层 SiO₂ 薄膜绝缘层,然后用光刻工艺扩散出两个高掺杂的 N 型区,每个 N 型区各引出一个电极,分别为漏极(D)和源极(S)。在源极和漏极之间的绝缘层上镀一层金属铝作为栅极(G)。P 型半导体称为衬底,通常也引出一个电极,用符号 B(Base)表示。当栅极无电压时,增强型 IGFET 的漏极和源极之间为两个背靠背的 PN 结,没有导电沟道;只有在栅极施加足够的正电压时,才会在栅极下方的 P 型衬底表面形成 N 型沟道。

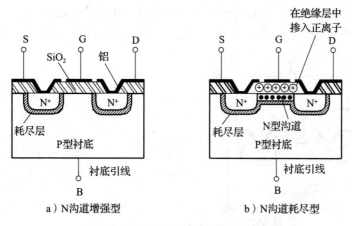

图 6-38 IGFET(MOSFET)结构示意图

N 沟道耗尽型 IGFET 的基本结构如图 6-38b 所示,与增强型的差别在于,在其栅极下方的 SiO₂ 绝缘层中掺入了大量的金属正离子,这些正离子将在 SiO₂ 绝缘层的下面感应出相应数量的电子。耗尽型 IGFET 的初始导电沟道是由绝缘层中的金属正离子所感应出来的,无须栅极电压的存在。

P 沟道 IGFET 的结构与 N 沟道 IGFET 类似,只不过其衬底为 N 型半导体,漏区和源区为高掺杂的 P 型半导体。P 沟道增强型 IGFET 栅极下方绝缘层无掺入离子,所以它没有导电沟道;P 沟道耗尽型 IGFET 栅极下方的绝缘层中已经掺入金属负离子,所以存在初始的 P 型导电沟道。

IGFET 在结构上左右对称,其源极和漏极可以互换。IGFET 有 4 个引出电极,但在实际使用中源极和衬底通常短接在一起,某些 IGFET 在出厂时源极和衬底已经被短接在一起,这种情况下,漏极和源极就不可以互换使用了。

图 6-39 是 4 种 IGFET 的电路符号,其规律为:虚线表示增强型,实线表示耗尽型;箭头总是从 P 区指向 N 区,所以箭头向内代表 N 沟道,箭头向外代表 P 沟道。

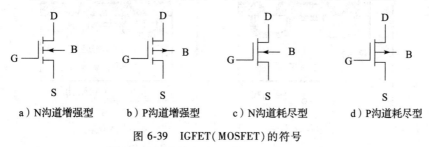

a)N沟道增强型 b)P沟道增强型 c)N沟道耗尽型 d)P沟道耗尽型

图 6-39 IGFET(MOSFET)的符号

2. 绝缘栅型场效应晶体管的工作原理和特性曲线

绝缘栅型场效应晶体管是一种电压控制型器件，栅极和源极之间的电压 U_{GS} 为控制信号，漏极电流 I_D 为被控制信号。下面分别以 N 沟道增强型和 N 沟道耗尽型 IGFET 为例，来说明绝缘栅型场效应晶体管的工作原理。

（1）N 沟道增强型 IGFET

如图 6-40 所示，源极和衬底已经短接，源极与衬底间 PN 结两端的电压被固定为零，所以其耗尽层的宽度不会改变，这意味着 IGFET 不能像 JFET 那样靠改变耗尽层宽度来控制漏极和源极间沟道的导电性能。那么 IGFET 是怎样实现电压控制电流的功能呢？

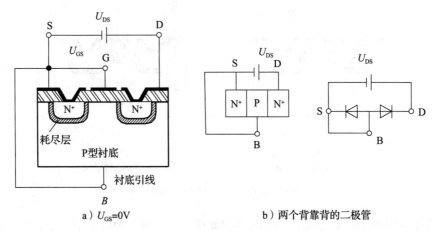

a）$U_{GS}=0\text{V}$　　　　　　　　　　b）两个背靠背的二极管

图 6-40　$U_{GS}=0\text{V}$ 时的 N 沟道增强型 IGFET

1）栅源电压 U_{GS} 对漏极电流 I_D 的控制作用。当 $U_{GS}=0\text{V}$ 时，漏极和源极之间相当于两个背靠背的二极管，如图 6-40b 所示，电压 U_{DS} 无法在漏、源极间形成电流。

逐渐增加栅极电压，当 $U_{GS}>0\text{V}$ 时，由于绝缘层的存在，在栅极和衬底间产生电容效应，形成了由栅极指向衬底的、与表面垂直的纵向电场，该电场将靠近栅极下方的 P 型半导体中的空穴向下方排斥，出现了一薄层负离子的耗尽层。耗尽层中的少子（电子）将向表层运动，但数量有限，还不足以形成导电沟道，将漏极和源极沟通，即使施加了漏源电压 U_{DS}，也无法形成漏极电流 I_D，如图 6-41a 所示。

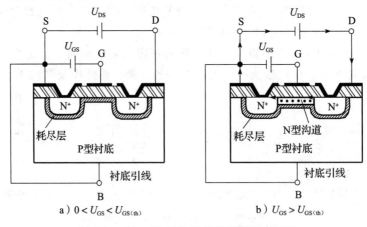

a）$0<U_{GS}<U_{GS(\text{th})}$　　　　　　b）$U_{GS}>U_{GS(\text{th})}$

图 6-41　$U_{GS}>0\text{V}$ 时的 N 沟道增强型 IGFET

进一步增加 U_{GS} 达到某一特定数值以上，P 型衬底中的自由电子将被强电场吸引到耗尽层与绝缘层之间，靠近栅极下方的 P 型半导体表层中将聚集较多的电子，足以形成导电沟道，将漏极和源极沟通，这个电压称为开启电压 $U_{GS(th)}$。在栅极下方沟道中聚集着自由电子，其极性与 P 型半导体的多子空穴的极性相反，故称为反型层。

当 $U_{GS} > U_{GS(th)}$ 时，如果施加漏源电压 U_{DS}，就可以形成漏极电流 I_D，如图 6-41b 所示。随着 U_{GS} 的增加，导电沟道加宽，漏源电阻降低，I_D 将随之增加。

2）漏源电压 U_{DS} 对漏极电流 I_D 的控制作用。假设 U_{GS} 为大于 $U_{GS(th)}$ 的某一固定值。

当 $U_{DS} = 0V$ 时，漏源之间没有电压，自然也就不能存在电流，所以 $I_D = 0$。

当 U_{DS} 比较小，使得 $U_{GD} > U_{GS(th)}$ 时，U_{DS} 增加一方面导致 I_D 增加，另一方面导致 $U_{GD} = U_{GS} - U_{DS}$ 减小，导电沟道在靠近漏区的部分变窄，如图 6-42a 所示。

当 U_{DS} 继续增大，则 U_{GD} 继续降低，当 U_{DS} 增大到使得 $U_{GD} = U_{GS(th)}$ 时，导电沟道靠近漏区的部分将发生预夹断，如图 6-42b 所示。继续增加 U_{DS}，预夹断区随之加长，沟道电阻增大，U_{DS} 的增加被预夹断区的加长抵消，I_D 基本不变。

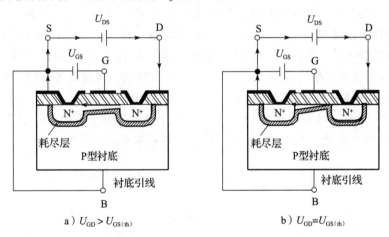

a）$U_{GD} > U_{GS(th)}$ b）$U_{GD} = U_{GS(th)}$

图 6-42 U_{DS} 对 I_D 的控制作用

3）N 沟道增强型 IGFET 的特性曲线。图 6-43a 为 N 沟道增强型 IGFET 在恒流区的转移特性曲线，它表明了 U_{GS} 和 I_D 之间的关系，即 U_{GS} 对 I_D 的控制作用，其数学关系式为

$$I_D = I_{D(on)} \left(\frac{U_{GS}}{U_{GS(th)}} - 1 \right)^2 \quad (U_{GS} \geq U_{GS(th)}, \ U_{DS} \geq U_{GS} - U_{GS(th)}) \tag{6-14}$$

式中，$I_{D(on)}$ 为通态漏极电流（On State Drain Current），它是 $U_{GS} = 2U_{GS(th)}$ 时的 I_D 值。

从转移特性曲线可知，当 $U_{GS} = 0V$ 时，$I_D = 0$；当 $U_{GS} < U_{GS(th)}$ 时，N 沟道 IGFET 截止，$I_D \approx 0$；只有当 $U_{GS} > U_{GS(th)}$ 时，才会出现漏极电流，即只有"增强"U_{GS} 以后才能出现 I_D，这就是被称为增强型 MOS 管的由来。

图 6-43b 为 N 沟道增强型 IGFET 的输出特性曲线，它表明了 U_{DS} 和 I_D 之间的关系，与 JFET 类似，IGFET 的输出特性曲线也分成可变电阻区、恒流区（放大区）、夹断区、击穿区等几个部分。输出特性曲线反映了以 U_{GS} 为参变量时，U_{DS} 对漏极电流 I_D 的控制作用，所以也称为漏极输出特性曲线。

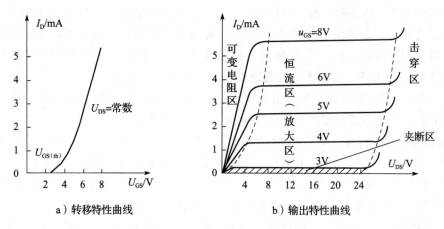

a）转移特性曲线　　　　　　　b）输出特性曲线

图 6-43　N 沟道增强型 IGFET 的特性曲线

（2）N 沟道耗尽型 IGFET

由于 SiO_2 绝缘层中正离子的存在，N 沟道耗尽型 MOSFET 的 $U_{GS}=0$ 时，在靠近栅极下方的 P 型半导体中已经感应出了反型层，形成了沟道。这时，只要有漏源电压，就有漏极电流存在。当 $U_{GS}>0$ 时，随着 U_{GS} 的增加，沟道变宽，I_D 将进一步增加。当 $U_{GS}<0$ 时，随着 U_{GS} 的减小，沟道变窄，I_D 将减小；随着 U_{GS} 负电压的增大，沟道将被夹断，I_D 将减小为 0。对应 $I_D=0$ 的 U_{GS} 称为夹断电压，用符号 $U_{GS(off)}$ 或 U_P 表示。

N 沟道耗尽型 MOSFET 的转移特性曲线如图 6-44a 所示，图 6-44b 是 N 沟道耗尽型 MOSFET 的输出特性曲线。在恒流区，U_{GS} 对 I_D 的控制关系表达式为

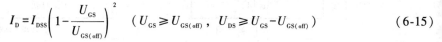

$$I_D = I_{DSS}\left(1 - \frac{U_{GS}}{U_{GS(off)}}\right)^2 \quad (U_{GS} \geq U_{GS(off)},\ U_{DS} \geq U_{GS} - U_{GS(off)}) \tag{6-15}$$

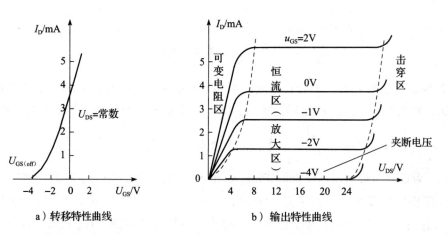

a）转移特性曲线　　　　　　　b）输出特性曲线

图 6-44　N 沟道耗尽型 IGFET 的特性曲线

（3）P 沟道 IGFET

P 沟道 IGFET 的工作原理与 N 沟道 IGFET 完全相同，也分成增强型和耗尽型 MOSFET 两类。其工作原理和特性曲线请读者自行分析，此处不再详述。

6.5.3 场效应晶体管的特性

1. 场效应晶体管的特性曲线

场效应晶体管的漏极电流 I_D 既受栅源电压 U_{GS} 的控制，又受漏源电压 U_{DS} 的控制。

1）改变 U_{GS} 将改变导电沟道的宽度，从而改变漏极和源极间的导电性能。当改变 U_{GS} 使沟道宽度为零时，场效应晶体管截止；当沟道宽度不为零，而且 U_{DS} 较小时，它对沟道的影响可以忽略，场效应晶体管工作于（受 U_{GS} 控制的）可变电阻区。

2）增大 U_{DS}，它对沟道的影响不能忽略，随着 U_{DS} 的增大，沟道将发生预夹断，使场效应晶体管进入恒流区（放大区）；U_{DS} 过大，将使场效应晶体管发生击穿。

漏极输出特性曲线描述了场效应晶体管在不同 U_{GS}、U_{DS} 作用下的 I_D 值，转移特性曲线则特别描述了场效应晶体管工作在放大区时 U_{GS} 对 I_D 的控制。不同结构的场效应晶体管，其特性曲线也不同，前文已有讲述。

当把场效应晶体管作为一种电压控制电流型的放大器件时，U_{GS} 为输入（控制）信号，I_D 为输出（被控制）信号。由于结型场效应晶体管正常工作时要求栅极 PN 结反向偏置，绝缘栅型场效应晶体管的栅极加在绝缘层上，所以不论结型场效应晶体管还是绝缘栅型场效应晶体管，正常工作时从栅极输入的电流都很小，所以场效应晶体管的输入电阻很大。

2. 场效应晶体管的特性参数

描述场效应晶体管特性的常用参数如下：

（1）开启电压 $U_{GS(th)}$（或 U_T）

开启电压是增强型场效应晶体管的参数，当 $U_{GS} < U_{GS(th)}$ 时，场效应晶体管不能导通。

（2）夹断电压 $U_{GS(off)}$（或 U_P）

夹断电压是耗尽型和结型场效应晶体管的参数，当 $U_{GS} < U_{GS(off)}$ 时，漏极电流为零。

（3）饱和漏极电流 I_{DSS}

饱和漏极电流是耗尽型和结型场效应晶体管的参数，定义为 $U_{GS} = 0$ 且 $U_{GD} > U_P$（即场效应晶体管工作在恒流区）时的 I_D。

（4）输入电阻 R_{GS}

场效应晶体管的栅源输入电阻的典型值，结型场效应晶体管的 $R_{GS} > 10^7\Omega$，绝缘栅型场效应晶体管的 R_{GS} 为 $10^9 \sim 10^{15}\Omega$。

（5）低频跨导（互导）g_m

低频跨导反映了栅源电压对漏极电流的控制作用，其作用相当于双极型晶体管的电流放大系数 β，g_m 的定义为

$$g_m = \frac{\Delta I_D}{\Delta U_{GS}} \bigg|_{U_{DS} = \text{const}} \tag{6-16}$$

g_m 的单位为西门子（S，即 A/V）或毫西门子（mS，即 mA/V），它的值可以根据输出特性或转移特性求出。由于转移特性曲线也反映了栅源电压对漏极电流的控制作用，转移特性曲线的斜率就等于低频跨导 g_m。

（6）最大漏极功耗 P_{DM}

最大漏极功耗可由 $P_{DM} = U_{DS}I_D$ 决定，与双极型晶体管的 P_{CM} 相当。

6.5.4　场效应晶体管的应用

巧妙利用场效应晶体管不同工作区的特性，可以实现各种不同的应用，例如：

1）利用恒流区 "I_D 基本上只受 U_{GS} 控制，U_{GS} 不变则 I_D 基本不变" 的特点，可用场效应晶体管实现放大器和恒流源。

2）利用可变电阻区 "沟道电阻受只受 U_{GS} 控制" 的特点，可用场效应晶体管实现压控线性电阻。

3）利用夹断区 "漏极电流 I_D 为零" 的特点，可用场效应晶体管实现无触点的电子开关。

具体实例从略。

需要注意的是，场效应晶体管不允许工作在击穿区，长时间通过大电流会烧毁场效应晶体管。

习题

（完成下列习题，并用 LTspice 仿真验证）

6-1　如图 6-12a 所示电路，二极管正向导通电压忽略不计，$u_1 = 5\sin\omega t$ V，试画出 u_1 与 u_0 的波形。

6-2　如图 6-45 所示电路，$R_1 = 2\Omega$，$R_2 = 3\Omega$，二极管 VD 的正向导通压降为 0.7V，反向击穿电压为 5V，分别计算电源电压 $U_s = 4$V、15V 两种情况时，电路中的电流 I。

6-3　如图 6-46 所示电路，$R_1 = 3\Omega$，$R_2 = 2\Omega$，$U_1 = 6$V，$U_2 = -6$V，分析理想二极管 VD_1 和 VD_2 的工作状态，求电流 I_1 和 I_2。

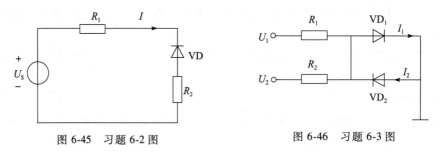

图 6-45　习题 6-2 图　　　　　　图 6-46　习题 6-3 图

6-4　BJT 有哪 4 种工作状态？已知晶体管基极、集电极、发射极电压，如何判断 BJT 的工作状态？

6-5　已知 BJT 处于正常放大状态时，3 个引脚的电压分别为 5.3V、0V 和 6V，请画出此管的电路符号，写出 B、E、C 电极所对应的电压，并说明它是 NPN 型管还是 PNP 型管，硅管还是锗管。

6-6　如图 6-47 所示电路，已知 $U_{CC} = 12$V，$R_b = 5$kΩ，$R_c = 1$kΩ，晶体管 $\beta = 50$，导通时 $U_{BE} = 0.7$V，$U_{CES} = 0.3$V。确定晶体管处于临界饱和时所对应的 U_I 的饱和值 U_{IS}，求出 U_I 为 0V、1V、5V 时，晶体管的工作状态（截止、放大或饱和）及对应的输出电压 u_0 的值。

6-7　如图 6-48 所示电路，已知 $U_{cc} = 5V$，$R_b = 100k\Omega$，$R_c = 1k\Omega$。确定晶体管临界饱和时的 β 值，并指出晶体管饱和的条件是 β 高于该值和还是低于该值。

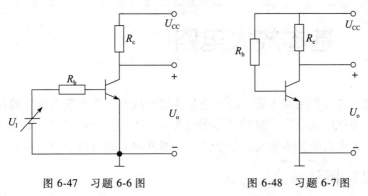

图 6-47　习题 6-6 图　　　　　　图 6-48　习题 6-7 图

6-8　已知场效应晶体管的输出特性曲线，如何画出其转移特性曲线？

第7章 基本放大电路

基本放大电路直接利用晶体管、场效应晶体管的放大特性实现电信号的放大，其输入和输出信号的形式为电流或电压，且输出信号受输入信号的控制（通常成比例关系）。基本放大电路是构成放大电路的基本单元，是学习、理解其他放大器的基础。

7.1 放大电路概述

放大器（Amplifier）的功能如图 7-1a 所示，x_i 表示放大器的输入信号，x_o 表示放大器的输出信号，如果 x_i 和 x_o 之间存在如下关系：

$$x_o = Ax_i \tag{7-1}$$

而且 $A>1$，就说明输出信号 x_o "放大" 了输入信号 x_i。参数 A 表明了输入信号与输出信号的关系，称为放大器的放大倍数（Gain）；如果 A 为与信号无关的常数，即 x_i 与 x_o 呈线性关系，则放大器为线性放大器；否则为非线性放大器。

放大器当然无须一定用电子技术来实现，但是由电子元件所组成的放大器（放大电路）却是应用最广泛的放大器。通过放大电路，可以把传声器所产生的电信号放大为扬声器所能发出的声音，把无线电波转换成音频信息和视频信息，实现对电动机的精确控制。在这些应用中，无论是声音、图像、还是控制信息，都不是静止不变的，而是变化着的动态信息，相应地，放大电路的输入信号和输出就不能是直流信号，而是变化的信号。

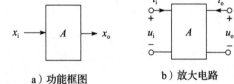

a）功能框图　　　　b）放大电路

图 7-1　放大器的功能

放大电路是放大电信号的放大器，其输入信号和输出信号都只能用电信号表示，而最常用的电信号就是电压和电流。因为不论是要输入电信号还是要输出电信号，都需要两个端子，所以放大电路需要 4 个端子，如图 7-1b 所示。理论上讲，放大电路的输入、输出信号既可以用电压表示，也可以用电流表示，所以可得到以下几类放大关系组合：

1）输出电压放大输入电压（$u_o = A_{uu}u_i$），A_{uu} 为电压放大倍数。

2）输出电流放大输入电流（$i_o = A_{ii}i_i$），A_{ii} 为电流放大倍数。

3）输出电压放大输入电流（$u_o = A_{ui}i_i$），A_{ui} 为互阻放大倍数。

4）输出电流放大输入电压（$i_o = A_{iu}u_i$），A_{iu} 为互导放大倍数。

上述四类关系与第 1 章所介绍的四类受控源的输入输出关系相对应，这是因为受控源本来就是用来表示放大关系所提出来的概念。同时，图 7-1b 中 i_i、i_o 的方向均设定为从 u_i、u_o 的正端流入放大电路，这一点与受控源在输入、输出端口上对于电压电流方向的规定是一致的。

7.1.1 放大电路的功能与参数

很自然地，放大电路的功能可以用受控源来表示。根据戴维南定理和诺顿定理，可以把放大电路的输入信号等效为实际电压源或实际电流源，把放大电路的负载等效为电阻 R_L。由此得到如图7-2所示的线性放大电路的等效框图。

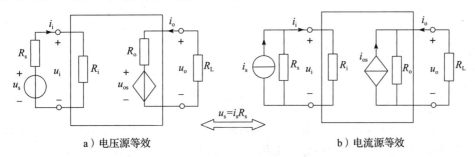

a）电压源等效   b）电流源等效

图7-2 线性放大电路的等效框图

来自信号源的输入信号，经输入端口耦合到放大电路，输入电压 u_i 表示输入端口上的电压、输入电流 i_i 表示输入端口上的电流；放大器的输出信号经输出端口耦合到负载，输出电压 u_o 表示输出端口上的电压、输出电流 i_o 表示输出端口上的电流。这种耦合关系表明，放大电路对信号源来说相当于负载，对负载来说相当于信号源。作为信号源的负载，放大电路的存在将对信号源的真实输出造成影响，使得信号源送到放大电路输入端口上的电压 u_i 和电流 i_i 不能完全等于理想信号电压值 u_s 和电流值 i_s；作为负载的信号源，放大电路也不能保证把自己的理想输出值丝毫不差地送到负载。为了全面描述放大电路的特征，经常用到以下参数。

1. 放大电路的放大特性：放大倍数

前文已经指出，放大电路所放大的信号不是直流信号，而是不断变化的信号，而且信号（例如人的声音）的变化规则事先无法预测，那么如何描述放大电路的放大倍数呢？这需要用到信号的傅里叶分析理论。

傅里叶分析理论指出，无论多么复杂的信号，都可以分解为无限多个正弦信号的叠加。对于线性放大电路，如果已知放大电路对于任意频率的正弦信号的放大倍数，就可以知道放大电路对于任意信号的放大倍数，所以分析放大电路对于任意信号的放大倍数的问题，就转换为放大电路对于正弦信号，即交流信号放大倍数的分析。

本书第5章指出，交流信号可以用相量表示，所以放大电路的放大倍数也可以用输出交流信号的相量与输入交流信号的相量之比来表示。实际应用中最常用的放大倍数是电压放大倍数和电流放大倍数，用相量法表示为

电压放大倍数
$$\dot{A}_u = \frac{\dot{U}_o}{\dot{U}_i} \tag{7-2}$$

电流放大倍数
$$\dot{A}_i = \frac{\dot{I}_o}{\dot{I}_i} \tag{7-3}$$

定义放大电路的输出功率与输入功率之比为功率放大倍数，即

$$\dot{A}_p = \frac{\dot{P}_o}{\dot{P}_i} = \frac{\dot{U}_o}{\dot{U}_i}\frac{\dot{I}_o}{\dot{I}_i} = \dot{A}_u\dot{A}_i \tag{7-4}$$

工程上还经常使用分贝（dB）来表示放大倍数，称为增益，其定义为

电压增益
$$A_u(\mathrm{dB}) = 20\lg|\dot{A}_u| = 20\lg\left|\frac{\dot{U}_o}{\dot{U}_i}\right|$$

电流增益
$$A_i(\mathrm{dB}) = 20\lg|\dot{A}_i| = 20\lg\left|\frac{\dot{I}_o}{\dot{I}_i}\right|$$

功率增益
$$A_p(\mathrm{dB}) = 10\lg|\dot{A}_p| = 10\lg\left|\frac{\dot{P}_o}{\dot{P}_i}\right|$$

由于放大电路的输入端口上的电压 u_i 和电流 i_i 不能完全等于理想信号电压值 u_s 和电流值 i_s，所以有时还需要考虑放大器输出电压 u_o 对信号源电压 u_s 的放大倍数，即

$$\dot{A}_{us} = \frac{\dot{U}_o}{\dot{U}_s} \tag{7-5}$$

2. 放大电路对信号源的影响：输入电阻

输入电阻是从放大器输入端看进去的等效电阻，它表明了放大器对信号源实际输出的影响，用 R_i 表示。在图 7-2 参考方向（i_i 从 u_i 的正端流入、负端流出）的前提下，有

$$R_i = \frac{\dot{U}_i}{\dot{I}_i} \tag{7-6}$$

即 R_i 上的电流和电压必须呈关联参考方向，否则将差一个负号。

下面以图 7-2a 为例分析 R_i 对信号源的影响。对放大器输出电路列 KVL 方程得
$$u_s = i_i R_s + i_i R_i = i_i(R_s + R_i)$$
可见 R_i 越大，放大器从信号源索取的电流，即放大器的输入电流 i_i 就越小。

其次考虑放大器的输入电压，因为
$$u_i = u_s - i_i R_s$$
可知 i_i 越小，R_s 上的分压 $i_i R_s$ 就越小，信号源的输出电压即放大器的输入电压 u_i 就越大，或者说更加接近于信号源的理想电压 u_s 的值。

综上分析可知：R_i 越大，则 i_i 越小，u_i 越大（即更加接近信号源的开路输出电压值）。这说明 R_i 越大，对信号源输出电压 u_i 的影响越小（同时对信号源输出电流 i_i 的影响却很大）。对 7-2b 进行类似分析可知，R_i 越小，对信号源输出电流 i_i 的影响越小（同时对输出电压 u_i 的影响很大）。无论如何改变 R_i，都不可能既不影响 u_i 又不影响 i_i。那么，如何设定输入电阻 R_i，才能保证放大电路的放大性能呢？这就需要考虑放大电路的类型。

不同类型放大器的控制信号（即输入信号）不同，既然无法实现既不影响 u_i 又不影响 i_i，那么只要尽可能稳定对放大器而言最重要的信号就可以了。如果放大器的控制信号是 u_i，就要尽可能稳定 u_i；如果放大器的控制信号是 i_i，就要尽可能稳定 i_i。

1）电压控制型放大器的输入信号是电压，而 R_i 越大，u_i 就越接近信号源所能输出的最大电压值，这说明 R_i 越大，它对信号源输出电压的影响就越小，所以电压控制型放大器的

输入电阻越大越好。

2）电流控制型放大器的输入信号是电流，而 R_i 越小，i_i 就越接近信号源所能输出的最大电流值，这说明 R_i 越小，它对信号源输出电流的影响就越小，所以电流控制型放大器的输入电阻越小越好。

3）如果放大电路要求输入最大功率，则应使 $R_i = R_s$，称为阻抗匹配。限于篇幅，具体推导过程从略。

3. 放大电路对负载的影响：输出电阻

放大器对于负载电阻 R_L 而言，也相当于（受控的）信号源。如图 7-2 所示，u_{os}、i_{os} 的值受 u_i 或 i_i 的控制，这取决于放大器的类型。如果放大器的输出信号是电压，其输出部分应该等效为图 7-2a 受控电压源 u_{os} 与电阻 R_o 的串联；如果放大器的输出信号是电流，其输出部分应等效为图 7-2b 受控电流源 i_{os} 与电阻 R_o 的并联。

R_o 对负载的影响取决于放大器输出信号是电流还是电压。对于图 7-2a 电压输出型放大器而言，在放大器输出回路中，u_o 等于 u_{os} 的分压，进而可以求出 i_o 的值为

$$i_o = -\frac{u_o}{R_L} = -\frac{u_{os}}{R_o + R_L} \quad u_o = \frac{u_{os} R_L}{R_o + R_L}$$

显然，R_o 越小，分母越小，u_o 和 i_o 就越大，这意味着 R_o 越小，放大器就可以向负载电阻 R_L 输出更高的电压和更大的电流。

对于图 7-2b 电流输出型放大器而言，在放大器输出回路中，u_o 等于 i_{os} 除以总电导，进而可以求出 i_o 的值为

$$i_o = -\frac{u_o}{R_L} = -\frac{i_{os}}{\frac{1}{R_o} + \frac{1}{R_L}} \frac{1}{R_L} = -\frac{i_{os}}{\frac{R_L}{R_o} + 1} \quad u_o = \frac{i_{os}}{\frac{1}{R_o} + \frac{1}{R_L}}$$

显然，R_o 越大，分母越小，u_o 和 i_o 就越大，这意味着 R_o 越大，放大器就可以向负载电阻 R_L 输出更高的电压和更大的电流。

上述分析表明，输出电阻 R_o 对负载的影响取决于放大器输出信号的类型，总结如下：

1）对于电压输出型放大器，R_o 越小，负载上所得到的 u_o 和 i_o 就越大，这意味着输出信号更加稳定，所以电压输出型放大器的输出电阻越小越好。

2）对于电流输出型放大器，R_o 越大，负载上所得到的 u_o 和 i_o 就越大，这意味着输出信号更加稳定，所以电流输出型放大器的输出电阻越大越好。

由于负载的特征就是从放大电路获取功率，所以如果一个放大器能够输出更高的电压和更大的电流，就说明这个放大器的能够驱动更大功率的负载，或者说这个放大器的带负载能力更强。显然，要想提高电压输出型放大器的带负载能力，应该减小其输出电阻；要想提高电流输出型放大器的带负载能力，应该增大其输出电阻。

输出电阻是当输入信号为零时，从放大器输出端看进去的等效电阻，它表明了放大器向负载输出电压或电流的能力。对于图 7-2 中不同输入类型的放大器，输出电阻计算公式为

电压控制型放大器
$$R_o = \frac{\dot{U}_o}{\dot{I}_o}\bigg|_{\dot{U}_i = 0} \tag{7-7}$$

电流控制型放大器

$$R_o = \frac{\dot{U}_o}{\dot{I}_o}\Bigg|_{I_i=0}$$ (7-8)

要注意必须保证 i_o 从 u_o 的正端流入、负端流出，即 R_o 上的电流和电压必须呈关联参考方向，这一点与分析输入电阻时的要求一样。

4. 放大电路的频率特性

实际电路当然不能如图 7-2 那样简单，由于电容、电感等电抗元件的存在，以及晶体管、场效应晶体管等放大器件自身存在的电容效应，在某些情况下，电抗特性对放大电路的影响是不能忽略的。

由于电抗元件对信号的影响表现为电抗，而电抗值与信号频率有关，所以放大电路的放大倍数也必然与输入信号的频率有关。对于不同频率的输入信号，放大电路的放大倍数也不同，因此就有了低频、中频、高频放大器之分。例如中频放大器对中频信号的放大倍数比较稳定，而对低频和高频信号的放大倍数则明显降低。

不仅如此，根据电抗特性还可以知道，电容电流比电容电压超前90°，电感电流比电感电压滞后90°，所以电抗的存在将导致输出信号与输入信号之间产生相移，而且相移的大小随输入信号频率的不同而不同。

由于输出信号与输入信号之间存在相移，前文给出的放大倍数的定义显然是一个复数。以电压放大倍数为例，写成极坐标形式为

$$\dot{A}_u = A_u \underline{/\varphi}$$ (7-9)

式中，A_u 为电压放大倍数的幅度；φ 为电压放大倍数的相移。幅度 A_u 和相移 φ 都是频率的函数，分别称为放大电路的幅频特性和相频特性。图 7-3 就是晶体管共发射极放大电路的典型频率特性。

一般来说，放大电路的放大倍数只在某一特定频率范围内保持稳定，频率太高或太低，都会引起放大倍数的下降。所以，放大电路只适合放大特定频率范围内的信号。表示放大电路所适合放大信号频率范围的参数如下：

（1）下限频率（低频截止频率）f_L

当信号频率下降到一定程度，使得放大电路放大倍数的幅度值降低到中频段的 0.707 倍时，所对应的频率称为下限频率。

（2）上限频率（高频截止频率）f_H

当信号频率上升到一定程度，使得放大电路放大倍数的幅度值降低到中频段的 0.707 倍时，所对应的频率称为上限频率。

（3）通频带 f_{BW}

上、下限频率之差称为通频带，通频带越宽，说明放大电路对于不同频率输入信号的响应能力越好。

$$f_{BW} = f_H - f_L$$ (7-10)

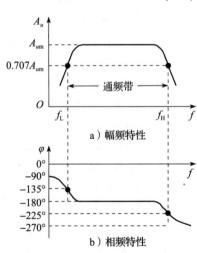

a）幅频特性

b）相频特性

图 7-3　晶体管共发射极放大电路的典型频率特性

输入信号的频率必须位于放大电路的上、下限频率之内，才能保证放大电路对其放大不失真，即必须保证放大电路的通频带大于或等于输入信号的带宽。

5. 最大输出功率 P_{omax} 与效率 η

最大输出功率是在输出信号基本不失真的情况下，负载能够从放大电路获得的最大功率。由于变化的输出信号是由直流电源转换而来，所以负载上的信号功率来自直流电源。

直流电源所提供的功率不能全部转换为负载上的信号，还有一部分被放大电路本身所消耗。放大电路进行信号放大时，其自身所消耗的功率越小，说明放大电路的转换效率越高。如果放大电路输出最大功率 P_{omax} 时所消耗的直流电源功率为 P_E，则定义效率 η 为

$$\eta = \frac{P_{omax}}{P_E} \tag{7-11}$$

6. 放大电路的传输特性

放大电路的传输特性是以输入信号作为横坐标、输出信号为纵坐标所得到的表示输入、输出信号关系的曲线。如图7-4所示，其中 X_i 为放大电路输入信号的幅值，X_o 为放大电路输出信号的幅值。

图7-4中部的直线部分表明，输入信号的幅值在一定范围内变化时，输出信号的幅值与其成比例变化，此时放大电路处于放大状态；增大输入信号的幅值，放大电路的输出信号的幅值将与其成比例变化。

显然，放大电路的放大倍数即为传输特性曲线在放大区的斜率。

但是放大电路输出信号的幅值受放大电路电源和放大电路自身特性的限制，其变化范围是有限制的，所以放大电路的输出信号达到最大值后将无法继续增加。此后再增加输入信号，输出信号不再增加，放大电路进入饱和。

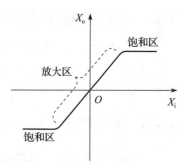

图7-4 放大电路的传输特性

7.1.2 放大电路的基本结构

通过前面的学习可知，适当偏置下，晶体管、场效应晶体管等半导体器件能够表现出放大特性，所以，如果能够把输入信号以适当的形式送入半导体放大器件，并以适当形式从半导体放大器件取出放大后的信号，就可以实现信号放大功能。这种由晶体管、场效应晶体管等半导体放大器件直接构成的放大电路，称为基本（单元）放大电路。

要想使半导体放大器件实现信号放大功能，必须保证：

1）放大器件的偏置适当，能够确保其处于放大状态。例如，为保证晶体管处于放大状态，必须使其发射结正向偏置、集电结反向偏置；为保证场效应晶体管处于放大状态，应调整 U_{GS} 和 U_{DS} 的值，使其处于预夹断状态。这就需要偏置电路。

2）输入信号能够送到放大器件，这就需要与输入信号接口的输入电路，以便在信号源和半导体放大器件之间实现必要的变换与耦合。

3）输出信号能够从放大器件取出，这就需要与输出信号接口的输出电路，以便在半导体放大器件和负载之间实现必要的变换与耦合。

4）放大电路还必须要有直流电源，用来向偏置电路提供直流电压和电流，并通过放大器件的转换，向负载提供变化的输出信号。

可见，基本放大电路应该由 5 部分组成：放大器件、偏置电路、输入电路、输出电路和直流电源，如图 7-5a 所示。

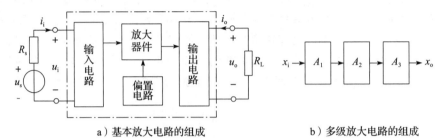

a）基本放大电路的组成 b）多级放大电路的组成

图 7-5 基本放大电路的结构

由于基本放大电路往往不能满足实际需求，就出现了图 7-5b 由多个基本单元放大电路所组成的多级放大电路，以及由多级放大电路所构成的集成电路放大器。

7.2 双极型晶体管放大电路

双极型晶体管可以构成共发射极、共集电极、共基极 3 种放大电路，限于篇幅，本书不一一详述。下面以晶体管共发射极组态基本放大电路为例，介绍晶体管放大电路的组成及其分析方法。

7.2.1 双极型晶体管放大电路的组成

1. 共发射极组态基本放大电路

NPN 晶体管的共发射极组态基本放大电路如图 7-6 所示，组成电路各元器件的功能如下：

放大器件为 NPN 型晶体管 VT，它是整个电路的核心，起着放大的作用。

直流电源 U_{cc} 的作用有两个方面，一是提供偏置电压以保证晶体管处于放大状态，二是提供负载所需交流信号的能量，一般为几伏至几十伏。

偏置电路由 U_{cc}、R_b、R_c 构成。直流电压 U_{cc} 经 R_b 分压提供给基极，经 R_c 分压后提供给集电极。电阻的阻值必须合适，以确保晶体管处

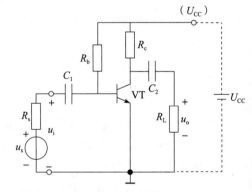

图 7-6 NPN 晶体管的共发射极组态
基本放大电路

于放大区。从电压角度来说，要求发射结正向偏置、集电结反向偏置；从电流角度来说，要求基极电流既不能太大以至于晶体管饱和，也不能太小以至于晶体管截止。

来自信号源的输入信号 u_i 经电容 C_1 耦合到晶体管基极，再经发射结到发射极，最后返回信号源的负极，形成一条完整的回路，这条输入信号流动的电路称为输入回路。电容 C_1 的存在确保了只有交流信号才能被送到晶体管的基极而被放大。

输出电压 u_o 即负载电阻 R_L 两端的电压，它的正电压端由晶体管集电极经电容 C_2 耦合到电阻 R_L，负电压端则连接到晶体管发射极，也形成了一条完整的回路，称为输出回路。电容 C_2 的存在使得负载电阻 R_L 上只能得到交流信号，没有直流信号。

电容 C_1、C_2 的作用是隔断放大电路与信号源、放大电路与负载之间的直流分量，仅通过交流信号，即隔直通交。C_1 称为输入耦合电容，C_2 称为输出耦合电容。C_1、C_2 应选得足够大，以降低对交流信号的容抗，在低频放大器中通常采用电解电容器。

R_c 将集电极电流的变化转换为集电极电压的变化提供给负载，称为集电极负载电阻。

晶体管的发射极是输入回路和输出回路的公共端，所以称该电路为共发射极放大电路。

在分析放大电路时，常以公共端作为电路的零电位参考点，称为地端（并非真正接到大地），在电路图中用"⊥"作为标记。电路中各点的电压都是指该点对地端的电位差，输入/输出电压的参考正方向规定为上正下负。输入/输出电流的参考正方向规定为流入电路为正，流出电路为负。

2. 放大电路的分解：直流通路和交流通路

放大电路中晶体管各电极上的电流和电压，通常是既包含用于放大器件偏置的直流分量，又包含与信号放大有关的交流分量，如图 7-7 所示。

为便于讨论，以基极电流为例，本书对符号含义规定如下：

1）i_B（小写字母、大写下标）为基极电流的瞬时值（直流分量与交流分量之和）。

2）I_B（大写字母、大写下标）为基极电流的直流分量。

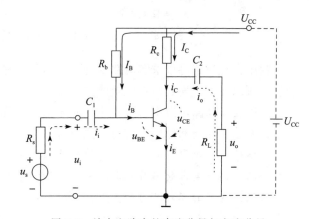

图 7-7 放大电路中的直流分量与交流分量

3）i_b（小写字母、小写下标）为基极电流交流分量的瞬时值。

4）I_b（大写字母、小写下标）为 i_b 相量的简化表示或 i_b 的有效值。

5）i_{bm} 为 i_b 的最大值，也称峰值或振幅。

由于晶体管是一个非线性器件，其基极电压瞬时值 u_{BE} 与基极电流瞬时值 i_B 的关系是指数曲线，而指数函数不便于分析和计算。为了回避晶体管的非线性特征，常采用分解、线性化和叠加的手段：先将电路中的电流和电压分解为直流分量和交流分量，再分别采用不同的线性模型去近似原有电路，最后把分析的结果叠加起来，以求取放大电路中的电压和电流。具体如下：

首先实现直流分量和交流分量的分解。由于电容和电感等元件的存在，直流分量和交流分量在放大电路中所能够流通的路径是不同的，将直流分量在放大电路能够流通的路径称为直流通路，将交流分量在放大电路能够流通的路径称为交流通路。

在原始放大电路中求取直流通路的步骤：

1）电容开路，电感短路。

2）交流电源置零（交流电压源短路，交流电流源开路）。

在原始放大电路中求取交流通路的步骤：

1）电容短路，电感开路。

2）直流电源置零（直流电压源短路，直流电流源开路）。

对原始放大电路图 7-7 应用上述原则，得到其直流通路和交流通路如图 7-8 所示。图中的电路变量，均为大写字母、小写下标，表示交流分量的相量。

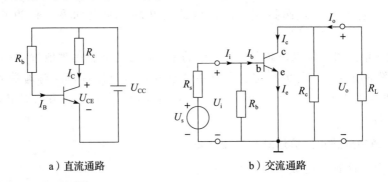

a）直流通路　　　　　　　　　　　b）交流通路

图 7-8　NPN 晶体管共发射极放大电路的直流通路和交流通路

利用直流通路可以求解电路中的直流信号，称为直流分析。进行直流分析时不考虑交流分量，所以在直流通路中应将交流电源置零。

利用交流通路可以求解电路中的交流信号，称为交流分析。进行交流分析时不考虑直流分量，所以在交流通路中应将直流电源置零。

严格地说，求取交流通路时，简单地采用电容短路、电感开路来处理电抗元件的做法是不严谨的。例如电容就不可以对任何频率的信号都视为短路——如果电容容量很小，信号频率也很低，电容的容抗就可能很大，它对交流信号的影响就不能忽略。所以严格说来，只有当电容、电感的阻抗对输入信号的频率而言可以忽略时，才能使用电容短路、电感开路的处理方法。如不特别指明，本书都假定放大电路中的电容、电感的值都足够大，从而可以简单地采用电容短路、电感开路的处理方法来求得交流通路。

3. 双极型晶体管放大电路的组成原则

要保证双极型晶体管放大电路能够在输入信号的全部范围内不失真地放大，首先必须保证在输入信号变化时晶体管始终处于放大区。例如当输入信号变化时，基极电流的瞬时值 i_B 不应超出放大区允许的范围。下面就以基极电流为例，讨论双极型晶体管放大电路的组成原则。

继续分析基极电流，由于晶体管的基极电流为直流分量和交流分量的叠加，即

$$i_B = I_B + i_b$$

其中，直流分量 I_B 来自直流电源，交流分量 i_b 来自输入信号源。如果 I_B 选择适当的值，而且 i_b 只在一定范围内变化，就可以确保 i_B 不会超出放大区。

根据晶体管放大特性曲线，决定晶体管能否工作在放大区的是 3 个直流分量，即 I_B、

I_C、U_{CE}，这3个变量对应晶体管输出特性曲线上的一个点，称为静态工作点，或 Q (Quiescent)点，并把晶体管的静态工作点用 I_{BQ}、I_{CQ}、U_{CEQ} 表示，符号中的 Q 表示静态。所谓静态，就是放大电路在无信号输入时的工作状态。静态时，电路中各处的电压、电流均为直流量，所以放大电路的直流分析也称静态分析。

静态工作点太高或太低，都可能会使晶体管在工作中脱离放大区。例如，直流电源所提供的直流分量 I_B 很大，交流信号源在其上又叠加了一个正的交流分量 i_b，就可能导致瞬时值 i_B 太大，从而使得晶体管进入饱和区而无法正常放大。

这说明当输入信号在一定范围内变化时，为放大电路选择合适的静态工作点，即直流分量，对于保证晶体管的正常放大非常重要。而直流分量是由直流偏置电路即直流通路决定的。

此外，还必须保证交流通路配合恰当，输入信号能够送到晶体管的控制端(加得进来)，晶体管放大后的信号能够输出到负载(送得出去)。

总结晶体管放大电路的组成原则如下：

1) 要有直流通路，保证合适的直流偏置(静态工作点)。

2) 要有交流通路，保证输入信号能加到晶体管，输出信号能到负载。

7.2.2 双极型晶体管放大电路的近似估算

晶体管放大电路的近似估算法，就是把非线性的晶体管在特定工作范围内线性化，然后运用线性电路的分析方法计算放大电路特性。

1. 直流近似估算(静态分析)

BJT 放大电路直流工作状态的近似估算，是根据 BJT 工作状态的不同，采用以下模型分段近似 BJT 的工作特征：

1) BJT 工作在截止区：$I_B = 0$，$I_C = 0$。

2) BJT 工作在放大区：$U_{BE} = U_{BE(on)}$，$I_C = \beta I_B$。

3) BJT 工作在饱和区：$U_{BE} = U_{BE(on)}$，$U_{CE} = U_{CE(sat)}(U_{CES})$。

其中，导通电压降 $U_{BE(on)}$ 的值，硅管取 0.7V，锗管取 0.2V，未给定 BJT 类型时，通常认为是硅管。饱和电压降 $U_{CE(sat)}$ 的值，通常认为是 0.3V。

NPN 晶体管 3 种工作状态的直流模型如图 7-9 所示。

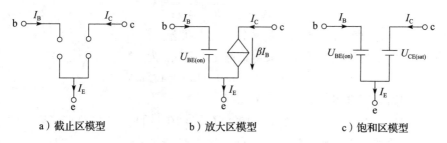

a) 截止区模型　　　　b) 放大区模型　　　　c) 饱和区模型

图 7-9　NPN 晶体管 3 种工作状态的直流模型

晶体管放大电路直流工作状态的近似估算(求静态工作点)步骤如下：

1) 画出直流通路。

2）确定晶体管的工作状态（截止、放大或饱和）。

3）选择与晶体管工作状态相应的直流模型。

4）计算静态工作点（I_{BQ}、I_{CQ}、U_{CEQ}）。

在计算过程中，要熟练使用两类约束：

1）拓扑约束——基尔霍夫定律（KVL 和 KCL）；

2）器件特性——晶体管电流放大关系（$I_{CQ}=\beta I_{BQ}$）。

【例 7-1】　求图 7-6 电路的静态工作点，已知 $U_{CC}=12V$，$R_c=4k\Omega$，$R_b=300k\Omega$，$\beta=37.5$。

【解】　首先，画出原电路的直流通路，如图 7-8a 所示。

其次，在直流通路中，分别针对输入、输出回路列 KVL 方程，可得

输入回路电压方程 $\qquad\qquad I_B R_b+U_{BE}=U_{CC}$

输出回路电压方程 $\qquad\qquad I_C R_c+U_{CE}=U_{CC}$

假定晶体管为硅管，取 $U_{BE}\approx0.7V$，根据输入回路电压方程可得

$$I_B=(U_{CC}-U_{BE})/R_b\approx U_{CC}/R_b$$

根据输出回路电压方程可得集电极饱和电流 I_{CS} 为

$$I_{CS}=I_{Cmax}=(U_{CC}-U_{CES})/R_c\approx U_{CC}/R_c$$

基极饱和电流 $\qquad\qquad I_{BS}=I_{CS}/\beta$

比较 I_{BS} 与 I_B，或直接比较 I_{CS} 与 βI_B，判断晶体管的工作状态。

如果晶体管处于放大状态，则 $I_{BQ}=I_B$，再利用晶体管放大关系计算 I_{CQ}，并进而计算 U_{CEQ} 为

$$I_{CQ}=\beta I_{BQ}$$
$$U_{CEQ}=U_{CC}-I_{CQ}R_c$$

所求得 I_{BQ}、I_{CQ}、U_{CEQ} 的值，即为静态工作点。

代入数值计算 I_{BQ} 时，因为 $U_{CC}\gg U_{BE}$（二者相差 10 倍以上），所以允许忽略 U_{BE} 的影响而不至于引起太大误差，于是有

$$I_B=\frac{U_{CC}-U_{BE}}{R_b}\approx\frac{U_{CC}}{R_b}=\frac{12V}{300k\Omega}=0.04mA$$

$$I_{CS}=\frac{U_{CC}-U_{CES}}{R_c}\approx\frac{U_{CC}}{R_c}=\frac{12V}{4k\Omega}=3mA$$

可知 $\beta I_B<I_{CS}$，晶体管并未饱和，而是处于放大状态。

再利用晶体管电流放大关系计算集电极静态电流 I_{CQ} 为

$$I_{CQ}=\beta I_{BQ}=37.5\times0.04mA=1.5mA$$

带入输出回路电压方程，即可得到 U_{CEQ} 为

$$U_{CEQ}=U_{CC}-I_{CQ}R_c=[12-(4\times10^3)\times(1.5\times10^{-3})]V=(12-6)V=6V$$

所以，该电路的静态工作点为

$$I_{BQ}=0.04mA,\qquad I_{CQ}=1.5mA,\qquad U_{CEQ}=6V$$

2. 交流近似估算（动态分析）

交流近似估算的思路，也是用线性模型替代晶体管，把非线性器件线性化，就可以把线

性电路的分析方法运用于放大电路。能够把晶体管线性化的等效模型不止一个，究竟选择哪一个，取决于放大电路的工作条件和近似精度的要求。

如果放大电路的输入和输出信号都比较小，那么晶体管各极电压和电流的变化范围就被限制在了静态工作点周围。当这种变化范围小到晶体管的特性曲线在 Q 点附近可以用直线替代时，就可以使用微变等效电路法来替代晶体管。"微变"即变化范围很小的意思，一般要求 $u_{BE} \leqslant 10\text{mV}$。这种方法忽略了晶体管的电容的影响，所以只适用于低频小信号放大电路的动态分析。

（1）双极型晶体管的低频小信号模型

微变等效电路法的核心是用一个线性电路模型替代晶体管。

双极型晶体管的工作原理是用 u_{BE} 改变 i_B，进而控制 i_C，只要能准确地表达了 u_{BE} 和 i_B 之间以及 i_B 和 i_C 之间的关系，也就完整地表达了晶体管的特征。

如果需要考虑 BJT 的全部工作区域，就得分别分析截止区、放大区、饱和区的特征，但在微变等效电路法中，却不必如此，因为在直流分析中已经保证了合适的静态工作点，即使叠加了微变小信号之后，晶体管也能够始终处于放大区。所以在进行微变小信号情况下的动态分析时，就不必考虑截止区和饱和区的问题，晶体管始终工作在放大区，即 $i_C = \beta i_B$ 始终成立，相当于电流控制电流源，这就解决了 i_B 和 i_C 之间关系的表达问题。

u_{BE} 和 i_B 之间的关系却不是如此简单。

因为晶体管的基极和发射极之间实际上就是一个 PN 结，所以 u_{BE} 和 i_B 之间的关系也跟 PN 结方程类似，近似指数函数，对应着晶体管的输入特性曲线。回顾输入特性曲线形状可知，这是一个很明显的非线性关系曲线，不方便分析。

为了回避非线性关系带来的不便，可以借鉴数学上微分的思想，当静态工作点上叠加的交流信号很小时，把 u_{BE} 和 i_B 之间的关系线性化，在静态工作点附近的一个小范围内用直线去替代输入特性曲线，直线的斜率是 Δi_B 与 Δu_{BE} 之比。

这时晶体管基极和发射极之间就可以用一个电阻 r_{be} 等效，且

$$r_{be} = \frac{\Delta u_{BE}}{\Delta i_B} = \frac{u_{be}}{i_b} \tag{7-12}$$

式中，Δu_{BE} 为基极和射极间电压的变化量，即交流电压瞬时值 u_{be}；Δi_B 为基极和射极间电流的变化量，即交流电压瞬时值 i_b。

显然在输入特性曲线的不同点上，用来替代该曲线的直线的斜率是不同的，即电阻 r_{be} 的值随着静态工作点中 I_{BQ} 的改变而改变。常温下 r_{be} 的计算公式为

$$r_{be} = r_{bb'} + \frac{26\text{mV}}{I_{BQ}(\text{mA})} \tag{7-13}$$

$$r_{be} = r_{bb'} + (1+\beta)\frac{26\text{mV}}{I_{EQ}(\text{mA})} = r_{bb'} + (1+\beta)r_e \tag{7-14}$$

式中，$r_{bb'}$ 为基区体电阻；r_e 为发射结电阻。低频小功率管的 $r_{bb'} = 300\Omega$，高频小功率管的 $r_{bb'}$ 为几十欧到 100Ω。在低频小信号模型中，不加说明时，通常取 $r_{bb'} = 300\Omega$。

综上所述，在动态分析中，基极和发射极之间用电阻（r_{be}）等效，集电极和发射极之间用电流控制电流源（$i_c = \beta i_b$）等效，这就是双极型晶体管的低频小信号模型。NPN 晶体管及其低频小信号等效模型如图 7-10 所示。

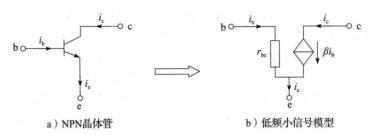

a）NPN晶体管   b）低频小信号模型

图 7-10   NPN 晶体管及其低频小信号等效模型

（2）放大电路的微变等效电路

用低频小信号模型替代交流通路中的 BJT，即可得到放大电路的微变等效电路，注意替换前后 b、e、c 的位置要保持不变。例如，用图 7-10b 的低频小信号模型替代图 7-8b 的 BJT，即可得到整个放大电路的微变等效电路，如图 7-11 所示，图中各电路变量的符号均为大写字母、小写下标，表示交流分量的相量。

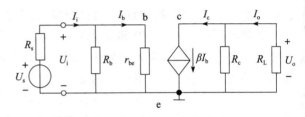

图 7-11   图 7-8 电路的微变等效电路

得到放大电路的微变等效电路，就意味着已经把含有非线性器件（晶体管）的电路转化为了线性电路，可以进一步利用线性电路的各种分析方法，求出各项动态参数，如输入电阻、输出电阻、放大倍数等。本书不考虑放大电路的频率特性。

为了说明放大电路对交流信号的放大能力，通常以正弦波为输入信号，输出信号一般也是同频率的正弦波。输入的正弦信号经过放大电路放大后，不仅在幅度上发生了变化，而且在相位上也发生了改变，为了综合考虑放大电路对于信号幅度和频率的影响，应该使用相量法来计算放大电路的交流参数。

用微变等效电路法估算 BJT 放大电路的交流性能参数的步骤如下：

1）画出交流通路。

2）晶体管基极和发射极之间用 r_{be} 等效，集电极和发射极之间用电流控制电流源（$i_c = \beta i_b$）等效。

3）用线性电路分析方法计算输入电阻、输出电阻、放大倍数。

【例 7-2】   电路如图 7-12a 所示，已知 $\beta = 60$，$r_{bb'} = 100\Omega$。

1）求 Q 点。

2）求 A_u、R_i 和 R_o。

3）设 $U_s = 10\text{mV}$，求 U_i、U_o。

【解】

1）首先画出原始放大电路的直流通路如图 7-12b 所示，列 KVL 方程得

$$I_B R_b + I_E R_e + 0.7 = 12$$

晶体管工作在放大区时，$I_E = (1+\beta)I_B$，所以有

$$I_B R_b + (1+\beta)I_B R_e + 0.7 = 12$$

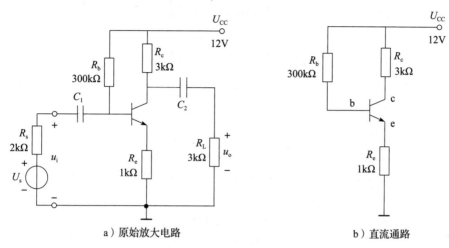

a）原始放大电路　　　　　　　　　　b）直流通路

图 7-12　例 7-2 原始放大电路与直流通路

于是

$$I_B = \frac{12-0.7}{R_b+(1+\beta)R_e} = \frac{12-0.7}{300+(1+60)\times 1}\text{mA} = 31.3\mu\text{A}$$

从而

$$I_C = \beta I_B = 60\times 31.3\mu\text{A} = 1.88\text{mA}$$

$$U_{CE} = U_{CC}-I_C R_c-I_E R_e \approx U_{CC}-I_C(R_c+R_e) = [12-1.88\times 10^{-3}\times(3+1)\times 10^3]\text{V} = 4.5\text{V}$$

由于 BJT 的集电极-发射极饱和电压 U_{CES} 通常为 0.3V（误差不是很大的情况下，也经常认为 $U_{CES}\approx 0\text{V}$），而本例中的 $U_{CE} = 4.5\text{V}$，显然无论如何也达不到使晶体管饱和的程度。又因为计算得知 $I_B>0$，显然晶体管也没有截止。从而可以判断晶体管处于放大状态，于是静态工作点为

$$I_{BQ} = 31.3\mu\text{A},\qquad I_{CQ} = 1.88\text{mA},\qquad U_{CEQ} = 4.5\text{V}$$

2）计算放大倍数需要画出交流等效电路，而交流等效电路必须用低频小信号模型替代交流通路中的晶体管，所以首先要求出原始放大电路的交流通路。

根据求取交流通路的两个原则，对原始电路做如下变换：①电容短路；②直流电源置零。可得到原始放大电路的交流通路如图 7-13a 所示。

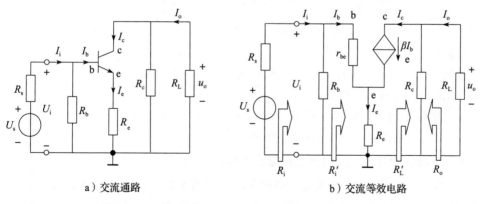

a）交流通路　　　　　　　　　　　b）交流等效电路

图 7-13　例 7-2 交流通路和交流等效电路

将交流通路中的晶体管基极和发射极之间用电阻（r_{be}）等效，集电极和发射极之间用电

流控制电流源（$i_c = \beta i_b$）等效，可以得到原始放大电路的微变等效电路，如图 7-13b 所示。其中

$$r_{be} = r_{bb'} + \frac{26}{I_{BQ}} = \left(100 + \frac{26}{31.3 \times 10^{-3}} \right) \Omega = 931\Omega$$

在交流等效电路中，设

$$R'_L = R_c /\!/ R_L = \frac{3 \times 3}{3 + 3} k\Omega = 1.5 k\Omega$$

则

$$U_o = -I_c R'_L = -\beta I_b R'_L$$

因为

$$U_i = I_b r_{be} + I_e R_e = I_b r_{be} + (1+\beta) I_b R_e$$

设

$$R'_i = U_i / I_b = r_{be} + (1+\beta) R_e = [931 + (1+60) \times 1 \times 10^3] \Omega = 62 k\Omega$$

于是

$$U_i = I_b R'_i$$

得到放大倍数

$$A_u = \frac{U_o}{U_i} = \frac{-\beta I_b R'_L}{I_b R'_i} = \frac{-60 \times 1.5}{62} = -1.45$$

又因为输入电阻 R_i 为 R_b 与 R'_i 的并联，所以

$$R_i = R_b /\!/ R'_i = \frac{300 \times 62}{300 + 62} k\Omega = 51 k\Omega$$

放大电路的输出电阻定义为当输入信号为零时，从输出端口看进去的等效电阻，如图 7-13b 所示的 R_o。

由于电路的输入为电压信号，所以其输出电阻的定义为

$$R_o = \left. \frac{\dot{U}_o}{\dot{I}_o} \right|_{\dot{U}_i = 0}$$

在图 7-13b 中，当输入信号 $U_i = 0$ 时，必然导致 $I_b = 0$，从而 $I_c = \beta I_b = 0$，由于集电极与发射极之间为受控电流源，电流源的值为零，相当于 c、e 两点之间开路。这时，从输出端口看进去，就只剩下电阻 R_c，所以有

$$R_o = R_c = 3 k\Omega$$

3）$U_s = 10mV$ 时，交流输入回路等效为图 7-14，于是有

$$U_i = \frac{U_s R_i}{R_s + R_i} = \frac{10 \times 51}{2 + 51} mV = 9.6 mV$$

$$U_o = A_u U_i = -1.45 \times 9.6 mV = -13.9 mV$$

需要注意的是：

1）本例中大写字母、小写下标的电压和电流符号，所表示的是交流分量的相量，而不是有效值。

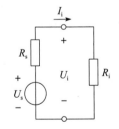

图 7-14 交流输入
等效回路

2）放大倍数是负数，即输入电压和输出电压瞬时极性相反，或者说输入电压与输出电压反相（相位差为 π）。

3. 双极型晶体管放大电路的典型特征及其应用

例 7-2 的目的，是以一个难度较高的例子让读者熟练掌握 BJT 放大电路的小信号微变等效分析，该电路不属于 BJT 的 3 种典型（共发射极、共基极、共集电极）放大电路，限于篇幅，本书把 3 类典型放大电路的分析留在习题中，由读者自行完成。

下面是 BJT3 种典型放大电路的典型特性及其应用的总结。

1）共发射极放大电路的输出电压 $u_\circ$ 与输入电压 u_i 反相，R_i 和 $R_\circ$ 大小适中，其电压、电流、功率增益都比较大，广泛应用于一般放大或多级放大电路的中间级。

2）共集电极放大电路也称射极跟随器或电压跟随器，其输出信号取自晶体管的发射极，输出电压 $u_\circ$ 略小于输入电压 u_i（大小近似相等，相位相同，$u_\circ$ 跟随 u_i）。显然共集电极放大电路的电压放大倍数略小于 $1(A_u \approx 1)$，没有电压放大作用。

虽然共集电极放大电路不能放大电压，却能放大电流（A_i 很大），同时具有输入电阻大、输出电阻小的特点。输入电阻大，说明它从信号源吸取的功率小，对信号源影响小；输出电阻很小，说明它带负载能力强，当负载 R_L 变化时，输出电压变化很小，可作为恒压源输出。所以，共集电极放大电路多用于输入级、输出级或缓冲级（起阻抗转换作用）。共集电极放大电路还具有很好的高频特性。

3）共基极放大电路的输出电压 $u_\circ$ 与输入电压 u_i 同相，电压放大倍数高、输入电阻小、输出电阻大。共基极电路的高频特性很好，广泛用于高频及宽带放大电路中。

7.2.3 双极型晶体管放大电路的仿真

下面以例7-2为例，介绍双极型晶体管放大电路的仿真。

1. 双极型晶体管放大电路的静态工作点仿真

输入电路原理图，如图7-15所示，信号源的频率任意选定，不要太低或太高即可。

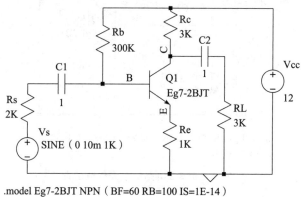

```
.model Eg7-2BJT NPN（BF=60 RB=100 IS=1E-14）
.op
```

图7-15　例7-2电路的静态工作点仿真

设定仿真命令为直流仿真命令 .op（op 的英文含义就是工作点，Operating Point）。注意要为题目中没有给定具体数值的电容器设定足够大的电容值，本题中设定为 1F（这个值太大了，实际上不可能这么大，在此仅为举例）。其中语句

```
.model Eg7-2BJT NPN(BF=60 RB=100 IS=1E-14)
```

的作用如下：

1）为晶体管 Q1 的模型命名为 Eg7-2BJT。

2）BF=60，设置晶体管 Q1 的 $\beta=60$。

3）RB=100，设置晶体管 Q1 的基极电阻 $r_{bb'}=100\Omega$。

4）IS=1E-14，设置晶体管 Q1 的 I_s 为 10^{-14}A。

单击运行结果，得到的仿真结果与估算结果很接近。

```
Ib(Q1):      3.13723e-005
Ic(Q1):      0.00188234
Ie(Q1):      -0.00191371
V(b):        2.58832
V(c):        6.35299
V(e):        1.91371
```

注意：仿真结果中的电流 Ie(Q1) 为负，这是因为 LTspice 为双极型晶体管所设定的电流参考方向是流入晶体管，与例题 7-2 中所设定的方向相反。

2. 双极型晶体管放大电路的动态指标仿真

双极型晶体管放大电路的动态指标包括放大倍数、输入电阻、输出电阻，下面分别介绍其仿真方法。

（1）放大倍数 A_u

输入电路原理图，设定仿真命令为交流仿真命令 .ac list{1000}（交流仿真频率为 1kHz），如图 7-16 所示。图中左上角文字是仿真结果，不必输入。

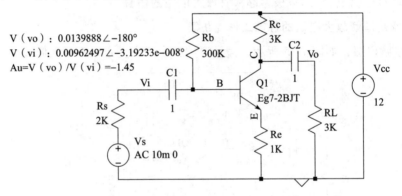

.model Eg7-2BJT NPN（BF=60 Rb=100 IS=1E-14）
.ac list {1000}

图 7-16　例 7-2 电路的放大倍数仿真

在 1kHz、10mV 的交流电压源作用下，仿真所得到的结果如下：

```
V(vo)=0.0139888∠-180°
V(vi)=0.00962497∠-3.19233e-008°
```

据此可以计算放大倍数为

$$A_u = \frac{U_o}{U_i} = -1.45$$

仿真结果与估算结果十分接近。

（2）输入电阻 R_i

输入电阻仿真可使用如图 7-17 所示电路。

在输入端施加 1mA 的电流源，此时输入电流 I_i 与之相等。根据输入电阻的定义，参照图 7-2 线性放大电路的等效框图，可知输入端的电压 U_i 在数值上等于输入电阻，选择 1mA 输入电流源的目的是便于计算。运行得到输入电压 U_i 的仿真结果为

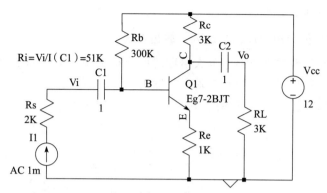

.model Eg7-2BJT NPN（BF=60 Rb=100 IS=1E-14）
.ac list ｛1000｝

图 7-17 例 7-2 电路的输入电阻仿真

V(vi) = 51.3293∠ -1.77655e-007°

而输入电流 I_i 为 1mA，可知仿真结果所对应的输入电阻为

$$R_i = \frac{U_i}{I_i} = 51.3k\Omega$$

仿真结果与估算结果十分接近。

（3）输出电阻 R_o

输出电阻仿真可使用如图 7-18 所示电路。

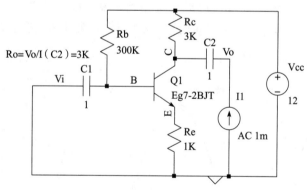

.model Eg7-2BJT NPN（BF=60 Rb=100 IS=1E-14）
.ac list ｛1000｝

图 7-18 例 7-2 电路的输出电阻仿真

根据输出电阻的定义，参照图 7-2 线性放大电路的等效框图，首先把输入信号源置零，在输出端施加 1mA 的电流源作为电路的输出电流，此时所得到的输出电压 U_o 在数值上就等于输出电阻。运行得到输出电压 U_o 的仿真结果为

V(vo) =3∠ -3.03964e-006°

而输出电流 I_o 为 1mA，可知仿真结果所对应的输出电阻为

$$R_o = \frac{U_o}{I_o} = 3k\Omega$$

仿真结果与估算结果完全相同。

3. 观察双极型晶体管放大电路的输入、输出波形

在计算双极型晶体管放大电路的放大倍数时已经得到输入电压和输出电压的相量形式，仿真结果与估算结果很接近，下面观察输入、输出波形。

观察输入、输出波形，需要使用瞬态仿真，如图 7-19 所示。

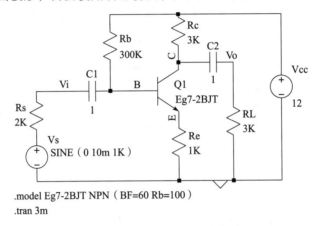

.model Eg7-2BJT NPN（BF=60 Rb=100）

.tran 3m

图 7-19   例 7-2 电路的瞬态仿真

输入设定为幅值 10mV、频率 1kHz 的正弦波，观察相应的输出波形。仿真时间设定为 3ms，根据输入波形的频率，可知能观察到 3 个周期的波形。最终得到的输入波形和输出波形如图 7-20 所示。输入波形和输出波形相位相反，说明放大倍数为负。同时还可以看到，仿真结果中的输入电压幅值略小于 10mV，请读者思考，为什么会有这样的差异？

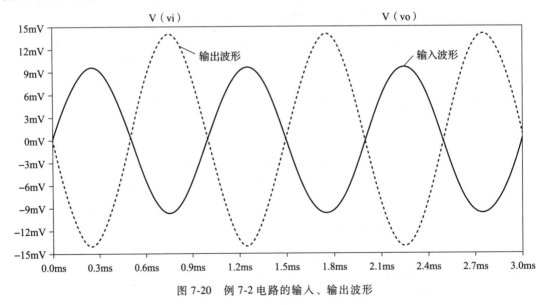

图 7-20   例 7-2 电路的输入、输出波形

7.2.4　双极型晶体管放大电路的图解分析

近似估算法的基本思路是非线性器件线性化，然而晶体管毕竟具有明显的非线性特征，

无论是其输入特性还是输出特性，都是非线性关系，所以，近似估算法应用的前提是静态工作点合适而且输入信号很小。在信号的全部工作范围内晶体管都不会截止或饱和，而且对应的输入、输出特性曲线都近似于直线，这时使用近似估算法才能得到比较准确的结果。

那么，如果这样的前提不满足，如静态工作点不太合适、输入信号又很大，导致晶体管不仅有可能进入截止区或饱和区，而且其信号工作范围所对应的输入、输出特性曲线也不完全是直线时，又该怎么办呢？

答案很简单，不使用线性化，直接使用晶体管最原始的非线性特性去分析和解决问题。那么，当初要把非线性问题线性化的目标——便于分析和计算的问题——如何解决呢？一种解决方案是作图，即直接在输入、输出特性曲线上作图，求出晶体管各极上的电流和电压，这就是图解分析法的基本思路。

图解法所基于的还是 BJT 本身的控制特性，即 u_{BE} 和 u_{CE} 共同决定 i_B，i_B 和 u_{CE} 共同决定 i_C。晶体管 u_{BE}、u_{CE} 与 i_B 的控制关系体现为输入特性曲线，i_B、u_{CE} 与 i_C 的控制关系体现为输出特性曲线，已知 u_{BE} 和 u_{CE}，就可以在输入特性曲线求出对应的 i_B；已知 i_B 和 u_{CE}，就可以在输出特性曲线求出对应的 i_C（小写字母、大写下标代表瞬时值）。

于是问题就演变成如何求取 u_{BE}、u_{CE} 的瞬时值。

以求取 u_{BE} 和 i_B 为例，如果列出晶体管放大电路的输入回路电压方程，就会发现 i_B 反过来也可以决定 u_{BE}。这说明不同于近似估算法，单纯靠输入回路的 KVL 方程不能解决求取 u_{BE} 的问题。必须把输入回路方程与晶体管本身的输入特性曲线结合起来（相当于两个方程组成的方程组），才能求出 u_{BE} 和 i_B。

进一步分析会发现，问题还要更复杂。由于直流通路和交流通路并不相同，它们的输入回路电压方程也不同，所以只能分别针对直流通路和交流通路列方程，结合输入、输出特性曲线，得到直流分量和交流分量后再把二者叠加起来，才能得到电路变量的瞬时值。于是晶体管放大电路的图解分析，就自然而然地分解为直流图解分析和交流图解分析。

由于直流信号和交流信号在放大电路中流动的通路不同，所以直流分析（也称静态分析）必须在直流通路中进行，交流分析（也称动态分析）必须在交流通路中进行。

1. 双极型晶体管放大电路的直流图解分析

直流图解分析的思路是根据直流通路，分别求出放大电路的直流输入、输出方程，输入方程与共发射极输入特性曲线的交点为（U_{BEQ}，I_{BQ}），输出方程与输出特性曲线的交点为（U_{CEQ}，I_{CQ}），于是就求出了放大电路的静态工作点。

但问题并不是这样简单，因为严格地说，晶体管的 U_{BE}-I_B 关系与 U_{CE} 有关，其输入特性曲线不是一条而是一族。一条直线与一族曲线的交点有好多个，哪个才是真正的解呢？

对于这个问题，图解法可以采用两类解决方案，一是基于不同 U_{CE} 所对应的 U_{BE}-I_B 关系曲线十分接近这个事实，忽略 U_{CE} 对 I_B 的影响；二是不在共发射极输入特性曲线上求解 U_{BEQ} 与 I_{BQ}，而是采用前面所介绍的直流近似估算法，在假定 $U_{BEQ} = U_{BE(on)} = 0.7\text{V}$ 的前提下计算 I_{BQ}。显然，这两种方法所得到的 I_{BQ} 都不是很精确，不过当晶体管工作在放大区时，其误差也不是很大（本来图解法就不是精确的办法）。

得到 I_{BQ} 之后，再根据输出特性曲线所体现的 I_B 对 I_C 的控制关系，就可以得到静态工作点（I_{BQ}，I_{CQ}，U_{CEQ}）。具体步骤如下：

　　1）画出直流通路。

　　2）列直流输入回路（KVL）方程。

　　3）在输入特性曲线上作图确定 I_{BQ}。

　　4）列直流输出回路（KVL）方程。

　　5）在输出特性曲线上作图确定 U_{CEQ} 和 I_{CQ}。

　　【例 7-3】　在图 7-6 电路中，若 $R_b = 560\text{k}\Omega$，$R_c = 3\text{k}\Omega$，$U_{CC} = 12\text{V}$，晶体管的输入特性曲线如图 7-21b 所示，试用图解法确定其静态工作点。

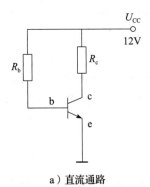

a）直流通路　　　　　　　　b）双极型晶体管的输入特性曲线

图 7-21　例 7-3 图

　　【解】　画出图 7-6 电路的直流通路，如图 7-21a 所示。列直流输入回路（KVL）方程得

$$U_{CC} = I_{BQ}R_b + U_{BEQ}$$

　　上述方程在对应输入特性坐标系中的一条直线如图 7-21b 所示，输入方程直线与输入特性曲线的交点的坐标，就是待求的 U_{BEQ} 和 I_{BQ}。根据作图结果，可知 $U_{BEQ} = 0.7\text{V}$，$I_{BQ} = 20\mu\text{A}$。

　　列直流输出回路（KVL）方程得

$$U_{CEQ} = U_{CC} - I_{CQ}R_c \tag{7-15}$$

　　上述方程在对应输出特性坐标系中的一条直线称为直流负载线，如图 7-22 所示，它与横轴交于 M 点（当 $I_C = 0$ 时，$U_{CE} = U_{CC} = 12\text{V}$），与纵轴交于 N 点（当 $U_{CE} = 0$ 时，$I_C = U_{CC}/R_c = 4\text{mA}$）。

　　直流负载线 MN 与 $I_B = 20\mu\text{A}$ 的一条特性曲线的交点 Q 即为直流工作点。由图 7-22 中 Q 点的坐标可得，$I_{CQ} = 2\text{mA}$，$U_{CEQ} = 6\text{V}$。

　　上述图解法表明，该电路的静态工作点为 $I_{BQ} = 20\mu\text{A}$，$I_{CQ} = 2\text{mA}$，$U_{CEQ} = 6\text{V}$。

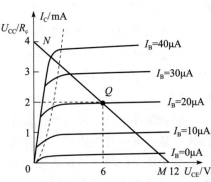

图 7-22　直流负载线和 Q 点

　　2. 双极型晶体管放大电路的交流图解分析

　　在图 7-21b 的输入特性曲线上，每一个 u_{BE} 都通过 u_{BE}-i_B 关系曲线映射到一个 i_B，已知 u_{BE} 的波形，通过 u_{BE}-i_B 关系曲线的映射，就可以从中求出 i_B 的波形。这种映射关系适用于 u_{BE} 的任何变化，不论它所对应的 u_{BE}-i_B 关系曲线是处于线性区还是非线性区。

　　下一步还需要根据 i_B 的变化，求出 i_C 和 u_{CE} 的变化，但是这一步却没那么简单了，因为晶体管的输出特性曲线是由 i_B、i_C 和 u_{CE} 三个变量组成一族曲线，同一个 i_B 的值对应着无限多组 (i_C, u_{CE}) 的值，为了在这无限多组 (i_C, u_{CE}) 中确定一组真正的解，就必须再寻找瞬时值 i_C 和 u_{CE} 的约束关系。由于电容、电感等元件的存在，对不同频率的信号而言，i_C 和 u_{CE} 的约束关系也不相同，频率特性的引入将使得分析过程十分复杂。

前面已经介绍了一些解决复杂问题的方法，例如非线性问题的线性化，晶体管的小信号模型就是用了这个方法；现在所面对的是如果线性化的方法不合适，又该怎么办的问题。一个思路就是分解和综合，即把复杂的问题分解为简单的问题，分别解决简单的问题之后，再把分别解决的结果综合起来。

放大电路中的信号分析恰好可以利用这种分解和综合的思路，因为电路中的瞬时信号可分解为直流量和交流量，即

$$u_{BE} = U_{BEQ} + u_{be}, \quad i_B = I_{BQ} + i_b, \quad u_{CE} = U_{CEQ} + u_{ce}, \quad i_C = I_{CQ} + i_c$$

所以，可以把整个分析过程分解为直流分析和交流分析，再把直流分析和交流分析的结果综合起来。具体而言，就是首先求出原始放大电路的直流通路和交流通路，然后在直流通路分析直流量，在交流通路分析交流量，最后把所得到的直流量和交流量叠加起来，就是所要求解的原始瞬时量。

沿着这种思路来考虑瞬时值 i_C 和 u_{CE} 的约束关系，问题就会就得很简单。把 i_C 看作 I_{CQ} 和 i_c 的叠加，把 u_{CE} 看作 U_{CEQ} 和 u_{ce} 的叠加，先分析 I_{CQ} 和 U_{CEQ} 的约束关系，再分析 i_c 和 u_{ce} 的约束关系，最后把它们叠加起来即可。I_{CQ} 和 U_{CEQ} 的约束关系就是直流分析中根据直流通路所得到的直流负载线；而 i_c 和 u_{ce} 的约束关系，则要根据交流通路取得。

例如，图 7-23a 是图 7-6 共发射极晶体管放大电路的交流通路，其输出回路方程即为交流信号 i_c 和 u_{ce} 之间的约束关系，即

$$u_{ce} = -i_c(R_c /\!/ R_L) = -i_c R_L' \tag{7-16}$$

或者

$$i_c = -\frac{u_{ce}}{R_c /\!/ R_L} = -\frac{u_{ce}}{R_L'} \tag{7-17}$$

式(7-17)表明，它是一条过原点、斜率为 $-1/R_L'$ 的直线。

又因为

$$u_{CE} = U_{CEQ} + u_{ce}, \quad i_C = I_{CQ} + i_c \tag{7-18}$$

综合直流通路输出回路方程式(7-15)、交流通路输出回路方程式(7-16)、式(7-17)，以及式(7-18)，可得

$$u_{CE} = U_{CEQ} + u_{ce} = (U_{CC} - I_{CQ}R_c) - i_c R_L' = (U_{CC} - I_{CQ}R_c) - (i_C - I_{CQ})R_L'$$

化简得到瞬时值 i_C 和 u_{CE} 的约束关系为

$$u_{CE} = U_{CC} - I_{CQ}(R_c - R_L') - i_C R_L' \tag{7-19}$$

式(7-19)是一条过点 (U_{CEQ}, I_{CQ})、斜率为 $-1/R_L'$ 的直线，称为交流负载线。对比交流负载线的斜率 $-1/R_L'$ 和直流负载线的斜率 $-1/R_c$，可知交流负载线比直流负载线要陡一些，如图 7-23b 所示。

从概念上能获得更直观的理解：瞬时分量是直流分量和交流分量的叠加，而在输出特性曲线上，直流分量就是 (U_{CEQ}, I_{CQ})，交流分量是一条斜率为 $-1/R_L'$ 的直线，叠加结果就是一条过点 (U_{CEQ}, I_{CQ})、斜率为 $-1/R_L'$ 的直线。

需要注意的是，交流负载线所反映的是瞬时值 i_C 和 u_{CE} 之间的约束关系，而不是交流信

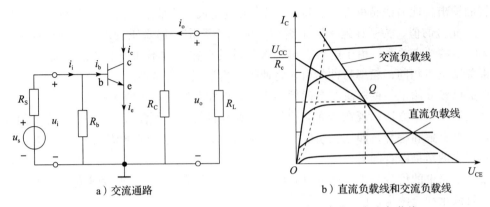

a）交流通路   b）直流负载线和交流负载线

图 7-23   共发射极晶体管放大电路的交流通路和直流、交流负载线

号 i_c 和 u_{ce} 之间的约束关系，所以称之为瞬时负载线也许更合适一些。

在输出特性上，放大电路的瞬时工作点沿交流（瞬时）负载线、以静态工作点 Q 为中心上下移动。画出交流（瞬时）负载线之后，就可以根据电流 i_B 的波形，画出对应的 i_c 和 u_{CE} 的波形，如图 7-24 所示。

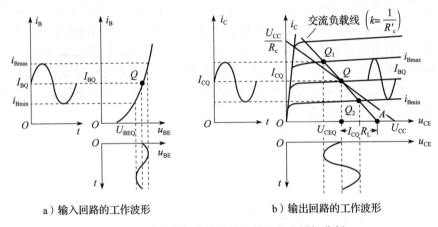

a）输入回路的工作波形   b）输出回路的工作波形

图 7-24   共发射极晶体管放大器的交流图解分析

已知 u_{BE} 的波形，根据输入特性曲线就可以得到 i_B 的波形。在图 7-24a 中，由于 u_{BE} 的变化范围处于输入特性的线性段，所以当 u_{BE} 按正弦规律变化时，i_B 也按正弦规律变化。

已知 i_B 的波形和交流负载线，就可以根据输出特性曲线得到 i_c 和 u_{CE} 的波形。在图 7-24b 中，i_B 以 I_{BQ} 为中心按正弦规律变化，使瞬时工作点沿交流负载线以 Q 点为中心在 $Q_1 \sim Q_2$ 之间移动，分别映射到 i_c 轴和 u_{CE} 轴，可知 i_c 围绕 I_{CQ} 做正弦变化，u_{CE} 围绕 U_{CEQ} 做正弦变化。

图解分析可以很直观地看到波形的相位，图 7-24 表明，共发射极晶体管放大电路的 u_{BE} 和 i_B 的变化同相，i_B 和 i_c 的变化同相，i_B 和 u_{CE} 的变化反相。u_{BE} 增大，将导致 i_B 增大、i_c 增大、u_{CE} 减小；u_{BE} 减小，将导致 i_B 减小、i_c 减小、u_{CE} 增大。

将共发射极晶体管放大电路各点的电压、电流波形画在一起，如图 7-25 所示，观察波形可知：

1）共发射极晶体管放大电路的输出波形 u_o 与输入波形 u_i 只含有交流分量，这是由于

图 7-6 中电容 C_1、C_2 隔离了直流信号，放大电路只允许交流信号输入和输出，所以只能放大交流信号；而且 u_o 和 u_i 的变化规律正好相反，称为反相或倒相，这与前面使用等效电路法计算得到的放大倍数为负值这一结论完全一致。

2）晶体管各极电流、极间电压的瞬时波形既含有直流分量也含有交流分量，而且在放大器输入交变电压时，晶体管各极电流的方向和极间电压的极性保持不变。在图 7-25 中，u_{BE}、i_B、i_C 和 u_{CE} 的瞬时值随输入信号而变化，但它们的极性却始终为正，这是因为晶体管能够放大的必备条件，以 NPN 晶体管为例，其 u_{BE} 的极性必须为正，否则就截止了。

3）晶体管各极电流、极间电压的瞬时值以各自的静态值为中心，随输入信号而变化。晶体管放大电路所放大的是变化——u_{BE} 的变化引发 i_B 的变化，i_B 的变化引发 i_C 更大（β 倍）的变化，并通过集电极负载电阻 R_c 引起 u_{CE} 的变化。由于 u_{BE} 的变化来自 u_i，u_{CE} 的变化会形成 u_o，通过这一连串的变化，就实现了输出信号对输入信号的放大。

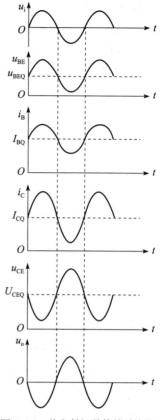

图 7-25 共发射极晶体管放大器的电压、电流波形

7.2.5 双极型晶体管放大电路的失真

理想情况下，放大电路的输出信号应该与输入信号成比例。但由于放大器件的非线性特征，有可能出现输出信号波形与输入信号波形不成比例的现象，称为失真或非线性失真。

放大电路之所以会出现失真现象，归根到底是由于它所使用的放大器件处于非线性工作状态，例如晶体管没能确保在输入信号的全部范围内，都工作在线性区（即放大区），而是进入了截止区或饱和区，这时就会引起截止失真或饱和失真。

利用图解法可以很直观地分析放大电路的非线性失真。

引起截止失真的原因是由于晶体管的静态工作点过低，一旦输入信号稍大，就使得晶体管的瞬时工作点进入截止区，从而导致波形失真。如图 7-26 所示，由于静态工作点过低，

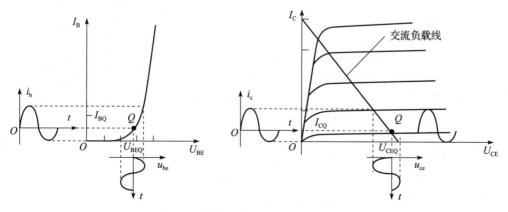

图 7-26 静态工作点过低引起截止失真

完整的正弦波 u_{be} 经输入特性曲线映射后，所得到的 i_b 的波形就已经失真，随之 i_c、u_{ce} 也都出现了明显的失真。

引起饱和失真的原因则是由于晶体管的静态工作点过高，一旦输入信号稍大，就使得晶体管的瞬时工作点进入饱和区而导致波形失真，如图 7-27 所示。

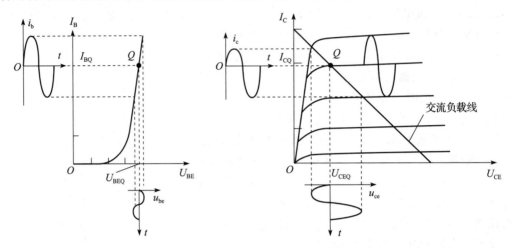

图 7-27　静态工作点过高引起饱和失真

知道了引起失真的原因，也就找到了避免失真的方法。要避免截止失真，就要避免静态工作点过低；要避免饱和失真，就要避免静态工作点过高。合适的静态工作点应该位于交流负载线的中间，以确保输入信号变化时，瞬时工作点始终处于放大区之内。

7.2.6　静态工作点稳定电路

静态工作点对于放大电路的正常工作非常重要，Q 点过高易引起饱和失真，Q 点过低易引起截止失真。而且晶体管的 β、U_{BE}、I_{CBO}、I_{CEO} 等参数还会随环境温度而变，即使已经确定了合适的静态工作点，当温度变化时，Q 点还可能会移动。这些参数的变化轻则引起放大倍数变化，重则引起波形畸变。如何解决 Q 点移动的问题呢？

如图 7-28 所示就是解决 Q 点移动问题的电路，其思路是由于晶体管基极电流 I_{BQ} 与电阻 R_{b1}、R_{b2} 上的电流相比要小得多，可以认为 $I_{b1} \approx I_{b2}$，于是有

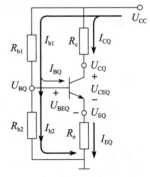

$$U_{BQ} \approx \frac{R_{b2}}{R_{b1}+R_{b2}} U_{CC}$$

晶体管的基极电位 U_{BQ} 取决于电阻 R_{b1} 和 R_{b2} 的直流分压，I_B 的影响被忽略不计。由于电阻的阻值受温度影响不大，所以当温度变化时，U_{BQ} 基本上固定不变。

图 7-28　静态工作点稳定电路

如果由于某种原因，导致 I_{BQ} 增大，静态工作点稳定电路中将会发生如下变化：I_{BQ} 增大→根据 $I_{CQ} = \beta I_{BQ}$，$I_{EQ} = (1+\beta) I_{BQ}$，$I_{CQ}$ 增大，I_{EQ} 增大→根据 $U_{EQ} = I_{EQ} R_e$，U_{EQ} 增大→因为 $U_{BEQ} = U_{BQ} - U_{EQ}$，在 U_{BQ} 固定不变的前提下，U_{EQ} 的增加反过来又导致 U_{BEQ} 减小→I_{BQ} 减小。

这个过程从 I_{BQ} 因故增大开始，以 I_{BQ} 再度减小终止；反过来，如果 I_{BQ} 因故减小，最后

也会再度增大——这是一个能把 I_{BQ} 的变化"拉回来"的负反馈的过程。

静态工作点稳定电路不仅能在 I_{BQ} 变化时把它"拉回来",也能在 I_{CQ}、U_{CEQ} 变化时把它们"拉回来",换句话说,该电路能保持 I_{BQ}、I_{CQ}、U_{CEQ} 的稳定,使它们基本保持不变。因为(I_{BQ},I_{CQ},U_{CEQ})正是构成静态工作点的 3 个要素,稳定 I_{BQ}、I_{CQ}、U_{CEQ} 就是稳定静态工作点,所以图 7-28 电路称为静态工作点稳定电路。

静态工作点稳定电路的核心元件是 3 个电阻:电阻 R_{b1} 和 R_{b2} 构成直流分压式偏置电路,用来稳定 U_{BQ};发射极电阻 R_e 用来实现负反馈,把 I_{CQ} 和 I_{EQ} 的变化反馈到直流输入回路,反过来影响 U_{BEQ} 和 I_{BQ},进而稳定 I_{CQ} 和 I_{EQ}。

根据 KVL、欧姆定律和 BJT 的电流放大特性,可知图 7-28 其他参数的计算公式为

$$I_{CQ} \approx I_{EQ} = \frac{U_{BQ} - U_{BEQ}}{R_e}$$

$$I_{BQ} = I_{EQ} / \beta$$

$$U_{CEQ} = U_{CC} - I_{CQ}R_c - I_{EQ}R_e \approx U_{CC} - I_{CQ}(R_c + R_e)$$

7.2.7 模型

学会计算,仅仅是学习的初级阶段。学到极致,不仅应该知其然,更要知其所以然。不仅要掌握简单的应用,更应掌握方法背后的思想。晶体管电路的等效电路是为了分析其非线性特性的问题才提出并使用模型的概念,把非线性的晶体管替换为线性器件,把非线性问题转化为线性问题,而分析线性问题则要容易得多。

图 7-29 给出了两个常用的双极型晶体管小信号模型,其中混合 Π 型等效电路考虑了晶体管结电容、结电阻的影响,h 参数等效电路则从双端口网络的输入、输出端口电流和电压关系的角度去模拟晶体管。从这两个模型出发,在低频、小信号的条件下,都可以得到低频小信号模型。显然,双极型晶体管的 β 值就是 h 参数等效电路中的参数 h_{fe}。

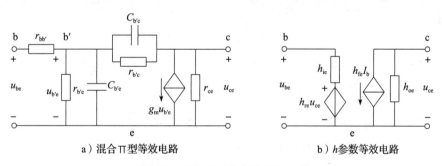

a)混合 Π 型等效电路　　　b)h 参数等效电路

图 7-29　双极型晶体管的其他模型

从不同的角度、精度和适用范围出发,可以得到不同的模型。使用模型时,必须清楚其使用条件。晶体管的模型还有很多,复杂模型所用到的参数可以达到数十个。

7.3 场效应晶体管放大电路

任何元器件,只要能够实现变量之间的控制特性,就可以用来构成放大器。利用晶体管工作在放大区时,集电极电流 i_C 受基极电流 i_B 控制($i_C = \beta i_B$)这一特征,可以构成晶体管放大电路。利用场效应晶体管工作在恒流区时,漏极电流 i_D 受栅源电压 u_{GS} 控制的特性,也可

以构成场效应晶体管放大电路。

7.3.1　场效应晶体管放大电路的工作原理

理解场效应晶体管放大电路的工作原理，首先要深入理解场效应晶体管本身。

1. 深入理解场效应晶体管

场效应晶体管的 3 个电极分别称为源极、漏极和栅极。

源极的意思是载流子之源。场效应晶体管是单极型晶体管，其载流子类型是明确的，N 沟道场效应晶体管的载流子就是自由电子，P 沟道场效应晶体管的载流子就是空穴，相应地，N 沟道场效应晶体管的源极向沟道发射自由电子，P 沟道场效应晶体管的源极向沟道发射空穴。

漏极的意思是载流子之漏。源自源极的载流子，经导电沟道，最终要"漏"到漏极中去。对于 N 沟道管，从源极"漏"到漏极的载流子是自由电子，实际电流方向与载流子运动方向相反，是从漏极到源极。对于 P 沟道管，从源极"漏"到漏极的载流子是空穴，实际电流方向与载流子运动方形相同，是从源极到漏极。

栅极这个名词来自电子管，其作用是控制漏极和源极之间的电流，区别是场效应晶体管栅极不是通过栅网截流来控制，而是通过改变导电沟道的宽窄来控制。由于栅极电流为零，场效应晶体管的漏极电流与源极电流相等。

综上可知，场效应晶体管的电压偏置及电流方向如图 7-30 所示，N 沟道管的漏极电位高于源极电位，电流从漏极流向源极；P 沟道管的漏极电位低于源极电位，电流从源极流向漏极。漏源电压 u_{DS} 的存在是形成漏极电流 i_D 的原因和必要条件。

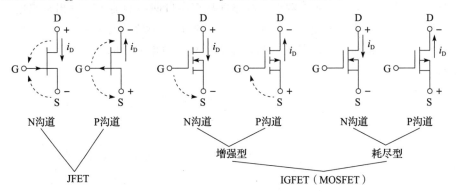

图 7-30　场效应晶体管的电压偏置和电流方向

以 N 沟道管为例，因为自由电子从源极流向漏极（电流方向从漏极指向源极），所以要求 $u_{DS}>0$（漏极电位必须高于源极电位），u_{DS} 增大将导致 i_D 增大。同时，u_{DS} 和 i_D 之间的这种正相关性，却受到栅极电压作用的强烈影响。

栅极电压对 i_D 的影响是通过改变导电沟道宽度实现的，必须为栅极电压指定参考点。在场效应晶体管分析中，通常用栅源电压 u_{GS} 表示栅极电压的大小。

可以这样认为：

1）u_{DS} 导致了 i_D 的产生，所以 i_D 必受 u_{DS} 的影响，二者存在正相关性；但是 u_{DS} 和 i_D 之间的数值关系受到沟道变化的重大影响。

2）u_{GS} 是用来改变沟道的，如果 u_{GS} 引起沟道夹断，则 $i_D=0$；在沟道畅通的情况下，u_{GS} 还会改变沟道的宽窄，进而改变漏极和源极之间的导电特性，从而改变 u_{DS} 和 i_D 的比例系数，这相当于漏极和源极之间的存在一个受 u_{GS} 控制的可变电阻。

3）u_{GS} 对沟道的改变又受到 u_{DS} 的影响。以 N 沟道管为例，它一方面要求自由电子从源极流向漏极，所以要求漏极电位必须高于源极电位，即 $u_{DS}>0$；另一方面要求 u_{GS}、u_{GD} 足够高，以确保沟道的存在。因为 $u_{GD}=u_{GS}-u_{DS}$ 以及 $u_{DS}>0$，所以对任何栅极电压而言，$u_{GS}>u_{GD}$ 始终成立。如果 u_{DS} 足够大，$u_{GD}=u_{GS}-u_{DS}$ 就可能低到不足以维持沟道畅通的程度，导致沟道在靠近漏极端发生夹断；而在源极端，u_{GS} 仍然高到足以维持沟道畅通，这种沟道没有完全夹断的状态就是预夹断。在 u_{GS} 保持不变时，u_{DS} 的增加一方面有增大 i_D 的趋势；另一方面导致 u_{GD} 降低，使得漏极端的夹断区变长，夹断区变长将抑制自由电子从源极向漏极运动，这就形成了负反馈的机制，使得电流 i_D 在 u_{DS} 变化时基本保持稳定。

综上可知，N 沟道场效应晶体管工作在恒流区（饱和区）的外部偏置条件是 u_{DS} 过高导致 u_{GD} 过低，低到不足以维持沟道畅通的程度。此时沟道发生预夹断，i_D 基本上不随 u_{DS} 变化而取决于 u_{GS} 的值，并以转移特性来表示。

当 u_{DS} 较小时，场效应晶体管不会发生预夹断，也就不会进入恒流区，而是工作在可变电阻区，此时的 i_D 既取决于 u_{DS}，又取决于 u_{GS}。

2. 场效应晶体管工作状态的确定

理解了场效应晶体管的工作原理，也就不难确定场效应晶体管的工作状态。与晶体管类似，场效应晶体管的工作状态，既可以从电压角度来判断，也可以从电流角度来判断。

在恒流区，从电压角度看，场效应晶体管的外加电压必须能够确保沟道预夹断，即 u_{GS} 能确保沟道存在，u_{DS} 能确保沟道预夹断。从电流角度看，场效应晶体管的控制特性也不如晶体管的线性关系（$I_C=\beta I_B$）那样简洁，而是以二次方关系出现。

下面以 N 沟道耗尽型 FET 为例，分别从电压角度和电流角度判断其工作状态。

1）截止区：栅源电压过低，导致沟道夹断。即

$$U_{GS}<U_P$$
$$i_D=0$$

2）恒流区：栅源电压够高，保证沟道存在；漏源电压过高，沟道预夹断。即

$$U_P<U_{GS}<0,\qquad U_{DS}>U_{GS}-U_P$$

$$I_D=I_{DSS}\left(1-\frac{U_{GS}}{U_P}\right)^2 \tag{7-20}$$

3）可变电阻区：栅源电压够高，保证沟道存在；漏源电压够低，沟道未发生预夹断。即

$$U_P<U_{GS}<0,\ 0\leqslant U_{DS}\leqslant U_{GS}-U_P$$

$$I_D=I_{DSS}\left[2\left(1-\frac{U_{GS}}{U_P}\right)\frac{U_{DS}}{-U_P}-\left(\frac{U_{DS}}{U_P}\right)^2\right] \tag{7-21}$$

或者

$$I_D=\frac{2I_{DSS}}{U_P^2}\left[(U_{GS}-U_P)U_{DS}-\frac{U_{DS}^2}{2}\right] \tag{7-22}$$

参数 I_{DSS} 和 U_{P} 都取决于场效应晶体管器件本身的物理特性，所以式（7-22）还经常写为

$$I_{\text{D}} = K[\,2(U_{\text{GS}}-U_{\text{P}})U_{\text{DS}}-U_{\text{DS}}^2\,], \qquad K = \frac{I_{\text{DSS}}}{U_{\text{P}}^2} \tag{7-23}$$

显然，K 也是反映了场效应晶体管器件物理特性的参数，利用参数 K，也可以重写饱和区漏极电流公式。

其他类型场效应晶体管的漏极电流公式与上面的公式类似，本书侧重于说明原理，不再一一列举。

7.3.2 场效应晶体管放大电路的组成

场效应晶体管的栅极、漏极和源极分别对应晶体管的基极、集电极和发射极，场效应晶体管放大电路也可以组成共栅、共漏、共源放大电路。与晶体管放大电路要求晶体管必须不失真地工作在放大区一样，要使场效应晶体管放大电路实现对输入信号的放大，也必须确保场效应晶体管能够不失真地工作在恒流区（饱和区），而要实现这一点，就必须给场效应晶体管提供合适的偏置。

根据直流偏置电路的不同，场效应晶体管放大电路可分为自偏置电压电路和分压式偏置电路，以及这两类偏置电路的复合形式，下面仅介绍两类基本的偏置电路。

1. 自偏置电压电路

由 N 沟道耗尽型场效应晶体管组成的自偏置电压电路如图 7-31 所示。

由于场效应晶体管正常工作时，栅极电流瞬时值 $i_{\text{G}}=0$，以及电容 C_1 的隔直作用，所以栅极电阻 R_{g} 上不可能有直流电流流过，所以栅极直流电压 $U_{\text{G}}=0$。

又因为场效应晶体管的漏极电流与源极电流相等，即 $i_{\text{D}}=i_{\text{S}}$，于是源极直流电压 U_{S} 就等于源极电阻 R_{s} 上的直流电压，即

$$U_{\text{S}} = R_{\text{s}}I_{\text{D}}$$

于是栅源电压为

$$U_{\text{GS}} = U_{\text{G}}-U_{\text{S}} = -I_{\text{D}}R_{\text{s}}$$

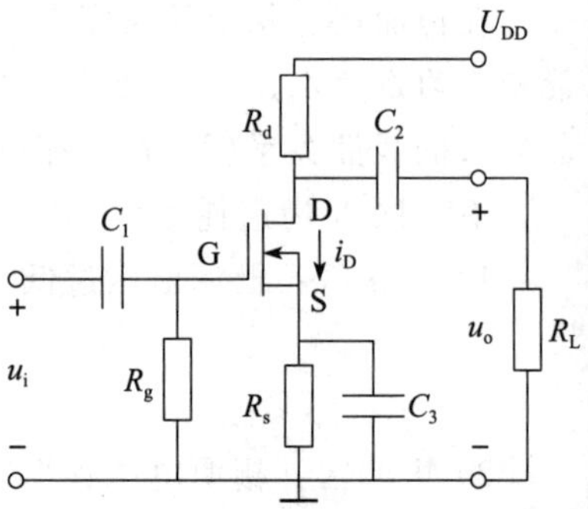

图 7-31 自偏置电压电路

I_{D} 为零时，$U_{\text{GS}}=0$，耗尽型 FET 的导电沟道就已经存在。施加直流电压 U_{DD} 之后，将形成漏极电流 I_{D}，此时 U_{GS} 为负值，只要

$$-I_{\text{D}}R_{\text{s}} > U_{\text{GS(off)}}$$

或者

$$I_{\text{D}}R_{\text{s}} < -U_{\text{GS(off)}} \tag{7-24}$$

N 沟道场效应晶体管中的导电沟道就依然存在。

但是单纯地存在导电沟道不足以满足场效应晶体管放大的条件，还要考虑如何使沟道发生预夹断，即栅漏电压要满足 $U_{\text{GD}} \leqslant U_{\text{GS(off)}}$ 这一条件。因为漏极电压 $U_{\text{D}}=U_{\text{DD}}-I_{\text{D}}R_{\text{d}}$，而栅极电压 $U_{\text{G}}=0$，所以栅漏电压为

$$U_{\text{GD}} = U_{\text{G}}-U_{\text{D}} = I_{\text{D}}R_{\text{d}}-U_{\text{DD}}$$

显然，U_{GD} 也是个负值，只要

$$I_{D}R_{d}-U_{DD} \leqslant U_{GS(off)}$$

或者 $\qquad I_{D}R_{d} \leqslant U_{DD}+U_{GS(off)} \qquad\qquad (7\text{-}25)$

综合式(7-24)和式(7-25)可知,场效应晶体管自偏置电压电路要求 $I_{D}R_{s}$、$I_{D}R_{d}$ 的值不能太大,即 R_{s}、R_{d} 上的分压都不能太大。

注意:以上对 $U_{GS(off)}$ 和 U_{P} 是作为同一概念使用的,有资料认为二者虽然数值大小相同,但含义不同,也有资料认为可以对这两个概念不加区分,本书选用后者。需要指出的是,在场效应晶体管器件手册中给出的多为 $U_{GS(off)}$ 和 $U_{GS(th)}$。

考虑极端的情况——R_{s}、R_{d} 为零,$I_{D}R_{s}$、$I_{D}R_{d}$ 的值就都不会太大,这样做行不行?答案当然是否。R_{d} 相当于共发射极晶体管放大电路中的集电极电阻 R_{c},取消了 R_{d},就无法将场效应晶体管漏极电流 i_{D} 瞬时值的变化转换为输出电压。R_{s} 相当于共发射极晶体管放大电路中的发射极电阻 R_{e},其作用是形成负反馈机制,以稳定静态工作点,请读者参考晶体管静态工作点稳定电路的原理自行分析(静态工作点的计算将在后文介绍)。

自偏置电压电路要求栅极无电压时就存在导电沟道,所以只能适用于耗尽型场效应晶体管。结型场效应晶体管在没有栅极电压时也存在导电沟道,所以也属于耗尽型场效应晶体管。

2. 分压式偏置电路

分压式偏置电路既适用于增强型场效应晶体管也适用于耗尽型场效应晶体管。N 沟道增强型场效应晶体管的分压式偏置电路如图 7-32 所示,由于栅极电流为零,可知栅极直流电压为

$$U_{G}=\frac{R_{g2}}{R_{g1}+R_{g2}}U_{DD}$$

源极直流电压为

$$U_{S}=R_{s}I_{D}$$

于是栅源电压为

$$U_{GS}=U_{G}-U_{S}=\frac{R_{g2}}{R_{g1}+R_{g2}}U_{DD}-R_{s}I_{D}$$

但这时漏极电流 I_{D} 与栅源电压 U_{GS} 之间的关系却不能确定。因为 I_{D} 与 U_{GS} 的关系取决于场效应晶体管的工作状态,在确定场效应晶体管的工作状态之前,尚不能确定二者关系的表达式。

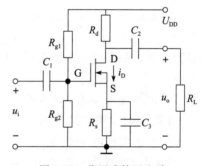

图 7-32 分压式偏置电路

7.3.3 场效应晶体管放大电路的近似估算

场效应晶体管放大电路的分析与晶体管类似,也要先进行直流分析,得到静态工作点;再进行动态分析,得到放大倍数、输入电阻、输出电阻等交流参数。分析方法可以使用近似估算法(等效电路法)或图解法。场效应晶体管放大电路的图解法分析与晶体管图解法分析类似,本书不再叙述。下面简单介绍场效应晶体管放大电路的近似估算。

1. 场效应晶体管放大电路的静态分析

场效应晶体管放大电路静态分析的思路,是首先确定场效应晶体管的工作状态,再计算此工作状态下的静态工作点(I_{DQ},U_{GSQ},U_{DSQ})。场效应晶体管是一种电压控制器件,栅极只

需要偏置电压，不需要偏置电流（$I_G = 0$），所以漏极电流恒等于源极电流（$i_D = i_S$）。利用这个特性，再结合基尔霍夫定律和场效应晶体管伏安特性关系方程即可求解。

假设管子工作于某个特定区域，求解此状态下的 G-S 回路和 D-S 回路方程，如果所得到的计算结果符合假设区域的偏置条件，说明假设正确；否则说明假设不正确，应做出新的假设。

首先确定场效应晶体管的工作状态，步骤如下：

1）假设 FET 工作于截止区，则有

$$I_D = 0, \qquad I_G = 0$$

在此前提下计算 U_{GS}，验证

$$U_{GS} < U_P$$

是否成立。如果成立，则说明 FET 处于截止区；否则进行第二步。

2）假设 FET 工作于恒流区，则有

$$I_D = I_{DSS}\left(1 - \frac{U_{GS}}{U_P}\right)^2, \qquad I_G = 0$$

在此前提下计算 U_{GS}，验证

$$U_P < U_{GS} < 0, \qquad U_{DS} > U_{GS} - U_P$$

是否成立。如果成立，则说明 FET 处于恒流区；否则进行第三步。

3）假设 FET 工作于可变电阻区，则有

$$I_D = I_{DSS}\left[2\left(1 - \frac{U_{GS}}{U_P}\right)\frac{U_{DS}}{-U_P} - \left(\frac{U_{DS}}{U_P}\right)^2\right], \qquad I_G = 0$$

在此前提下计算 U_{GS}，验证

$$U_P < U_{GS} < 0, \qquad 0 \leqslant U_{DS} \leqslant U_{GS} - U_P$$

是否成立。如果成立，则说明 FET 处于可变电阻区，否则应考虑场效应晶体管是否已经击穿。

其次根据已知状态计算静态工作点（I_D，U_{GS}，U_{DS}）。

【例 7-4】 图 7-31 场效应晶体管放大电路，已知 $U_{DD} = 6\text{V}$，$R_d = 750\Omega$，$R_s = 500\Omega$，场效应晶体管的夹断电压 $U_P = -4\text{V}$，饱和漏极电流 $I_{DSS} = 16\text{mA}$，求静态工作点。

【解】 首先画出图 7-31 场效应晶体管放大电路的直流通路，如图 7-33 所示。

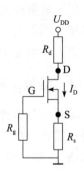

图 7-33   自偏置电压电路
的直流通路

因为栅极电流 $I_G = 0$，栅极电阻 R_g 上无电流，可知

$$U_G = 0$$

又因为

$$U_S = I_D R_s$$

可知

$$U_{GS} = U_G - U_S = -I_D R_s$$

下面分析场效应晶体管的工作状态。

1）假设 FET 工作于截止区，则 $I_D = 0$，对应 $U_{GS} = -I_D R_s = 0$

不满足 $U_{GS} < U_P$ 的条件，说明 FET 不能工作于截止区。

2）假设 FET 工作于恒流区，可得场效应晶体管的特性方程为

$$I_D = I_{DSS}\left(1 - \frac{U_{GS}}{U_P}\right)^2 = 16 \times 10^{-3} \times \left(1 - \frac{U_{GS}}{-4}\right)^2$$

再根据 G-S 回路写出栅源电压表达式为
$$U_{GS} = -500I_D$$

联立求得两组解：$I_D = 16\text{mA}$，$U_{GS} = -8\text{V}$；$I_D = 4\text{mA}$，$U_{GS} = -2\text{V}$。

由于 $U_{DD} = 6\text{V}$，U_s 不可能达到 8V，在 $U_G = 0$ 的前提下，U_{GS} 不可能达到 -8V，所以应去掉第一组解。

考虑第二组解（$U_{GS} = -2\text{V}$，$I_D = 4\text{mA}$），此时有
$$U_{DS} = U_{DD} - I_D R_d - I_D R_s = (6 - 4\times10^{-3}\times750 - 4\times10^{-3}\times500)\text{V} = 1\text{V}$$

而
$$U_{GS} - U_P = [-2-(-4)]\text{V} = 2\text{V}$$

显然
$$1\text{V} = U_{DS} \leqslant U_{GS} - U_P = 2\text{V}$$

综上可知，在恒流区的假设下，满足条件 $U_P < U_{GS} < 0$（栅源电压够高，能确保导电沟道的存在），不满足条件 $U_{DS} > U_{GS} - U_P$（漏源电压不够高，沟道没有发生预夹断），说明恒流区的假设不成立，场效应晶体管不能工作于恒流区（实际上，根据栅源电压够高、漏源电压不够高的偏置条件，已经能够判断场效应晶体管工作于可变电阻区）。

3）假设 FET 工作于可变电阻区，则场效应晶体管的特性方程为
$$I_D = 16\times10^{-3}\times\left[2\left(1-\frac{U_{GS}}{-4}\right)\frac{U_{DS}}{-4} - \left(\frac{U_{DS}}{-4}\right)^2\right]$$

D-S 回路电压方程
$$U_{DS} = U_{DD} - I_D R_d - I_D R_s = 6-(750+500)I_D 6 - 1250I_D$$

G-S 回路电压方程
$$U_{GS} = U_G - U_s = -I_D R_s = -500I_D$$

联立求得两组解：$I_D = 3.774\text{mA}$，$U_{GS} = -1.887\text{V}$，$U_{DS} = 1.282\text{V}$；$I_D = -10.17\text{mA}$，$U_{GS} = 5.087\text{V}$，$U_{DS} = 18.72\text{V}$。

因为 I_D 不可能是负值，U_{DS} 更不可能高于 U_{DD}，可知第二组解是无效解。

下面验证第一组解是否满足可变电阻区的偏置条件，因为
$$-4 = U_P < U_{GS} < 0, \qquad 0 \leqslant U_{DS} \leqslant U_{GS} - U_P = 2.113\text{V}$$

说明场效应晶体管在可变电阻区的两个条件都得到了满足，场效应晶体管的确工作于可变电阻区，其静态工作点为（$I_D = 3.774\text{mA}$，$U_{GS} = -1.887\text{V}$，$U_{DS} = 1.282\text{V}$）。

2. 场效应晶体管放大电路的动态分析

求出场效应晶体管的静态工作点（I_{DQ}，U_{GSQ}，U_{DSQ}）后，就可以利用替代原理，在静态工作点附近把非线性的场效应晶体管用线性模型替代，把非线性系统线性化。场效应晶体管工作区域不同，工作信号不同，所使用的模型也不同。

图 7-34 为场效应晶体管工作在饱和区（即恒流区）时的低频小信号模型，栅极与源极之间视为开路（栅源电阻无穷大），漏极与源极之间视为电压控制电流源（VCCS）与漏源电阻（r_{ds}）的并联支路。

计算场效应晶体管放大电路的交流特性时，只要用模型替代电路中的场效应晶体管，然后利用线性电路分析方法计算即可，替代时应保持各电极在电路中的拓扑关系不要改变，计算方法与晶体管放大电路交流参数的计算方法相同。

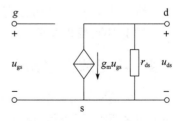

图 7-34　场效应晶体管的
低频小信号模型

7.3.4 JFET 静态工作点的仿真

LTspice 中场效应晶体管的参数与以上所讨论的场效应晶体管参数有很大不同，所以在仿真前需要进行换算。以例 7-4 为例，它所对应的原理图如图 7-35 所示。场效应晶体管要选择 NJF（N 沟道结型场效应晶体管）器件。

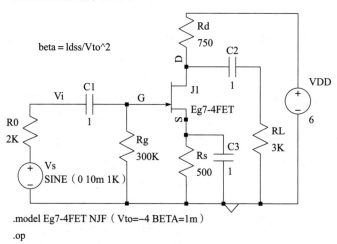

图 7-35　例 7-4 的原理图

. model Eg7-4FET NJF（Vto = -4 BETA = 1m）语句中的参数含义如下：

1）Vto（Threshold voltage）：夹断电压 U_p，根据已知条件设定 Vto = -4。

2）BETA（Transconductance parameter）：跨导参数 β，常用的计算公式为

$$\beta = \frac{I_{DSS}}{U_p^2}$$

所以，例 7-4 中 $\beta = 10^{-3}$。

运行工作点（直流）仿真，得到如下结果：

```
Id(J1):      0.00377424
V(d):        3.16932
V(g):        1.52293e-006
V(s):        1.88712
```

简单计算可知，该仿真结果与近似估算结果很接近。

对于 MOS 管以及场效应晶体管的动态仿真，可查阅相关资料进一步学习。

7.4　功率放大电路

放大的实质是控制，之所以需要放大，是因为初始信号太微弱（电压和电流都比较小），不能用来驱动（即控制）设备的运行；而放大电路的作用，就是把有用但无法驱动设备的微弱信号放大，变换为能够驱动设备的大信号，用来控制音频、视频、温度、动力等设备的运行。设备是放大电路的负载，放大电路是设备的信号源。这类负载的共同特征是既需要足够的电压，又需要足够的电流，需要从放大电路获得足够大的功率才能正常运行。

7.4.1 功率放大电路的参数

如果一个放大电路既能输出大电压又能输出大电流，说明这个放大电路的带负载能力强，或者说驱动能力强。从负载的角度来说，当然希望信号源（即放大电路）的带负载能力更强，因为这样对负载的要求就少了；从放大电路的角度，则希望负载所需要的输入信号功率越小越好，这样对放大电路的要求就少了。于是放大电路能够输出的最大功率，就成为必须关注的因素。

假定负载为纯电阻，则输出电流和输出电压同相，用 U_{om} 表示输出电压幅值，I_{om} 表示输出电流幅值，负载所得到的瞬时功率 p_o 为

$$p_o = U_{om}\sin\omega t I_{om}\sin\omega t$$

放大电路的输出功率 P_o 是负载上的平均功率，大小等于输出电压有效值和输出电流有效值之积，即

$$P_o = \frac{1}{T}\int_0^T U_{om}\sin\omega t I_{om}\sin\omega t \mathrm{d}t = \frac{1}{2}U_{om}I_{om} = \frac{U_{om}}{\sqrt{2}}\frac{I_{om}}{\sqrt{2}} = U_o I_o$$

放大电路的最大输出功率是负载在不失真的情况下所能得到的最大平均功率，即

$$P_{omax} = \frac{1}{2}U_{omax}I_{omax} \tag{7-26}$$

式中，U_{omax} 为放大电路输出电压的极限值；I_{omax} 为放大电路输出电压的极限值。最大输出功率 P_{omax} 越大，说明放大电路的带负载能力越强。

从本质上说，放大电路是能量变换器，是通过晶体管的控制作用，把直流电源提供的能量变换成随输入信号而变化的交流能量，传送给负载。为了输出较大的功率，放大电路就必须从直流电源索取更大的功率，其中一部分作为有效信号送给负载，另一部分则被放大电路自身所消耗。当输出功率很小时，放大电路自身消耗的功率也比较小；当输出功率较大时，放大电路自身消耗的功率也比很大。这时，为了足够的输出功率，放大电路必须从电源索取多大的功率，或者放大电路的功率转换效率，也成为必须关注的因素。

输出功率与电源功率之比反映了电路的功率转换效率，即

$$\eta = \frac{P_o}{P_E}\times100\%$$

式中，P_E 为直流电源所提供的功率，即电源的平均功率。

一般情况下，当输出功率达到最大值时，功率转换效率达到最大，即

$$\eta_{max} = \frac{P_{omax}}{P_E}\times100\% \tag{7-27}$$

从性能指标来看，更关心的是功率放大电路的最大功率转换效率，所以放大电路的功率转换效率被定义为最大输出功率与电源功率之比，即通常提到功率转换效率时，所指的就是最大功率转换效率，所以 η 和 η_{max} 常常不加区分。

还需要关注的是晶体管的管耗，在大功率条件下，晶体管的管耗也很大，管耗太大将使晶体管的结温升高，结温太高将烧毁晶体管，所以功放管一般要安装散热器片。

7.4.2 甲类放大电路的功率放大特性

如果放大电路在整个输入信号周期内，晶体管都导通（也称导通角360°），就称为甲类

放大电路。前面所接触的单管放大电路都是甲类放大电路，下面以图 7-36a 单管共发射极放大电路为例，考察甲类放大电路的最大输出功率、功率转换效率和管耗。电路的输出负载线及信号波形如图 7-36b 所示，可知

$$u_{CE} = U_{CEQ} - U_{cem}\sin\omega t$$

$$i_c = I_{CQ} + I_{cm}\sin\omega t$$

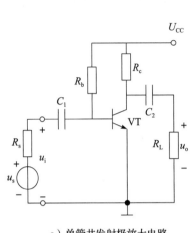

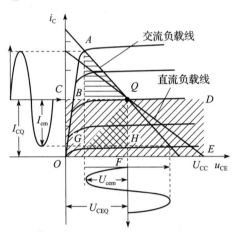

a）单管共发射极放大电路   b）输出负载线及信号波形

图 7-36   甲类放大电路

由于负载电阻 R_L 与晶体管并联，在输出信号不失真的前提下，负载上的最大电压 U_{omax} 不会超过晶体管的 U_{cem}，即 $U_{omax} \leqslant U_{cem}$；又因为在交流通路中，$R_c$ 与 R_L 并联，晶体管集电极交流电流 i_c 被 R_c 与 R_L 分流，所以负载最大电流 I_{omax} 不会超过晶体管的 I_{cm}，即 $I_{om} \leqslant I_{cm}$，于是输出功率

$$P_{omax} = \frac{1}{2}U_{omax}I_{omax} < \frac{1}{2}U_{cem}I_{cm} \tag{7-28}$$

图 7-36b 中 △ABQ 的面积就等于最大输出功率，故称之为功率三角形。

直流电源电压为 U_{CC}，输出电流近似等于 i_c，其平均功率为

$$P_E = \frac{1}{T}\int_0^T U_{CC}i_c(t)\,\mathrm{d}t = U_{CC}\frac{1}{T}\int_0^T i_c(t)\,\mathrm{d}t = U_{CC}I_{CQ} \tag{7-29}$$

直流电源所提供的平均功率可以用图 7-36b 中矩形 CDEO 的面积表示。

根据图 7-36b 可知，$U_{cem} < U_{CC}$，$I_{cm} < I_{CQ}$，所以单管放大电路的最大功率转换效率为

$$\eta_{max} = \frac{P_{omax}}{P_E}\times 100\% < \frac{\dfrac{1}{2}U_{cem}I_{cm}}{U_{CC}I_{CQ}}\times 100\% < 50\% \tag{7-30}$$

可见单管共发射极放大电路用作功率放大时，其效率很低。

晶体管的管耗近似为集电极电流所产生的功耗，即

$$P_T = \frac{1}{T}\int_0^T u_{CE}(t)i_c(t)\,\mathrm{d}t = U_{CEQ}I_{CQ} - \frac{1}{2}U_{cem}I_{cm} \tag{7-31}$$

图 7-36b 中，$U_{CEQ}I_{CQ}$ 可以用矩形 CQFO 的面积代表，$(U_{cem}I_{cm})/2$ 可以用 △ABQ 或者 △GHQ 的面积代表，于是晶体管的管耗就可以用矩形 CQFO 的面积减去 △GHQ 的面积来

表示。

整个放大电路的功耗为电源供给功率与输出功率之差，即

$$P_E - P_o \geqslant U_{CC}I_{CQ} - \frac{1}{2}U_{cem}I_{cm} \qquad (7-32)$$

对比式（7-31）和式（7-32），可知整个放大电路的功耗大于晶体管的管耗，这是由于除了晶体管的管耗外，放大电路中的电阻也要消耗功率。

上述分析表明，单管共发射极放大电路用作功率放大时，电源提供的全部功率 P_E 中，负载所能够得到的最大输出功率 P_{omax} 不超过一半，一半以上的功率被消耗掉了，说明单管发共射极放大电路的功率转换效率低、管耗高。在大电流、高电压输出的情况下，转换效率低意味着能量的浪费，管耗高意味着晶体管工作状态的恶化甚至损坏。显然，单管共发射极放大电路不适于用作功率放大。

图 7-36 电路无法实现静态工作点的稳定，如果要稳定静态工作点，就必须在发射极添加电阻，这将进一步增加整个放大电路的功耗，降低放大电路的功率转换效率。为了避免失真，甲类放大电路的静态工作点不能太低，静态电流也不能太小，其管耗也就无法减小，所以甲类放大电路都存在效率低、功耗高的缺点。

那么如何解决甲类放大电路效率低、管耗高的缺点呢？

7.4.3 变压器输出的甲类功率放大电路

要提高效率，只能从两个方面入手，要么提高放大电路输出给负载的功率，要么降低放大电路从直流电源索取的功率。对应图 7-36b，要么增大功率 $\triangle ABQ$ 的面积，要么减小矩形 $CDEO$ 的面积。又因为减小减小矩形 $CDEO$ 的面积意味着降低静态工作点，在大电流、高电压输出的情况下，这将导致失真，所以矩形 $CDEO$ 的面积无法减小，只能尽可能增大功率 $\triangle ABQ$ 的面积。

问题是 $\triangle ABQ$ 的形状取决于交流负载线，而交流负载线的斜率又取决于负载电阻 R_L 和集电极电阻 R_c，R_c 不能随意改变，因为这将改变静态工作点；R_L 更不能随意改变，因为那是放大电路之外的设备，不是电路设计者所能改变的。有什么办法能够在不改变 R_L 和 R_c 的前提下，增大功率三角形的面积呢？

方法是在输出回路增加变压器，通过改变变压器一、二次绕组的匝数比，来改变从放大电路输出回路看出去的负载阻抗。变压器阻抗变换原理如图 7-37b 所示，假定变压器一次绕组的匝数为 N_1，二次绕组的匝数为 N_2，一、二次绕组的匝数比为 n，则

$$\frac{U_1}{U_2} = \frac{N_1}{N_2} = n, \qquad \frac{I_1}{I_2} = \frac{N_2}{N_1} = \frac{1}{n} \qquad (7-33)$$

于是从变压器一次绕组看进去的等效电阻为

$$R'_L = n^2 R_L$$

在不改变 R_L 和 R_c 的前提下，利用变压器改变了放大电路的负载，从而实现了改变交流负载线，进而调整功率三角形形状的目的，最大限度地增大了输出功率。

限于篇幅，本书不详细分析变压器输出的单管放大电路，读者完全可以自行计算相关参数。但是根据甲类放大电路功率放大性能的分析可知，无论如何调整负载线，单管放大电路的效率也不可能超过 50%，这是甲类功率放大电路功率转换效率的极限。

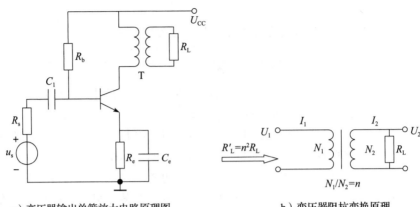

a）变压器输出单管放大电路原理图　　　　　b）变压器阻抗变换原理

图 7-37　变压器输出的单管放大电路

变压器输出的单管放大电路以在输出回路中增加变压器为代价，却只能提高效率到50%，这似乎还有些不够，还能提高些吗？

7.4.4　乙类推挽功率放大电路

变压器输出的单管放大电路只在提高最大输出功率上做了文章，没有在降低管耗上做文章，那么是否可以在降低管耗上做些文章呢？考虑到电路管耗高的原因就是因为静态工作点太高、晶体管的静态电流太大，那么，降低静态工作点、减小静态电流不就可以了吗？如果把静态电流 I_{CQ} 降低至零，把 Q 点降低至横轴上，形成如图 7-38a 所示的输出特性，管耗不就降到为零了吗？

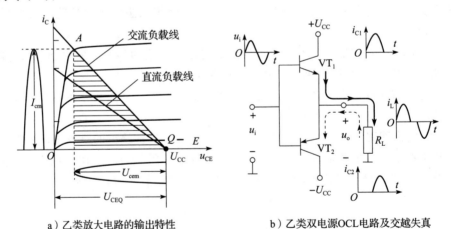

a）乙类放大电路的输出特性　　　　　b）乙类双电源OCL电路及交越失真

图 7-38　乙类放大电路的输出特性、乙类双电源 OCL 电路及交越失真

不过随着管耗降低为零，输出波形也只剩下一半，这样的失真当然不能容忍。不能为了解决失真，回头去提高静态工作点，因为单管放大电路功率转换效率的极限只有 50%，要在不失真的条件下，大幅度地提高效率，单管放大电路已无能为力。

解决的办法是变单管放大为双管放大：采用两个特性参数相同的对称晶体管，一个完成正半周的放大，另一个完成负半周的放大，然后再设法将两个放大了的半周波形在负载上合在一起，负载上就能得到一个完整的正弦波。

图 7-38b 所示电路就能够实现这样的功能，在输入信号 u_i 的正半周，晶体管 VT_1 导通、VT_2 截止，电流被正电源经晶体管 VT_1"推"向负载电阻 R_L；在 u_i 的负半周，晶体管 VT_1 截止、VT_2 导通，电流被负电源经晶体管 VT_2"拉"出负载电阻 R_L。所以，这种电路也称为推拉式功率放大电路，或推挽式功率放大电路。

这类放大电路中，在输入信号的一个周期内，晶体管的导通角为 $180°$，即只导通了半个周期，称为乙类放大电路。在正、负双电源供电的条件下，这种电路静态时公共发射极的电位为零，输出端口与负载电阻之间无须通过耦合电容隔离直流信号，所以也称为 OCL（Output Capacitor Less，输出无容）电路。OCL 电路必须由双电源供电。

但是乙类推挽功率放大电路没能彻底解决失真的问题，这是由于当 u_{BE} 小于死区电压时，晶体管处于截止状态，i_B 基本为零。在图 7-38b 中，当施加到 VT_1、VT_2 基极的输入信号 u_i 小于死区电压时，两个晶体管都处于截止状态，基极电流、集电极电流均为零，没有任何电流流过负载电阻 R_L。所以，当输入信号 u_i 越过零点时，放大电路的输出将无法跟随输入的变化，于是在输出信号两个半波的交接处，就出现了明显的失真，这种失真称为交越失真。那么，如何解决交越失真的问题呢？

7.4.5 甲乙类推挽功率放大电路

乙类放大电路产生交越失真的原因，在于当输入信号 u_i 越过零点时，两个晶体管同时进入了截止状态，如果能使将要导通的晶体管，在 u_i 越过零点时迅速离开截止区进入导通状态，也就解决了交越失真的问题。

为此，可以预先给两个晶体管的发射结施加很小的正向偏置电压，使其在静态时就处于微导通状态，这样当输入信号 u_i 越过零点时，将要导通的晶体管就能迅速进入导通状态，从而减小了交越失真。

图 7-39b 所示双电源 OCL 电路就可以实现上述想法。由于二极管 VD_1、VD_2 正向电压降的存在，晶体管 VT_1、VT_2 的发射结被施加了微弱的正向偏置电压，均处于微导通状态。静态（$u_i = 0$）时，每个晶体管的发射结的静态电流均不为零，而是稍微大于零。

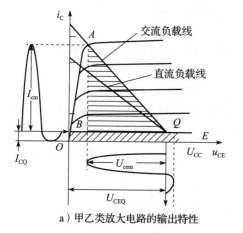

a）甲乙类放大电路的输出特性

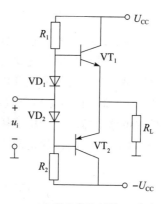

b）甲乙类双电源OCL电路

图 7-39 甲乙类放大电路

为了减小交越失真，静态工作点 Q 没有设置在输出特性曲线上 $I_c=0$ 处，而稍向上一些，如图 7-39a 所示。在输入信号的一个周期内，晶体管的导通角略大于 180°，导通时间略大于半个周期，这类放大电路称为甲乙类放大电路。

由前文已知，功率放大电路的输出功率等于输出电压有效值和输出电流有效值之积，对于纯电阻负载，输出功率取决于输出电压的幅值，即

$$P_o = \frac{1}{2}U_{om}I_{om} = \frac{1}{2}\frac{U_{om}^2}{R_L}$$

一个功放管截止、另一个功放管饱和时，输出电压达到极限值 $U_{omax}=U_{CC}-U_{CES}$，由此得到 OCL 电路的最大不失真输出功率为

$$P_{omax} = \frac{1}{2}U_{omax}I_{omax} = \frac{1}{2}\frac{(U_{CC}-U_{CES})^2}{R_L}$$

每个功放管只导通半个周期，它的集电极电流近似等于输出电流。由于电源的输出功率主要用来产生集电极电流（偏置电流和基极电流很小），而且每个电源只工作半个周期，可知单个电源所消耗的功率为

$$\frac{1}{T}\int_0^{T/2}U_{CC}i_C(t)\,\mathrm{d}t = U_{CC}\frac{1}{T}\int_0^{T/2}I_{cm}\sin\omega t\,\mathrm{d}t = \frac{U_{CC}I_{cm}}{\pi} \approx \frac{U_{CC}I_{om}}{\pi} = \frac{U_{CC}U_{om}}{\pi R_L}$$

双电源所消耗的功率是单个电源消耗功率的 2 倍，即

$$P_E = 2\frac{U_{CC}I_{om}}{\pi} = \frac{2}{\pi}U_{CC}I_{om} = \frac{2}{\pi}\frac{U_{CC}U_{om}}{R_L}$$

功率转换效率为

$$\eta = \frac{P_o}{P_E} = \frac{\dfrac{1}{2}U_{om}I_{om}}{\dfrac{2}{\pi}\dfrac{U_{CC}U_{om}}{R_L}} = \frac{\pi}{4}\frac{U_{om}}{U_{CC}} \leqslant \frac{\pi}{4} = 78.5\%$$

可见 OCL 电路最大功率转换效率理论上可以提高至 78.5%。

设计功放电路时，要保证电源能提供满足需要的电源输出最大功率，即

$$P_{Emax} = \frac{2}{\pi}\frac{U_{CC}(U_{CC}-U_{CES})}{R_L}$$

选择功放管时，还必须考虑它所承受的最大反向电压。当一个功放管截止、另一个功效管饱和时，该管承受的反向电压达到最大值，此时最大管电压降 $U_{cemax}=2U_{CC}$。

需要注意的是，功放管的最大管耗不是发生在输出最大功率的时候。简要推导如下：电源输出功率 P_E 的一部分供给输出负载成为输出功率 P_o，其余部分则消耗在功放电路本身，由于基极和偏置电路电流较小，所消耗的功率主要成为功放管的管耗。所以，用电源输出功率 P_E 减去功放输出功率 P_o，就是两个功放管的管耗之和，每个功放管的管耗等于它的一半，即

$$P_T = \frac{P_E - P_o}{2} = \frac{1}{2}\left(\frac{2}{\pi}\frac{U_{CC}U_{om}}{R_L} - \frac{1}{2}\frac{U_{om}^2}{R_L}\right)$$

对 U_{om} 求导可知，当 $U_{om} = \frac{2}{\pi}U_{CC} \approx 0.64U_{CC}$ 时，管耗达到最大值 P_{Tmax}，即

$$P_{Tmax} = \frac{1}{\pi^2} \frac{U_{cc}^2}{R_L} = \frac{2}{\pi^2} \frac{1}{2} \frac{U_{cc}^2}{R_L} \approx 0.2 P_{omax}$$

这说明，当输出电压的幅值达到电源电压的 0.64 倍时，晶体管的管耗最大，每个晶体管管耗的最大值近似等于最大不失真输出功率的 0.2 倍。

除了 OCL 电路以外，甲乙类推挽功放电路还有 OTL(Output Transformer Less，输出无变压器)、BTL(Balanced Transformer Less，平衡无变压器)等类型，供电电源也分为单电源、双电源两类，每种类型各有优缺点。本书侧重于电路分析和设计的思想方法，限于篇幅，不再对各类具体的电路一一介绍。

任何技术的发展都是由需求驱动的，从功率放大电路演变的路径能清楚地看到这一点——为了输出尽可能大的功率，功放管必须工作在接近极限状态(电压和电流均接近极限值)；而极限工作状态又带来了管耗大、效率低、失真大的问题，为解决这些问题，出现了利用变压器实现阻抗变换、从而最大限度地提高输出功率的单管功放电路；但是单管功放电路没能解决管耗大、效率低的问题，于是出现了乙类功放电路；乙类功放电路又带来了交越失真，于是又出现了甲乙类功放电路。所有这一切，都是围绕着如何实现最大功率输出、提高效率、降低管耗、减小失真这 4 个方面展开的。

从放大器与负载之间的耦合方式出发去记住所有电路的形式并不现实，理解并掌握分析、解决问题的思路才是永恒的财富。

7.5　多级放大电路

每一种基本放大电路也有自己的特点，从具体应用的角度看，特点就成为优点或缺点。弄清楚每一种放大电路的优缺点，然后扬长避短，有效组合，才能实现优化应用的目的。

7.5.1　基本放大电路的局限性

每一种基本放大电路都有自己的特点，例如：

1) 晶体管共发射极放大电路既有电压放大作用又有电流放大作用，输入、输出电阻适中。

2) 晶体管共集电极放大电路只有电流放大作用没有电压放大作用，输入电阻大、输出电阻小，其电压放大倍数接近但略小于 1，故称为射极跟随器或电压跟随器。

3) 晶体管共基极放大电路只有电压放大作用没有电流放大作用，输入电阻小、输出电阻大，高频特性好；其电流放大倍数接近但略小于 1，故称为电流跟随器。

4) 场效应晶体管放大电路的输入电阻极高，噪声低、热稳定性好，但由于场效应晶体管的跨导 g_m 较小，其电压放大倍数也较低。

5) 功率放大电路的输出功率大(既放大电压又放大电流)，但功耗大、失真大。

对比实际应用中对放大电路的要求：输入电阻要大、输出电阻要小、电压放大倍数要大、带负载能力要强(或者输出功率要大)、失真要小、…，然而，任何一种基本放大电路都有其固有特征，这些固有特征也意味着它的局限性，单独使用任何基本放大电路都无法同时满足上述需求。

7.5.2 多级放大电路的组成与性能指标估算

为解决实际需求与基本放大电路固有特性之间的矛盾，可以把具有不同特征的基本放大电路组合起来，取长补短，构成多级放大电路。如图 7-40 所示，多级放大电路的每一级都是一个基本放大电路，前级的输出端口通过连接电路接到后级的输入端口，总的电压放大倍数等于各级电压放大倍数之积，即

$$A_u = \frac{U_o}{U_i} = \frac{U_{o1}}{U_i} \frac{U_{o2}}{U_{i2}} \cdots \frac{U_o}{U_{in}} = A_{u1} A_{u2} \cdots A_{un} \tag{7-34}$$

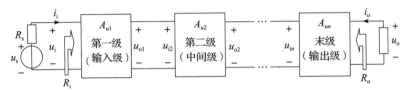

图 7-40 多级放大电路框图

总的输入电阻为第一级（也称输入级）的输入电阻，即

$$R_i = \frac{U_i}{I_i} = \frac{U_{i1}}{I_{i1}} = R_{i1} \tag{7-35}$$

总的输出电阻为末级（也称输出级）的输出电阻，即

$$R_o = \frac{U_o}{I_o} = \frac{U_{on}}{I_{on}} = R_{on} \tag{7-36}$$

严格来讲，性能指标计算过程中的每一步，都需要考虑前后级之间的相互影响——后级输入电阻的存在将影响前级的实际输出，前级输出电阻的存在将影响后级的实际输入——前级是后级的信号源，后级是前级的负载。

考虑前后级的相互影响，在计算每一级的放大倍数时，就有两种处理方法：一是将每一级都看成前级的负载，二是将每一级都看成后级的信号源。

将每一级都看成前级的负载，意味着不考虑本级与后级的相互影响，只考虑本级与前级的相互影响。此时，要把本级与后级开路，前级开路电压作为本级的信号源，前级的输出电阻作为本级信号源的内阻，然后计算本级开路输出电压与前级开路输出电压之比作为本级电压放大倍数。

将每一级都看成后级的信号源，意味着不考虑本级与前级的相互影响，只考虑本级与后级的相互影响。此时，要把本级与前级开路，后级输入电阻作为本级负载，然后计算本级输入电压与后级输入电压（即本级输出电压）之比作为本级电压放大倍数。

多级放大电路的总的电压放大倍数等于各级电压放大倍数之积，总的输入电阻等于第一级输入电阻，总的输出电阻等于末级输出电阻。这表明，针对多级放大电路的不同级，应分别采用具有不同特征的基本放大电路：

1）输入级应选择输入电阻大的基本放大电路，以减少放大电路对信号源的影响。

2）中间级应选择电压放大倍数高的基本放大电路，以提高电压放大倍数。

3）输出级应选择输出电阻小的基本放大电路，以提高带负载能力。

选择适当的基本放大电路并合理连接，就可以满足实际需求。

7.5.3 多级放大电路的耦合方式

为实现信号的传递，多级放大电路的前后级之间必须通过某种方式连接起来。在电路术语中，这种信号的传递称为耦合，实现信号传递的方式称为耦合方式。电路中常用的耦合方式有阻容耦合和直接耦合，此外还有变压器耦合、光电耦合等。

1. 阻容耦合

将放大电路前一级的输出端通过电容（或是电容与电阻的组合电路）接到后一级的输入端的连接方式称为阻容耦合。图 7-41 为典型的阻容耦合两级放大电路，点画线左、右都是共发射极放大电路。电容 C_2 称为耦合电容，只要信号频率不太低，C_2 容量足够大，前级输出信号就可以顺利通过电容 C_2 接入后级的输入端。

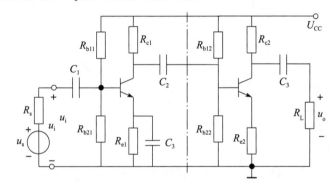

图 7-41 典型的阻容耦合两级放大电路

在分立元器件电路时代，由于耦合电容的隔直通交作用，使各级静态工作点相互独立，阻容耦合给设计和调试带来了方便，所以阻容耦合在分立元器件电路中得到了广泛的应用。同时由于电容的容抗与信号频率成反比，信号频率越低，容抗就越大，耦合电容会对低频信号造成较大的衰减，导致电路的低频特性差，所以阻容耦合不适用于低频放大电路。

进入集成电路时代，由于在硅片中难以制造大电容，阻容耦合逐渐让位于直接耦合。

大容量耦合电容的存在，既带来阻容耦合的优点，如 Q 点独立，便于设计和调试，也不可避免带来了阻容耦合的缺点，如低频特性差，不便于集成。

2. 直接耦合

多级放大电路中各级之间直接（或通过电阻）连接的方式，称为直接耦合。直接耦合放大电路结构简单、便于集成化，既能放大变化十分缓慢的直流信号又能放大交流信号，在集成电路中获得了广泛的应用。

直接耦合使得各级静态工作点相互影响，这是构成直接耦合多级放大电路时必须解决的问题。目前已经有了很多具体的解决方案。

3. 变压器耦合

变压器耦合是将放大电路前一级的输出端通过变压器接到后一级的输入端或负载电阻上的连接方式。变压器耦合同样具有隔直通交、各级 Q 点相互独立的优点，以及低频特性差、不便于集成的缺点。使用变压器耦合的主要目的是利用变压器的阻抗变换作用，实现输出级与负载的阻抗匹配，以获得最佳的功率传输。

4. 光电耦合

光电耦合是以光信号为媒介来实现电信号的传递。光电耦合器件能够将信号源与输出回路隔离，两部分可采用彼此的独立电源且分别接不同的"地"，从而避免各种电干扰，适用于远距离传输。

习题

（完成下列习题，并用 LTspice 仿真验证）

7-1　共发射极放大电路如图 7-42 所示，试问：

　　1）为什么说该电路是共发射极电路？

　　2）求出静态工作点的表达式。

　　3）求出 A_u、R_i、R_o 和 A_{us} 的表达式。

　　4）给各元件赋予恰当的值，使电路能够放大，并计算相应 A_u、R_i、R_o 和 A_{us} 的值。

7-2　共集电极放大电路如图 7-43 所示，试问：

　　1）为什么说该电路是共集电极电路？

　　2）求出静态工作点的表达式。

　　3）求出 A_u、R_i、R_o 和 A_{us} 的表达式。

　　4）给各元件赋予恰当的值，使电路能够放大，并计算相应 A_u、R_i、R_o 和 A_{us} 的值。

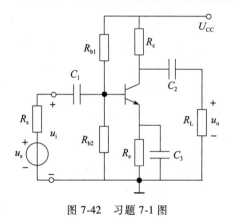

图 7-42　习题 7-1 图

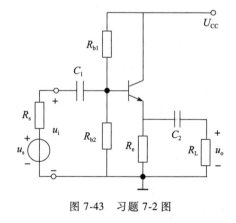

图 7-43　习题 7-2 图

7-3　共基极放大电路如图 7-44 所示，试问：

　　1）为什么说该电路是共基极电路？

　　2）求出静态工作点的表达式。

　　3）求出 A_u、R_i、R_o 和 A_{us} 的表达式。

　　4）给各元件赋予恰当的值，使电路能够放大，并计算相应 A_u、R_i、R_o 和 A_{us} 的值。

7-4　总结共发射极、共集电极、共基极三类放大电路的特点。

7-5　结型场效应晶体管电路如图 7-45 所示，当逐渐增大 U_{DD} 时，R_d 两端电压也不断增大，但当 $U_{DD} \geqslant 15\text{V}$，$R_d$ 两端电压固定为 12V，不再随之增大，求 I_{DSS} 和 $U_{GS(off)}$。

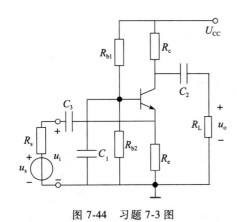

图 7-44 习题 7-3 图

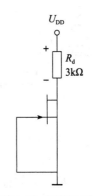

图 7-45 习题 7-5 图

7-6 画出乙类放大电路的传输特性(u_i-u_o 关系)曲线。

7-7 推导乙类放大电路的最大输出功率、电源提供的功率和功率转换效率。

7-8 查找变压器耦合输出电路、OTL 电路、OCL 电路的资料，理解它们的工作原理，比较它们的优缺点。

7-9 晶体管 $U_{CE}=12\text{V}$，集电极平均电流 $I_c=10\text{mA}$ 时，集电极功耗 P_c 为多大？

7-10 图 7-46 为单电源互补对称电路，试分析其工作原理。

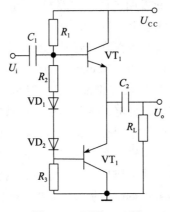

图 7-46 习题 7-10 图

第8章

集成运算放大器

随着电路设备功能的增加，使用的电子元器件数量迅速增多。由于每个元器件都可能发生异常，元器件之间的连接导线也可能带来故障。元器件数量的增多一方面增大了电子设备的体积和功耗，另一方面也增加了设备的故障率，给设备的装配、调试、使用和维修带来了困难。电子设备的小型化、低功耗、低故障需求越来越迫切，集成电路应运而生，取代分立元器件电路成为现代电子工业的基石，并为计算机和信息技术的发展铺平了道路。

8.1 从分立元器件到集成电路

早期的电子产品只包含少量的电子元器件，各元器件都是通过导线连接在一起，手工连线、再将其固定。当功能的要求使得电路中元器件的数量增多时，元器件之间的连线大大增加，手工连线的难度和设备的故障率随之增加。

1936 年，奥地利人 Paul Eisler 发明了印制电路板（Printed Circuit Board，PCB），各种电子元器件被装配在绝缘板上，绝缘板上印制的铜箔替代了手工连线，结构紧凑、性能更好。但由于真空管的发热量大，印制电路板在真空管时代没能得到推广。

贝尔实验室的 John Bardeen 和 Walter Brattain 在 1947 年发明了点接触型晶体管，William Shockley 在 1951 年推出了更加实用的面结型晶体管。晶体管体积小、功耗小，迅速取代了真空管。印制电路板随之大量应用，为电子设备的小型化做出了贡献。

随着电路规模的扩大，需要的晶体管越来越多，电路的体积和功耗越来越大，而每个晶体管的价格却居高不下。如何缩小体积、降低成本，就成为亟待解决的问题。这时，工程师们都在努力改进分立元器件电路，试图把晶体管、电阻、电容等元器件组合到一个模块中。

1958 年，德州仪器（Texas Instruments）的 Jack Kilby 提出：如果晶体管、电阻、电容都可以使用同种材料制造，则有可能将整个电路加工在单个片子上。Kilby 随后设计出了第一块集成电路，此时恰好是贝尔实验室发明晶体管十年之后。

Kilby 设计的集成电路中，元器件之间必须以金丝连接，这阻碍了其大规模应用。1959 年，仙童（Fairchild）半导体公司的 Robert Noyce 提出以平面工艺制造的集成电路，各电路元器件以蒸镀的金属薄层互相连接，该工艺被沿用至今。

集成电路与印制电路板的制作方法类似，所有元器件均通过照相制版技术一次性印制出来，因而很容易制造出大量性能一致的微晶体管，这就解决了分立元器件中晶体管价格高、性能不一致的问题。集成电路中元器件的微型化和近距离，也解决了电子设备低功耗、微型化的问题。作为第三代电子器件，集成电路是晶体管之后电子工业又一革命性的发明。

8.2 集成运算放大器的原理与组成

运算放大器（简称运放）不是一个新概念，早在真空管时代，就已经出现了能完成加减运算的放大器，并被用于军用火炮导向装置中。随即又开发出能够完成乘、除、微分、积分运算的放大器，并用来构成模拟计算机，这是"运算放大器"一词的由来。随着集成电路技术的发展，分立元器件运算放大器逐渐被集成运算放大器取代。

随着技术的发展，模拟计算机最终让位于数字计算机，现在人们更多把集成运放用于电路系统设计，作为一种通用的高性能放大器来使用。

简单地说，集成运算放大器就是用集成电路工艺制造的多级放大电路。集成制造工艺决定了集成电路所能使用的元器件类型，进而决定了集成电路的组成。

集成电路中的电阻、电容、晶体管都是用相同的材料——硅半导体制造，并通过照相制版技术印制，这种工艺的特点是难以制造大电容和大电阻，却很容易制造晶体管。难以制造的东西就应尽可能不使用，所以集成电路中大量地使用晶体管，甚至二极管的功能也用晶体管来实现，而不用大电阻和大电容。晶体管的大量使用，必然要求尽可能降低每个晶体管的功耗，否则整个集成电路发热量太大，这将影响集成电路的集成度（即单位面积上的元器件数）和稳定性。

8.2.1 直接耦合与零点漂移

由于电容隔直通交的特点，采用阻容耦合的放大器只能放大交流信号，称为交流放大器。采用直接耦合的放大器既能放大直流信号，也能放大交流信号，因而称为*直流放大器*。直接耦合多级放大器的输入级、中间级、输出级之间均为直接耦合，如图 8-1 所示。

图 8-1 直接耦合多级放大器

直接耦合多级放大器的优点是对低频信号的响应特性好，能放大极性固定不变的直流信号和变化缓慢的非周期性信号。

直接耦合多级放大器的缺点是各级静态工作点不独立，当某一级的静态工作点发生变化时，其前后级的静态工作点也将受到影响。静态工作点的变化称为工作点漂移，前级的工作点漂移会在本级输出端形成微弱的缓慢变化的信号，该信号沿着直接耦合通路向后传递，经过逐级放大，最终出现在整个电路的输出端口。这种来自工作点漂移的输出信号与输入信号无关，即使输入信号为零，输出信号依然会偏离零参考点，并在零点上下缓慢波动，称为零点漂移。此处零点的含义是输入信号为零时的输出电压（或电流），即静态时的输出信号，其含义是输出信号的参考点，而不是绝对电压（或电流）为零。

零点漂移也常称为温度漂移，这是因为温度变化是引起零点漂移的主要原因。当温度升高时，双极型晶体管的 β、I_B、I_{CBO}、I_{CEO} 将增大，而发射结导通电压 $U_{BE(on)}$ 减小，导致 I_C 增大。此外，元器件参数变值、电源电压波动、环境温度变化也会引起零点漂移。

零点漂移可以发生在放大电路的每一级，使该级的输出产生缓慢变化。如果是阻容耦合，缓慢变化的信号会被电容隔离，零点漂移信号只能局限于本级，不能被放大，所以零点漂移对于分立元器件放大电路没有影响。然而，由于集成电路工艺难以制造大电容，集成运算放大器内部各级之间就不能采用阻容耦合，只能采用直接耦合。直接耦合不能隔离零点漂移信号，前级的零点漂移信号经后级逐级放大之后，最终在输出端产生的零点漂移信号就很可观。零点漂移会造成有用信号的失真，甚至"淹没"有用信号，所以必须解决。

集成运放零点漂移的解决方案要考虑两方面的问题：一是在哪里解决，二是如何解决。

　　关于在哪里解决，考虑到越是前级的零点漂移，被放大的级数就越多，放大倍数也就越大，所造成的零点漂移也越大，所以，解决集成运放的零点漂移应该从输入级着手。

　　关于怎样解决，除了精选元器件、对元器件老化进行处理、选用高稳定度电源之外，关键就是如何解决温度漂移。由于环境温度很难控制，所以不应从保持温度稳定的角度去解决温度漂移，而应该从电路本身着手。

　　前面介绍的静态工作点稳定电路，就是为了解决温度漂移而出现的，它利用了发射极电阻的负反馈作用，该电路也称为发射极偏置电路。利用发射极直流负反馈来稳定静态工作点，可以作为解决温度漂移的一个候选方案。

　　第二个思路是调制，先将直流变化量转换为交流变化量，经阻容耦合放大电路放大后，再将放大后的交流信号解调，还原出直流成分的变化。该方法结构复杂、成本高、频率特性差，所以不适用于集成电路。

　　第三个思路是补偿，就是用另一个元器件的温度漂移来抵消放大器件的温度漂移。在分立元器件电路中，经常采用热敏电阻或二极管的温度特性对晶体管的温度特性进行补偿，以稳定静态工作点。在集成电路内部，则采用下面介绍的差动放大电路解决温度漂移问题。

8.2.2　差动放大电路

1. 差动放大电路的原理

　　差动放大（Differential Amplifier）也称差分放大，其原理如图 8-2 所示，输出电压（u_o）与两个输入端的电压之差（$u_{i1}-u_{i2}$）成比例。有效信号以两个电压之差的形式输入，称为差模输入。无效信号则同时加到两个输入端子，称为共模输入。差模输入时，放大器两个输入端子上的电压大小相等、极性相反；共模输入时，两个输入端子上的电压大小相等、极性相同。

图 8-2　差动放大电路原理

　　差动放大电路首先有利于克服环境噪声，因为通常放大器的两个输入端距离都很近，它们所接收到的环境噪声电压的大小极性都相同，即无效信号总是以共模信号的形式出现。大小相等、极性相反的差模电压，只能是来自有意施加的有效信号。这样，电路就很容易区分有效信号和无效信号，并从结构上设计出能放大差模信号而抑制共模信号的电路。

　　通常，差动放大电路的两个输入端既可能存在有效信号，又可能存在无效信号。这时可以通过分解的方式把输入信号分解为差模输入信号和共模输入信号。有效信号为差模信号，用两个输入端子的电压之差表示为

$$u_{id} = u_{i1} - u_{i2} \tag{8-1}$$

无效信号为共模输入电压，用两个输入端子的电压中值表示为

$$u_{ic} = \frac{u_{i1} + u_{i2}}{2} \tag{8-2}$$

　　放大电路只输入差模信号 u_{id} 时，输出电压 u_{od} 与差模输入电压 u_{id} 之比称为差模电压放大倍数，其计算公式为

$$A_{ud} = u_{od} / u_{id} \tag{8-3}$$

放大电路只输入共模信号 u_{ic} 时，输出电压 u_{oc} 与共模输入电压 u_{ic} 之比称为共模电压放大倍数，其计算公式为

$$A_{uc} = u_{oc}/u_{ic} \tag{8-4}$$

理想情况下，差动放大电路的共模输出电压 u_{oc} 应该为零，共模放大倍数应为零。

衡量放大电路质量的一个很重要的参数，就是差模放大倍数与共模放大倍数之比，称为共模抑制比，记作 CMRR(Common-Mode Rejection Ratio) 或 K_{CMR}，其计算公式为

$$K_{CMR} = A_{ud}/A_{uc} \tag{8-5}$$

用分贝值表示为

$$K_{CMR} = 20\lg \left| \frac{\dot{A}_{ud}}{\dot{A}_{uc}} \right| \ (\text{dB}) \tag{8-6}$$

放大电路的共模抑制比越大越好，理想情况下，该参数应为无穷大。

2. 基本差动放大电路(双端输入、双端输出)

基本差动放大电路如图 8-3 所示。该电路左右两边完全对称：晶体管 VT_1、VT_2 的型号、特性、参数完全相同；左右两边的电阻参数也对应相等，$R_{b1} = R_{b2}$，$R_{c1} = R_{c2}$。

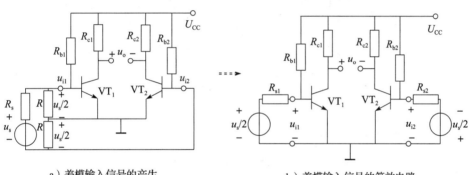

a) 差模输入信号的产生　　　　　　b) 差模输入信号的等效电路

图 8-3　基本差动放大电路

输入差模信号时，外加电源输入信号 u_i 经两个电阻 R 分压后，分别加入两个晶体管基极和发射极之间，在放大器的两个输入端产生大小相等、极性相反的电压，等效电路如图 8-3b 所示，其中，$R_{s1} = R_{s2}$ 表示等效信号源的内阻。输出电压 u_o 取自两个晶体管的集电极之间，显然有 $u_o = u_{C1} - u_{C2}$，其中 u_{C1} 和 u_{C1} 为两个晶体管的集电极电压。

图 8-3 电路具有如下功能：

(1) 抑制温度漂移

当图 8-3 电路没有加输入信号(输入端短路，$u_i = 0$)时，由于电路左右两边完全对称，两个晶体管静态工作点的数值相等，$u_{C1} = u_{C2}$，输出电压 u_o 为零。当外界温度升高时，两个晶体管电流同时增加，因电路对称，两个晶体管电流增量必定相等，因而 u_{C1} 与 u_{C2} 的变化量也必然相等，而输出电压 u_o 保持为零。所以差动放大电路能够抑制温度漂移。

(2) 放大差模输入信号

图 8-3 中，若输入信号产生某一变量，将该变量加于两个相等的分压电阻之间，使 VT_1 和 VT_2 基极加入大小相等、极性相反的差模输入电压。在差模输入电压的作用下，两个晶体

管电流必然产生相反的变化（即一个晶体管电流增加，另一个晶体管电流减小），且因电路对称，各变化量的数值必定一一对应相等。

可见，以差模形式加入的有用信号，将引起两个晶体管的集电极电压产生相反的变化，二者在输出端不仅不会相互抵消，而且输出端的电压变化量是单晶体管输出端变化量的 2 倍。虽然输出端电压变化量是单晶体管输出端电压变化量的 2 倍，但总的输入电压也是单晶体管输入电压变化量的 2 倍，因此整个电路与单晶体管电路的电压放大倍数相同。也就是说，多采用了器件抑制了零点漂移，而放大倍数并没有改变。

（3）抑制共模输入信号

基本差动放大电路共模输入信号的情形如图 8-4 所示。由于输入信号相等，VT_1 和 VT_2 的电流必定产生相同的变化，使输出端集电极电压的变化也相同。如果电路两边完全对称，这种变化必定极性相同、大小相等，并使输出电压为零。如果电路的对称性较差，则这种变化量将不相等，并产生一定的输出电压。此时的输出电压与输入电压之比就是共模电压放大倍数。

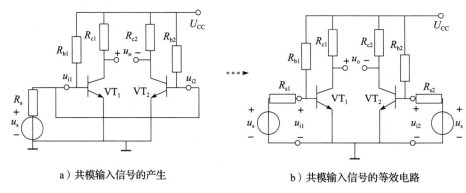

a）共模输入信号的产生   b）共模输入信号的等效电路

图 8-4 基本差动放大电路的共模输入信号

引起零点漂移的各种因素使 VT_1 和 VT_2 的电流、电压呈现相同的变化（同时增加或减小，且变化量相等），所以零点漂移现象相当于放大器输入端加入共模信号所产生的效果。从这个意义上说，共模放大倍数表示了差动电路的对称程度，也就是表示了该电路抑制零点漂移的能力。共模放大倍数越小，表明电路的对称性越好，抑制零点漂移的能力越强。

基本差动放大电路没有降低每个晶体管的温漂，而是单纯利用电路结构的对称性来抑制共模放大倍数，而对称电路对于集成电路工艺来说很容易做到。

3. 恒流源差动放大电路（双端输入、单端输出）

因为基本差动放大电路输入端和输出端的有效信号都是差模信号，而差模信号必须用两个极性相反的端子才能传输，所以该电路的输入要用到两个端子，输出也要用到两个端子，称为双端输入、双端输出方式。而集成运放中，除了输入级使用差动放大电路之外，中间级多用共发射极放大电路。共发射极放大电路只能接收单端输入信号（输入电压一端接基极，另一端接地），因此无法与双端输出的差动放大电路连接。

如果直接从基本差动放大电路的一个晶体管的集电极引出输出端子，那么其抑制零点漂移的能力就不复存在。这是因为基本差动放大电路依靠电路的对称性来抑制零漂，每个晶体管没有采取任何抑制零点漂移的手段，而单端输出时由于无法利用对称性，也就无法抑制零点漂移。

　　显然，差动放大电路必须既能把双端输入转化为单端输出，又能抑制零点漂移。或者说，差动放大电路必须能够在双端输入、单端输出的前提下，抑制零点漂移。对于单端输出的差动放大电路，抑制零点漂移就是稳定静态工作点。

　　但基本差动放大电路在共模输入、单端输出时，只不过相当于两个独立的单晶体管放大电路，该电路无法稳定静态工作点。如何改进才能稳定静态工作点呢？

　　现在面对的是问题是如何在不依靠电路对称性的前提下，稳定每个单晶体管放大电路的静态工作点。答案很简单，这是发射极偏置电路（即静态工作点稳定电路）早已解决的问题。发射极偏置电路的关键特征是增加了发射极电阻，通过发射极电阻的负反馈作用来稳定静态工作点。依此类推，对基本差动放大电路进行如下改进。

　　（1）增加发射极电阻（长尾式差动放大电路）

　　图 8-5 是增加了发射极电阻的改进型差动放大电路，与单晶体管发射极偏置电路不同的是，发射极电阻 R_E 下端接的不是地而是负电源。

　　负电源可以使电路在去掉 R_{b1}、R_{b2}、R_{i1}、R_{i2} 的情况下，仍能保证晶体管处于放大状态（发射结正向偏置、集电结反向偏置）。由于去掉了基极偏置电阻 R_{b1} 和 R_{b2}，两个晶体管基极静态电位为零；如果 R_E 不接负电源而是直接接地，则 R_E 两端电压降的存在将使两个晶体管发射极电位升高，晶体管可能进入截止状态。

　　当输入差模信号时，u_{i1} 与 u_{i2} 大小相等、极性相反，VT_1 和 VT_2 的电流也必定产生大小相等、方向相反的变化，两个晶体管发射极电流的变化互相抵消，R_E 上无差模电流

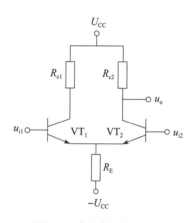

图 8-5　带发射极电阻的
差动放大电路

流过，R_E 上的电压、电流仍为静态值，所以 R_E 上端点的电压仍然保持为零。对差模信号而言，晶体管的发射极电位始终为零，R_E 是不存在的，发射极相当于接地而又没有真正接地，所以称为虚地。

　　当输入共模信号时，u_{i1} 与 u_{i2} 大小相等、极性相同，VT_1 和 VT_2 电流的变化也必定相同，两个晶体管发射极电流的变化同相叠加，结果 R_E 上的电流为单晶体管发射极电流的 2 倍，相当于每个单晶体管放大电路的发射极上接入 $2R_E$ 的电阻。$2R_E$ 的发射极电阻将使单端输出的共模放大倍数大大降低，而共模放大倍数越低，说明电路的零点漂移越小。

　　综上所述，发射极电阻 R_E 对差模信号的放大没有任何影响，却显著削弱了共模信号的放大。从抑制零点漂移的角度讲，差动放大电路中的一个 R_E，相当于单晶体管放大电路中的两个 R_E，单端输出的差动放大电路以增加元件为代价，换来了 R_E 倍增的效果。

　　在图 8-5 单端输出差动放大电路中，R_E 就像风筝的尾巴，尾巴越长（R_E 越大），电路（风筝）越稳定，共模放大倍数越小，零点漂移越小。那么 R_E 大到无穷大不是更好吗？

　　R_E 大到极限当然好，问题是如何使 R_E 大到极限呢？当然不能是开路，否则晶体管就不能工作。因此需要一个器件，它能使电阻看起来无穷大，又不能断开。什么器件能满足这个要求呢？答案就是恒流源。

（2）用恒流源替代发射极电阻（恒流源差动放大电路）

把图 8-5 中的发射极电阻 R_E 用恒流源替代，就得到如图 8-6 所示带发射极恒流源的差动放大电路。

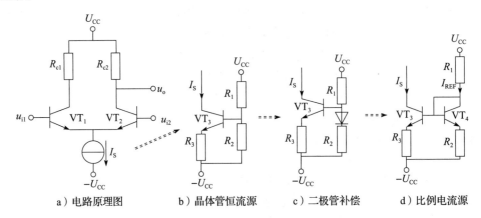

a）电路原理图　　　b）晶体管恒流源　　　c）二极管补偿　　　d）比例电流源

图 8-6　带发射极恒流源的差动放大电路

当输入差模信号时，两个晶体管电流大小相等、方向相反，差模电流无须流过恒流源。恒流源对差模信号来讲是不存在的，两个晶体管发射极依然虚地，这表明恒流源对差模放大倍数无影响。

当输入共模信号时，两个晶体管发射极电流的变化同相叠加，遇到恒流源后，恒流源不允许其上电流的变化（动态电阻无穷大），自然也就不允许 VT_1 和 VT_2 发射极电流同相变化，而只能保持不变。VT_2 的电流保持不变，单端输出电压 u_o 也必定保持在零点不变。这就意味着，不论输入什么样的共模信号，输出电压始终为零，整个电路的共模放大倍数为零。

但恒流源毕竟只是一个理想的器件，现实中如何实现呢？再次回顾已有知识：晶体管在放大区、场效应晶体管在恒流区都表现为恒流特征，所以它们都可以拿来用作恒流源。下面以晶体管为例介绍恒流源的构成，场效应晶体管恒流源的组成类似。

晶体管恒流源如图 8-6b 所示。忽略 VT_3 极小的基极电流，R_1 和 R_2 的分压固定了 VT_3 的基极电位，进而决定了 VT_3 的集电极电流。但是这个电路中的 VT_3 还可能发生静态工作点漂移，那就使用二极管进行温度补偿，如图 8-6c 所示；又因为集成电路中制造对称晶体管比制造补偿二极管更容易，所以常常把晶体管接成二极管，形成如图 8-6d 所示的比例电流源电路。在比例电流源电路中，通常把 VT_4 集电极电流作为参考电流 I_{REF}，显然有

$$I_{REF} \approx \frac{U_{CC} - U_{BE4}}{R_1 + R_2} \tag{8-7}$$

由于 VT_3、VT_4 参数对称，所以 $U_{BE3} \approx U_{BE4}$；又因两个晶体管共基极，所以两个晶体管发射极电位相等，可知 R_2、R_3 上的电压相等，于是有

$$I_{REF}R_2 = I_S R_3, \qquad 或者 \quad I_S = I_{REF}(R_2/R_3) \tag{8-8}$$

可见，I_S 与 I_{REF} 成比例，电阻 R_1、R_2、R_3 确定了恒流源 I_S 的值。

恒流源差动放大电路用于双端输入、双端输出方式时，因为既利用了电路对称性来抑制共模放大，又利用了发射极反馈来稳定静态工作点，所以抑制零点漂移的效果最好，但适用性不强；用于双端输入、单端输出方式时，虽然电路的对称性不再起作用，但由于发射极添

加了恒流源，相当于发射极动态电阻增加到无穷大，把负反馈增加到了极限，理论上讲静态工作点应稳定不变，共模放大倍数仍然能够降低为零。到此为止，我们在抑制无效信号上已经做得差不多了，下面考虑如何在增加有效信号的放大倍数上做些文章。

4. 有源镜像负载电路（双端变单端）

恒流源差动放大电路有效地抑制了零点漂移，但在差模放大方面还是不尽如人意：由于单端输出，输出信号只取自一个晶体管的集电极电流，导致差模放大倍数仅为双端输出电路的一半。有人不甘心这丢掉的一半，于是继续改进。

改进之前，首先应分析电路中各元器件的作用，以决定哪些元器件可以替换。在单端输出的条件下，R_{c1} 和 R_{c2} 的重要性不同，R_{c2} 用来实现把 VT_2 集电极电流 i_{c2} 转换为输出电压 u_o，而 R_{c1} 就只剩下分担一部分电压以减小 VT_1 压电降的作用了。

R_{c2} 越大，输出电压 u_o 越大，相当于更多的 i_{c2} 被送往输出端。那么，如果把 R_{c2} 增加到无穷大……，相信读者一定想到了恒流源，很好的想法！如果把 R_{c2} 用等于 VT_2 集电极静态电流 I_{C2} 的恒流源替代，就可以把所有的 i_{c2} 都送往输出端了。如图 8-7b 所示，其中 I_{C2} 为 VT_2 集电极的静态电流，i_{c2} 为 VT_2 集电极的差模电流。

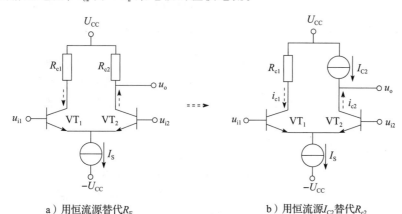

a）用恒流源替代 R_E　　　　　　　　b）用恒流源 I_{C2} 替代 R_{c2}

图 8-7　带恒流源负载的差动放大电路

此时 VT_2 集电极的负载电阻用电流源替代，这种替代负载的电流源也称为有源负载。

但是请读者深入理解 "R_{c2} 增加到无穷大" 的含义，这里的无穷大显然不是开路，因为它必须为恒定的静态电流保留一条通路，这也正是在 "恒流源差动放大电路" 一节中，把电阻 R_E 替换为恒流源的原因，所以此处的 "无穷大" 不是直流信号的无穷大。这里的 "无穷大" 也没必要成为所有变化信号的无穷大，因为我们的主要目的，是使 i_{c2} 更多地流向输出端，只要不允许差模信号 i_{c2} 通过，或者说对于差模信号 i_{c2} 来讲是无穷大就够了。

VT_2 集电极的恒流源仅仅是截断了 R_{c2} 对 i_{c2} 的分流，或者说不削弱、干扰 i_{c2} 的输出，如果更进一步，不是简单的不干扰，而是对 i_{c2} 的输出 "推波助澜"，使 VT_2 集电极的有源负载能够时刻提供与 i_{c2} 大小相等、极性相反的电流，不就在输出端得到了 2 倍 i_{c2} 的电流吗？而电路中与差模电流 i_{c2} 大小相等、极性相反的电流是现成的，那就是 i_{c1}。又因为 $I_{C1}=I_{C2}$（电路对称），所以 VT_2 集电极的有源负载应为 "变流源"，其瞬时值应为（$I_{C2}-i_{c2}=I_{C1}+i_{c1}$），且与 VT_1 集电极电流的瞬时值相等（$I_{C1}+i_{c1}=i_{C1}$）。

把 VT$_1$ 和 VT$_2$ 的集电极电阻都换成有源负载，就得到如图 8-8a 所示电路，两个有源负载上的电流大小、极性均相同，如镜像一般，称为镜像电流源。

典型的镜像电流源电路如图 8-8b 所示，由于 VT$_5$ 和 VT$_6$ 的发射结电压相等，对称电流也必然相等，所以 $i_{c2} \approx i_{c1}$。镜像电流源是比例电流源的特例。

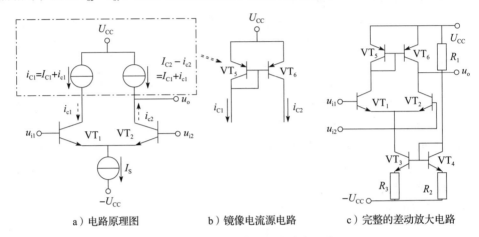

a）电路原理图   b）镜像电流源电路   c）完整的差动放大电路

图 8-8　有源镜像负载差动放大电路

如前所述，利用镜像电流源作为差动放大电路的负载，就可以在单端输出端口上得到 2 倍 i_{c2} 的电流，从而得到与双端输出同样的放大倍数。另外，差动放大电路在使用镜像电流源负载时，即使在单端输入的情况下，也可以得到与双端输入同样的放大能力，分析过程留给读者。

5. 完整的差动放大电路

完整的差动放大电路如图 8-8c 所示，其中 VT$_3$ 和 VT$_4$ 构成的恒流源电路用于削弱共模信号、抑制零点漂移，VT$_5$ 和 VT$_6$ 构成的镜像有源负载电路用于双端信号到单端信号的转换（在单端输出的情况下得到与双端输出同样的放大倍数）。

电路的改进实际上就是一些简单思想的应用，前文反复使用负反馈、差动、电流源来增强电路的性能，详述其设计思想有助于读者理解电路的本质。完整的差动放大电路仍有很多可以改进的地方，集成运放实际所用的差分放大电路要更复杂一些。

8.2.3　集成运放的组成

现在可以讨论集成运算放大器（简称运放）的组成了。从内部来看，集成运放由输入级、中间级、输出级和偏置电路等几个模块组成，如图 8-9a 所示，模块所处的位置决定了它所要完成的功能，进而决定了该模块电路的组成。

1）输入级通常由差动放大电路组成，既减小了零点漂移，又增大了输入电阻。

2）中间级通常由共发射极放大电路组成，以便获得较高的电压放大倍数。

3）输出级通常由互补对称功放电路组成，以便降低输出电阻，提高带负载能力。

4）偏置电路由各种恒流源电路组成，以便为上述各级电路提供合适的偏置电流，保持各级电路静态工作点的稳定。

从外部来看，集成运放可以用图 8-9b 的国标符号表示。由于采用双端输入单端输出，其中一个输入端的输入信号与输出信号的相位相同，称为同相输入端，用"+"号表示；另一个输入端的输入信号与输出信号的相位相反，称为反相输入端，用"-"号表示。框内"▷"表示信号传输的方向，"∞"表示集成运放的理想放大倍数。

图8-9c 为集成运算放大器的另一种常用符号。

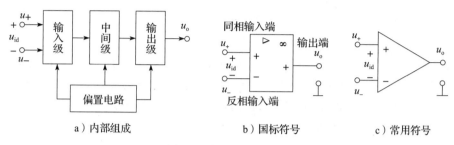

图 8-9　集成运算放大器

8.3　集成运放的特性参数

对集成运放的要求，一是把差模形式存在的有效输入信号尽可能地放大并转换为单端输出信号，二是尽可能地抑制以共模信号形式存在的干扰或零点漂移；或者说要求集成运放差模放大倍数尽可能大、共模放大倍数尽可能小。

1. 差模放大特性参数

从放大差模信号的角度，集成运放的等效电路如图 8-10 所示，其中与差模放大特性有关的参数如下（参照等效电路理解）：

（1）开环差模电压放大倍数 A_{ud}

在图 8-10 中，A_{ud} 定义为

$$A_{ud} = u_o / u_{id} = u_o / (u_+ - u_-)$$

该参数表明了集成运放对有效信号的放大能力，其值越大越好。A_{ud} 一般为 $10^3 \sim 10^7$，但半导体的固有特性使 A_{ud} 对温度、老化及电源等

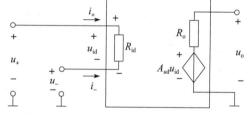

图 8-10　集成运放的等效电路

因素十分敏感，因此测量 A_{ud} 的确切数值没有太大意义，通常感兴趣的是它的数量级。在不致混淆的情况下，A_{ud} 也常常写作 A_o，下标"o"强调开环。

（2）差模输入电阻 R_{id}

R_{id} 越大越好，差动电路的 R_{id} 为基本放大电路的 2 倍，双极型运放的 R_{id} 为几十千欧到几兆欧，场效应晶体管运放的 R_{id} 可达 $10^5\Omega$ 以上。

（3）输出电阻 R_o

R_o 越小越好，集成运放的 R_o 一般为几十欧到几百欧。

（4）最大差模输入电压 U_{idmax}

U_{idmax} 为集成运放两输入端之间所能承受的最大电压，超过此值，集成运放输入级某一侧的晶体管将出现发射结反向截止（甚至击穿），从而使运算放大器的输入特性显著恶化，甚至可能发生永久性损坏。

（5）最大输出电压 U_{OM}

U_{OM} 为集成运放不出现明显失真时所能输出的最大电压，一般常规运算放大器的 U_{OM} 约比正、负电源电压各小 2~3V。

2. 共模抑制特性参数

（1）共模抑制比 K_{CMR}（前文已介绍，越大越好）

（2）输入失调电压 U_{IO}

理想情况下，当两个输入端电压相等（差模输入电压为零）时，集成运放的输出电压也应为零。但由于电路参数很难完全对称，导致差模输入电压为零时，输出电压并不为零。U_{IO} 就是为使输出电压为零而在两个输入端之间所施加的补偿电压，它表明了电路的不对称程度，一般为 mV 级，其值越小越好。

（3）输入失调电流 I_{IO}

如果输入级电路完全对称，差分对管的偏置电流应当相等。但实际上输入差分对管不可能完全一致，输入偏置电流必然会有差异。I_{IO} 定义为两输入端偏置电流的差值，也是衡量集成运放不对称程度的一个指标，一般在微安级，其值越小越好。

（4）输入偏置电流 I_{IB}

I_{IB} 定义为集成运放两输入端静态电流的平均值，该值越小，集成运放的温漂越小。

（5）最大共模输入电压 U_{ICM}

集成运算放大器对共模信号具有很强的抑制能力，因此，一般加在运算放大器输入端的共模电压不会影响放大器的正常工作，但是集成运算放大器所能承受的共模电压不是没有限度的，当所加的共模电压过大时，共模抑制比 K_{CMR} 将显著下降，甚至造成器件的永久性损坏。U_{ICM} 定义为当共模输入电压增大到使 K_{CMR} 下降到正常值一半时所对应的共模电压值。

3. 频率特性参数

开环带宽（BW）为差模电压放大倍数 A_{ud} 下降到直流电压放大倍数的 0.707 倍时所对应的频率，通用型集成运放的开环带宽一般只有几赫兹。

8.4 理想运放的线性和非线性特征

理想是人们对事物的期待，理想化就是把现实的事物按照所期待的去理解，理想化不是要脱离现实，而是要抓住主要矛盾忽略次要矛盾，以便简化问题的分析。

8.4.1 理想运放

对任何放大器的期待，都是希望它的输出信号能够"放大"输入信号，或者说它的输出信号能够与输入信号成比例地变化，如图 8-11a 所示线性区。用 A 表示放大器的放大倍数，则放大器在线性区的特点就可以写为

$$X_o = AX_i \tag{8-9}$$

同时任何放大器所能够输出的信号都是有一定范围的，当输入信号太大，导致与其呈线性关系的输出信号已经超过了输出端可以提供的最大值时，输出端就只能以最大输出信号作为响应。用 X_{oMax} 表示放大器的最大输出信号，即当

$$|AX_i| > |X_{oMax}| \tag{8-10}$$

时放大器就进入了非线性区，如图8-11a所示非线性区。

集成运放以差模输入电压 u_{id} 为输入信号、以输出电压 u_o 为输出信号，u_o 当然也能放大 u_{id}，如图8-11b所示线性区。由于集成运放的开环差模电压放大倍数 A_{ud} 很大，所以传输特性曲线在线性区的斜率很大，几乎与纵轴重合。尽管如此，依然可以写为

$$u_o = A_{ud}u_{id} \tag{8-11}$$

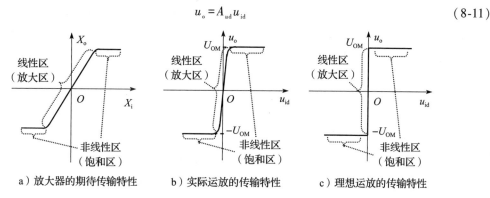

a）放大器的期待传输特性　　b）实际运放的传输特性　　c）理想运放的传输特性

图8-11　集成运放的传输特性

同样，集成运放也不能输出无限大的电压，当 u_{id} 太大时，u_o 也会达到其输出能力的极限。集成运放的最大输出电压为 $\pm U_{OM}$，所以当

$$|A_{ud}u_{id}| > |U_{OM}| \tag{8-12}$$

时集成运放就进入了非线性区，如图8-11b所示非线性区。

对集成运放的期望是开环差模放大倍数越大越好，开环共模放大倍数越小越好。实际运放的特性是 A_{ud}、R_{id}、K_{CMR} 很大，R_o、U_{IO}、I_{IO}、I_{IB} 很小。在精度允许范围内，可以把"很大"看作无穷大，"很小"看作无穷小，即把集成运放的特性参数理想化，认为 $A_{ud} \to \infty$，$R_{id} \to \infty$，$K_{CMR} \to \infty$，$R_o \to 0$，$U_{IO} \to 0$，$I_{IO} \to 0$，$I_{IB} \to 0$，这就是所谓的理想运放。理想运放对应的传输特性如图8-11c所示。

8.4.2　理想运放的线性特征：虚短和虚断

在线性区，由图8-10可知，集成运放的输出电压与输入电压呈线性关系，即

$$u_o = A_{ud}u_{id} = A_{ud}(u_+ - u_-) \tag{8-13}$$

因为运放的输出电压 u_o 只能是有限值，当 $A_{ud} \to \infty$ 时，要使式(8-13)成立，必有

$$u_{id} = 0, \quad 或者 \quad u_+ = u_- \tag{8-14}$$

这表明理想运放的差模输入电压 u_{id} 为零，两输入端的电位相等，如同短路而实际上又没有真正短路，该特性通常称为虚短。

再根据图8-10，由于理想运放的输入电阻 $R_{id} \to \infty$，必然有

$$i_+ = i_- = 0 \tag{8-15}$$

这表明理想运放的两输入端的差模电流都等于零，如同断开而实际上又没有真正断开，该特性通常称为虚断。

虚短和虚断是集成运放在线性区的两个重要特征，读者务必深入理解、熟练掌握。

8.4.3　理想运放的非线性特征：正饱和与负饱和

在非线性区，理想运放的输出电压 u_o 要么是正向最大值，要么是负向最大值，这两个

值都是有限值，在 $A_{ud} \to \infty$ 的条件下，因为 $u_o = A_{ud} u_{id} = A_{ud}(u_+ - u_-)$，可知：

1）当 $u_{id} > 0$，即 $u_+ > u_-$ 时，$u_o = U_{OM}$。

2）当 $u_{id} < 0$，即 $u_+ < u_-$ 时，$u_o = -U_{OM}$。

前者说明，一旦同相输入端电位高于反向输入端电位（$u_+ > u_-$），不论高多少，理想运放的输出电压立即发生正饱和，输出电压 u_o 迅速达到正向最大值；后者说明，一旦同相输入端电位低于反向输入端电位（$u_+ < u_-$），不论低多少，理想运放的输出电压立即发生负饱和，输出电压 u_o 迅速达负向最大值。

$u_+ = u_-$ 为理想运放在正饱和状态和负饱和状态之间的转换点，而这种情况也正是理想运放线性区的虚短状态。

8.5 集成运放应用举例

在实际应用中，如果要利用集成运放的线性特征，就一定要避免它进入非线性区；反之，如果要利用集成运放的非线性特征，就一定要避免它进入线性区。

线性应用的集成运放之所以会进入非线性区，往往是由于元器件参数配置不合适，使得输入信号的放大要求超过了输出信号的极限而导致集成运放进入非线性区。而集成运放输出信号的极限取决于它的正、负电源电压，具体一点，其输出最高电压 U_{OH} 不能高于正电源电压 U_{CC}，输出最低电压 U_{OL} 不能低于负电源电压 U_{SS}，即

$$U_{OH} \leqslant U_{CC}, \quad U_{OH} \geqslant U_{SS} \tag{8-16}$$

通常集成运放的正、负电源电压大小相等、极性相反，分别记为 U_{CC} 和 $-U_{CC}$，其所能输出的正、负电压的极限也是大小相等、极性相反，分别记为 U_{OM} 和 $-U_{OM}$，式（8-15）就变为

$$U_{OM} < U_{CC} \tag{8-17}$$

$\pm U_{OM}$ 是集成运放输出端所能提供的极限电压，当输入信号的线性放大要求超过输出信号的极限时，输出端就只能以"尽其所能"的输出信号作为响应，此时的输出电压维持在 $\pm U_{OM}$ 上，略低于正、负电源电压，表明集成运放进入了饱和状态。

明确了集成运放的工作状态，剩下的就是"用人如器，各取所长"了，线性特征和非线性特都在实际应用中找到了它的"用武之地"，集成运放工作于不同区域时，要按照相应工作区的特征来处理：

1）当集成运放处于线性区时，按照线性区特征（虚短、虚断）处理。

2）当集成运放处于非线性区时，按照非线性区特征（正饱和、负饱和）处理。

8.5.1 运放的线性应用（运算电路）

熟练使用虚短、虚断、KCL、KVL，即可对集成运放的线性放大电路进行分析。下面举例说明运放的线性应用，分析过程中均假定集成运放满足理想化条件且工作在线性区。

1. 比例运算

比例运算电路的输出电压和输入电压之间存在比例关系。

【例 8-1】 反相比例放大器电路如图 8-12a 所示，输入电压 u_i 加在反相输入端，求输出电压 u_o 与 u_i 的关系表达式。

【解】 根据虚断，得 $i_- = i_+ = 0$

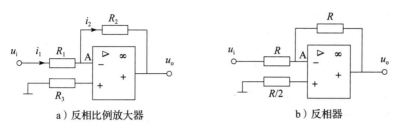

a) 反相比例放大器　　　　　　　　b) 反相器

图 8-12　反相比例放大器电路

根据虚短，得 $\qquad$ $u_- = u_+$

根据电路，可知同相输入端 $\qquad$ $u_+ = 0$

当运放的一个输入端接地时，另一个输入端也非常接近地电位，这种情况称为虚地。很容易判断，此处运放的反相输入端为虚地。

因为 $i_- = 0$，再对 A 点列 KCL，可得 $\quad i_1 = i_2$

又因为 $i_1 = \dfrac{u_i - u_-}{R_1} = \dfrac{u_i}{R_1}$，$i_2 = \dfrac{u_- - u_o}{R_2} = \dfrac{-u_o}{R_2}$，得到 $\dfrac{u_i}{R_1} = \dfrac{-u_o}{R_2}$。

于是可得电压放大倍数 $\qquad$ $A_f = \dfrac{u_o}{u_i} = -\dfrac{R_2}{R_1}$

该式表明，反相比例放大器的输出电压 u_o 与输入电压 u_i 成反比，比例系数只与电阻 R_1 和 R_2 的值有关，与集成运放的参数基本无关（这是因为把集成运放当作理想器件处理了）。通过选用精密电阻元件，就可以保证比例运算精度与稳定度。

集成运放的第一级是差动放大电路，从两个输入端看出去，同相输入端与反相输入端的外接电阻应该相等，以使差动放大电路左右对称。此电路同相输入端外接电阻 R_3，反相输入端外接电阻 R_1 和 R_2，所以要求 $R_3 = R_1 /\!/ R_2$，以确保电路平衡。所以 R_3 也称为平衡电阻。

图 8-12a 中，令 $R_1 = R_2$，则有 $A_f = -1$，即 $u_o = -u_i$，输出电压与输入电压大小相等、相位相反，相当于把输入信号反相，所以这种电路称为反相器，如图 8-12b 所示。

【例 8-2】　同相比例放大器电路如图 8-13a 所示，输入电压 u_i 加在同相输入端，求输出电压 u_o 与 u_i 的关系表达式。

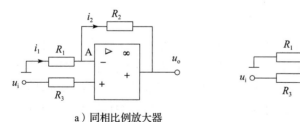

a) 同相比例放大器　　　　　　　　b) 电压跟随器

图 8-13　同相比例放大器电路

【解】　根据虚断，得 $\qquad$ $i_- = i_+ = 0$

根据虚短，得 $\qquad$ $u_- = u_+$

根据电路，可知同相输入端 $\qquad$ $u_+ = u_i$

对 A 点列 KCL，可得 $\qquad$ $i_1 = i_2$

而 $i_1 = \dfrac{0-u_-}{R_1} = \dfrac{-u_i}{R_1}$, $i_2 = \dfrac{u_- - u_o}{R_2} = \dfrac{u_i - u_o}{R_2}$, 于是有 $\dfrac{-u_i}{R_1} = \dfrac{u_i - u_o}{R_2}$ 。

于是可推导出电压放大倍数　　$A_f = \dfrac{u_o}{u_i} = \dfrac{R_1 + R_2}{R_1} = 1 + \dfrac{R_2}{R_1}$

上式表明，同相比例放大器的输出电压 u_o 与输入电压 u_i 成正比，比例系数大于或等于1。

在同相比例放大器中，如果取 $R_2 = 0$ ，即电压输出端直接与反相输入端相连，则有 $A_f = 1$ 。此时，电路的输出电压 u_o 与输入电压 u_i 大小相等、相位相同，称为电压跟随器。电压跟随器的电路如图 8-13b 所示，根据虚短，可知 $u_o = u_- = u_i$ ，说明其输出电压完全跟随输入电压。电压跟随器的输入电阻极高（等于集成运放的差模输入电阻）、输出电阻极低，通常在多级放大电路中作为缓冲级，起级间隔离的作用。

2. 积分运算

【例 8-3】　积分运算电路如图 8-14 所示，求 u_o 与 u_i 的关系表达式。

【解】　根据虚断，得 $i_- = i_+ = 0$

根据虚短，得　　　　　　$u_- = u_+$

根据电路，可知同相输入端　$u_+ = 0$

对 A 点列 KCL，可得　$i_i = i_C$

把 i_i 和 i_C 用电压表示为

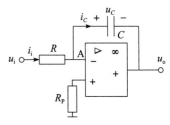

图 8-14　积分运算电路

$$\frac{u_i - u_-}{R} = C \frac{\mathrm{d}u_C}{\mathrm{d}t} = C \frac{\mathrm{d}(u_- - u_o)}{\mathrm{d}t}$$

代入 $u_- = u_+ = 0$ ，可得　$\dfrac{u_i}{R} = C \dfrac{\mathrm{d}(0 - u_o)}{\mathrm{d}t} = -C \dfrac{\mathrm{d}u_o}{\mathrm{d}t}$

所以，输出电压 u_o 是输入电压 u_i 的积分，即

$$u_o = -\frac{1}{RC} \int u_i \mathrm{d}t$$

把积分电路中的电容 C 和电阻 R 的位置互换，就可以构成微分电路，此时输出电压是输入电压的微分。把加法、减法、微分运算电路的分析放在习题中，留给读者完成。

8.5.2　运放的非线性应用（比较器）

前面强调了集成运放的线性应用，又强调了要避免集成运放进入非线性区，初学者大概会以为线性是"好"的，非线性是"坏"的。其实不然，实际上现实中任何系统都不是绝对线性的，非线性才是现实的常态，线性是个很高的要求，绝大多数系统是不满足这个要求的。读者可能会问，那为什么要强调线性呢？答案是简单，线性系统分析和设计简单，控制也简单，仅此而已。

电压比较器是利用集成运放非线性特征的最常见例子，用来比较两个电压的大小，以输出电压水平的高或低（称为高电平或低电平）来表示两个输入电压之间孰大孰小。

1. 简单电压比较器

简单电压比较器电路如图 8-15a 所示。输入信号 u_i 加在集成运放的反相输入端，参考电压 U_R 加在同相输入端。集成运放工作在开环状态，由于运放的开环差模电压放大倍数 A_{ud}

很高,所以当 u_i 稍大于 U_R 时,输出负饱和电压 $-U_{OM}$;当 u_i 稍小于 U_R 时,输出正饱和电压 U_{OM}。根据输出电压的值,就可以判断 u_i 与 U_R 的比较结果。

简单电压比较器的传输特性如图8-15b所示。当 u_i 从低到高变化,经过 U_R 时,u_o 将从 U_{OM} 变为 $-U_{OM}$;反之,当 u_i 从高到低变化,经过 U_R 时,u_o 将从 $-U_{OM}$ 变为 U_{OM}。把比较器的输出电压从一个电平跳变为另一个电平时所对应的输入电压,称为阈值电压或门限电压,用符号 U_{TH} 或 U_T 表示。而在前文分析运放的非线性特征时已经指出,导致运放的输出电压发生跳变的条件只能是 $u_+ = u_-$,所以阈值电压就是使得 $u_+ = u_-$ 时的输入电压。显然在图8-15b中,$U_T = U_R$,即阈值电压与参考电压相等。

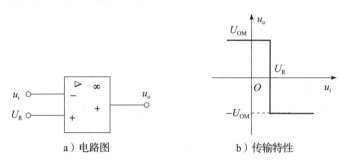

a)电路图   b)传输特性

图 8-15 简单电压比较器

参考电压 U_R 可以为正、为负或为零,U_R 为零的比较器称为过零比较器。

【例8-4】 反相过零比较器电路如图8-16a所示,已知电压 u_i 的波形如图8-16b上半部所示,求电压 u_o 的波形。

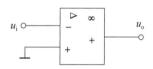

a)反相过零比较器电路

【解】 集成运放的反相输入端连接输入电压 u_i,同相输入端接地,于是

$$u_- = u_i, \quad u_+ = 0$$

因为集成运放的放大倍数为无穷大,所以

1)当 $u_+ > u_-$ 时,运放正饱和,$u_o = U_{OM}$。

2)当 $u_+ < u_-$ 时,运放负饱和,$u_o = -U_{OM}$。

对应本题,就意味着:

1)当 $u_i < 0$ 时,运放正饱和,$u_o = U_{OM}$。

2)当 $u_i > 0$ 时,运放负饱和,$u_o = -U_{OM}$。

写成常见的形式,就是

1)当 $u_i < 0$ 时,$u_o = U_{OM}$。

2)当 $u_i > 0$ 时,$u_o = -U_{OM}$。

据此可画出输出电压 u_o 的波形如图8-16b下半部所示,虚线表明了 u_i 和 u_o 波形时间上的对应关系。对比 u_i 和 u_o 的波形,可知 u_o 的电压水平表明了电压 u_i 大于零还是小于零,所以比较器可以用来检测信号的状态。

图8-16b还表明,当输入电压 u_i 在零点附近发生微小变化时,输出电压 u_o 会发生频繁的变化。如果只是要检测任何微

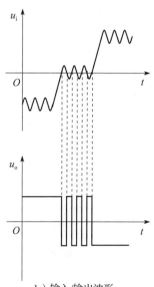

b)输入/输出波形

图 8-16 反相过零比较器

小变化，使用简单比较器即可满足需求。但是如果引起这种微小变化的是噪声，而不是要检测的有效输入信号 u_i，简单比较器的输出信号 u_o 就不能准确反应有效输入。这时，简单比较器就显得过分灵敏，如果以这样的 u_o 信号作为检测结果，进而去控制设备的动作，就意味着误动作。

2. 滞回比较器

要避免简单比较器的误动作，就得使比较器的输出信号 u_o 对于输入信号 u_i 的变化不要那么敏感，而是稍微反应慢一点，即当 u_i 上升时，u_o 不要在 u_i 一越过参考值就立即变化，而是稍微等一下，等到 u_i 已经大于参考值一定程度，u_o 才变化；当 u_i 下降时，u_o 也要稍微等一下，等到 u_i 已经小于参考值一定程度，u_o 才变化。也就是说，要使 u_o 的变化比 u_i 的变化滞后一点，这就是滞回比较器的思想。

如何才能使 u_o 的变化比 u_i 的变化滞后一点呢？思路是当 u_i 上升时，使阈值电压高一点；当 u_i 下降时，使阈值电压低一点。

如图 8-17a 所示电路就可以实现上述思想。在该电路中，存在等式

$$u_+ = \frac{R_2}{R_1+R_2}u_o , \qquad u_- = u_i$$

根据定义，使得 $u_+ = u_-$ 时的 u_i 就是阈值电压，所以此处 u_+ 的值就是阈值电压。

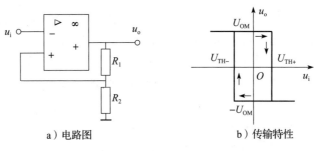

a）电路图　　　　　　　b）传输特性

图 8-17　反相滞回比较器

当 $u_o = U_{OM}$ 时，得到正向阈值电压 U_{TH+}（或 u_i 上升时的阈值电压 U_{THR}）为

$$U_{TH+} = \frac{R_2}{R_1+R_2}U_{OM}$$

当 $u_o = -U_{OM}$ 时，得到负向阈值电压 U_{TH-}（或 u_i 下降时的负阈值电压 U_{THF}）为

$$U_{TH-} = -\frac{R_2}{R_1+R_2}U_{OM}$$

滞回比较器的传输特性如图 8-17b 所示，其阈值电压与输入信号的变化方向有关。当 u_i 上升，越过 U_{TH+} 时，u_o 才会发生从 U_{OM} 到 $-U_{OM}$ 的跳变；当 u_i 下降，越过 U_{TH-} 时，u_o 才会发生从 $-U_{OM}$ 到 U_{OM} 的跳变。

【例 8-5】　如图 8-17a 所示反相滞回比较器，已知电压 u_i 的波形如图 8-18 所示上半部，并给定

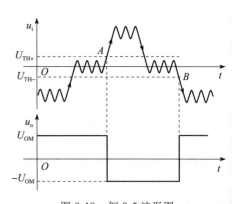

图 8-18　例 8-5 波形图

了阈值电压 U_{TH+} 和 U_{TH-}，求电压 u_o 的波形。

【解】 输入电压 u_i 接在反向输入端，已知 u_i 初值极性为负且远低于两个阈值，所以运放正饱和且输出电压极性为正，可知 u_o 初值为 U_{OM}。

当 u_i 上升，在越过阈值电压 U_{TH+} 以前，u_o 保持 U_{OM} 不变；u_i 从下向上穿越 U_{TH+} 时，即图 8-18 中 A 点，是触发 u_o 发生电平转换的临界点，A 点之后，$u_o=-U_{OM}$。

当 u_i 下降，越过阈值电压为 U_{TH-} 以前，u_o 保持 $-U_{OM}$ 不变；在图 8-18 中 B 点，u_i 从上向下穿越 U_{TH-} 时，将触发 u_o 发生电平转换，B 点之后，$u_o=U_{OM}$ 不变。

由以上分析过程可知：

1）滞回比较器有两个阈值电压，输入电压的变化方向不同，对应的阈值电压也不同。

2）输出信号的变化滞后于输入信号的变化，传输特性曲线形似磁滞回线。

3）滞回比较器不如简单比较器灵敏，这个特征恰好可以用来过滤掉干扰信号。

8.5.3 集成运放应用的仿真

集成运放的外接电阻太小会使运放负载过重，太大又会增大干扰和噪声，所以集成运放外接电阻的阻值应该在千欧级别，一般选择几千欧到几十千欧。

在 LTspice 中添加集成运放的方法是：打开 "Select Component Symbol" 对话框，选择 "[Opamps]"，单击 "OK" 按钮，如图 8-19a 所示。

接着会出现一系列的集成运放器件可供选择，其中以 LT 开头的器件都是真实的集成运放器件的型号，每种器件型号有着不同的特性参数。如果只是希望实现原理性的仿真，应选择 "UniversalOpamp2"，如图 8-19b 所示。

a）选择Opamps

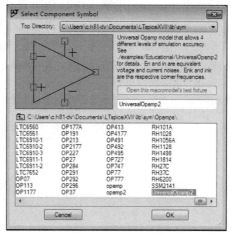

b）选择UniversalOpamp2

图 8-19 添加集成运放

1. 观察输入/输出波形

图 8-20 是观察输入/输出波形的电路原理图，电压信号的连接通过 Label Net ⊡ 实现。根据所选择的 R1、R2 的数值，可以计算出电路放大倍数为 -2，即 $V_o=-2V_i$。

观察输入/输出波形，发现输入波形幅值为 1V，输出波形幅值为 2V，且二者相位相反。

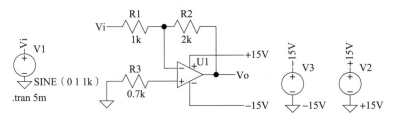

图 8-20　观察输入/输出波形的电路原理图

仿真结果符合反相比例放大电路的输入/输出电压关系。

2. 观察电压传输特性

观察电压传输特性，可以从另一个角度来分析电路。仿真电路如图 8-21 所示，其中

```
.dc V1 -20 20
```

命令的作用是使直流电源 V1 从−20V 到 20V 扫描。

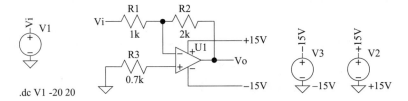

图 8-21　观察电压传输特性的仿真电路

观察输出电压，得到的输出电压传输特性如图 8-22 所示，横坐标是输入电压，纵坐标是输出电压。从电压传输特性可知，当输入电压小于−7.5V 时，输出电压正饱和(达到正电源最大值+15V)；当输入电压大于 7.5V 时，输出电压负饱和(达到负电源最大值−15V)；当输入电压处于−7.5~7.5V 时，输出电压与输入电压成反比例关系(−2 倍)。

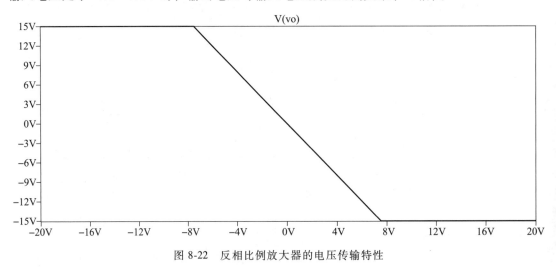

图 8-22　反相比例放大器的电压传输特性

更多集成运放应用电路的仿真，请读者自行完成。

习题

（完成下列习题，为元器件选择合适的参数，计算出相应的数值，并仿真）

8-1　图 8-23 为模拟加法器电路，试推导输出电压 u_o 的表达式。

8-2　图 8-24 为模拟减法器电路，又称差分比例电路，试推导输出电压 u_o 的表达式。

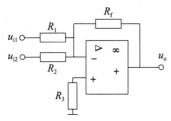

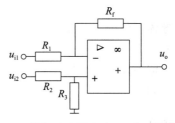

图 8-23　模拟加法器电路　　　　　图 8-24　模拟减法器电路（差分比例电路）

8-3　图 8-25 为微分运算电路，试推导输出电压 u_o 的表达式。

8-4　图 8-26 为指数运算电路，其中二极管 VD 的电流 i_{VD} 与它两端的电压 u_{VD} 之间的关系可用 PN 结方程 $i_{VD} = I_S e^{\left(\frac{u_{VD}}{U_T} - 1\right)}$ 表示，室温下 $U_T = 26\text{mV}$，当 $u_{VD} \gg U_T$ 时，可认为 $i_{VD} \approx I_S e^{\frac{u_{VD}}{U_T}}$，这时 u_o 和 u_i 呈指数关系。试推导输出电压 u_o 的表达式。

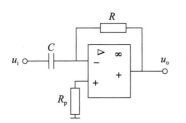

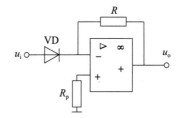

图 8-25　微分运算电路　　　　　　图 8-26　指数运算电路

8-5　将指数运算电路（图 8-26）中的二极管 VD 与电阻 R 的位置互换，即为对数运算电路，试画出对数运算电路图，并推导输出电压 u_o 的表达式。

8-6　图 8-27 为输入信号从同相端输入的电压比较器，试画出其电压传输特性曲线。

8-7　图 8-28 为同相滞回电压比较器，试计算阈值电压，画出其电压传输特性曲线。

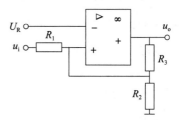

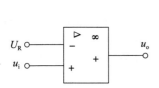

图 8-27　同相电压比较器　　　　　图 8-28　同相滞回电压比较器

第 9 章

负反馈放大器

由于半导体器件的非线性以及各种干扰的作用，放大器经常会偏离期待的工作状态，从而使输出信号产生错误。如何纠正这种错误曾经十分困难，直到 Harold S. Black 提出负反馈放大器。负反馈不仅是一种简单、通用的"纠错"手段，而且已成为控制论、系统论以及信息科学的基础。

9.1 负反馈

放大器理想的工作状态如图 9-1a 所示，其输出 x_o 应该与所提供的输入信号 x_i 呈线性关系。然而实际系统的输出总是存在着失真，这种失真的原因来自多个方面，既有放大器自身的非线性特征的影响，也有温度、湿度、电源电压波动、噪声信号等各类环境干扰因素的影响。环境干扰因素实际上也是放大器的输入，如图 9-1b 所示放大器的输入 x_n，只不过这类输入是无法控制的。

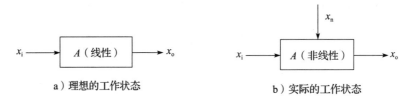

a) 理想的工作状态　　　　b) 实际的工作状态

图 9-1　放大器的失真

很明显，放大器本身的非线性和环境干扰都是无法避免的。一个完全线性的放大器是不现实的，非线性才是世界的本质。同样，恒温、恒湿、恒压、无噪声的工作环境也根本不存在。现实不理想，输出失真的问题又必须解决，怎么办呢？这就是 1925 年 Harold S. Black 所面临的问题，也是他提出天才设想的动力所在。

9.1.1 前馈和反馈(开环与闭环)

出现问题，先找原因，"谁的责任谁负"，这恐怕是大多数人面对问题的想法。这种思想用来对人，或许可以用来推脱管理者的责任，用来对物，就行不通了——你不能指责放大器的非线性，也不能指责环境干扰。现实就是如此，物不因谁的期待而改变，唯一能做的就是想办法，问题或许能解决，或许不能解决，并努力解决那些能够解决的问题。

1. 前馈和开环

按照"谁的责任谁负"的思路，谁造成的问题，就该由谁来补偿。由放大器件非线性造成的失真，就应该由放大器件来补偿；由干扰信号造成的失真，就应该由干扰信号补偿。

用放大器件的非线性来补偿放大器件的非线性，这种思路在集成电路中得到了广泛应用，典型的有差动放大电路、互补对称功率放大电路。

那么在只能控制输入信号、无法控制干扰信号的现状下，如何用干扰信号补偿干扰信号呢？很自然就会想到：把干扰信号 x_n 的一部分引入输入端，并用它来抵消 x_n 的影响。如图 9-2 所示，假如 A 为正比例放大放大器，如果 x_n 使得输出 x_o 变大，则应该用 $x_f = Fx_n$ 削弱 x_i；如果 x_n 使得输出 x_o 变小，则应该用 $x_f = Fx_n$ 增大 x_i，根据这种思想构成的放大器称为前馈放大器。由于

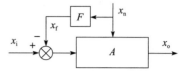

图 9-2 前馈原理与开环控制

不存在任何信号的回路，所以前馈放大器所使用的是开环控制。"开环"这个概念是相对于闭环概念而言的，如果读者对于这个概念感到困惑的话，请继续阅读下去，并与下文中的"闭环"概念做对比，就很清楚了。

使用开环控制的前馈放大器，这也是 Harold S. Black 最初的设想。然而实践表明，该电路抑制干扰的性能并不好，所以没能投入使用。这是因为：首先，前馈只能用来纠正可以测量的干扰，这使得它对那些难以测量的干扰无能为力；其次，需要针对每一种干扰设计特定的调节电路 F，所以电路复杂。这些问题使得前馈放大器很难达到理想的性能。

2. 反馈和闭环

既然前馈放大器行不通，就必须另辟蹊径。其实在生活中解决类似的问题并不难，例如要加热洗浴用水，水温高时就应少加热，水温低时就应多加热，这时采取的方法是通过测量输出(水温)来调整输入(加热量)。这种根据所测量的输出来调整输入的方法，就是反馈。这里必须解决两个问题：一是如何测量输出；二是如何根据比较结果调整输入。

放大电路中也可以借助反馈来减小输出信号的失真。假定放大器理论上的放大倍数为正数 A_0，如果放大器的实际输入为 x_i，则理论上的输出应为 A_0x_i。但放大器的实际放大倍数 A 在环境因素影响下可能偏离 A_0，这时放大器的实际输出值为 $x_o = Ax_i$。

1）如果 $Ax_i = A_0x_i$，说明放大器没有失真，实际放大倍数 A 等于理论放大倍数 A_0。

2）如果 $Ax_i > A_0x_i$，说明放大器失真，且实际放大倍数 A 大于理论放大倍数 A_0。

3）如果 $Ax_i < A_0x_i$，说明放大器失真，且实际放大倍数 A 小于理论放大倍数 A_0。

但是，实际放大电路中只存在实际输出值 x_o，没有理论值 A_0x_i，要把它们进行比较是不可能的，这一点应该从图 9-1 很容易看出来。为实现理论值与实际值的比较，可以通过反馈网络把 x_o 的实际输出值转换为不失真放大时理论上应该对应的输入 x_f，显然 $x_f = x_o/A_0$，通过比较 x_f 与 x_i，等价于比较实际输出值 Ax_f 与理论输出值 A_0x_i。将 x_f 与 x_i 的值进行比较，会得到以下三种结果：

1）$x_f = x_i$，则 $Ax_f = A_0x_i$，说明放大器未失真，实际放大倍数 A 等于理论放大倍数 A_0。

2）$x_f > x_i$，则 $Ax_f > A_0x_i$，说明放大器失真，且实际放大倍数 A 大于理论放大倍数 A_0。

3）$x_f < x_i$，则 $Ax_f < A_0x_i$，说明放大器失真，且实际放大倍数 A 小于理论放大倍数 A_0。

由于放大器放大倍数的变化来自半导体器件自身，不能控制。但虽然无法使放大器的放大倍数恒定不变，却可以改变输入信号对冲放大器放大倍数的变化：

1）如果 $A > A_0$，则减小放大器 A 的实际输入。

2）如果 $A < A_0$，则增大放大器 A 的实际输入。

用

$$x_i' = x_i - x_f = x_i - x_o/A_0 = x_i(1-A/A_0)$$

的值表示 x_f 与 x_i 的比较结果，对比前文可知：

1）如果 $x_i'=0$，说明 $A=A_0$，无须改变放大器 A 的实际输入。

2）如果 $x_i'>0$，说明 $A<A_0$，应增大放大器 A 的实际输入。

3）如果 $x_i'<0$，说明 $A>A_0$，应减小放大器 A 的实际输入。

显然，A 变小，实际输入就应增大；A 变大，实际输入就应减小。也就是说，需要一个其变化与 A 的变化相反的量作为实际输入。

问题到了这里又遇到了困难，通过比较 x_f 与 x_i 解决了如何比较理论输出与实际输出的问题，但是如何调整当前输入呢？现在只有 x_i、x_f、x_o、x_i' 这四个信号，其中只有 x_i' 的变化与 A 的变化相反，但如果把 x_i' 作为调整后的输入，当 $x_i-x_f=0$ 时，输出 x_o 也应该为零，这不仅没有解决失真，反而失真更大了。

也许这就是 Harold S. Black 灵光闪现的时刻了——难道非得用零作为不失真的标志吗？把不失真标志平移到任何一个值不也可以吗？具体地讲，就是使 $x_f=x_o F$，其中 F 是一个恒定的比例系数，于是有

$$x_i' = x_i - x_f = x_i - x_o F = x_i(1-AF)$$

x_i' 与放大器的实际放大倍数 A 的变化趋势相反，它的值随 A 的增大而减小。

1）如果 A 未失真，则 $x_o=Ax_i=A_0x_i$，此时 $x_i'=x_i(1-A_0F)$，x_i' 是个定值。

2）如果 A 变大，则 $x_o=Ax_i>A_0x_i$，此时 $x_i'<x_i(1-A_0F)$，x_i' 小于定值。

3）如果 A 变小，则 $x_o=Ax_i<A_0x_i$，此时 $x_i'>x_i(1-A_0F)$，x_i' 大于定值。

x_f 与 x_o 的比值 F 也称为反馈系数。把反馈系数改为 F 后，x_i' 的变化与 A 的变化仍然相反，但却消除了不失真标志的问题。显然，这样的 x_i' 可以作为放大器 A 的实际输入。于是得到反馈放大器的理论框图如图 9-3 所示。

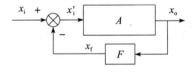

图 9-3 反馈放大器的理论框图

遥想 1928 年，美国专利和商标局很快地批准了 Harold S. Black 关于前馈放大器的专利，却花了将近 9 年时间才批准其反馈放大器的专利。Black"把这不寻常的延迟归因于'此概念过于与已有观念相悖，以至于专利局起初不相信其有效性'"。

图 9-3 中，由于存在着信号的回路，所以称为闭环控制。其中 x_i 为输入信号，x_o 为输出信号，x_f 为反馈信号，x_i' 为净输入信号，A 为放大器的开环放大倍数，F 为反馈网络的反馈系数。由于反馈信号 x_f 与输入信号 x_i 相位相反，所以反馈信号将削弱输入信号，这意味着放大器 A 有反馈时的输入信号绝对值小于无反馈时的输入信号绝对值（$|x_i'|<|x_i|$），即反馈后放大器的输出信号的绝对值 $|x_o|$ 会比反馈前降低，所以这种反馈也称为负反馈。没有歧义时，通常也将负反馈简称为反馈。

反馈控制不考虑干扰的特性，只要输出变量有波动即可实现调节作用，因此可采用通用调节器，所以反馈系统实现起来很简单。负反馈最终成为电路设计和自动控制中十分重要的基础理论，并用事实证明了它的有效性。

9.1.2 利用负反馈稳定放大倍数

首先根据图 9-3 推导负反馈系统的性能参数。为简单起见，暂不考虑放大电路的相移，

并假定反馈网络为纯电阻性，那么 A 和 F 均为正实数。

1. 闭环放大倍数

基本放大器 A 的输入输出特性方程为

$$x_o = Ax_i' \tag{9-1}$$

反馈网络 F 的输入为 x_o，输出为反馈信号 x_f，其特性方程为

$$x_f = Fx_o \tag{9-2}$$

图 9-3 中"$\otimes$"表示叠加环节，x_i 和 x_f 为其输入，x_i' 为其输出。用 x_i 信号线上的"+"号和 x_f 信号线上的"−"号表示二者相减，于是叠加环节的特性方程为

$$x_i' = x_i - x_f \tag{9-3}$$

x_o 与 x_i 的比值称为闭环放大倍数 A_f，于是有

$$A_f = x_o / x_i \tag{9-4}$$

相应地，基本放大器的放大倍数 A 就是开环放大倍数，显然

$$A_f = \frac{x_o}{x_i} = \frac{Ax_i'}{x_i' + x_f} = \frac{Ax_i'}{x_i' + Fx_o} = \frac{Ax_i'}{x_i' + FAx_i'}$$

于是

$$A_f = \frac{A}{1 + AF} \tag{9-5}$$

式(9-5)表明，放大器的闭环放大倍数 A_f 降低为开环放大倍数 A 的 $1/(1+AF)$，或者说引入负反馈后，放大倍数降低为原来的 $1/(1+AF)$。

2. 放大倍数的稳定性

将式(9-5)两边同时对 A 求导，等式依然成立，于是有

$$\frac{dA_f}{dA} = \frac{(1+AF) - AF}{(1+AF)^2} = \frac{1}{(1+AF)^2} = \frac{1}{1+AF}\frac{A_f}{A}$$

整理得

$$\frac{dA_f}{A_f} = \frac{1}{1+AF}\frac{dA}{A} \tag{9-6}$$

式中，$\dfrac{dA_f}{A_f}$ 为闭环放大倍数的相对变化率；$\dfrac{dA}{A}$ 为开环放大倍数的相对变化率。式(9-6)表明引入负反馈后，放大倍数的相对变化率降低为原来的 $1/(1+AF)$，换句话说，负反馈使放大倍数的稳定性提高了 $1+AF$ 倍。同时也必须注意到，负反馈也使放大倍数降低为原来的 $1/(1+AF)$，这意味着为了得到相等的输出 x_o，必须把输入 x_i 也提高 $1+AF$ 倍。

负反馈以降低放大倍数为代价，换取提高放大倍数的稳定性，这种选择是否有意义呢？答案是肯定的，因为负反馈出现时，运算放大器早已投入应用，此时放大器的开环放大倍数已经足够大，所以牺牲一点放大倍数并不会造成困难。

【例 9-1】　某负反馈放大器，已知开环放大倍数 $A = 10^4$，反馈系数 $F = 0.01$。

1）求闭环放大倍数 A_f。

2）已知 A 的相对变化量为 $\pm 10\%$，计算 A 的波动范围。

3）求 A_f 的相对变化量，以及 A_f 的变化幅度范围。

【解】

1）闭环放大倍数为

$$A_f = \frac{A}{1+AF} = \frac{10^4}{1+10^4 \times 0.01} = \frac{10^4}{101} = 99.0$$

2）A 的波动幅度为 $A \times (\pm 10\%) = 10^4 \times (\pm 10\%) = \pm 10^3$

A 的波动范围为 $10^4 \pm 10^3$，即 9000～11 000。

3）A_f 的相对变化量为

$$\frac{dA_f}{A_f} = \frac{1}{1+AF}\frac{dA}{A} = \frac{1}{1+10^4 \times 0.01} \times (\pm 10\%) = \pm 0.1\%$$

结果表明：在 A 变化 $\pm 10\%$ 的情况下，A_f 只变化了 $\pm 0.1\%$。

A_f 的变化幅度范围为 $A_f(1\pm 0.1\%) = 99.0 \times (1\pm 0.1\%)$，即 98.9～99.1。

3. 深度负反馈

上述讨论表明，负反馈对放大倍数稳定性的改善程度取决于 $1+AF$ 的值，所以 $1+AF$ 是表明负反馈性能的一个重要指标，称为反馈深度。当深度负反馈，即 $1+AF \gg 1$ 时，有

$$A_f = \frac{A}{1+AF} \approx \frac{A}{AF} = \frac{1}{F} \tag{9-7}$$

可见深度负反馈时，闭环放大倍数 A_f 仅仅与反馈系数 F 有关，而与开环放大倍数 A 无关。

放大倍数 A 反映了半导体放大器件的特性，但它通常是不稳定的；反馈系数 F 所反映的是反馈网络的特性，只要选用稳定的器件构成反馈网络，F 就能够稳定，进而使整个放大器的放大倍数变得十分稳定。利用深度负反馈可以获得非常稳定的放大倍数。

实践中，反馈网络通常是由电阻、电容等无源元件所构成，其参数很稳定，于是可以得到稳定的 F；而基本放大器通常由具有极高开环放大倍数的集成运放构成，于是 A 极大。很容易满足 $1+AF \gg 1$，所以深度负反馈很有实际意义。

9.1.3 相移、正反馈与自激振荡

前面的讨论一直都假设基本放大器和反馈网络都不存在相移，即 A 和 F 都是正数，但实际上当放大器输入交流信号时，无论放大器 A 还是反馈网络 F 都可能产生相移。为强调相移，把相量上面的点号显式地标示出来，各变量之间的关系应为

$$\dot{X}_o = \dot{A}\dot{X}_i' \tag{9-8}$$

$$\dot{X}_f = \dot{F}\dot{X}_o \tag{9-9}$$

$$\dot{X}_i' = \dot{X}_i - \dot{X}_f \tag{9-10}$$

$$\dot{A}_f = \frac{\dot{X}_o}{\dot{X}_i} \tag{9-11}$$

式中，开环放大倍数 $\dot{A}$、反馈系数 $\dot{F}$、闭环放大倍数 $\dot{A}_f$ 均为复数，而且

$$\dot{A}_f = \frac{\dot{A}}{1+\dot{A}\dot{F}} \tag{9-12}$$

显然闭环放大倍数的大小取决于分母，讨论如下：

1）若 $|1+\dot{A}\dot{F}|>1$，则 $|\dot{A}_{f}|<|\dot{A}|$，说明引入反馈后放大倍数减小，此时为负反馈。

2）若 $|1+\dot{A}\dot{F}|<1$，则 $|\dot{A}_{f}|>|\dot{A}|$，说明引入反馈后放大倍数增大，此时为正反馈。正反馈时，输出信号 x_{o} 不断增大，放大器终将进入饱和状态从而失去放大作用，所以正反馈对于放大器的稳定性是有害的。

3）若 $|1+\dot{A}\dot{F}|=0$，则 $|\dot{A}_{f}|$ 趋于无穷大，这种状态称为自激振荡。自激振荡是一种强烈的正反馈，当反馈放大器发生自激振荡时，即使没有外加输入信号，也会有输出信号。这时放大器已失去放大作用，其输出完全不受输入控制。

上述讨论说明，输入信号的频率不同，放大环节和反馈环节所产生的相移也不同，所以负反馈放大器对不同频率的输入信号会表现出不同的放大特性。由于相移，直流条件下的负反馈在交流条件下可能会变成正反馈，甚至发生自激振荡，这将危害负反馈系统的稳定性，所以在设计负反馈系统时应避免发生正反馈和自激振荡。深入探讨负反馈系统的稳定性需要太多篇幅，本书不再展开。

9.2　负反馈放大电路

首先总结一下反馈的一般特征。基本放大器 A 构成了信号的前向通路，反馈网络 F 构成了信号的反向通路，前向通路和反向通路共同构成了反馈回路。反馈的基本过程是：反馈网络首先测量基本放大器的输出信号 x_{o}，称为采样；再把采样值 x_{o} 变换为反馈信号 x_{f}，最后用反馈信号 x_{f} 去修正输入信号 x_{i}，得到基本放大电路的净输入信号 x'_{i}。如果修正的结果使 $|x'_{i}|$ 增大，就是正反馈；如果修正的结果使 $|x'_{i}|$ 变小，就是负反馈。正反馈不利于系统的稳定，负反馈则有利于系统的稳定。为了获得稳定的输出信号，应该使用负反馈。

图 9-4 分别为正反馈和负反馈的原理框图。

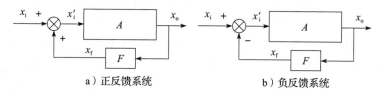

a）正反馈系统　　　　　　b）负反馈系统

图 9-4　正反馈和负反馈的原理框图

反馈理论可以用到任何系统中，下面把负反馈应用到放大电路。不过在应用负反馈之前，必须解决一般负反馈系统中的信号与电路信号的对应问题。换句话说就是，一般负反馈系统中的信号 x_{i}、x'_{i}、x_{o}、x_{f} 对应了电路系统中的哪些电路变量？

其实没有太多选择，在放大电路中，这些信号要么用电压表示，要么用电流表示。例如与 x_{i} 对应的可以是输入电压 u_{i} 或输入电流 i_{i}，与 x_{o} 对应的可以是输出电压 u_{o} 或输出电流 i_{o}，具体应该用电压变量还是电流变量，取决于该放大电路的应用场合。

9.2.1　输出采样：电压反馈和电流反馈

在一般负反馈系统中，输出信号 x_{o} 是要稳定的对象，也是反馈网络所采样的对象。对应到负反馈放大电路，如果要稳定输出电压，就应该采样输出电压；如果要稳定输出电流，就应该采样输出电流。简单地说，要稳定谁，就采样谁。

根据反馈电路所采样的是输出电压还是输出电流，可以把反馈分为电压反馈和电流反馈。如果反馈电路所采样的是输出电压，就称为电压反馈。如果反馈电路所采样的是输出电流，就称为电流反馈。根据反馈理论可知，电压负反馈将获得稳定的输出电压，电流负反馈将获得稳定的输出电流。

显然，电压反馈和电流反馈的区分来自放大电路输出端，而且它们的名字就表明了负反馈放大电路所稳定的电路变量：电压负反馈稳定输出电压，电流负反馈稳定输出电流，所以也可以说成，要稳定谁，就反馈谁。

1. 电压反馈和电流反馈的判断

电压反馈和电流反馈表现在输出回路不同，它们的实现框图如图 9-5 所示。

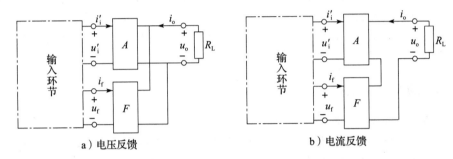

a）电压反馈　　　　　　　　　b）电流反馈

图 9-5　电压反馈和电流反馈实现框图

电压反馈如图 9-5a 所示，反馈电路的输入端口与基本放大电路的输出端口并联，反馈电路的输入电压等于输出电压 u_o；由于反馈电路由无源元件所构成，如果 u_o 为零，则反馈电路的输入电流也将为零。反馈电路在没有输入的情况下，显然不应有任何输出，所以根据输出电压为零时反馈信号是否存在，就可以判断一个反馈是否为电压反馈：如果 u_o 为零时，反馈信号 u_f 和 i_f 也为零，就是电压反馈。

电流反馈如图 9-5b 所示，反馈电路的输入端口与基本放大电路的输出端口串联，反馈电路的输入电流等于输出电流 i_o；由于反馈电路由无源元件所构成，如果 i_o 为零，则反馈电路的输入电压也将为零。根据输出电流为零时反馈信号是否存在，就可以判断一个反馈是否为电流反馈：如果 i_o 为零时，反馈信号 u_f 和 i_f 也为零，就是电流反馈。

2. 电压负反馈减小输出电阻

根据戴维南定理，从任何放大电路的输出端看进去，可以把它等效为电压源与电阻的串联支路，其中 u_{os} 为开路输出电压，R_o 为等效输出电阻。既然电压负反馈能够获得稳定的输出电压，自然就意味着获得了更小的输出电阻，由此可知，电压负反馈能够减小输出电阻，如图 9-6 所示。

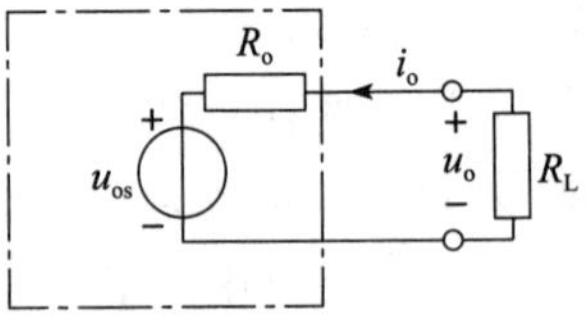

图 9-6　负反馈电路的戴维南等效电路

如果基本放大电路 A 的输出电阻为 R_o，引入电压负反馈 F 后的输出电阻为 $R_{of(Voltage-Feed)}$，则有

$$R_{of(Voltage-Feed)} = \frac{R_o}{1+AF} \qquad (9\text{-}13)$$

即电压负反馈将导致输出电阻降低为开环输出电阻的 $1/(1+AF)$。限于篇幅，本书只做定性

分析，不对此结论进行详细推导。

3. 电流负反馈增大输出电阻

类似地，既然电流负反馈能够稳定输出电流，根据图9-7的诺顿等效电路，可知要稳定输出电流，必须增大输出电阻，所以电流负反馈具有增大输出电阻的特性。

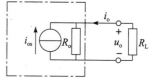

如果基本放大电路 A 的输出电阻为 R_o，引入电流负反馈 F 后的输出电阻为 $R_{of(Current-Feed)}$，则

$$R_{of(Current-Feed)} = (1+AF)R_o \qquad (9\text{-}14)$$

即电流负反馈将导致输出电阻增大为开环输出电阻的 $1+AF$ 倍。

图 9-7 负反馈放大电路的
诺顿等效电路

9.2.2 输入叠加：串联反馈和并联反馈

在输入端，反馈信号 x_f 要负责修正输入信号 x_i 以便产生净输入信号 x_i'，这种修正通常通过一个叠加环节实现。因为在反馈放大电路中，这些信号要么是电压，要么是电流，所以叠加环节所叠加的要么是电压叠加，要么是电流叠加。

根据反馈信号与输入信号的叠加方式是电压叠加还是电流叠加，可以把反馈分为串联反馈和并联反馈。如果反馈信号与输入信号采用电压叠加方式，就称为串联反馈；如果反馈信号与输入信号采用电流叠加方式，就称为并联反馈。

读者或许对这样的命名感到困惑，电压叠加为什么偏要取名为串联反馈？如果换个角度思考，如何才能让电压叠加起来？——没错，串联！串联分压！联想到并联分流，那么把并联反馈与电流叠加联系起来也就不难理解了，实际上有英文资料就把并联反馈称为分流反馈，也许这样的命名更好一些。

反馈放大的输入端采用串联反馈还是并联反馈，取决于输入信号源，如果输入信号源是电压源，就应该采用串联反馈；如果输入信号源是电流源，就应该采用并联反馈。

1. 串联反馈和并联反馈的判断

串联反馈和并联反馈表现为输入回路的不同，它们的实现框图如图9-8所示。

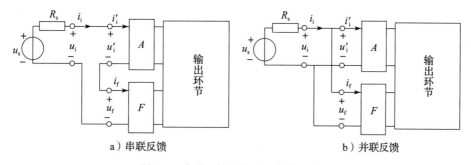

a）串联反馈　　　　　　　　　　b）并联反馈

图 9-8 串联反馈和并联反馈实现框图

串联反馈如图9-8a所示，输入信号和反馈信号以电压方式叠加，反映到电路结构上，表现为输入信号 u_i' 和反馈信号 u_f 被接在放大电路的不同点。

并联反馈如图9-8b所示，输入信号和反馈信号以电流方式叠加，反映到电路结构上，表现为输入信号 u_i' 和反馈信号 u_f 被接在放大电路的同一点。

一个反馈是串联反馈还是并联反馈，可以根据电路结构判断。如果反馈通路与输入通路接在放大电路的同一点，通常就可以判定为并联反馈，因为只有接在同一点，才能发生分流；如果反馈通路与输入通路接在放大电路的不同点，通常就可以判定为串联反馈，因为这时只能以电压方式相加减。

2. 串联负反馈增大输入电阻

根据图 9-8a 可知，串联负反馈时，$u'_i = u_i - u_f$，净输入电压将变小，意味着加在基本放大电路 A 的输入电阻 R_i 上的电压变小了，由于 $i'_i = u'_i / R_i$，所以 i'_i 也将变小。

因为 $i'_i = i_i$，所以引入串联负反馈 F 后的输入电阻 $R_{if(Series-Feed)} = u_i / i_i$ 将增大，可以证明

$$R_{if(Series-Feed)} = (1 + AF) R_i \tag{9-15}$$

即串联负反馈将导致输入电阻增大到开环输入电阻的 $1+AF$ 倍。

3. 并联负反馈减小输入电阻

根据图 9-8b 可知，并联负反馈时，由于加在基本放大电路 A 的输入电阻 R_i 上的电压 $u'_i = u_i$ 保持不变，所以 $i'_i = u'_i / R_i$ 也不变。

又因为 $i'_i = i_i - i_f$，而且 i_i 与 i_f 同相，要保持 i'_i 不变，必须增大 i_i，这意味着引入并联负反馈 F 后的输入电阻 $R_{if(Shunt-Feed)}$ 变小了。可以证明

$$R_{if(Shunt-Feed)} = R_i / (1 + AF) \tag{9-16}$$

即并联负反馈将导致输入电阻降低为开环输入电阻的 $1/(1+AF)$。

9.2.3 负反馈放大电路的 4 种组态

负反馈放大电路中，基本放大电路 A 和反馈网络 F 都是双端口（每个端口有两个端子）器件，一个作为输入端口，另一个作为输出端口，所以负反馈放大电路的组成方式只能有 4 种，如图 9-9 所示。

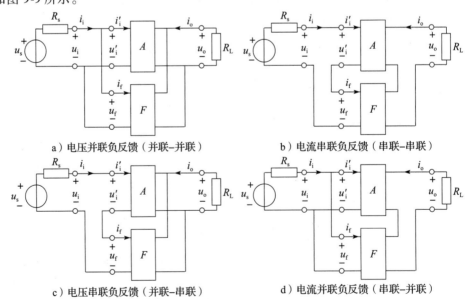

a）电压并联负反馈（并联-并联）   b）电流串联负反馈（串联-串联）

c）电压串联负反馈（并联-串联）   d）电流并联负反馈（串联-并联）

图 9-9　负反馈放大电路的 4 种组态

图9-9中4种连接方式分别对应着不同的输出端采样方式和输入端叠加方式:从输出端看,可以分为电压反馈和电流反馈;从输入端看,可以分为串联反馈和并联反馈。组合起来,就构成了负反馈放大电路的4种组态:

1)电压串联负反馈。
2)电压并联负反馈。
3)电流串联负反馈。
4)电流并联负反馈。

不同反馈组态中,基本放大电路的放大倍数 A 和反馈网络的反馈系数 F 的含义也不同,表9-1列出了4种负反馈组态所对应的开环放大倍数、反馈系数、输入电阻和输出电阻。

表 9-1 负反馈组态及其参数

负反馈组态	开环放大倍数	反馈系数	输入电阻	输出电阻
电压串联负反馈	A_{uu}	F_{uu}	$R_{if} = (1+AF)R_i$	$R_{of} = R_o/(1+AF)$
电压并联负反馈	A_{ui}	F_{iu}	$R_{if} = R_i/(1+AF)$	$R_{of} = R_o/(1+AF)$
电流串联负反馈	A_{iu}	F_{ui}	$R_{if} = (1+AF)R_i$	$R_{of} = (1+AF)R_o$
电流并联负反馈	A_{ii}	F_{ii}	$R_{if} = R_i/(1+AF)$	$R_{of} = (1+AF)R_o$

在实际应用中,应根据不同的应用需要选择不同的负反馈组态。

1)要输出稳定电压,应选择电压负反馈。
2)要输出稳定电流,应选择电流负反馈。
3)要增大输入电阻,应选择串联负反馈。
4)要减小输入电阻,应选择并联负反馈。

例如,现在要设计一个能够接收微弱的电压信号、并将其放大为稳定的电压信号传递出去的放大器,那么就必须选择电压串联负反馈。理由如下:从输入看,要放大微弱电压,放大电路必须尽可能减小从信号源索取的电流,这就需要增大输入电阻,所以要选用串联负反馈。从输出看,要稳定输出电压,则应选用电压负反馈。把输出端和输入端的选择组合起来,就是电压串联负反馈。

9.2.4 直流反馈和交流反馈

需要指出的是,放大电路中既有直流分量又有交流分量。如果只想稳定直流分量,就应该只反馈直流信号;如果只想稳定交流分量,就应该只反馈交流信号。根据反馈回来的信号是直流信号还是交流信号,可以把反馈分为直流反馈和交流反馈。

在放大电路中,直流反馈主要用来稳定静态工作点,交流反馈主要用来改善放大电路的各项动态性能指标,如放大倍数、输入电阻、输出电阻等。

在放大电路中,多数情况下反馈回来的信号是交流和直流兼而有之,所以直流反馈和交流反馈也就同时存在。

9.2.5 负反馈对放大电路性能的改善

以降低放大倍数为代价所引入的负反馈最根本的优点是简单、通用。负反馈对放大电路性能的改善体现在以下几个方面。

1. 提高放大倍数的稳定性

这个特性前文已经分析过。不论何种原因，包括温度变化、器件老化和更换、电源波动或负载发生变化等，所引起的放大器件放大倍数的改变，都将使放大电路变得不稳定。引入负反馈后虽然降低了放大倍数，但同时也降低了放大电路的放大倍数的相对变化率。

要根据不同稳定目标选择相应类型的负反馈，要稳定哪个量就反馈哪个量。例如直流负反馈可以稳定直流量，交流负反馈可以稳定交流量；电压负反馈可以稳定输出电压，电流负反馈可以稳定输出电流。

2. 减小非线性失真

理想情况下，放大电路的输出波形应与输入波形完全一致，而在幅度上则呈线性关系，即 $x_o(t) = Ax_i(t)$，其中 A 为常数。当输入信号为正弦波时，输出波形也应该是正弦波。但实际上由于器件自身的非线性，当输入正弦波时，输出却不是正弦波，而是发生了畸变，即放大电路出现了失真。这种由于器件本身非线性而造成的失真现象，称为非线性失真。

例如，对于图 9-10a 的基本放大电路，在输入正常波形 $x_i(t)$ 时，输出波形 $x_o(t)$ 发生了畸变。这说明，当使用 $x_o = Ax_i$ 表示放大电路的传输特性时，在输入波形的上半周，放大倍数 A 要大些；在输入波形的下半周，放大倍数 A 要小些。显然，基本放大电路存在着明显的非线性。

负反馈能够对失真的输出波形做出调整，调整的过程如图 9-10b 所示。输入信号 x_i 为正弦波，如图 9-10b 所示波形①；在没有反馈时，由于基本放大电路 A 的非线性，输出信号 x_o 的波形发生了上大下小的畸变，如图 9-10b 所示波形②；但是波形②没有机会真正出现在输出端，因为它迅速被反馈电路变换为反馈信号 x_f，因为 $x_f = Fx_o$，所以 x_f 仍然保持上大下小的形状，如图 9-10b 所示波形③；根据叠加环节 $x_i' = x_i - x_f$ 的作用，净输入信号 x_i' 将变为上小下大，如图 9-10b 所示波形④；一个上小下大的净输入波形 x_i'，经过基本放大电路 $x_o = Ax_i$ 的上大下小的放大作用之后，输出波形就很接近正弦波了，如图 9-10b 所示波形⑤。与无反馈时的输出波形②相比，引入负反馈后的输出波形⑤得到了改善，即负反馈能够抑制放大电路的非线性失真。

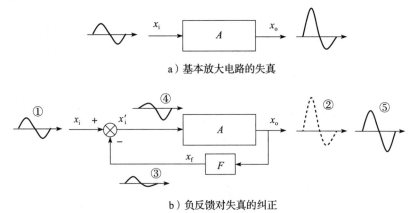

a）基本放大电路的失真

b）负反馈对失真的纠正

图 9-10　负反馈对失真信号波形的改善

当然，负反馈只能改善而不能消除波形失真，所以最终的输出还是前半周大后半周小，但比起没有反馈，引入负反馈后放大电路的非线性失真减小为之前的 $1/(1+AF)$。

3. 抑制环内噪声干扰

放大电路的输出信号中不仅包括输入信号 x_i 所产生的有效输出，还包括半导体内部载流子热运动和环境因素所引起的噪声干扰，引入负反馈后，噪声输出和有效输出都被降低为无反馈时的 $1/(1+AF)$。

由于无效输出与有效输出以同样的幅度被降低，所以负反馈不能提高信噪比。然而，有效输出信号的减小可以通过提高输入信号 x_i 来弥补，而内部噪声和环内干扰却不会增加，所以，如果要提高输出信号的信噪比，可以在引入负反馈的前提下，通过增大有效输入信号 x_i 来实现。

必须注意，负反馈只能减小环内噪声，对环外干扰无能为力。由于放大电路的输入端位于反馈环之外，所以对于作用在输入端的干扰信号，负反馈是解决不了的。

实际上，前文中已经给出了解决"作用在输入端的干扰信号"这个问题的方案。

4. 展宽频带

由前文可知，无论何种原因引起放大倍数的变化，均可以通过负反馈使其相对变化量减小，即提高放大倍数的稳定性。那么，由于输入信号频率变高或变低所引起的放大倍数下降，当然也可以通过负反馈改善。

同一放大电路在无负反馈时和引入负反馈后两种情况下的幅频特性曲线如图 9-11 所示，上面的曲线是无负反馈时的开环放大倍数 A，下面的曲线是有负反馈时的闭环放大倍数 A_f。可见，放大电路在相同频率变化时，放大倍数的相对变化量的确变小了，换句话说，放大电路的频带被展宽了。

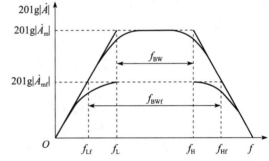

图 9-11 有、无负反馈放大电路的带宽对比

本书不对放大电路的频率特性过多展开讨论，仅给出如下结论：

引入负反馈后，放大电路的通频带展宽了 $1+AF$ 倍，同时中频放大倍数也下降为无反馈时放大倍数的 $1/(1+AF)$，所以放大电路的增益-带宽积保持不变，即放大电路的开环增益-带宽积等于闭环增益-带宽积。

5. 改变输入电阻和输出电阻

这个特性在前文讨论串联反馈和并联反馈时已经提及。简单总结如下：

1）引入串联负反馈，将使输入电阻增加为无反馈时的 $1+AF$ 倍。

2）引入并联负反馈，将使输入电阻降低为无反馈时的 $1/(1+AF)$。

如果读者觉得不好记忆，请展开联想：串联电阻增大，并联电阻减小。

9.3 负反馈放大电路分析举例

不同类型的反馈会给系统带来不同的影响，正确判断反馈的类型是分析放大电路性能的前提。下面首先介绍如何判断反馈类型。

9.3.1 判断反馈类型

判断反馈类型的一般步骤为：

1）找到反馈通路（有反馈还是无反馈）。

2）判断反馈信号类型（直流反馈还是交流反馈）。

3）判断输入端叠加方式（串联反馈还是并联反馈）。

4）判断输出端采样方式（电压反馈还是电流反馈）。

5）判断反馈极性（正反馈还是负反馈）。

具体的判断方法总结如下：

（1）找到反馈通路（有反馈还是无反馈）

反馈通路是输出信号影响输入信号的路径，反馈存在的前提是电路中存在反馈通路。如果没有反馈通路，反馈自然也就不存在。

（2）判断反馈信号类型（直流反馈还是交流反馈）

如果反馈通路只允许直流信号通过，则为直流反馈；如果反馈通路只允许交流信号通过，则为交流反馈；如果交、直流信号都允许通过，则为交、直流反馈。

（3）判断输入端叠加方式（串联反馈还是并联反馈）

如果输入通路与反馈通路接在不同点，说明输入信号和反馈信号以电压方式叠加，则为串联反馈；如果输入通路与反馈通路接在同一点，说明输入信号和反馈信号以电流方式叠加，则为并联反馈。

（4）判断输出端采样方式（电压反馈还是电流反馈）

如果 $u_。$ 置零，反馈信号即消失，就是电压反馈；如果 $i_。$ 置零，反馈信号即消失，就是电流反馈。

（5）判断反馈极性（正反馈还是负反馈）

反馈的本质就是将输出量送回到输入端去影响净输入量，净输入量再通过基本放大电路放大去影响输出量的过程。如果反馈量增强了净输入量，则输出量也将被增强，这就是正反馈；如果反馈量削弱了净输入量，则输出量也将被削弱，这就是负反馈。需要注意的是，这里用的词汇是"增强"和"削弱"。所谓增强，意味着如果引入反馈前的输出量偏高，则引入反馈后的输出量将变得更高；如果引入反馈前的输出量偏低，则引入反馈后的输出量将变得更低。对于"削弱"的理解与此类似。

反馈极性的判断通常采用瞬时极性法，所谓瞬时极性，就是信号的瞬时变化，信号增大时称其瞬时极性为正，信号减小时称其瞬时极性为负。它是通过比较有反馈与无反馈时电路状态的变化来判断反馈极性，步骤如下：

1）首先考虑无反馈时的情况。假设反馈通路不存在，基本放大电路的净输入量 x_i' 就等于输入量 x_i。假定输入量 x_i 瞬时增大，沿前向通路确定 $x_。$ 的瞬时变化。

2）再考虑有反馈时的情况。假设反馈通路与输入通路正常连接，从输出端沿反馈通路反向推导，确定反馈量 x_f 的瞬时变化。如果反馈量 x_f 与输入量 x_i 叠加后所得到的净输入量 x_i' 比输入量 x_i（无反馈时的净输入量）更大，说明 x_i' 瞬时增大，可知反馈为正反馈；反之则为负反馈。

在电路中，如果某个变量瞬时增大，则用正号（+）或 $\oplus$ 表示；如果某个变量瞬时减小，则用负号(-)或⊝表示。因为通常都是假定输入量瞬时增加，所以如果闭环反馈后的净输入量也瞬时增加，就说明反馈是正反馈，反之则为负反馈。表现在电路上就是，如果输入量和净输入量的瞬时极性都为正，即 x_i 和 x_i' 的都标示为正，则为正反馈；如果 x_i 标示为正而 x_i' 标示为负，则为负反馈。

必须注意，x_i、x_f、x_i' 和 x_o 究竟是电压还是电流，应根据具体的反馈类型来确定。

1) 串联反馈，则 x_i、x_f、x_i' 对应 u_i、u_f、u_i'(输入端电压叠加)。

2) 并联反馈，则 x_i、x_f、x_i' 对应 i_i、i_f、i_i'(输入端电流叠加)。

3) 电压反馈，则 x_o 对应 u_o(输出端电压采样)。

4) 电流反馈，则 x_o 对应 i_o(输出端电流采样)。

下面举例说明反馈类型的判断。

【例9-2】　判断如图 9-12a 所示电路的反馈类型(直流反馈还是交流反馈、电压反馈还是电流反馈、串联反馈还是并联反馈、正反馈还是负反馈)。

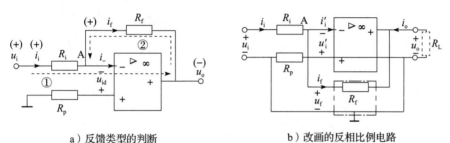

a) 反馈类型的判断　　　　　　　b) 改画的反相比例电路

图 9-12　反相比例电路的反馈类型

【解】　图 9-12a 电路为前面介绍的反相比例电路，判断其反馈类型的步骤如下：

1) 图 9-12a 电路中存在着由电阻 R_f 所构成的反馈通路。

2) 反馈通路既能反馈直流信号，也能反馈交流信号，所以是交、直流反馈。

3) 从输入端看，输入通路与和反馈通路接在同一点，可知为并联反馈。

集成运放的输入信号，既可用电压 $u_{id} = u_+ - u_-$ 表示，也可以用电流 i_+ 或 i_- 表示。因为此处已经确定为并联反馈，反馈信号与输入信号只能以电流相加减的方式叠加，所以用电流表示输入信号更合适。

图 9-12a 电路中，输入信号为电流 i_i、反馈信号为电流 i_f，净输入信号 i_i' 为反相输入端的输入电流 i_-，三者之间关系为

$$i_i' = i_- = i_i - i_f$$

4) 从输出端看，输出电压 u_o 影响反馈信号 i_f 的表达式为

$$i_f = (u_- - u_o)/R_f$$

如果 u_o 置零，则反馈信号 i_f 将与输出信号无关，即反馈信号因输出电压的置零而消失，由此可知为电压反馈。

5) 最后判断反馈极性。无反馈时，由于反馈通路不存在，$i_i' = i_i$；假定 u_i 瞬时增大(瞬时极性为正)，在图中用(+)表示；由于 u_i 加在反相输入端，u_i 增大将导致 u_o 减小(瞬时极性为负)，在图中用(-)表示。这个过程在前向通路中完成，图 9-12a 中用带箭头的虚线①标示。有反馈时，因为 $i_f = (u_- - u_o)/R_f$，u_o 的减小将导致 i_f 增大；根据叠加环节关系 $i_i' = i_i - i_f$

可知，i_f 增大又将导致 i'_i 减小。这个过程在反馈通路中完成，图 9-12a 中用带箭头的虚线②标示。

因为无反馈时 $i'_i = i_i$，有反馈时 $i'_i = i_i - i_f < i_i$，可知反馈极性为负。

综上所述，可知图 9-12a 的反相比例电路的反馈类型为交、直流电压并联负反馈。

【说明】 判断负反馈的过程亦可简写为

$$u_i \uparrow \rightarrow u_o \downarrow \rightarrow i_f \uparrow \rightarrow i'_i \downarrow$$

读者如果仍然对图 9-12a 电路的反馈类型为交、直流电压并联负反馈感到疑惑，可参看改画后的反相比例电路图 9-12b，改画后的电路各元器件之间的连接关系不变，$i'_i = i_-$，$u'_i = u_{id}$，所以它的功能没有改变，但在形式上更接近图 9-9a 电压并联负反馈框图。

【例 9-3】 判断如图 9-13a 所示电路的反馈类型。

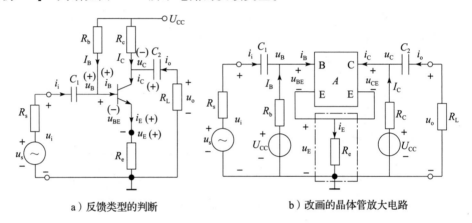

a）反馈类型的判断　　　　　　　　b）改画的晶体管放大电路

图 9-13　带发射极电阻的晶体管放大电路

【解】 由前面介绍的基本放大电路可知，发射极电阻 R_e 起负反馈的作用。下面详细分步骤判断其反馈类型。

为便于理解，在严格按照反馈理论判断之前，可以先把图 9-13a 改画为图 9-13b，显然，此处晶体管就是反馈框图中的基本放大电路 A，反馈通路则为发射极电阻 R_e 所在的支路。

1）图 9-13a 电路中，电阻 R_e 所在支路构成反馈通路。

2）反馈通路既能反馈直流信号，也能反馈交流信号，所以是交、直流反馈。

3）从输入端看，输入通路与和反馈通路接在不同点，可知为串联反馈。

图 9-13a 电路中，直流通路与交流通路不同，但是直流偏置信号 U_B、I_B 和交流输入信号 u_i 和 i_i 最终都叠加到晶体管输入端的电压 u_B 和电流 i_B 中，此处用"小写字母、大写下标"的符号表示信号的瞬时值（直流分量与交流分量之和）。按照图示参考方向，直流分量、交流分量与瞬时值的极性相同，因此可用电压 u_B 和电流 i_B 表示交、直流输入信号。

晶体管的输入信号，既可以用电压 u_{BE} 表示，也可以用电流 i_B 表示。因为此处已经确定为串联反馈，反馈信号与输入信号只能以电压相加减的方式叠加，所以用电压表示输入信号更为合适。图 9-13a 电路中，输入电压 u_B、反馈电压 u_E，净输入电压 u_{BE} 之间关系为

$$u_{BE} = u_B - u_E$$

4）从输出端看，直流偏置信号 U_c、I_c 和交流输出信号 u_o 和 i_o 最终都叠加到晶体管集电极瞬时电压 u_c 和电流 i_c 中，所以应以电压 u_c 和电流 i_c 表示交、直流输出信号。

图 9-13a 中，反馈电压 u_E 的表达式为

$$u_E = i_E R_e \approx i_C R_e$$

如果 i_c 置零，则反馈电压 u_E 也将消失，由此可知为电流反馈。

5）最后判断反馈极性。无反馈时，由于电阻 R_e 不存在，$u_{BE} = u_B$；假定 u_B 瞬时增大，则 u_{BE} 增大，受控于 u_{BE} 的 i_B 也将增大，i_c 按正比例随 i_B 增大，这导致 $u_c = U_{CC} - i_C R_c$ 减小，而 $i_E = i_B + i_C$ 增大。这个过程在前向通路中完成，各个变量之间的影响关系为

$$u_B \uparrow \to u_{BE} \uparrow \to i_B \uparrow \overset{\nearrow u_C \downarrow}{\to i_C \uparrow} \to i_E \uparrow$$

有反馈时，因为 i_E 增大，$u_E = i_E R_e$ 随之增大；根据叠加环节关系 $u_{BE} = u_B - u_E$ 可知，u_E 的增大又将导致 u_{BE} 减小。这个过程在反馈通路中完成，各个变量之间的影响关系为

$$i_E \uparrow \to u_E \uparrow \to u_{BE} \downarrow$$

因为无反馈时 $u_{BE} = u_B$，有反馈时 $u_{BE} = u_B - u_E < u_B$，可知反馈极性为负。

把前向通路与反馈通路的变量变化综合起来，上述过程可以简写为

$$u_B \uparrow \to u_{BE} \uparrow \to i_B \uparrow \to i_C \uparrow \to i_E \uparrow \to u_E \uparrow \to u_{BE} \downarrow$$

综上可知，图 9-13a 反相比例电路的反馈类型为交、直流电流串联负反馈。

用瞬时极性法判断放大电路中反馈的极性，也可以这样标示电路变量的瞬时极性：

1）电压：增加标示为正号（+）或 $\oplus$，减小标示为负号（-）或 $\ominus$；

2）电流：用箭头方向标示瞬时增加的方向。

这种表示方法无须在电流上面标示符号，所以显得简洁一些，但必须注意表示电流的箭头方向不是实际电流的方向，只是该瞬间电流增加的方向。读者可自行选择具体采用哪种方法。

9.3.2 深度负反馈放大电路的近似估算

1. 深度负反馈的两个特征

前文已经指出，当负反馈系统满足 $1 + AF \gg 1$ 时，称为深度负反馈。如果放大电路工作在中频范围（A 的相移为零），且反馈网络为纯电阻性（F 的相移也为零），则深度负反馈时，闭环放大倍数 A_f 仅仅取决于反馈系数 F，而与开环放大倍数 A 无关，即

$$A_f = \frac{A}{1 + AF} \approx \frac{A}{AF} = \frac{1}{F} \tag{9-17}$$

式（9-17）又能推导出深度负反馈的第二个特点，根据闭环放大倍数的定义可知

$$x_o = A_f x_i$$

再根据反馈系数的定义，并代入深度负反馈闭环放大倍数公式式（9-17），得到反馈量为

$$x_f = F x_o = A_f F x_i \approx x_i$$

这说明，深度负反馈时反馈信号 x_f 和外加输入信号 x_i 近似相等，即外加输入信号几乎完全被反馈到了输入端。从而净输入量为

$$x_i' = x_i - x_f \approx 0 \tag{9-18}$$

可见，深度负反馈时净输入量 x_i' 近似为零。反馈越深，反馈信号 x_f 和外加输入信号 x_i 越接近相等，x_i' 也越接近于零。

至此已经得到任何深度负反馈系统的两个重要特征如下：

1）闭环放大倍数只取决于反馈系数（$A_f \approx 1/F$）。

2）净输入信号为零（$x_i' \approx 0$）。

2. 反馈系数的概念及其计算

当利用 $A_f \approx 1/F$ 这个特性来计算深度负反馈的放大倍数时，必须首先确定反馈系数 F。计算这个系数的步骤很简单。首先回到负反馈系统框图来理解反馈系数的概念，如图 9-14a 所示，如果 A 是开环放大倍数，则 A 的值与输入端叠加环节的形式、输出端采样环节的形式无关。进一步把反馈系数 F 正名为开环反馈系数，则反馈系数 F 与基本放大器 A、采样环节、叠加环节无关，它仅仅反映了反馈网络自身的特性，如图 9-14b 所示。

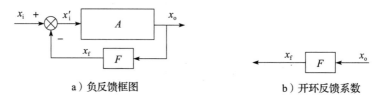

a）负反馈框图　　　　　　　　　　　　b）开环反馈系数

图 9-14　负反馈框图中的反馈网络

与负反馈放大电路 4 种组态所对应的是 4 种类型的反馈网络，每一种反馈网络的类型由其输入和输出信号的类型决定。

下面利用戴维南定理和诺顿定理来理解反馈原理。

电压串联反馈电路的反馈网络原理如图 9-15a 所示，输入 u_o 时，有效反馈信号是 AB 开路时输出电压 $u_f = F_{uu}u_o$。所以，计算电压串联反馈网络的反馈系数，应该用反馈网络输出端的开路电压 u_f 除以反馈网络的输入电压 u_o，即得反馈系数 $F = F_{uu}$。

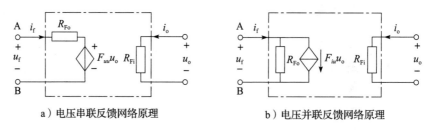

a）电压串联反馈网络原理　　　　　　　b）电压并联反馈网络原理

图 9-15　反馈网络的等效电路

电压并联反馈电路的反馈网络原理如图 9-15b 所示，输入 u_o 时，有效反馈信号是 AB 短路时的输出电流 $i_f = F_{iu}u_o$。所以，计算电压并联反馈网络的反馈系数，应该用反馈网络输出端的短路电流 i_f 除以反馈网络的输入电压 u_o，即得反馈系数 $F = F_{iu}$。

同样元器件、同样结构的电路，应用于不同组态的反馈网络，其反馈系数也是不同的。

【例 9-4】　图 9-16a 是一个仅有一个电阻的反馈网络，计算其用于电压串联反馈组态和电压并联反馈组态时的反馈系数。

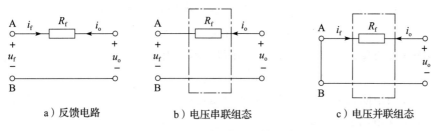

a）反馈电路 b）电压串联组态 c）电压并联组态

图 9-16 不同组态的反馈网络

【解】 用于电压串联反馈组态时，反馈系数应该用图 9-16b 的反馈输出开路电压计算，即

$$F = F_{uu} = u_f / u_o = 1$$

用于电压并联反馈组态时，反馈系数应该用图 9-16c 的反馈输出短路电流计算，即

$$F = F_{iu} = i_f / u_o = -1/R_f$$

电流串联反馈、电流并联反馈组态的反馈系数计算与此类似，此处不再赘述。简单地讲，计算反馈系数时，如果反馈信号为电压，则应以反馈输出端的开路电压为准；如果反馈信号为电流，则应以反馈输出端的短路电流为准。

3. 深度负反馈放大电路的特性

因为负反馈放大器也是一种线性网络，所以线性电路的定理和分析方法，都可以用于分析负反馈放大电路。但是当电路比较复杂时，这类方法的计算量就显得太大，对于深度负反馈放大电路，在精确度要求不是很高的情况下，可采用估算法分析其放大性能。

具体分析之前，需要明确以下几个问题。

（1）深度负反馈的输入电阻

回顾前文可知，负反馈放大电路的输入电阻随输入端叠加方式的不同而不同。

如果引入串联负反馈，则输入电阻变大为

$$R_{if(Series-Feed)} = (1+AF)R_i$$

在深度负反馈的条件下，因为 $1+AF \gg 1$，$R_{if(Series-Feed)}$ 将大大增加，所以估算时，可认为串联深度负反馈的闭环输入电阻为无穷大，即

$$R_{if(Series-Feed)} = (1+AF)R_i \rightarrow \infty \qquad (9\text{-}19)$$

如果引入并联负反馈，则输入电阻减小，估算时可认为并联深度负反馈的闭环输入电阻为零，即

$$R_{if(Shunt-Feed)} = R_i / (1+AF) \rightarrow 0 \qquad (9\text{-}20)$$

（2）深度负反馈的输出电阻

因为 $1+AF \gg 1$，所以估算时，可认为电压深度负反馈的闭环输出电阻为零，即

$$R_{of(Voltage-Feed)} = R_o / (1+AF) \rightarrow 0 \qquad (9\text{-}21)$$

电流深度负反馈的闭环输出电阻为无穷大，即

$$R_{of(Current-Feed)} = (1+AF)R_o \rightarrow \infty \qquad (9\text{-}22)$$

（3）理解 $A_f \approx 1/F$ 时，要注意 A_f 和 F 的含义

根据输出采样和输入叠加信号的不同，负反馈放大电路可分为四种不同的组态。对于不同组态的负反馈放大电路，x_i、x_f、x_i' 和 x_o 所对应的电路变量不同，式（9-17）中的 A_f、F 的

含义也不同。在计算不同类型的放大倍数时，需要进行必要的转换。

（4）理解 $x_i' = x_i - x_f \approx 0$ 时，要注意 x_i' 的含义

对于串联深度负反馈，x_i、x_f、x_i' 是电压量，因此有

$$u_i' = u_i - u_f \approx 0 \tag{9-23}$$

式（9-23）说明串联深度负反馈时，输入电压与反馈电压之差为零，这个特性也常常称为外加输入端子与反馈端子之间的虚短。

由式（9-23）可得

$$u_f \approx u_i \tag{9-24}$$

式（9-24）说明，外加输入电压几乎全部转化为反馈电压，这是需要反复强调的观点。从外加输入信号的角度看，这个特性说明闭环串联深度负反馈放大电路对外加输入电压没有任何阻碍作用，或者说，外加输入电压能够畅通无阻地进入串联负反馈的反馈环之内，并直接通过相应的闭环放大倍数 $A_f(A_f \approx 1/F)$ 影响输出。

对于并联深度负反馈，x_i、x_f、x_i' 是电流量，因此有

$$i_i' = i_i - i_f \approx 0 \tag{9-25}$$

式（9-25）说明并联深度负反馈时，净输入电流为零，这个特性也常常被称为外加输入端子与反馈端子之间的虚断。

同样，由式（9-25）可得

$$i_f \approx i_i \tag{9-26}$$

式（9-26）说明，外加输入电流几乎全部转化为反馈电流。从外加输入信号的角度看，这个特性说明闭环并联深度负反馈放大电路对外加输入电流没有任何阻碍作用，或者说，外加输入电流能够畅通无阻地进入串联负反馈的反馈环之内，并直接通过相应的闭环放大倍数 $A_f(A_f \approx 1/F)$ 影响输出。

4. 深度负反馈放大电路的性能估算

具体地说，深度负反馈放大电路的放大倍数的估算有两种方法：

1）利用净输入信号为零，即虚短和虚断的概念，计算放大性能，称为虚短虚断法。

2）利用 $A_f \approx 1/F$，先计算相应的 A_f，再利用闭环串联负反馈对外加输入电压无阻碍、闭环并联负反馈对外加输入电流无阻碍的特性，实现信号源与环内放大电路的解耦，形成多级电路，逐级计算放大倍数，称为反馈系数法。

工程实践中，如果 $1+AF \geq 10$，即可认为满足深度负反馈的条件。因为运放的开环放大倍数为 ∞，所以集成运放应用电路中的负反馈通常都是深度负反馈。对于分立元器件电路，如果开环放大倍数足够大，也可以满足深度负反馈的条件。

在前文集成运算放大器的线性应用中，已经多次利用虚短虚断法分析深度负反馈，下面应用反馈系数法分析深度负反馈。

【例 9-5】 用反馈系数法计算图 9-17a 电路的闭环电压表达式。

【解】 根据例 9-2 可知，电阻 R_f 引入了电压并联负反馈；又根据例 9-4，反馈系数 F 为反馈网络的反馈输出短路电流 i_f 与 u_o 之比，即

$$F = F_{iu} = i_f/u_o = -1/R_f$$

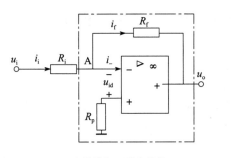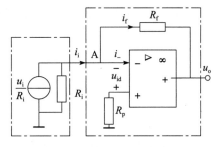

a）估算闭环放大倍数A_{uif} b）级联输入信号源

图 9-17 用反馈系数法估算深度负反馈电路性能

根据深度负反馈的特征，被电压并联负反馈通路所包围的闭环放大倍数 A_{uif} 为

$$A_{uif} = 1/F_{iu} = -R_f$$

需要注意的是，A_{uif} 所对应的范围是图 9-17a 点画线框所包围的部分，暂且称为负反馈闭环放大电路，它的输入信号是外加输入电流 i_i，输出信号是输出电压 u_o，二者关系为

$$u_o = A_{uif}i_i = -R_f i_i$$

如果把点画线框内的负反馈闭环放大电路看成一个整体，对外加输入电流 i_i 而言，它是一个对 i_i 无阻碍的开环放大器。把图 9-17a 电路的信号输入部分等效为图 9-17b 点画线框部分（左边）可知，它对负反馈闭环放大电路的输出电流为

$$i_i = u_i/R_i$$

从而有

$$u_o = -R_f i_i = -R_f \frac{u_i}{R_i} = -\frac{R_f}{R_i}u_i$$

结果与前文中用虚短虚断法得到的结果相同。

【例 9-6】 假定如图 9-18a 所示电路满足深度负反馈条件，试用反馈系数法计算电路的闭环电压放大倍数。

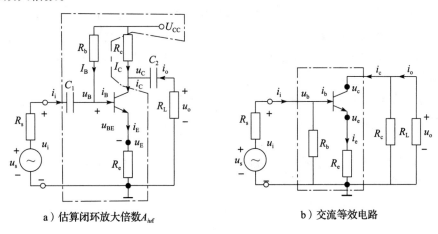

a）估算闭环放大倍数A_{iuf} b）交流等效电路

图 9-18 带发射极电阻的晶体管放大电路

【解】 根据例 9-3 可知，电阻 R_e 引入了电流串联负反馈；因为只要求计算闭环电压放大倍数，所以无须考虑直流反馈。

交流电流串联负反馈的反馈系数 F 为反馈网络的反馈开路输出交流电压 u_e 与集电极交流电流 i_c 之比，于是有

$$F = F_{ui} = u_e / i_c \approx u_e / i_e = R_e$$

根据深度负反馈的特征，被电流串联负反馈通路所包围的闭环放大倍数 A_{iuf} 为

$$A_{iuf} = 1 / F_{ui} = 1 / R_e$$

A_{iuf} 为图 9-18a 点画线框所包围的负反馈闭环放大电路的放大倍数，它的输入信号是外加输入电压 u_i，输出信号是集电极交流电流 i_c，二者关系为

$$i_c = A_{iuf} u_i = u_i / R_e$$

又因为

$$i_c = -u_o / R'_L$$

其中 $R'_L = R_c /\!/ R_L$，所以有

$$-u_o / R'_L = u_i / R_e$$

$$u_o = -\frac{R'_L}{R_e} u_i$$

最后得到 9-18a 电路在深度负反馈时的电压放大倍数为

$$A_{uu} = \frac{u_o}{u_i} = -\frac{R'_L}{R_e}$$

例 7-2 中使用等效电路法所得到的电压放大倍数为

$$\dot{A}_u = \frac{U_o}{U_i} = \frac{-\beta I_b R'_L}{I_b R'_i} = \frac{-\beta R'_L}{R'_i} = \frac{-\beta R'_L}{r_{be} + (1+\beta) R_e}$$

当 β 足够大，即电路处于深度负反馈时

$$\dot{A}_u = \frac{-\beta R'_L}{r_{be} + (1+\beta) R_e} \approx -\frac{R'_L}{R_e}$$

这说明当电路处于深度负反馈时，两种方法所得到的放大倍数相同，但是用反馈系数法计算深度负反馈电路的闭环电压放大倍数，要比用等效电路法计算简单得多。

计算深度负反馈电路的放大性能，除了可以使用反馈系数法之外，还可以使用虚短虚断法。在集成运放应用中已经广泛地使用了该方法，下面讨论把虚短虚断法用于分立元器件放大电路的效果。

【例 9-7】 假定图 9-18a 电路满足深度负反馈条件，试用虚短虚断法计算电路的闭环电压放大倍数、输入电阻、输出电阻。

【解】

1）求电压放大倍数。根据例 9-3 可知，电阻 R_e 引入了电流串联负反馈；因为只要求计算闭环电压放大倍数，所以无须考虑直流反馈。

根据深度负反馈的虚短特征，晶体管的交流反馈电压 u_e 等于交流输入电压 u_b，即

$$u_b = u_e$$

也就是说，晶体管的交流净输入电压 $u_{be} = 0$，而 $u_{be} = 0$ 又必然导致虚断特征，即

$$i_b = 0, \qquad i_c = i_e$$

最后根据图 9-18b 交流等效电路，可求得深度负反馈时的电压放大倍数为

$$A_{uu} = \frac{u_o}{u_i} = \frac{u_o}{u_b} = \frac{u_o}{u_e} = \frac{-i_c R'_L}{i_e R_e} = -\frac{R'_L}{R_e}$$

结果与例 9-7 中利用反馈系数法得到的结果相同。

2）求输入电阻。如图 9-19 所示，根据串联深度负反馈特征

$$R'_{if} = \infty$$

于是闭环输入电阻为

$$R_{if} = R_b // R'_{if} = R_b$$

3）求输出电阻。图 9-19 中，根据电流深度负反馈特征

$$R'_{of} = \infty$$

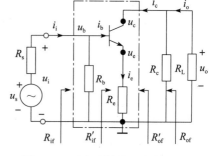

于是闭环输出电阻为

$$R_{of} = R_c // R'_{of} = R_c$$

图 9-19　用交流等效电路求输入、输出电阻

当 β 足够大时，上述结果与例 7-2 得到的结果也相同。

负反馈是抑制失真、提高系统稳定性的一种简单、有效、通用的手段，但它同时具有以下缺点：

1）负反馈总是有偏差的，即负反馈无法实现绝对不失真的输出。

2）负反馈不适用于大滞回、长延时的系统，如果信号的前向通路或反馈通路的延迟时间较大，则当输出信号被反馈到输入端时为时已晚，输出信号自然无法实现及时调整。但是在电路系统中，延迟时间很短，基本上可以忽略不计。

习题

（完成下列习题，为元器件选择合适的参数，计算出相应的数值，并仿真）

9-1　图 9-20 中存在 3 个反馈，其中 R_{e1}、R_{e2} 分别构成晶体管 VT_1、VT_2 的本级反馈，R_f、R_{e2} 构成级间反馈，通常认为多级放大器能够满足深度负反馈的要求。要求：

1）判断 R_f 所引入反馈的类型（直流、交流；电压、电流；串联、并联；正、负）；

2）用反馈系数法计算闭环电压放大倍数。

3）用虚短虚断法计算闭环电压放大倍数；

4）计算输入电阻、输出电阻。

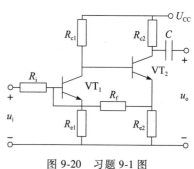

图 9-20　习题 9-1 图

9-2　电路如图 9-21 所示，完成以下任务：

1）判断反馈的类型。

2）用反馈系数法计算闭环电压放大倍数。

3）计算输入电阻、输出电阻。

9-3　图 9-22 电路中：

1）R_5、R_6 支路都构成了哪类反馈？

2）求整个电路的闭环电压放大倍数（A_1、A_2 共同构成前向通路，相当于一个运算放大器，所以可利用深度负反馈的特性，计算闭环电压放大倍数）。

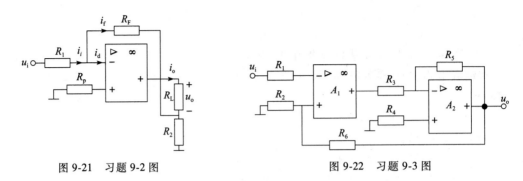

图 9-21　习题 9-2 图　　　　　　　　　图 9-22　习题 9-3 图

9-4　为什么串联负反馈的信号源内阻越小，则反馈效果越好；并联负反馈信号源内阻越大，则反馈效果越好？

9-5　已知一个负反馈放大电路的输入电阻为 $1M\Omega$，而其基本放大电路的输入电阻为 $50k\Omega$，那么该电路引入了哪种负反馈？

第 10 章

正弦波振荡器

电子技术中经常需要各种波形的周期性信号，如正弦波、方波、三角波、锯齿波等。到目前为止，前文一直围绕着放大这个主题展开，放大器的特征是有输入才能有输出，输入是什么波形，输出就是什么波形，放大器可以放大已有信号，却不能无中生有地输出不存在的信号。那么如何才能获得这些信号呢？下面从正反馈说起。

10.1 正弦波产生原理

放大器设计中，要避免正反馈，只有负反馈才能稳定放大倍数。不过，到了波形发生电路中，正反馈却能发挥作用。

10.1.1 正反馈的优势

1. 无输入的正反馈：输出噪声

如果图 10-1a 正反馈的输入信号为零，就成为如图 10-1b 所示的无输入的正反馈。

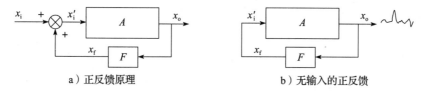

a）正反馈原理　　　　　　　　　　　b）无输入的正反馈

图 10-1　正反馈及无输入的正反馈

由于电路元件内部始终存在着载流子的热运动，所以即使没有输入信号，放大器的输出也不会是零，而是输出杂乱无章的噪声信号。

2. 选频：只反馈特定频率的信号

傅里叶分析理论指出，任意函数通过一定的分解，都能够表示为正弦函数的叠加。看似杂乱无章的噪声信号，可以看作无限多不同频率正弦信号的叠加。从这个意义上说，图 10-1b 的输出端得到了任意频率正弦信号。

法国科学家傅里叶（Jean Baptiste Joseph Fourier，1768—1830）的父亲是位裁缝，9 岁时父母双亡，被当地教堂收养，后由教会送入当地军校就读。1798 年随拿破仑（Napoleon）远征埃及。1807 年，傅里叶向巴黎科学院提交论文《热的传播》，得到拉普拉斯（Laplace）、蒙日（Monge）、勒让德（Legendre）、拉克鲁瓦（Lacroix）的赞同，但却遭到科学院数理委员会主席拉格朗日（Lagrange）的坚决反对。1811 年傅里叶又提交了经修改的论文，再次被拒绝发表，此后傅里叶决心将论文的数学部分扩充成一本书。1813 年，拉格朗日逝世。1817 年，傅里叶就职科学院，其任职得到了拉普拉斯的支持，却不断受到泊松（Poisson）的反对。1822 年，傅里叶被选为科学院的终身秘书，同年《热的解析理论》出版，书中断言：任意函数都可以展开成三角级数。傅里叶分析理论为数学、物理学的发展打开了大门，被誉为一首伟大的数学史诗，现已成为很多学科的基础。

如果反馈网络不是普通的电阻网络，而是只允许特定频率的信号通过的选频网络，那么包含任意频率正弦信号的噪声 x_o 经过反馈后，所得到的反馈信号 x_f 就只包含特定频率的正弦信号。

如图 10-2 所示，正反馈只对特定频率的正弦信号成立。所以，选频网络决定了最终输出信号的频率。

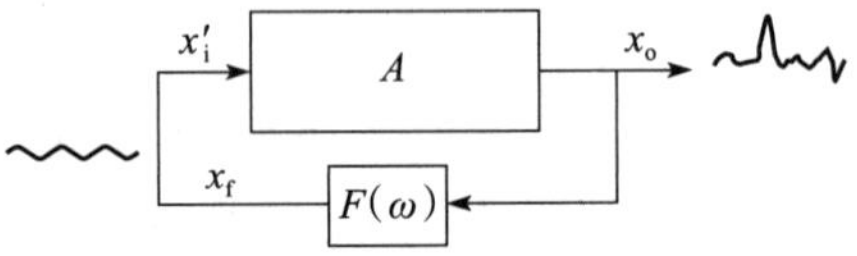

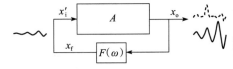

图 10-2　选择特定频率的正反馈

3. 起振：振荡的建立

图 10-2 中，各变量之间的关系为

$$\dot{X}_f = \dot{F}\dot{X}_o$$
$$\dot{X}'_i = \dot{X}_f$$
$$\dot{X}_o = \dot{A}\dot{X}'_i = \dot{A}\dot{F}\dot{X}_o$$

因为输出端起始噪声的幅度通常不会很大，所以反馈信号的起始幅度也很小。要使输出信号的幅度增加到足够大，必须确保

$$\dot{A}\dot{F} > 1 \tag{10-1}$$

式（10-1）称为振荡器的起振条件。起振阶段的波形如图 10-3 所示。

式（10-1）形式的起振条件是用复数表达的，下面讨论它的物理含义。

首先把复数 $\dot{A}$ 和 $\dot{F}$ 写成指数形式为

$$\dot{A} = Ae^{j\varphi_A}$$

$$\dot{F} = Fe^{j\varphi_F}$$

图 10-3　起振阶段的波形

其中，A 和 F 分别表示复数 $\dot{A}$ 和 $\dot{F}$ 的模，φ_A 和 φ_F 分别表示复数 $\dot{A}$ 和 $\dot{F}$ 的幅角。于是

$$\dot{A}\dot{F} = Ae^{j\varphi_A} \times Fe^{j\varphi_F} = AFe^{j(\varphi_A + \varphi_F)}$$

利用复数的指数形式，可以把式（10-1）转化为指数形式为

$$AFe^{j(\varphi_A + \varphi_F)} > 1$$

上式又可以分解为

$$AF > 1, \quad 即 \ |\dot{A}\dot{F}| > 1 \tag{10-2}$$

$$\varphi_A + \varphi_F = 2n\pi \tag{10-3}$$

式（10-2）、式（10-3）清楚地表明了起振条件的物理含义：

1）$AF > 1$ 要求回路增益（A 和 F 之积）大于 1，以保证信号幅值能够逐步增大。

2）$\varphi_A + \varphi_F = 2n\pi$ 要求回路总相移为 2π 的整数倍，以保证输出信号相位不变。

4. 稳幅：振荡的稳定

一旦输出信号达到了期望的幅度，就不应继续增大，而信号的相位不应发生变化，所以必须保证

$$\dot{A}\dot{F} = 1 \tag{10-4}$$

式（10-4）称为振荡器的平衡条件，它又可以分解为

$$AF=1,\quad 即\ |\dot A \dot F|=1 \tag{10-5}$$

$$\varphi_A+\varphi_F=2n\pi \tag{10-6}$$

如图 10-4 所示，在输出信号的前几个周期，信号幅值不断增加，此时振荡器处于起振阶段，此时 $|\dot A \dot F|>1$；随后输出信号的幅值开始保持不变，表明振荡器进入了稳幅阶段，此时 $|\dot A \dot F|=1$。

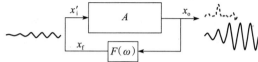

图 10-4 从起振到稳幅

5. 自激振荡：正弦波振荡器的实质

根据图 10-1a 正反馈框图，可知闭环放大倍数为

$$\dot A_f=\frac{\dot X_o}{\dot X_i}=\frac{\dot A \dot X_i'}{\dot X_i'-\dot X_f'}=\frac{\dot A \dot X_i'}{\dot X_i'-\dot A \dot F \dot X_i'}=\frac{\dot A}{1-\dot A \dot F}$$

当 $\dot A \dot F=1$ 时，有

$$\dot A_f=\frac{\dot A}{1-\dot A \dot F}=\frac{\dot A}{1-1}=\frac{\dot A}{0}=\infty$$

这说明正弦波振荡器实际上是利用了自激振荡的原理，而 $\dot A \dot F=1$ 称为自激振荡的平衡条件，其中 $|\dot A \dot F|=1$ 称为自激振荡的幅度平衡条件，$\varphi_A+\varphi_F=2n\pi$ 称为自激振荡的相位平衡条件。

自激振荡条件既包括相位条件，也包括幅度条件。由于幅度条件通常来讲比较容易满足，如通过调整 $|\dot A|$ 和 $|\dot F|$ 的值即可满足 $|\dot A \dot F|>1$，而利用放大器件的非线性特征也可以在振幅足够大之后自动满足幅度平衡条件 $|\dot A \dot F|=1$；所以只要电路满足相位平衡条件 $\varphi_A+\varphi_F=2n\pi$，即可认为电路能够产生正弦波。

10.1.2 正弦波振荡器的组成

根据图 10-4 可知，正弦波振荡器由以下环节组成。

（1）放大环节

对应图 10-4 中的放大器 A，各类放大器件，如真空管、晶体管、场效应晶体管、集成运放都可用于构成放大电路，以实现 $x_o=Ax_i'$ 的功能。

（2）选频环节

对应图 10-4 中的反馈网络 $F(\omega)$，它的特点是只允许特定频率的信号通过，其余频率的信号则被阻止，所以是一种窄带滤波器。经过 $F(\omega)$ 过滤后，$x_f=F(\omega)x_o$ 中就有了选定频率的正弦信号。

（3）正反馈环节

正反馈包括两个方面，首先是确保 x_f 与 x_i' 同相，即回路增益 $\dot A \dot F$ 的总相移满足相位平衡条件 $\varphi_A+\varphi_F=2n\pi$，这可以利用电容、电感等具有移相特性的元件实现；其次是能够起振和稳幅，即回路增益在 x_o 幅度较小时满足 $AF>1$ 以便使电路起振，当 x_o 足够大时使 $AF=1$ 以实现稳幅功能，以免因 x_o 幅度无限增大而导致失真。由于放大器件的非线性特征，输入信号振幅增大时，放大倍数 A 趋于减小，这个特性可以用来实现从 $AF>1$（起振）到 $AF=1$（稳幅）的转变。

概括起来，正弦波振荡器的工作过程是噪声放大→选频→正反馈→起振→稳幅。其中放大环节在前文已经进行了学习，正反馈原理也已经有所了解，只有选频环节还不熟悉，下面首先了解选频环节。

10.2　选频网络

任何对特定频率正弦信号表现出独有特性的电路，都可以用来把特定频率正弦信号从噪声中分离出来，从而构成选频网络。下面介绍几个常用的选频网络。

10.2.1　RC 串并联选频

如图 10-5a 所示 RC 串并联选频电路，设 RC 串联支路阻抗为 Z_1；RC 并联支路阻抗为 Z_2，导纳为 Y_2，则有

$$Z_1 = R_1 + \frac{1}{j\omega C_1}$$

$$Y_2 = \frac{1}{R_2} + j\omega C_2$$

输入和输出信号的相量关系为

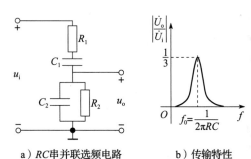

a）RC串并联选频电路　　b）传输特性

图 10-5　RC 串并联选频

$$\dot{U}_o = \frac{\dot{U}_i}{Z_1 + Z_2} Z_2 = \frac{\dot{U}_i}{Z_1 Y_2 + 1}$$

当 $Z_1 Y_2$ 的虚部为零时，分母达到最小值，且为纯电阻。此时 $\dot{U}_o$ 可获得最大输出，对应的频率即为该电路所选频率，根据 $Z_1 Y_2$ 的表达式

$$Z_1 Y_2 = \left(R_1 + \frac{1}{j\omega C_1}\right)\left(\frac{1}{R_2} + j\omega C_2\right) = \frac{R_1}{R_2} + \frac{C_2}{C_1} + j\omega R_1 C_2 + \frac{1}{j\omega R_2 C_1} = \left(\frac{R_1}{R_2} + \frac{C_2}{C_1}\right) + j\left(\omega R_1 C_2 - \frac{1}{\omega R_2 C_1}\right)$$

欲使 $Z_1 Y_2$ 虚部为零，必须满足

$$\omega R_1 C_2 = \frac{1}{\omega R_2 C_1}, \qquad 即\ \omega = \frac{1}{\sqrt{R_1 C_1 R_2 C_2}}$$

特别是，当 $R_1 = R_2 = R$、$C_1 = C_2 = C$ 时，令 $\omega_0 = \frac{1}{RC}$，则有

$$Z_1 Y_2 = 2 + j\left(\omega RC - \frac{1}{\omega RC}\right) = 2 + j\left(\frac{\omega}{\omega_0} - \frac{\omega_0}{\omega}\right)$$

当且仅当 $\omega = \omega_0$ 时，$Z_1 Y_2$ 虚部为零，RC 串并联电路的特征频率为

$$f_0 = \frac{1}{2\pi RC} \tag{10-7}$$

在特征频率下，RC 串并联电路的输出信号为输入信号的 $1/3$，即

$$\dot{U}_o = \frac{\dot{U}_i}{Z_1 Y_2 + 1} = \frac{\dot{U}_i}{2 + 1} = \frac{\dot{U}_i}{3} \tag{10-8}$$

RC 串并联选频电路的传输特性如图 10-5b 所示，当信号频率为特征频率 f_0 时，电压传输特性达到最大值（1/3），且呈现纯电阻特性。

　　RC 串并联选频电路的传输特性最大值仅为 $1/3$，这样的选频特性不是很理想，输出波形失真也比较大。

10.2.2　LC 选频

　　利用 LC 谐振电路在谐振频率上所表现出的特性，即可构成选频电路。

1. LC 串联选频电路

　　利用 LC 串联谐振特性构成 LC 串联选频电路的原理如图 10-6 所示。

 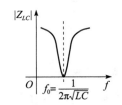 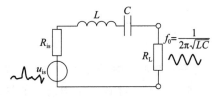

a）LC串联谐振电路　　b）LC串联谐振电路的阻抗与　　　　c）LC串联选频电路
　　　　　　　　　　　　　信号频率的关系

图 10-6　LC 串联选频

　　根据如图 10-6a 所示 LC 串联谐振电路的阻抗计算公式

$$Z_{LC} = j\omega L + \frac{1}{j\omega C} = j\left(\omega L - \frac{1}{\omega C}\right)$$

可知，LC 串联谐振电路的阻抗与信号频率的关系如图 10-6b 所示，其中零阻抗点对应的角频率称为谐振角频率 ω_0，对应的频率称为谐振频率 f_0，且有

$$\omega_0 = \frac{1}{\sqrt{LC}} \tag{10-9}$$

$$f_0 = \frac{1}{2\pi\sqrt{LC}} \tag{10-10}$$

　　LC 串联谐振时，对外阻抗为零，且呈现纯电阻特性。显然，LC 串联电路仅对频率为 f_0 的信号阻抗为零，对其余频率信号的阻抗则很大。

　　LC 串联选频电路如图 10-6c 所示。因为 LC 串联环节仅仅对频率为 f_0 的正弦波阻抗为零，所以信号 u_s 中的频率为 f_0 的正弦电压将不受任何阻碍地通过 LC 串联环节输出到 R_L 负载上；其余频率的电压则被 LC 串联环节所阻，从而无法输出到负载上。

2. LC 并联选频电路

　　利用 LC 并联谐振特性构成 LC 并联选频电路的原理如图 10-7 所示。

　　根据如图 10-7a 所示 LC 并联谐振电路的导纳计算公式

$$Y_{LC} = j\omega C + \frac{1}{j\omega L} = j\left(\omega C - \frac{1}{\omega L}\right)$$

可知，LC 并联谐振电路的导纳与信号频率的关系如图 10-7b 所示，其中零导纳点所对应的角频率称为谐振角频率 ω_0，对应的频率为并联谐振频率 f_0，其表达式与串联谐振表达式相同，即

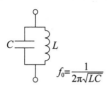

a）LC并联谐振电路

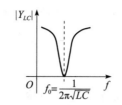
b）LC并联谐振电路的导纳与
信号频率的关系

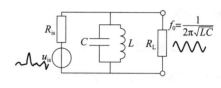
c）LC并联选频电路

图 10-7　LC 并联选频

$$f_0 = \frac{1}{2\pi\sqrt{LC}} \tag{10-11}$$

LC 并联谐振时，对外导纳为零，且呈现纯电导特性。同样，LC 并联电路仅对于频率为 f_0 的信号导纳为零，对其余频率信号的导纳则很大。需要注意的是，导纳强调的是导通能力，导纳越大意味着导通能力越强，导纳越小意味着导通能力越弱，导纳为零意味着根本就不能通过。对频率为 f_0 信号的导纳为零，意味着该频率的信号无法通过 LC 并联电路，而其余频率的信号则可以通过，利用这个特性，就可以构成如图 10-7c 所示的 LC 并联选频电路。

在谐振频率处，LC 选频电路的阻抗或为零，或为无穷大，很容易把谐振频率信号从其他信号中区分开来，所以 LC 选频电路的频率选择特性很好。

10.2.3　石英晶体选频

LC 选频电路的谐振频率取决于 L、C 的值，但是作为分立元件，L、C 的值在温度和电源电压的波动下会产生漂移，这会导致 LC 谐振频率变得不稳定，从而影响 LC 选频电路的稳定性。LC 选频电路的振荡波频率不够稳定，这使得它难以满足电子表、计算机等高精度设备要求，所以，如何寻找更加稳定的选频器件，就成为必须解决的问题。

1. 压电效应

1880 年，皮埃尔·居里（Pierre Curie）和雅克·居里（Jacques Curie）兄弟发现在某些晶体上施加机械压力会使其表面带电，这种电在当时称为压电（piezoelectricity），物质因施加压力而生电的现象则称为正压电效应。1881 年，Lippman 依据热力学理论，应用能量守恒和电量守恒原理，从数学上推导出逆压电效应，即压电晶体在电场作用下将发生机械形变，也称电致伸缩效应，并为居里兄弟实验所证实。

根据正压电效应，当压电晶片被压缩时，它的两个相对表面将分别产生正、负电荷；当压电晶片被拉伸时，两个相对表面也会分别产生正、负电荷，只不过拉伸时表面电荷的极性与压缩时表面电荷的极性相反。压缩或拉伸的力越大，晶体表面的电荷越多。正压电效应的典型包括打火机和传声器，前者是简单地把压力转变为电荷，后者是把声音的振动转变为电荷的变化。

根据逆压电效应，如果在压电晶片的两个表面施加交变电压，晶体将发生一伸一缩的机械形变，由此可以做成声波发生器。

如今看来，压电效应的应用似乎是件自然而然的事。但实际上，压电效应在被发现以后的 30 多年，一直没有得到有效应用，直到第一次世界大战中的 1917 年，为了有效地侦测潜艇，才开始利用石英晶体作为声波发生器和接收器。

2. 压电晶体的谐振频率

如果在压电晶片的两端接上电极，并通以交流电，晶片将发生周期性的伸长与缩短，即机械振动，振动的频率与外加电压的频率相同，即由电生振。晶片的机械振动反过来又将在晶体表面产生同频率的交变电荷，即由振生电。

固体的振动有着其自身的特征频率，这取决于它的形状、大小、结构和材质。如果外加振动的频率与压电晶体自身的固有频率相同，就会出现共振现象，此时振动的幅度将大大加强。这意味着某些频率的交流电更容易"通过"压电晶体，外加电压频率不同，压电晶体所表现的阻抗特性也不同，阻抗特性极值点所对应的频率，就是所谓的谐振频率。

具有压电效应的材料很多，如某些晶体、陶瓷以及木材、生物骨骼等都具有压电效应，每种材料都具有不同的频率特性。实践表明，利用石英晶体实现机械能和电能转换的效果并不好，但是温度变化时，石英晶体的谐振频率却非常稳定，利用这个特性，就可以获得高稳定度的选频电路。

3. 石英晶体的阻抗特性

石英晶体随频率变化的阻抗特性如图 10-8b 所示。其中有两个极值点，一个是频率 f_s 所对应的阻抗最小值，另一个是频率 f_p 所对应的阻抗最大值。

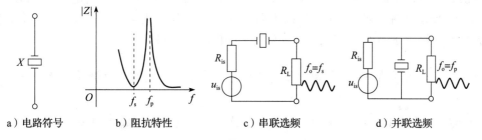

| a）电路符号 | b）阻抗特性 | c）串联选频 | d）并联选频 |

图 10-8　石英晶体的阻抗及选频电路

阻抗在频率 f_s 达到最小值，意味着频率 f_s 的电流最容易流过石英晶体，所以只要把石英晶体串联到输入端口和输出端口之间，就可以在输出端得到频率为 f_s 的信号，如图 10-8c 所示，所以频率 f_s 称为串联谐振频率。

阻抗在频率 f_p 达到最大值，意味着频率 f_p 的电流最难流过石英晶体（其他频率的信号则更容易流过），所以只要把石英晶体并联到输入端口和输出端口之间，就可以在输出端得到频率为 f_p 的信号，如图 10-8d 所示，所以频率 f_p 称为并联谐振频率。

10.3　典型正弦波振荡器

把放大器、选频网络按照图 10-2 接成正反馈形式，就可以构成正弦波振荡器。下面介绍几个典型的正弦波振荡电路。

10.3.1　文氏桥振荡器

图 10-9 称为文氏桥（Wien-Bridge）振荡器，它以同相比例放大电路作为放大器，以 RC 串并联电路作为选频和反馈网络。

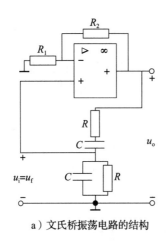 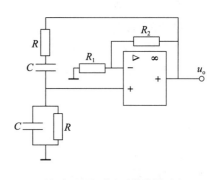

a）文氏桥振荡电路的结构　　　　　　b）文氏桥振荡电路的常用画法

图 10-9　文氏桥振荡器

首先，考虑选频特性。根据 RC 串并联电路的传输特性可知，当 $\omega = \omega_0 = \dfrac{1}{RC}$ 时，反馈电压 u_f 达到最大值，所以其选择的频率为 $f_0 = \dfrac{1}{2\pi RC}$。

其次，考虑正反馈条件中的相位平衡条件。因为当 $\omega = \omega_0$ 时，反馈电压 u_f 与输出电压 u_o 同相，即反馈网络相移 $\varphi_F = 0$；又因为同相放大电路的输出电压 u_o 与输入电压 u_i 同相，即放大电路的相移 $\varphi_A = 0$，所以 $\varphi_A + \varphi_F = 0$，满足相位平衡条件。

再次，考虑正反馈条件中的幅度平衡条件。因为当 $\omega = \omega_0$ 时，反馈系数 $\dot{F} = \dfrac{\dot{U}_f}{\dot{U}_o} = \dfrac{1}{3}$，为确保 $\dot{A}\dot{F} = 1$，必须保证 $\dot{A} = 3$。又因为同相比例放大电路的放大倍数 $\dot{A} = 1 + \dfrac{R_2}{R_1}$，欲使 $\dot{A} = 3$，必须要求 $R_2 = 2R_1$。

最后，考虑起振条件。为保证电路起振，应该使放大器最初的放大倍数 $\dot{A} > 3$，等到输出电压达到期望值后，再使放大倍数 $\dot{A} = 3$。换句话说，就是要使放大器的放大倍数 $\dot{A}$ 随着输出电压 u_o 振幅的增大而减小，并最终稳定在 3。任何实现该功能的电路，均可实现稳幅，下面介绍稳幅电路的设计思路。

1. 二极管稳幅

对于图 10-9 电路，根据其放大倍数 $\dot{A}$ 的计算公式可知，当 u_o 小时，使 $R_2 > 2R_1$；当 u_o 大时，渐变为 $R_2 = 2R_1$，即可使 $\dot{A}$ 从略大于 3 逐渐变为等于 3。对于同相比例放大电路，反馈电阻 R_2 两端电压等于输出电压 u_o，这就相当于要求 R_2 具有这样的特性：当两端电压小时，电阻大；两端电压大时，电阻小。二极管的正向特性恰好符合这一要求——正向电压小时截止、正向电压大时导通。二极管在导通和截止之间的过渡区域，可以用来实现电阻 R_2 的调节。据此设计电路如图 10-10a 所示，在该电路中，反馈电阻被拆分成 R_2 和 R_3，只要 $R_2 + R_3 > 2R_1$ 就能够起振。仿真分析表明，R_2 越接近 $2R_1$，输出 u_o 的波形越容易失真。R_3 越大，起振越快，但同时输出电压 u_o 失真程度也越大。

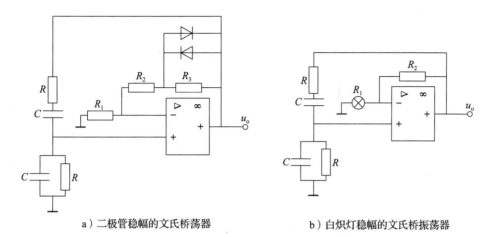

a）二极管稳幅的文氏桥荡器 　　　　b）白炽灯稳幅的文氏桥振荡器

图 10-10　带稳幅环节的文氏桥振荡器

2. 白炽灯稳幅

既然可以通过电阻 R_2 实现稳幅，就没有任何理由不可以通过电阻 R_1 实现稳幅。如果能找到具有这样特性的电阻——它在振荡器开始工作时电阻小，随着输出电压幅度的增加，电阻逐渐变大——就可以拿来作为电阻 R_1，而这样的电阻就是白炽灯。白炽灯的特点是在开始工作时温度低、电阻小；工作一段时间后，温度升高、电阻大。如图 10-10b 所示，类似原理的电路由 Bill Hewlett 设计，是惠普公司初创时于 1939 年生产的重要产品（当时还没有集成运算放大器，而是使用真空管作为放大器件）。

当然，为了使振荡器稳定工作，不能随意选择一个灯泡作为 10-10b 中的 R_1，必须找到特定的灯泡才行。问题是现在这种灯泡几乎已经停产，用什么来代替灯泡呢？

实际上，R_1 不必一定要用灯泡，任何能够实现电阻阻值随着输出电压 u_o 的增大而增大的元件，都可以用来作为 R_1。头脑风暴一下，什么元件可以用来作为可变电阻呢？

3. 场效应晶体管稳幅

本书在介绍场效应晶体管时指出，场效应晶体管的特性曲线中，有一段称为可变电阻区，在这个区域场效应晶体管可以作为可变电阻使用。以 N 沟道结型场效应晶体管为例，其栅源电压必须满足 $U_{GS}<0$ 以确保栅结反向偏置；绝对值 $|U_{GS}|$ 越大，导电沟道就越窄，漏源之间的电阻 R_{DS} 也就越大。根据这个特性，如果使 N 沟道结型场效应晶体管的栅源电压 U_{GS} 满足以下两个条件：

1）绝对值 $|U_{GS}|$ 与输出电压 u_o 成正比。

2）并确保 $U_{GS}<0$。

就符合阻值随 u_o 的增大而增大的要求，这个场效应晶体管就可以作为 R_1 使用。

实现条件 1）的最简单方法，是把 N 沟道 JFET 的栅极 G 连接到输出电压 u_o，同时把源极 S 接地。实现条件 2），即确保 U_{GS} 为负，则可以通过二极管的单向导电性来解决。

按照这一思路设计的电路如图 10-11a 所示，其中二极管 VD 只能在输出电压 u_o 的负半周导通，从而确保场效应晶体管的栅极只能得到负电压，同时对电容 C_1 充负电。在输出电压 u_o 的正半周，二极管 VD 截止，栅极负电压由电容 C_1 保持。电阻 R_3 构成电容 C_1 的放电回路，R_3 越大，放电时间常数（R_3C_1）越大。

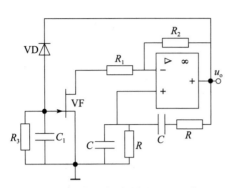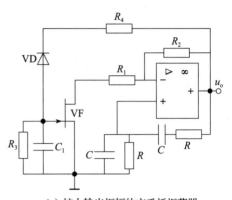

a）结型场效应晶体管稳幅的文氏桥荡器   b）扩大输出振幅的文氏桥振荡器

图 10-11　JFET 稳幅的文氏桥振荡器

图 10-11a 电路仍然有缺点，那就是输出电压 u_o 的大小受制于场效应晶体管的栅极电压 U_{GS}——如果 u_o 幅值太大，将通过二极管 VD 向栅极施加更大的负电压，导致场效应晶体管预夹断而进入恒流区，从而失去作为可变电阻的能力。

要解决这个问题，方法也很简单，即使 $u_o=kU_{GS}$，其中 $k>1$，即可使 u_o 不再受制于 U_{GS}。而实现 $u_o=kU_{GS}$ 功能，只需简单的分压电路即可，于是得到如图 10-11b 所示的电路。添加电阻 R_4 的作用，是使栅极电压 U_G 近似等于电阻 R_3 和 R_4 的分压，从而增大了输出电压 u_o 的幅值。

还需要注意的是，在使用结型场效应晶体管稳幅的文氏桥振荡电路中，场效应晶体管的选择很重要，场效应晶体管选择不当，可能无法起振和稳幅。为确保 N 沟道 JFET 工作在可变电阻区，应保证 $U_{DS}<U_{GS}-U_P$，又因为 U_{DS} 为正值，而 U_{GS} 和 U_P 都是负值，为保证不等式成立，应选择 $|U_P|$ 大的 JFET。

在 SPICE 仿真软件中，夹断电压 U_P 用 V_{to} 表示，这两个参数有一些区别，但非常接近，可以认为是一个参数。显然，在实现 SPICE 仿真时，应该选择 V_{to} 大的 JFET。

另外一个条件，就是要求 JFET 的漏源电阻 R_{DS} 随 U_{GS} 的变化更灵敏，或者 U_{GS} 对电流 I_D 的控制能力更强，在 SPICE 中这个参数为 Beta（即 β），所以应该选择 Beta 值大的 JFET。根据 SPICE 模型，对于 N 沟道结型场效应晶体管，当 $0<U_{DS}<U_{GS}-V_{to}$，即场效应晶体管处于可变电阻区时，其电流 I_D 为

$$I_D=\beta U_{DS}\left[2\left(U_{GS}-V_{to}\right)-U_{DS}\right]\left(1+\lambda U_{DS}\right)$$

式中，λ 为通道调制参数，默认值为零；β 为跨导参数，默认值为 10^{-4}，这个默认值太小，用来作为文氏桥振荡器稳幅环节的 JFET 应该具有更大的 β 值。

观察图 10-11a 的仿真波形会发现，输出电压 u_o 波形的正、负峰值不对称，正峰值比负峰值略大，这是因为当 $u_o>0$ 时，二极管截止，电容 C_1 放电，栅极上的负电压 U_G 增大（绝对值变小），使 $|U_{GS}|$ 变小，JFET 的漏源电阻 R_{DS} 随之减小，而这时同相比例放大电路的放大倍数

$$A=1+\frac{R_2}{R_1+R_{DS}}$$

增大，从而导致 u_o 增大。当 $u_o<0$ 时，二极管导通，向电容 C_1 充电，负电压 U_G 降低（绝对值变大），使 $|U_{GS}|$ 增大，JFET 的漏源电阻 R_{DS} 随之增大，同相比例放大电路的放大倍数 A 减小，导致 u_o 减小。

增大电阻 R_3 的取值，会发现正、负峰值的不对称程度变小，这是因为栅极电压 U_G 的波动变小了。至此，所添加的每个元器件的作用已经得到了详尽的分析。

除了上述起振环节外，还有更多的其他方案，此处不做更多介绍。

除了失真问题之外，RC 振荡电路的输出频率还要受到集成运放频率特性的限制，通常最高可以产生 1MHz 的正弦波。在更高频率要求的场合，通常采用 LC 振荡器。

10.3.2 LC 振荡器

LC 振荡器采用 LC 谐振电路作为选频和反馈网络，而且通常采用晶体管（晶体管或场效应晶体管）作为放大环节，以摆脱集成运放频率特性的限制。根据反馈实现方式的不同，LC 振荡器又分为阿姆斯特朗振荡器（Armstrong Oscillator，又称变压器反馈式振荡器）、考毕兹振荡器（Colpitts Oscillator，又称电容反馈三点式振荡器）、哈特莱振荡器（Hartley Oscillator，又称电感反馈三点式振荡器）。

1. 阿姆斯特朗振荡器（变压器反馈式振荡器）

以共发射极放大电路作为放大器，以 LC 并联谐振电路作为选频网络，以变压器（反馈线圈）耦合实现正反馈，就可以得到如图 10-12a 所示变压器反馈式 LC 振荡电路，也称为阿姆斯特朗振荡器。

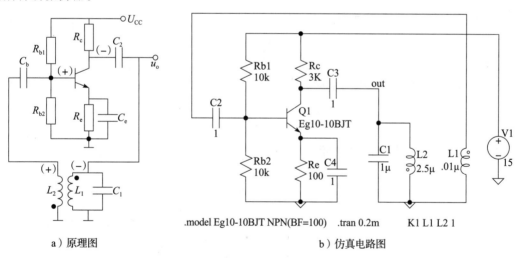

a）原理图 b）仿真电路图

图 10-12 阿姆斯特朗振荡器

阿姆斯特朗振荡器的工作原理如下：首先，考虑选频特性。由于反馈网络为 LC 并联电路，可知所选频率为

$$f_0 = \frac{1}{2\pi\sqrt{L_1 C_1}}$$

其次，考虑正反馈条件中的相位平衡条件。因为放大环节为共发射极放大电路，其输出电压与输入电压相位相反，可知放大电路的相移 $\varphi_A = 180°$。反馈网络的相移由 LC 并联电路

的相移与变压器相移两部分组成，在 LC 并联电路部分，因为当 $f=f_0$ 时，LC 并联电路呈现纯电阻特性，所以其相移为零；在变压器部分，由于线圈 L_1 和 L_2 的同名端相反，所以变压器的一、二次绕组上的信号相位相反，即变压器带来的相移是 $180°$，所以反馈网络的总相移 $\varphi_F = 180°$。由此可知 $\varphi_A + \varphi_F = 360°$，满足相位平衡条件。

用瞬时极性法判断相位平衡条件更方便，简述如下：图 10-12a 中，假定晶体管基极电位瞬时极性为正，则集电极电位瞬时极性为负，导致线圈 L_1 上端电位瞬时极性为负，由于线圈 L_1 和 L_2 的同名端相反，可知线圈 L_2 上端电位瞬时极性为正，最终反馈到晶体管基极的电位与基极原本的电位瞬时极性相同，可知满足正反馈相位平衡条件。

再次，考虑正反馈条件中的幅度平衡条件。可以通过配置晶体管放大电路中各电阻阻值来改变放大倍数 A，以及通过改变线圈 L_1 和 L_2 的匝数比来改变反馈系数 F，从而满足 $AF=1$ 的幅度平衡条件。

最后，为满足起振条件，可以首先使 AF 略大于 1，随着信号幅度的增大，晶体管放大倍数逐渐下降，$AF=1$。

从原理上讲，图 10-12a 电路的上半部分能够稳定晶体管的静态工作点，获得稳定的放大倍数，下半部分实现正反馈；只要满足起振条件 $AF>1$，该正弦波振荡器就应该能够产生正弦波。然而，在实际设定参数时，却发现该电路常常不能产生稳定的正弦波。由图 10-12b LTspice 仿真电路，计算可得其振荡频率为

$$f = \frac{1}{2\pi\sqrt{LC}} \approx \frac{1}{2\pi\sqrt{2.5\times1}}\mathrm{Hz} \approx 101\mathrm{kHz}$$

如果线圈 L_1 和 L_2 的耦合系数为 K，则它们之间的互感系数 M 为

$$M = K\sqrt{L_1 L_2}$$

图 10-12b 中，通过命令 "K1 L1 L2 1" 设置耦合系数为 1，可知 $M = \sqrt{L_1 L_2}$。
线圈 L_2 中流过电流，产生的电压为

$$u_{L2} = L_2\frac{\mathrm{d}i_{L2}}{\mathrm{d}t}$$

由于互感作用，线圈 L_2 中的电流在线圈 L_1 中产生的电压为

$$u_{L1} = M\frac{\mathrm{d}i_{L2}}{\mathrm{d}t}$$

反馈系数为

$$F = \frac{u_{L1}}{u_{L2}} = \frac{M}{L_2} = \frac{M}{2.5} \approx \frac{\sqrt{2.5\times0.01}}{2.5} \approx 0.063$$

这意味着只要放大电路的放大倍数 $A>16$，就可以满足起振条件 $AF>1$；而简单分析可知，晶体管放大电路的放大倍数 A 显然比 16 大，但是仿真结果却表明，该电路不能振荡，其输出电压如图 10-13 所示。

无论如何调整 R_{b1}、R_{b2} 的阻值，都无法使图 10-12a 电路产生正弦波。去掉电容 C_4，或者把 R_e 分成两部分 R_{e1} 和 R_{e2}，也无法产生正弦波。

这说明，图 10-12a 变压器反馈式 LC 正弦波振荡器无法产生正弦波的原因，不在于静态工作点的位置不合适，也不在于静态工作点的稳定与否，当然更不在于放大倍数。

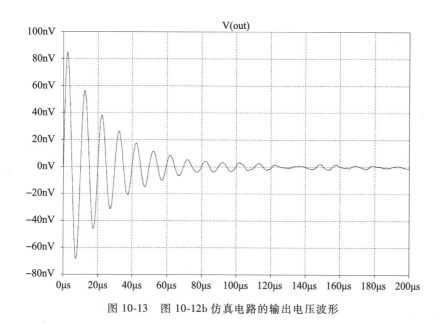

图 10-13　图 10-12b 仿真电路的输出电压波形

认识到电路无法起振的原因不在于静态工作点和放大倍数是非常关键的一步。下面分析振荡失败的原因。

（1）减小集电极电阻，降低输出电阻对电压耦合的影响

参数调整的实验表明，无法产生正弦波的原因不在于放大倍数 A，也不在于反馈系数 F，因为 $AF>1$ 满足起振条件；也不是因为不满足正反馈，因为电路满足相位条件。

问题在于放大环节和反馈环节的耦合——晶体管放大器的集电极电阻构成了放大器的输出电阻，它会影响放大器输出电压的能力。从反馈环节的输入端来看，放大器相当于一个理想电压源和一个内阻的串联（即一个实际电压源），而这个内阻的大小取决于集电极电阻 R_c 的阻值。R_c 越大，表明输入反馈网络的电压源内阻越大，这意味着反馈网络输入端所获得的电压就越小，进而导致反馈到放大器输入端的信号电压也越小。

上述分析表明，集电极电阻 R_c 的阻值必须选择小一些，以便保证放大器和反馈网络之间的耦合不会影响电压信号的传递（如果放大器采用集成运放，因为集成运放的输出电阻本来就很低，则很容易起振）。

仿真电路如图 10-14 所示，把输出电阻的阻值大幅降低至 25Ω，就能降低放大器的输出电阻对电压耦合的影响，从而减小从放大器的输出电压到反馈环节输入电压的衰减。同时，由于电路的放大倍数取决于 R_c 和 R_e 的比值，为满足 $AF>1$ 的起振条件，发射极电阻 R_e 也要相应减小。实验结果表明，降低集电极电阻 R_c 的阻值，并相应降低发射极电阻 R_e 的阻值后，振荡器可以产生正弦波。

实验表明，在发射极电阻 $R_e=1\Omega$ 的条件下，选择合适的较小的 R_c 值，振荡器会产生以 0V 为中点的正弦输出电压。

改变 R_c 的值，观察所产生的输出电压波形和幅值。可知当 R_c 太小，如 $R_c=10\Omega$ 时起振失败，原因是此时 $A=10$，$AF=0.63<1$ 不满足起振条件的要求；而当 R_c 太大，如 $R_c=300\Omega$ 时，则得到类似图 10-13 振幅不断衰减的正弦波，失败的原因就应该是输出电阻过大而导致电压耦合衰减过大。

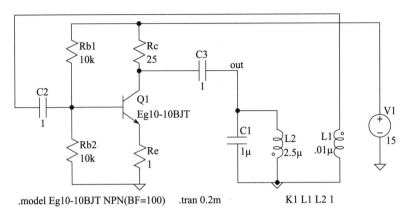

图 10-14　减小集电极、发射极电阻后的仿真电路

调整 R_{b1}、R_{b2}、R_e 的阻值，对振荡器的幅度和起振时间都会有影响。

上述理论分析和实验都表明，要使变压器反馈式 LC 晶体管振荡器产生正弦波，必须使集电极电阻值小一些。

（2）把晶体管放大器的输出端直接连到反馈环节的输入端

既然晶体管集电极电阻值要小，很自然地就会去考虑，可不可以把它减小到零，直至取消集电极电阻？答案是可以的，但是不能直接把集电极电阻设置为零，因为这样做会导致集电极交流接地而无法输出电压波形。

分析电路的演变，要从集电极负载电阻要小这一要求的出发点去考虑。根据前文分析可知，集电极负载电阻要小的目标，是减小从放大器输出端到反馈环节输入端的耦合过程中所发生的电压衰减，而要达到这个目的，把晶体管放大器的电压输出端直接连到反馈环节的电压输入端即可，这就很自然地引出如图 10-15a 所示电路。

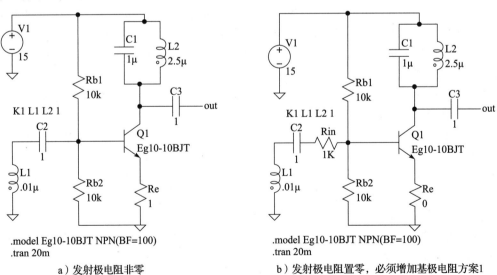

a）发射极电阻非零　　　　　　　　b）发射极电阻置零，必须增加基极电阻方案1

图 10-15　把晶体管放大器的电压输出端直接连到反馈环节的电压输入端的仿真电路

实验表明，图 10-15a 电路所产生的输出电压是以 7.5V（直流电源电压的一半）为中心的正弦波。

（3）发射极电阻置零，必须增加基极电阻

进一步思考，还可以发现图 10-15a 中的发射极电阻 R_e 的阻值似乎并不重要，因为谐振时 LC 并联支路的阻抗理论上是无穷大，在谐振时放大器的放大倍数 A 理论上就是无穷大，所以去掉发射极电阻 R_e（将发射极电阻 R_e 置零），电路应该依然能够产生正弦波。

然而实验表明，仅仅把 R_e 置零产生的波形是失真的，该波形不是正弦波，且振幅随时间衰减。

理论分析可知，把发射极电阻置零，虽然对从放大器输出端到反馈网络输入端的电压耦合没有影响，但却影响了从反馈网路输出端到放大器输入端的电压耦合：当 R_e 置零以后，意味着在交流等效电路中，放大器的输入电阻变成了零，它无法接收任何电压信号。

所以，在发射极电阻置零以后，必须在晶体管的基极增加输入电阻，以便确保基极能够获取反馈电压信号，由此得到如图 10-15b 电路，其中输入电阻 R_{in} 的作用是确保晶体管的基极能够得到来自反馈网络、电感 L1 所感应出来的电压反馈信号。

实验表明，发射极电阻 R_e 置零、同时增加基极输入电阻的方案，可以产生以 7.5V（直流电源电压的一半）为中心的正弦波输出电压。观察输出波形，可知当发射极电阻置零后，所产生的正弦波的失真更小。

需要说明的是，图 10-15b 中输入电阻 R_{in} 的位置也可以改为如图 10-16 所示位置，因为增加 R_{in} 的目的，是确保产生适当的基极电流，这两个方案都能实现该目的。

（4）把 LC 谐振回路与耦合电感位置互换

进一步思考，图 10-15 中的 LC 谐振支路与耦合电感的位置可以互换：集电极接耦合电感，在交流等效电路中会产生阻抗，因而可以输出电压信号，而且放大器的输出端到反馈网络输入端的电压耦合不会被衰减；而直流通路不受电感的影响，静态工作点依然可以正确设置。由此得到如图 10-17 所示电路，此时发射极电阻 R_e 不能置零。

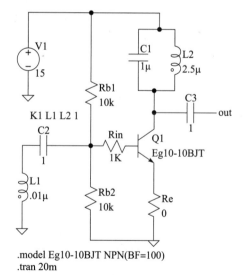

图 10-16 发射极电阻置零，增加基极电阻方案 2　　　图 10-17 谐振回路与耦合电感位置互换

实验表明，集电极接耦合电感、基极接 LC 并联谐振支路，也能够产生以 7.5V（直流电源电压的一半）为中心的正弦波输出电压。图中为了确保反馈系数不变，电感 L_1、L_2 的位置

做了互换，为了保持振荡频率不变，并联谐振的电容也做了相应的改变。

　　进一步分析还可以发现，当谐振频率足够高时，集电极电感所产生的阻抗足够大，所以可以使发射极电阻 R_e 的值增大一些，如图 10-17 中 $R_e = 100\Omega$，没有影响振荡器输出正弦波，对比前面各个电路中 R_e 的值，已经增大了很多倍。

　　图 10-17 中，减小 R_{b2} 的值可以缩短起振时间；当然，不调整 R_{b2} 也能产生正弦波。

　　由此还可以衍生出更多类型的变压器反馈式 LC 晶体管正弦波振荡器。实际应用中，小阻值的发射极电阻可以不用，很多情况下，晶体管发射区的体电阻就可以替代本文中的小阻值发射极电阻。

　　总之，如果已经满足相位平衡条件，幅度平衡条件和起振条件总可以通过配置元器件参数来实现，所以后文将仅仅讨论相位平衡条件，不再讨论幅度平衡条件和起振条件。

　　埃德温·霍华德·阿姆斯特朗（Edwin Howard Armstrong，1890—1954），美国无线电专家，无线电领域三项重要基础——再生（正反馈）电路、超外差接收电路、调频广播的发明人。从 1920 年到 1934 年，阿姆斯特朗和美国无线电公司（Radio Corporation of America，RCA）、西屋公司为一方，德·弗雷斯特和 AT&T 为另一方，为再生电路专利诉讼多年，最终美国最高法院却判决阿姆斯特朗败诉。1933 年，阿姆斯特朗取得调频广播专利，RCA 联合各大工业巨头拒绝付给阿姆斯特朗专利费，诉讼再次展开。在工业巨头的活动之下，美国联邦通信委员会（FCC）不仅从法律和行政上限制调频广播的使用，更从技术上对调频广播设置壁垒（将调频广播频段调整到高频段，并限制基站发射功率，这将增加调频广播的成本）。1954 年 1 月 31 日，耗尽财产、身心俱疲的阿姆斯特朗从纽约 13 层的公寓跳楼自尽，各大公司迅即与他的遗孀签订了和解协议。1960 年，晚于欧洲 20 年之后，美国才开始全面推广调频广播，法律和行政限制完全取消，调频广播的波段也被重新调整。

2. 考毕兹振荡器（电容反馈三点式振荡器）

　　阿姆斯特朗振荡器的反馈网络必须使用变压器，使得其体积较大，如图 10-18a 所示的考毕兹振荡器克服了这个缺点。

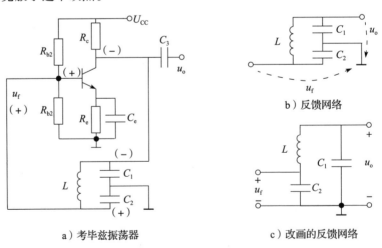

图 10-18　考毕兹振荡器及其选频原理

　　为分析考毕兹振荡器的选频特性，把图 10-18b 反馈网络改画为图 10-18c，反馈网络的

输入为 u_o，输出为 u_f，从 u_o 两端看进去的总导纳 Y 为

$$Y = j\omega C_1 + \cfrac{1}{j\omega L + \cfrac{1}{j\omega C_2}} = j\omega C_1 + \frac{j\omega C_2}{1 - \omega^2 LC_2} = j\omega \left(\frac{C_1 + C_2 - \omega^2 LC_1 C_2}{1 - \omega^2 LC_2} \right)$$

当

$$C_1 + C_2 - \omega^2 LC_1 C_2 = 0$$

时，从 u_o 两端看进去的总导纳 Y 为零，此时图 10-18c 反馈网络发生谐振，于是有

$$\omega^2 = \frac{C_1 + C_2}{LC_1 C_2}$$

令

$$\frac{1}{C_T} = \frac{1}{C_1} + \frac{1}{C_2}$$

则谐振角频率可以表示为

$$\omega_0 = \frac{1}{\sqrt{LC_T}}$$

这说明图 10-18c 反馈网络的谐振频率为

$$f_0 = \frac{1}{2\pi\sqrt{LC_T}} \tag{10-12}$$

式（10-12）说明考毕兹振荡器的谐振频率取决于谐振回路中的总电感和总电容。

再根据图 10-18c 计算反馈电压为

$$\dot{U}_f = \cfrac{\dot{U}_o}{j\omega L + \cfrac{1}{j\omega C_2}} \frac{1}{j\omega C_2} = \frac{\dot{U}_o}{1 - \omega^2 LC_2}$$

当 $\omega = \omega_0$ 时，$\omega^2 = \dfrac{C_1 + C_2}{LC_1 C_2}$，所以谐振时

$$\dot{U}_f = \frac{\dot{U}_o}{1 - \omega^2 LC_2} = \frac{\dot{U}_o}{1 - \dfrac{C_1 + C_2}{LC_1 C_2} LC_2} = \frac{\dot{U}_o}{1 - \dfrac{C_1 + C_2}{C_1}} = -\frac{C_1}{C_2}\dot{U}_o$$

可知谐振时的反馈系数为

$$\dot{F} = -\frac{C_1}{C_2}$$

这说明两点，一是反馈电压 u_f 与输出电压 u_o 反相，二是反馈系数大小取决于 C_1 和 C_2 的电容量。

既然已知反馈系数为负，就可以画出各点电压的瞬时极性如图 10-18a 所示，根据图中标示的瞬时极性可知，该电路满足正反馈的相位平衡条件。

起振条件和平衡条件可以通过改变晶体管的电阻值，以及改变 C_1 和 C_2 的电容量来实现，其间的过渡可以利用晶体管的非线性实现。

根据交流通路可知，考毕兹振荡器中电容的 3 个点分别接到晶体管的 3 个极，所以也称电容反馈三点式振荡器。

3. 哈特莱振荡器（电感反馈三点式振荡器）

哈特莱振荡器也称为电感反馈三点式振荡器，如图 10-19 所示，它是考毕兹振荡器的对偶形式。其振荡频率为

$$f_0 = \frac{1}{2\pi\sqrt{L_\mathrm{T}C}} \qquad (10\text{-}13)$$

式中，L_T 为谐振回路总电感，且

$$L_\mathrm{T} = L_1 + L_2$$

请读者自行分析其工作原理。

哈特莱振荡器利用电感反馈，这使得它的高频特性不是很好；考毕兹振荡器利用电容反馈，高频特性要好得多，但是却很容易受到晶体管自身电容的影响，这是它的缺点。

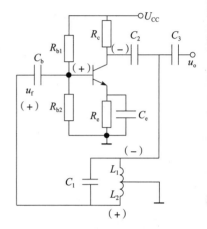

图 10-19　哈特莱振荡器

需要说明的是，上述电路只是简单举例，实际 *LC* 振荡电路的类型要丰富得多，功能也要强得多，限于篇幅，本书不深入展开。

10.3.3　石英晶体振荡器

RC 振荡器存在失真和振荡频率不够高的问题，只能用来产生普通的正弦波。如果要减小失真和提高振荡频率，可以采用 *LC* 振荡器，但由于电感、电容元件本身的缺点，使得 *LC* 振荡器的振荡频率不够稳定。如果要求更高的稳定性，如在电子表、计算机中作为时钟源，就必须采用更加稳定的石英晶体振荡器。

石英晶体有两个谐振频率，串联谐振频率 f_s 下的阻抗最小，利用这个特征可构成串联振荡器；并联谐振频率 f_p 下的阻抗最大，利用这个特征可构成并联振荡器。

1. 串联型石英晶体振荡器

将考毕兹振荡器中的电感用石英晶体替代，即可得到如图 10-20a 所示的电路。表面上

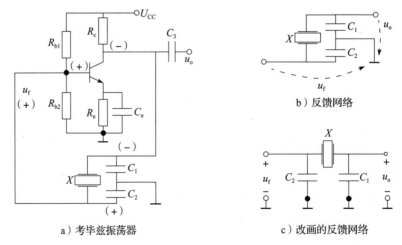

a）考毕兹振荡器　　　　　　　　b）反馈网络　　　　　　　　c）改画的反馈网络

图 10-20　考毕兹串联型石英晶体振荡器

看，似乎石英晶体 X 与电容 C_1、C_2 构成了一个并联谐振电路，但实际上该电路中的石英晶体却工作在串联谐振频率 f_s，整个电路的输出信号频率也是 f_s。

观察改画后的反馈网络图 10-20c，当工作在串联谐振频率 f_s 时，石英晶体相当于一个小电阻，每个电容都将带来 $-90°$ 的相移，所以反馈网络的总相移为 $180°$，从而确保了正反馈的相位平衡条件。因为频率为 f_s 时，石英晶体的阻抗达到最小值，所以反馈电路对于频率为 f_s 的信号衰减最小，即反馈信号的幅度也可以达到最大。

2. 并联型石英晶体振荡器

图 10-21 为并联型石英晶体振荡器，石英晶体将阻止谐振频率 f_p 的信号通过，所以反馈电压 u_f 将只含有频率为 f_p 的信号。电容 C_1 和 C_2 的作用是确定反馈系数。

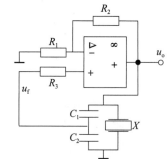

那么，图 10-21 电路为何使用电容分压来确定反馈系数，换成电阻分压电路可不可以？如果换成电感分压又会有什么问题？

实际上，图 10-21 中的放大器不一定要求是集成运算放大器，也可以使用晶体管电路、场效应晶体管电路，此电路仅作为原理电路学习。读者应开阔思路，抓住问题的实质，不要被表面现象所迷惑。

图 10-21　并联型石英晶体振荡器

习题

10-1　如图 10-22 所示电路为集成运放组成的考毕兹振荡器，试分析其工作原理。

10-2　如图 10-23 所示为双 T 反馈振荡器，试分析其工作原理。

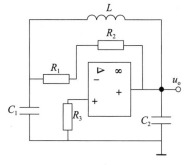

图 10-22　习题 10-1 图

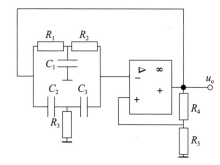

图 10-23　习题 10-2 图

10-3　如图 10-24 所示为考毕兹振荡器的改进型，称为克拉波振荡器，它在电感支路中串联了一个可调电容 C_3，通常设置 C_3 的值远远小于 C_1 和 C_2 的值，使得电路的振荡频率几乎完全取决于 C_3 和 L 的值，调整 C_3 就可以调整振荡频率，试分析其工作原理。

10-4　如图 10-25 所示电路为 RC 移相振荡电路，试回答：

1）分析该电路如何满足正反馈的相位平衡条件。

2）如果去掉一个 RC 移相环节，该电路能否发生振荡？

3）如果增加一个 RC 移相环节，该电路能否发生振荡？

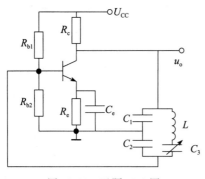
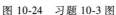

图 10-24　习题 10-3 图

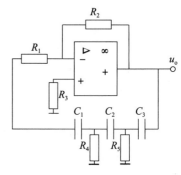

图 10-25　习题 10-4 图

10-5　参考图 10-24，设计一个用场效应晶体管作为放大器件实现的克拉泼振荡器。

10-6　把正弦波输入比较器，即可得到方波信号，试用正弦波振荡器与比较器设计方波发生器（比较器既可以是简单比较器，也可以是滞回比较器，参考第 8 章）。

10-7　把方波输入积分电路，即可得到三角波信号，试用正弦波振荡器、比较器、积分电路设计三角波发生器（参考第 8 章）。

第11章

直流稳压电源

包含晶体管、场效应晶体管、集成电路等器件的电子设备通常需要在低压直流电源下工作，对于短期间断工作的设备，可以使用电池供电，然而电池的容量总是有限的，无法为长期工作或者功耗较大的电子设备持续提供电能。为此，必须开发一种能够把交流电转换为稳定的直流电的设备，这类设备称为直流稳压电源。

11.1 整流–滤波电源

直流稳压电源的作用是把交流电网电压变为稳定的直流电压。图 11-1 为直流稳压电源的功能框图，其输入电压 u_i 的幅度和频率取决于所在电网，我国民用设备通常使用单相电，工业设备通常使用三相电；输出电压 u_o 则为稳定的直流电压，电子设备所需要直流电压通常为几伏至几十伏。

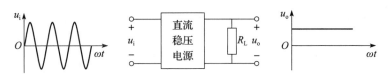

图 11-1　直流稳压电源的功能框图

因为电网提供的是交流电，而电子设备又需要直流电，所以首先要解决的问题就是需要通过电路把交流电变为直流电。

11.1.1 整流：交流电变单向电

把交流电变为直流电的思路很简单：使图 11-1 中的负载 R_L 与具有单向导电特性的器件串联，则 R_L 上就只能得到一个方向的电流，R_L 上电流的方向不能改变了，自然就不是交流了，这样的电路称为整流电路。凡是具有单向导电性的器件，均可用作整流器件，其中最常用的器件就是二极管，二极管整流电路也是本书主要介绍的整流电路，掌握了二极管整流电路，学习和理解其他器件整流电路也会容易得多。

1. 二极管半波整流

图 11-2 为 6.3.3 节介绍过的二极管整流电路，该电路利用二极管的单向导电性把交流电转变为直流电。输入正弦电压 u_i 时，输出端只能得到输入电压的正半周。由于电路的输

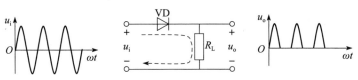

图 11-2　二极管半波整流电路

出端只得到输入波形的一半，所以称为二极管半波整流电路。

在 u_i 的负半周，二极管 VD 反向偏置截止，所有的输入电压都加在二极管上，所以用于半波整流的二极管的反向击穿电压必须高于 u_i 的最大值。

2. 二极管桥式全波整流（桥式）

半波整流时负载只得到了输入波形的一半，即负载只利用了电源输出功率的一半。图 11-3 把 4 个二极管接成桥式电路，它可以把电源的正、负半周都输出到负载上，从而将电源利用率提高了一倍，该电路称为二极管桥式全波整流电路，在输入电压的整个周期内，无论正半周还是负半周，负载上都有电流流过，且电流方向不变。

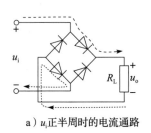 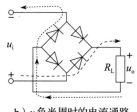 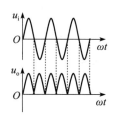

a）u_i 正半周时的电流通路　　　b）u_i 负半周时的电流通路　　　c）输入、输出波形对比

图 11-3　二极管桥式全波整流电路

图 11-3a、b 分别画出了正、负半周时，二极管桥式全波整流电路中电流的流通路径。由图可知，在输入交流电的一个周期中，负载电阻都能够获得电流，而每对二极管的导通时间却仅为半个周期，所以二极管桥式全波整流电路中流过负载的电流为流过二极管电流的2 倍。

二极管桥式全波整流电路中的负载电流轮流使用两对二极管中的一对。

需要注意的是，电路图表示的是元器件之间的连接关系，所以图 11-4a 为式全波整流电路的另一种画法，各元器件之间的连接实际上与图 11-3 电路相同。图 11-4b 为桥式全波整流电路的简单画法，工程上还经常把桥式全波整流电路封装起来，称为整流桥。

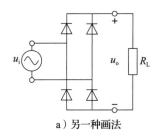 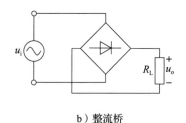

a）另一种画法　　　　　　　　b）整流桥　　　　　　　　c）输出波形

图 11-4　桥式全波整流电路的其他画法

3. 脉动直流电

整流电路所输出的电压，严格来讲还不能称为直流电压，它的方向虽然不变，幅度却仍是周期性变化的，只能算作一种脉动的直流电（Pulsating Direct Current）。无论是半波整流还是全波整流电路，所输出的都是单向脉动直流电。

单向脉动电压的幅度很不稳定，只能用在电镀、蓄电池充电等对电压波动要求不高的场合(实际上，单向脉动电压比稳定的直流电压更适合电镀工艺)，对于晶体管、场效应晶体管、集成运放等半导体器件来说，电源电压存在这么大的脉动是无法接受的，所以必须想办法使负载上所得到输出电压和电流平滑起来。

11.1.2 滤波：脉动电变直流电

要减小整流输出的波动，可以从两个角度考虑：一是抑制电压的波动，自然也就抑制了电流的波动；二是抑制电流的波动，自然也就抑制了电压的波动。根据已有知识，可以考虑如下实现方法：

1) 电容元件具有电压不能跃变的特点，实际上就是说，电容两端电压不易改变，所以，如果把电容元件与负载电阻并联，就可以抑制负载电压的波动。

2) 电感元件具有电流不能跃变的特点，实际上就是说，电感上的电流不易改变，所以，如果把电感元件与负载电阻串联，就可以抑制负载电流的波动。

整流输出单向电中的脉动成分也称纹波(Ripple)，实际上就是在直流成分中所夹杂的交流成分。纹波越大，说明整流输出中的交流成分越多。要想让整流输出平滑起来，就必须过滤掉整流输出中的交流成分，所以上述实现整流输出波形平滑的电路也称为滤波电路。利用电容和电感的特性，在整流电路输出端并联电容器，即构成电容滤波电路；在整流电路输出端串联电感器，即构成电感滤波电路，如图 11-5 所示。

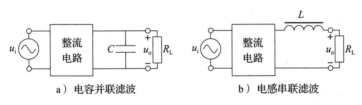

a) 电容并联滤波　　　　　　　b) 电感串联滤波

图 11-5　电容滤波和电感滤波

1. 滤波原理

下面以电容滤波为例，说明滤波电路的工作原理。

图 11-6 中，当全波整流电路的输出电压从零开始上升时，电容 C 被充电，其间电容 C 两端电压始终与整流电路输出电压相等；当整流输出电压从峰值开始下降时，由于电容 C 两端电压高于整流输出电压，导致整流管截止，电容 C 向负载 R_L 放电，放电时间常数为 $R_L C$。放电时间常数 $R_L C$ 的值越大，电容 C 放电越慢，负载 R_L 上所得到的输出电压越平滑，电容滤波的效果越好。在负载一定的情况下，滤波电容越大，滤波效果越好。

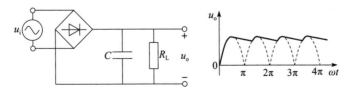

图 11-6　电容滤波原理

实际上，电容 C 的充电曲线与整流电路输出波形的上升曲线并非完全重合，这是由于电容 C 充电时的上升速度，取决于充电时间常数 $(r_z /\!/ R_L)C$，其中 r_z 为整流桥的内阻。受充电时间常数的影响，电容 C 两端电压的上升速度要慢于整流电路不加滤波时输出电压的上升速度。所以，实际的电容滤波曲线如图 11-7 所示。不过由于整流桥的内阻 r_z 很小，所以 $(r_z//R_L)C \approx r_zC$，这说明电容 C 的充电时间很小，充电速度很快，因此，可以近似认为充电曲线与整流输出波形上升曲线一致。

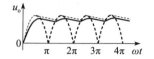

图 11-7　实际的电容滤波曲线

电感滤波原理与电容滤波原理类似，同样，电感量越大，滤波效果越好。

2. 复合滤波电路

同时利用电容器抑制电压波动、利用电感器抑制电流波动，就构成了 LC 滤波电路以及 π 形 CLC 滤波电路，如图 11-8a、b 所示，适当选择电容值和电感值，能够获得更好的滤波效果。由于电感体积较大，常常用电阻代替电感构成 RC 滤波电路以及 π 形 CRC 滤波电路，如图 11-8c、d 所示。

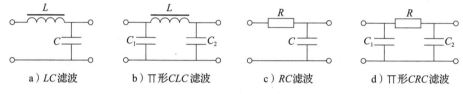

a）LC滤波　　b）π形CLC滤波　　c）RC滤波　　d）π形CRC滤波

图 11-8　复合滤波电路

由于稳定的大容量的电容相对更容易获得，且体积较小，电路结构简单，所以电容滤波电路的应用最为广泛。

11.1.3　整流-滤波电源的组成

整流输出的单向脉动电，经过滤波电路过滤后，已经变得很平滑，只要滤波电路的放电时间常数足够大，输出电压中的纹波电压就可以达到足够小，输出波形已经足够平滑，基本可以认为是直流电。

以图 11-6 电容滤波电路为例，如果输入交流电压为

$$u_i = \sqrt{2}\,U_i\sin\omega t$$

空载（负载开路，即 $R_L = \infty$）时，滤波电路的放电时间常数为无穷大，滤波输出电压为一条直线，此时的直流输出电压等于输入交流电压的最大值，即

$$U_{omax} = \sqrt{2}\,U_i \approx 1.4U_i \tag{11-1}$$

重载时，滤波电路的放电时间常数很小，小到极限 $R_LC = 0$ 时，例如 $C = 0$ 的情况下，滤波输出电压将与整流输出波形完全相同，此时滤波输出电压达到最小值，即

$$U_{omin} = U_{o(AV)} = \frac{1}{\pi}\int_0^{\pi} u_o \mathrm{d}(\omega t) = \frac{2\sqrt{2}}{\pi}U_i = 0.9U_i \tag{11-2}$$

由此可知，电容滤波电路正常工作时，滤波电路的输出电压为 $(0.9 \sim 1.4)U_i$。滤波电路的放电时间常数不能太小，通常取为

$$R_LC > \frac{(3 \sim 5)T}{2} \tag{11-3}$$

式中，T 为电网周期，输出电压的平均值估算为

$$U_o \approx 1.2 U_i \tag{11-4}$$

根据式(11-4)计算，如果把整流电路直接接至 220V、50Hz 的单相交流电上，在滤波电路的输出端将获得 264V 的直流电压，这个电压显然太高，必须把它降下来。

根据式(11-4)可知，要降低滤波电路的直流输出电压，就必须降低整流电路的交流输入电压，这可以通过在整流电路的前面增加一个变压器来实现，如图 11-9 所示。由于滤波后的输出电压已经基本上可以认为是直流电压，所以图中用大写字母 U_o 表示。

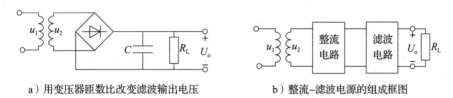

a）用变压器匝数比改变滤波输出电压   b）整流–滤波电源的组成框图

图 11-9 整流–滤波电源

变压器的一次绕组接入电网，所以一次电压 U_1 就等电网电压；二次绕组连接整流电路的交流输入端，根据式(11-4)可以估算出整流电路所需要的输入电压 U_i，它与变压器的二次电压 U_2 相等，根据 U_1 和 U_2 的比值就可以确定变压器的匝数比。改变变压器的匝数比，就可以改变滤波后的直流输出电压。

除了桥式整流电路之外，还有一种利用变压器二次绕组中间抽头实现的全波整流电路，如图 11-10 所示。二次绕组上的交流电压被中间抽头等分为两部分，在二次电压的正半周，二极管 VD_1 导通，VD_2 截止，电流从 VD_1 经 R_L 流回中间抽头；在二次电压的负半周，VD_1 截止，VD_2 导通，电流从 VD_2 经 R_L 流回中间抽头。该电路比桥式电路节省了两个二极管，却必须采用中间抽头的变压器，随着二极管价格的下降，制作中间抽头变压器就显得不必要了，所以中间抽头全波整流电路的应用逐渐减少。

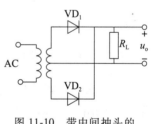

图 11-10 带中间抽头的全波整流

图 11-9 整流–滤波电源结构简单，它所输出的直流电压已经可以作为诸如直流电动机等设备的电源。但是，该整流–滤波电源依然不稳定，所谓稳定，指的是当使用环境发生变化时，设备的性能不变。直流稳压电源的使用环境是作为输入的电网电压和作为输出的负载。整流–滤波电源输出电压随着电网电压的波动而波动；同样，当负载变化时，整流–滤波电路的放电时间常数随之改变，这必然导致滤波电路的输出电压随负载大小的改变而改变。

整流–滤波电源无法获得稳定的直流电压，其输出电压随电网电压和负载的变化而改变。对于很多半导体器件来说，这样的电源无法保证其正常使用，所以必须寻找能够稳定输出电压的方案，使其不受电网电压和负载变化的影响。

11.2 线性稳压电源

目前为止，能获得稳定电压的方案有稳压二极管，它是利用二极管的反向击穿特性来实

现稳压特性；还有一个方案就是在放大电路中引入电压负反馈，电压负反馈能够稳定输出电压。下面将这些已经掌握的知识用到稳压电源中，设计出满意的电路。

11.2.1　并联稳压二极管稳压电路

图 11-11 为第 6 章提到的典型电路，与负载 R_L 并联的稳压二极管 VZ 使输出的直流电压 U_o 保持在稳压二极管的稳定电压 U_Z 上。

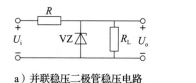
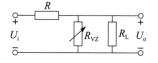

a）并联稳压二极管稳压电路　　　　　b）用可变电阻等效稳压二极管

图 11-11　并联稳压二极管稳压电路及其等效电路

当 U_i 增加时，稳压二极管通过增大自身电流来保持负载电流不变，从而维持输出电压 $U_o = U_Z$ 不变；当 U_i 减小时，稳压二极管又可以通过减小自身电流来保持负载电流不变，从而保证 $U_o = U_Z$ 不变。

类似地，当负载电流增大时，稳压二极管将减小自身电流；当负载电流减小时，稳压二极管将增大自身电流；从而维持 $U_o = U_Z$ 不变。

稳压二极管是通过改变自身电流来维持两端电压不变的，从这个意义上说，稳压二极管 VZ 相当于一个可变电阻，电压不变电流改变相当于改变了其自身的阻值。

11.2.2　负反馈并联稳压电路

并联稳压二极管稳压电路只能获得与稳压二极管击穿电压 U_Z 相等的输出电压，这限制了它的应用。单纯依靠稳压二极管显然不能满足实际需要，为了获得更多等级的直流电压，应考虑能否利用负反馈放大电路来实现直流稳压的要求。

首先画出负反馈框图如图 11-12a 所示，接下来的任务是按这个思路设计一个能够输出稳定直流电压的电路。

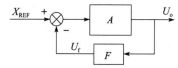
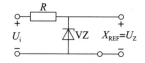

a）输出直流电压 U_o 的负反馈网络　　　　b）用稳压二极管的 U_Z 作为输入

图 11-12　负反馈稳压网络

解决方案如下：

1）要稳定直流输出电压 U_o，应该引入直流电压负反馈。

2）要稳定负反馈网络的输出电压 U_o，就必须保证负反馈网络的输入信号 X_{REF} 也是稳定的，由于稳压二极管的反向击穿电压 U_Z 很稳定，所以可以把稳压二极管的稳定电压 U_Z 作为负反馈网络的输入信号，即令 $X_{REF} = U_Z$，由此可以得到如图 11-10b 所示的输入电路，所以 X_{REF} 应该是参考电压 U_{REF}。

3）整个负反馈网络的输出是电压信号，输入也是电压信号，所以应该采用电压串联负反馈。

简单地讲，需要构建一个以稳压二极管的反向击穿电压 U_Z 作为输入的电压串联负反馈放大电路。根据这样的思路，结合第9章负反馈放大器的内容，很容易设计出电压串联负反馈放大电路，并将其输入端接至稳压二极管端电压即可。

图 11-13a 中，集成运算放大器构成了电压串联负反馈电路，图 11-13b 中，则用晶体管替换了集成运算放大器（发射极电压输入、集电极电压输出、基极反馈），仍然构成电压串联负反馈。下面证明图 11-13 电路的确能够实现稳定输出直流电压的目的。

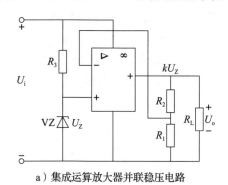

a）集成运算放大器并联稳压电路 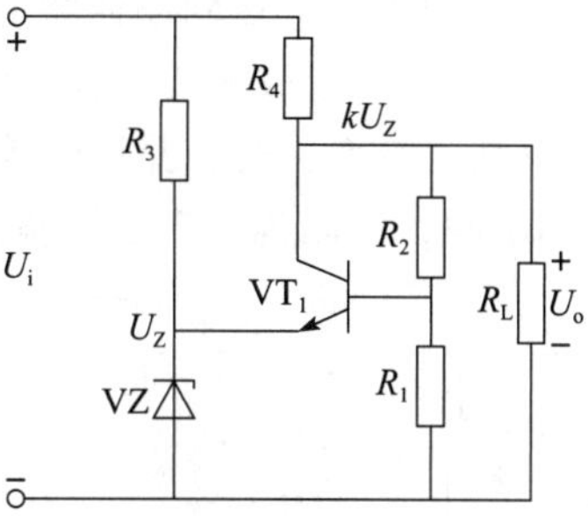   b）晶体管并联稳压电路

图 11-13 负反馈并联稳压电路

以图 11-13a 为例，深度负反馈时，利用虚短特性可知，集成运放的反相输入端电压为

$$U_- = U_+ = U_Z$$

又因为反相输入端等于电阻 R_1、R_2 的分压，即

$$U_- = \frac{U_o R_1}{R_1 + R_2} = U_Z$$

所以

$$U_o = \frac{R_1 + R_2}{R_1} U_Z \tag{11-5}$$

由此可知，负反馈并联稳压电路的输出电压放大了稳压二极管的稳压值，即

$$U_o = k U_Z \tag{11-6}$$

式中，k 值取决于 R_1、R_2 的值，改变 R_1、R_2 的值，就可以改变输出电压 U_o 的值。

式（11-6）中的 k 值又恰好是电压串联负反馈放大电路的反馈系数的倒数，这不是偶然的，因为图 11-13 负反馈稳压电路本来就是利用电压串联负反馈构建的。式（11-5）也可以根据深度负反馈时放大倍数与反馈系数的倒数关系来求出，步骤如下：

图 11-13b 中，反馈系数为

$$F = \frac{R_1}{R_1 + R_2}$$

深度负反馈时，放大倍数为

$$A = \frac{1}{F} = \frac{R_1 + R_2}{R_1} = \frac{U_o}{U_Z}$$

同样可以推导出式（11-5）。

图 11-13a 集成运放并联稳压电路中，负载电流来自运算放大器的输出端，而运放的输出电流能力有限；图 11-13b 晶体管并联稳压电路中，向负载输出电流必须经过集电极电阻 R_4，电流太大时，R_4 的电压降将降低负载上的输出电压。所以，负反馈并联稳压电路虽然实现了基准电压的放大，但是其带负载能力不足。

11.2.3　串联调整管稳压电路

为增强并联稳压电路的带负载能力，可以把基准电压放大之后的电压 kU_Z，送到电压跟随器的输入端，利用晶体管的电流放大能力向负载提供更大的电流。

把图 11-13b 中的 kU_Z 送到晶体管电压跟随器的基极，就得到如图 11-14a 所示电路，其中晶体管 VT_1 负责把 U_Z 放大为 kU_Z，晶体管 VT_2 则构成电压跟随器，从而保证了输出电压 U_o 的稳定。负载电流变化时，晶体管 VT_2 的 U_{ce} 电压将做出调整，所以称为调整管；又因为 VT_2 与输出端串联，所以称为串联调整管稳压电路，简称串联稳压电路。

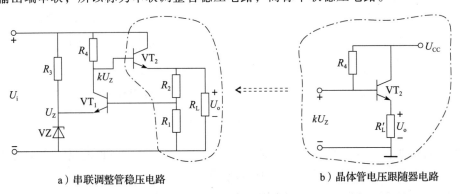

a）串联调整管稳压电路　　　　　　　　b）晶体管电压跟随器电路

图 11-14　串联调整管稳压电路的构建

串联调整管稳压电路更为常见的画法如图 11-15 所示，从中可以更加清楚地看出，调整管与输出电压的串联关系。

串联调整管稳压电路仅仅是在并联稳压电路的基础上增加了电压跟随器的环节，所以其输出电压表达式与并联反馈稳压电路输出电压表达式相同，具体分析和推导留给各位读者自行完成。

作为电压跟随器，晶体管 VT_2 在保留并联稳压电路电压放大能力的同时，还大大增加了输出电流的能力，所以电路的带负载能力也得到了增强。这说明，串联调整管稳压电路既能输出稳定电压又能输出足够的电流。

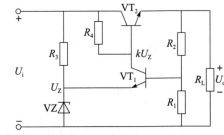

图 11-15　串联调整管稳压电路的常见画法

把串联调整管稳压电路集成在一起，就构成串联集成稳压器。在小功率直流电源中使用的三端集成稳压器，其输入端口和输出端口共用一个端子，所以对外只有输入端、输出端、公共端 3 个接线端子。三端集成稳压器能够输出多种固定电压，例如 W78×× 系列输出正电压，W79×× 系列输出负电压，最大输出电流 1.5A。集成稳压器只需外接少量无源器件即可获得稳定的电压。

11.2.4 线性稳压电源的组成

在整流-滤波电源的基础上，增加串联调整管稳压环节，就得到一个完整的直流稳压电源，由于其中调整管工作于线性放大状态，所以称为线性稳压电源，其组成结构和各点波形如图 11-16 所示。由于该电路能够把交流电变为直流电，所以也称交流-直流变换器（AC-DC Converter）

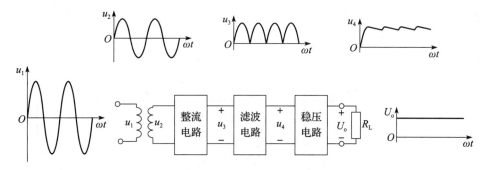

图 11-16 线性稳压电源的组成结构和各点波形

变压器的一次绕组接入电网，其工作频率等于电网频率。由于电网频率仅为几十赫兹，例如我国电网频率为 50Hz，工作在这个频率的变压器称为工频变压器，其工作频率比较低。为增强一、二次绕组的耦合性能，工频变压器的绕组匝数很多，铁心也很大，所以串联稳压电源中所使用的变压器都比较重。

同时，串联稳压电路所用的调整管 VT_2，相当于在负载电阻上串联了一个可变电阻，如图 11-17 所示，负载电流增大时 R_{VT2} 变小，负载电流减小时 R_{VT2} 变大。线性稳压电源的调整能力依赖于调整管等效电阻 R_{VT2} 的改变，如果输入电压的波动太大，将超过调整管的调整能力。

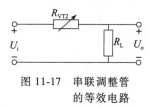

图 11-17 串联调整管的等效电路

由于 R_{VT2} 实际上是调整管 VT_2 集电极与发射极之间的电阻 R_{ce}，回顾晶体管工作原理可知，对于一个工作在线性放大区的晶体管而言，无论如何 R_{ce} 也不会太小，所以 R_{VT2} 的阻值也不可能太小。当负载电流流过与之串联的调整管 VT_2 时，将在其等效电阻 R_{VT2} 上损失一部分能量，所以长时间工作的串联稳压电源往往会发热，这增加了电源电路自身的损耗。

综上，线性稳压电源有着结构简单、元器件少、纹波小的优点，但也存在笨重、损耗大、稳压能力小的缺点。对输入的交流电源来说，线性稳压电源的典型转换效率为 50% 左右，典型的输入电压允许波动范围为 ±10%。

11.2.5 线性稳压电源的仿真

把变压器、桥式整流电路、电容滤波、串联调整管稳压电路按照图 11-16 结构组合起来，就得到了完整的线性稳压电源，如图 11-18 所示。该电路的滤波电压波形和最终的输出电压波形如图 11-19 所示。由于变压器二次绕组与滤波电容直接并联，所以不能观察到整流波形，如需观察整流输出波形，必须断开滤波电容。

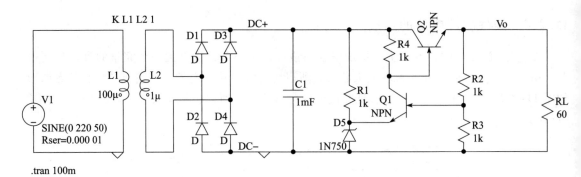

图 11-18　线性稳压电源的仿真电路图

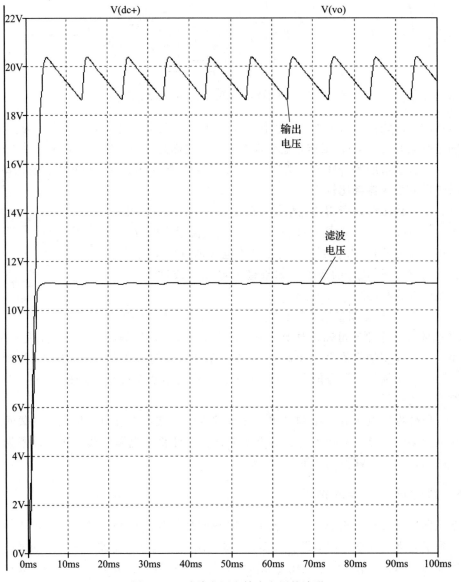

图 11-19　滤波电压和输出电压的波形

从原理上讲，整流、滤波、稳压环节都可以选择不同的方案，读者可以自行实现更多方案，观察各环节的输出波形，并仿真验证。

11.3　开关稳压电源

线性稳压电源存在笨重、损耗大、稳压范围小等问题，要解决笨重的问题，就必须去掉工频变压器；要解决损耗大、稳压范围小的问题，就必须去掉调整管，但是去掉了调整管，串联稳压电路也就不存在了。根据图 11-16 可知，去掉工频变压器和串联稳压电路之后的线性稳压电路后，就只剩下整流电路和滤波电路，已经退回到直流稳压电源的起点——最基本的整流-滤波电源。

整流电路和滤波电路仍然必须存在，否则就无法把交流电变为直流电。没有了低频变压器，整流电路就只能直接接到电网，而前面介绍整流-滤波电源时已经计算过，电网电压经整流、滤波后，所得到的直流电压大约为 264V。这个电压不能用于电子设备供电，所以降压仍然是必需的，只是不能使用工频变压器。

11.3.1　高频变压器和开关管：降压与逆变

对于如何降压的问题，现成的答案是采用高频变压器替代工频变压器。高频变压器可以减小甚至不用磁心，一、二次绕组的匝数也大为减少，所以它的体积小、重量轻。

但是高频变压器必须工作在高频，直接接到工频电源上会被烧毁，所以它不能直接替代工频变压器。现在电路中除了工频交流电，就是滤波后的直流电，所以第二个问题是高频电从哪里来？

第二个问题的答案还是很简单：利用晶体管作为电子开关，把直流电变为高频电。如图 11-20 所示，晶体管 VT 的基极施加方波电压信号 u_P，该信号的高电平要足以使晶体管 VT 进入饱和状态，低电平要足以使晶体管 VT 进入截止状态。晶体管 VT 饱和时，直流电压 U_i 顺利通过晶体管；晶体管 VT 截止时，直流电压 U_i 被截断。u_P 在高、低电平之间的交替变化，将使晶体管 VT 在饱和与截止之间交替变化，从而使高频变压器一次绕组上的电压 u_1 成为高频方波电压。把直流电变为方波的过程称为逆变，又因为高频方波电压 u_1 是通过把直流电压 U_i 的某些部分"砍掉""之后所得到的，所以这个过程也称为斩波。因为晶体管 VT 交替工作于开关状态，所以称为开关管。

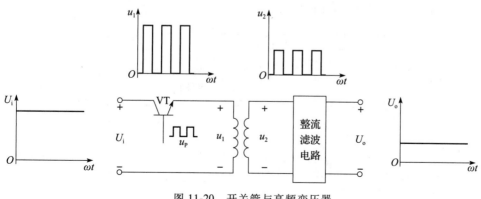

图 11-20　开关管与高频变压器

高频方波电压 u_1 经高频变压器降压后，成为低压高频方波电压 u_2，u_2 再经过进一步的整流滤波之后，就得到降压后的直流电压 U_o。这种能够实现不同等级直流电压之间变换的电路，称为直流-直流变换器(DC-DC Converter)。

这里还有一个问题——方波从何处来？答案是使用方波振荡器。构造方波振荡器比构造正弦波振荡器还要简单，因为它无须稳幅，只要选频和正反馈。由于正弦波振荡器的输出幅度受限于振荡电路的最大输出值，所以强烈正反馈将使波形的上、下限被削平，而被削平了上、下限的正弦波实际上就是方波。方波实际上就是被削去波峰波谷、振幅无限大的正弦波，方波振荡器也不过是输出幅值无限大的正弦波振荡器而已，二者的设计思想相同，限于篇幅，本书对此不做展开。

11.3.2 电压负反馈调整占空比：稳压

对于如何稳压的问题，还是老办法——电压负反馈。

图 11-20 中，U_o 是方波电压 u_2 整流滤波之后的结果，所以至少可以断定：U_o 既与 u_2 的幅值成正比，也与 u_2 每个周期中正脉冲的持续时间成正比。把持续方波中正脉冲的持续时间与方波周期的比值称为占空比。由此可知，改变 u_2 的幅值或占空比，都能改变输出电压 U_o 的值。

当电网电压增加、导致 U_i 增加(它是电网电压整流滤波的结果)、进而增加 u_1 和 u_2 的幅值、最终导致 U_o 增加时，可以通过降低 u_2 的占空比，来抵消 u_2 在幅值上的增加。电网电压增加时，降低占空比；电网电压降低时，增加占空比，这就是稳定 U_o 所用的负反馈。

改变 u_2 的占空比，就是要改变晶体管 VT 的饱和与截止时间；要改变 VT 的饱和与截止时间，又必须改变施加到 VT 基极上的方波电压信号 u_P 的占空比。于是问题就变成能否找到一个方案，把输出电压 U_o 的变化转变为方波电压信号 u_P 占空比的变化。调整占空比也称为脉冲宽度调制(Pulse Width Modulation，PWM)。

图 11-21 是开关稳压电源的典型原理图。稳压功能通过由放大器 A、光电耦合器件、PWM 方波发生器构成的反馈网络实现，放大器 A 比较 U_o 的采样值与基准电压 U_{REF} 并生成误差信号 U_{ERR}，经光电耦合之后，送到 PWM 方波发生器的控制端。PWM 方波发生器所输出的信号电压 u_{PWM} 是一个频率不变、脉冲宽度可调(即占空比可调)的方波，其输出脉冲的宽度受控制端电压的控制。理论上讲，脉冲宽度可以在整个周期内调整，即占空比可以从 0 调整到 1，所以开关稳压电源的调整能力更大。

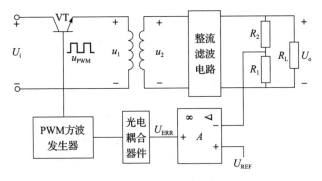

图 11-21　开关稳压电源的典型原理图

开关稳压电源的结构比较复杂、纹波电压比线性稳压电源要大，但具有重量轻、效率高、稳压范围大的特点。其转换效率的典型值能达到70%～80%。

图11-21电路又称为隔离型变换器，它利用变压器和光电耦合器件实现高压电路与低压电路之间的隔离，从而保证了设备和人身的安全，是开关稳压电源的典型结构。变压器前面的电路称为一次电路，后面的部分称为二次电路，改变变压器的匝数比，就可以改变一、二次电压的比值，不仅可以实现直流降压，也可以实现直流升压。

11.3.3　非隔离型开关变换器

开关变压器的存在给电源设计带来了很大方便，但是与整流器件相比，它的体积还是很大，功耗也不算小，价格还很高。基于开关变压器的这些缺点，在高压电路与低压电路不必隔离的场合，就可以取消变压器。二次电路中的整流滤波电路并不依赖变压器，既然一次整流电路能够接接到交流电上，二次整流电路也能接到交流电。

去掉变压器，就构成了非隔离型开关变换器，当前在简单应用中所使用的绝大多数直流-直流变换器都源于以下3种类型。

1. 直流降压开关变换器

直流降压开关变换器（Buck Regulator）如图11-22所示，其工作原理为开关管导通时，二极管VD截止，直流输入电压U_i经电感L输出到负载。因为电感电流不能跃变，所以电感电流将逐渐上升，根据法拉第定律

$$u_L = L \frac{\mathrm{d}i_L}{\mathrm{d}t}$$

可知，此时电感L本身的感应电压为左正右负，电感分压的结果使输出电压U_o要小于输入电压U_i。同时电容C被充电至与U_o相同的水平。

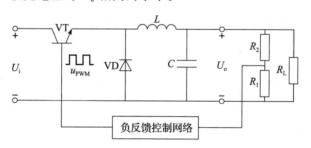

图11-22　直流降压开关变换器

开关管截止时，电感电流从上升转为下降，导致感应电压反向，变为左负右正，二极管VD导通，电感L、电容C都通过负载R_L放电，从而维持输出电压基本不变。此时输出电压U_o依然小于输入电压U_i。

综上所述，直流降压开关变换器的直流输出电压总是低于直流输入电压，所以它只能用于直流降压变换。

2. 直流升压开关变换器

直流升压开关变换器（Boost Regulator）巧妙地利用电感电流从上升转为下降时电感电压反转的特征，获得了比直流输入电压更高的直流输出电压，从而实现了直流升压变换。

图 11-23 为直流升压开关变换器，图中没有画出反馈网络和输出负载，其工作原理为开关管导通时，二极管 VD 反向偏置截止，电感 L 上的电流很快上升到峰值，感应电压极性为左正右负。此时输出电压 U_o 由电容 C 放电维持。

开关管截止时，二极管 VD 正向偏置导通，电感电流从上升转为下降，导致感应电压反向，变为左负右正。输入电压 U_i 经电感 L、二极管 VD 输出给负载并向电容 C 充电。因为输出电压 U_o 等于输入电压 U_i 与一个左负右正的电感电压的叠加，所以 U_o 必定高于 U_i。

3. 直流降压/升压开关变换器

直流降压/升压开关变换器（Buck-Boost Regulator）如图 11-24 所示。它既能降压也能升压，却没有使用更多的元器件，所以得到了广泛的应用。

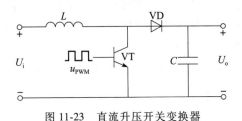

图 11-23　直流升压开关变换器

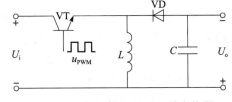

图 11-24　直流降压/升压开关变换器

直流降压/升压开关变换器的工作原理为开关管导通时，二极管 VD 反向偏置截止，U_i 向电感 L 充电，其电能被转化为磁能储存在电感 L 中；开关管截止时，电感 L 上的电流开始下降，感应 L 的电压极性反转为上负下正，二极管 VD 导通，电感通过二极管 VD 向负载和电容供电。因此，直流降压/升压开关变换器的输出电压 U_o 的极性与输入电压 U_i 的极性相反。

直流降压/升压开关变换器的输出电压 U_o 的大小取决于开关管截止时电感 L 上的感应电压，电感的感应电压又取决于其充电时间与放电时间之比，电感的充放电时间之比又取决于开关管控制脉冲的占空比，所以输出电压 U_o 的表达式为

$$U_o = \frac{D}{1-D} U_i \tag{11-7}$$

式中，D 为控制脉冲的占空比。由此可知，改变控制脉冲的占空比，就可以改变输出电压，升压或降压都可以实现。

4. 电感变压的实质

上述三类非隔离型开关变换器的电压变换都利用了电感器，而隔离型开关变换器则利用了变压器，它们的实质是能量变换，即先把电能变为磁能、再把磁能变为电能。在这个变换过程中，必定要保持能量守恒定律不变，所以如果输出电压升高，输出电流能力就会减弱；输出电压降低，输出电流能力则会增强。

开关电源的种类很多，应用很广。本书仅为入门知识，感兴趣的读者可参考其他资料进一步学习。

11.4　电容变压电路

既然用电感可以实现升压降压，那么利用电容可不可以呢？答案是肯定的。下面介绍两个简单的例子。

11.4.1　倍压整流(升压)电路

图 11-25 为倍压整流(升压)电路。下面以图 11-25a 电路为例说明其工作原理(假定各电容的初始电压为零)。

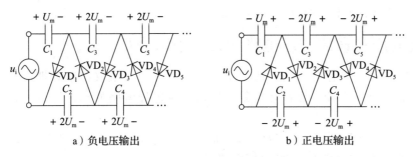

a)负电压输出　　　　　　　b)正电压输出

图 11-25　倍压整流(升压)电路

在输入电压 u_i 的第一个正半周(上正下负,波动范围 $0 \to U_m \to 0$),二极管 VD_1 导通,u_i 经二极管 VD_1 向电容 C_1 充电,最终电容 C_1 被充电至输入电压的峰值 U_m,极性左正右负;在输入电压 u_i 的第一个负半周(上负下正,波动范围 $0 \to -U_m \to 0$),二极管 VD_1 因承受 $U_m \sim 2U_m$ 的反向偏置电压而截止,二极管 VD_2 导通,电容 C_2 被充电至 $2U_m$,极性左正右负;在输入电压 u_i 的第三个半周(上正下负,波动范围 $0 \to U_m \to 0$),二极管 VD_1 和 VD_2 均承受反向偏置电压而截止,二极管 VD_3 导通,电容 C_3 被充电到 $2U_m$,极性左正右负……。最终电路中各点将分别获得 $-U_m$、$-2U_m$、$-3U_m$、$-4U_m$、……的电压,从而获得比输入电压高得多的电压。倍压整流电路的输入既可以是交流电压,也可以是直流电经逆变后得到的脉冲电压。

图 11-25a 电路只能得到负电压,如果需要得到正电压,需要把所有的二极管方向调转,如图 11-25b 所示,即可得到正电压输出的倍压电路,具体原理请读者自行分析。

【思考】　图 11-25 电路工作原理分析中所说的电压极性的正、负,究竟是针对谁说呢?

在提升电压的同时,电容升压电路的输出电流能力一般都很有限,所以倍压整流(升压)电路通常用在需要高电压、小电流的场合,如显像管中电子束的偏转。实际上,倍压整流(升压)电路最初的典型应用是高能物理试验中使用的电子加速器。

11.4.2　电容降压电路

前面介绍了线性稳压电源和开关稳压电源,它们具有很好的性能,但是生活中还有很多的简单应用不需要这么复杂的电源,如给圣诞彩灯供电,如果对成本非常敏感,就不太可能用一个开关稳压电源,而需要某些简单、低成本的电源电路。

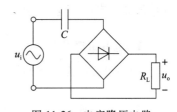

图 11-26　电容降压电路

图 11-26 是一个简单的电容降压电路,它的降压原理非常简单:对于角频率为 ω 的交流电,电容 C 的阻抗为

$$Z_c = \frac{1}{j\omega C}$$

该阻抗与后面的负载串联,调整电容 C 的值,就可以改变电容 C 上的分压,从而改变

负载上得到的直流电压 U_o 的大小。如果需要更加平滑的直流电压，还可以在整流电路后面增加滤波电路。

使用图 11-24 电容降压电路的优点是不消耗有功功率，缺点是电容 C 的大小依赖于输入电压 u_i 的频率，另外输入电压 u_i 不稳定时，输出电压也无法稳定；还有就是整个电路对电网表现为容性负载，不利于提高电网的功率因数。

11.5　无变压器直流变压电路的设计思路分析

以上内容是对于现有电路的一般介绍。本书的目的是不仅使读者理解和设计现有电路，更希望能够启发读者学会设计电路，所以，对每种电路的设计思路进行分析是有意义的。

由于变压器变压电路的原理相对简单，而且很多资料中也已经有了详细的分析，所以下面仅分析无变压器（非隔离型）直流变压电路。

11.5.1　电容滤波和电感滤波

利用电容电压不能跃变、电感电流不能跃变的特征，很容易得到如图 11-27 所示平滑滤波电路。可以这么理解：电容能够"拖住"电压的变化，电感能够"拖住"电流的变化，输入电压的变化被"拖住"之后，负载上就得到幅度变化小得多的平滑电压；输入电流的变化被"拖住"之后，最终也能够起到平滑负载上输出电压的作用。简单地讲，电容滤波必须与负载并联，电感滤波必须与负载串联。由此可以衍生出很多变形，如 LC 滤波电路、CLC 滤波电路等。

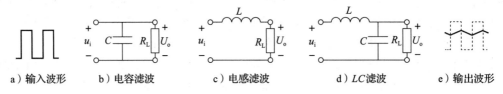

a）输入波形　　b）电容滤波　　　c）电感滤波　　　d）LC滤波　　　e）输出波形

图 11-27　平滑滤波电路

实际电路中，为使输出电压更加平滑，减小冲击电流，通常在电路中串联电感，而串联元件总是要分走一部分电压，所以单纯滤波输出所得到的电压必定低于输入电压的峰值。

11.5.2　电容升压和电感升压

1. 电容串联升压

如果电容能充电却不能放电，则电容上的电荷将无法释放，根据

$$Q = CU$$

可知，电容两端电压也将保持不变。

那么，如何才能使电容能充电不能放电呢？答案如图 11-28b 所示，由于二极管 VD 的存在，电流只能如图所示流动，所以电容只能按照左正右负的极性被充电。因为电流无法反向流动，所以电容放电回路不存在，电容两端电压 u_C 在最终达到输入电压 u_i 的最大值 U_m 以后保持不变，于是电容电压保持为 U_m 不变。

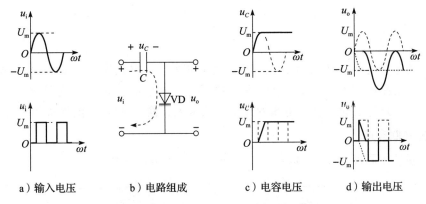

a）输入电压　　　　b）电路组成　　　　c）电容电压　　　　d）输出电压

图 11-28　电容充电保持电路的升压作用

由于电容充电回路的电阻很小，所以充电时间常数 τ 也很小，充电速度很快，根据一阶电路理论，通常认为经过 $(3\sim4)\tau$ 后，u_C 就可以达到输入电压 u_i 的最大值 U_m。

根据图 11-28 电路的电压极性，利用 KVL 可得

$$u_o = -u_C + u_i$$

经过 $(3\sim4)\tau$ 时间后，$U_C \to U_m$，所以有

$$u_o \to (-U_m + u_i)$$

由此可见，电容充电保持电路能够将输入电压升高 $-U_m$ 幅度大小。图 11-28 中画出了当输入电压 u_i 分别为正弦波和正脉冲波时的输出电压，可见对于正弦波而言，电容充电保持电路的确起到了升压作用；但对于正脉冲输入电压而言，电容充电保持电路没能体现出任何升压作用，在输入电压 u_i 上叠加 $-U_m$ 的结果，仅仅起到了类似将 u_i 反相的作用。

电容充电保持电路的升压幅度为输入电压的正向最大值，只要能够增加输入电压的正向最大值，就可以提高电容充电后的保持电压，从而提高电容充电保持电路的输出电压。

倍压整流电路实际上是由多个电容充电保持环节组成，当输入正弦波时，除了第一级之外，每一级电容充电保持环节输入电压的正向最大值都是 $2U_m$，所以该级的电容必定被充电至 $2U_m$，所有前级向后级输出的电压最大值也都是 $2U_m$。

2. 电感串联升压

电感串联升压原理如图 11-29 所示，电感 L 与输出端口串联。

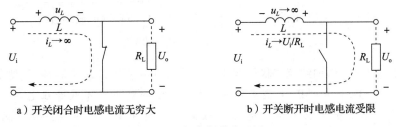

a）开关闭合时电感电流无穷大　　　　b）开关断开时电感电流受限

图 11-29　电感串联升压原理

开关闭合时，电感电流 i_L 理论上趋于无穷大；开关断开时，电感电流 i_L 则受限于电阻。当开关从闭合转为断开时，电感电流应从无穷大变为有限值，电流变化率为无穷大，根据法

拉第定律

$$u_L = L\frac{\mathrm{d}i_L}{\mathrm{d}t} \to \infty$$

可知电感上的感应电压 u_L 趋于无穷大，方向为右正左负，导致输出电压 U_o 大大增加。

实际上，电感电流不能发生突变，所以电感上的感应电压 u_L 也不能达到无穷大，但是由于电感电流的迅速变化，感应电压的大小仍然很大，输出电压 U_o 的增幅依然很大。

3. 电感并联升压

电感并联升压原理如图 11-30 所示，电感 L 与输出端口并联。

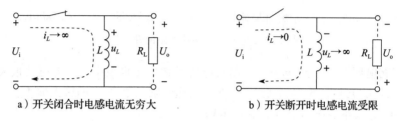

a）开关闭合时电感电流无穷大　　　　b）开关断开时电感电流受限

图 11-30　电感并联升压原理

开关闭合时，电感电流 i_L 理论上趋于无穷大；开关断开时，电感电流 i_L 则应趋于零。当开关从闭合转为断开时，电感电流 i_L 迅速变化，电感 L 上感应出很大的电压 u_L，方向为下正上负，导致输出电压 U_o 的幅度大大增加，其极性则与输入电压 U_i 相反。

11.5.3　3 类非隔离型变换器的构建

下面简要分析 3 类非隔离型直流-直流变换器的构建思想，其中的开关可以由任何开关元器件实现，如晶体管、场效应晶体管甚至电磁控制的机械开关均可。

1. Buck 型变换器的构建

1）把开关电路与 LC 滤波组合在一起，如图 11-31a 所示，注意到开关由闭合转为打开时，感应电压 u_L 的方向为右正左负。

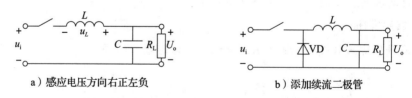

a）感应电压方向右正左负　　　　b）添加续流二极管

图 11-31　Buck 型变换器的构建

2）为感应电压 u_L 添加续流二极管 VD，如图 11-31b 所示，这就是 Buck 型变换器。

【思考】　图 11-31 中的 Buck 型变换器与图 11-29 中的电感串联升压电路，差别仅仅在于开关在电感左侧还是电感右侧，电感 L 在两个电路中都有着充电-放电循环。为什么图 11-31 中的电感没有升压能力，而图 11-29 中的电感却有升压能力呢？

这是因为 Buck 型变换器中，电感充放电时间常数相同 $(\tau_充 = \tau_放)$，充电电流有限；而电感串联升压电路中，充电时间常数远远小于放电时间常数 $(\tau_充 \ll \tau_放)$，充电电流很大。

2. Boost 型变换器的构建

对图 11-29 电感串联升压电路进行以下改进:

1) 在输出端并联滤波电容, 如图 11-32a 所示。

2) 为避免电容电荷在开关闭合时被开关短路, 必须增加整流二极管 VD, 如图 11-32b 所示, 这就是 Boost 型变换器。

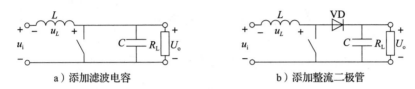

a) 添加滤波电容   b) 添加整流二极管

图 11-32 Boost 型变换器的构建

3. Buck-Boost 型变换器的构建

图 11-30 电感并联升压电路中, 开关闭合时, U_o 的极性为上正下负; 开关打开时, U_o 的极性为上负下正。U_o 极性的变化不符合直流电压的要求, 因此进行以下改进:

1) 增加整流二极管 VD, 确保输出端只能输出负极性的升压电压, 如图 11-33a 所示。

2) 在输出端并联滤波电容, 如图 11-33b 所示, 这就是 Buck-Boost 型变换器。

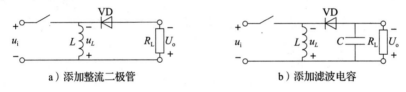

a) 添加整流二极管   b) 添加滤波电容

图 11-33 Buck-Boost 型变换器的构建

Buck-Boost 型电路中, 放电时间越长, 感应电压从初始值下降得越多, 输出电压 U_o 的平均值也就越小; 当充电时间短而放电时间长时, 就可以得到降压的效果, 所以该电路既能升压也能降压。

习题

11-1 根据串联调整管稳压电路的原理, 把图 11-14a 中的晶体管 VT_1 替换为集成运算放大器, 画出替换后的电路图, 并推导其输出电压表达式。

11-2 画出半波整流电路图及其输入和输出波形, 计算以下数值:

1) 半波整流输出的直流电压(即整流输出的平均值)。

2) 半波整流二极管的最大电流。

3) 半波整流二极管的最大反向电压。

11-3 画出全波桥式整流电路图及其输入和输出波形, 计算以下数值:

1) 桥式整流输出的直流电压(即整流输出的平均值)。

2) 桥式整流二极管的最大电流。

3) 桥式整流二极管的最大反向电压。

11-4 画出线性稳压电源的组成框图, 说明各部分的功能和典型电路。

11-5 画出开关稳压电源的组成框图，说明各部分的功能和典型电路。

11-6 根据电路的构建思想，分别画出 Buck 型、Boost 型、Buck-Boost 型电路。

11-7 如图 11-34 所示电路称为 Cuk 变换器，是美国加州理工大学 Slobodan Cuk 于 1976 年提出的专利电路，简要分析其工作原理，思考该电路的构建过程，阅读相关资料，了解其优缺点。

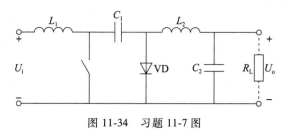

图 11-34 习题 11-7 图

参考文献

［1］ 童诗白. 模拟电子技术基础［M］. 2 版. 北京：高等教育出版社，1988.

［2］ 康华光. 电子技术基础：数字部分［M］. 3 版. 北京：高等教育山版社，1988.

［3］ 殷瑞祥. 电路与模拟电子技术［M］. 北京：高等教育出版社，2004.

［4］ 高木宣昭，竹内守，佐野敏一. 模拟电路 I：习题集［M］. 吕砚山，译. 北京：科学出版社，2001.

［5］ 王成华，潘双来，江爱华. 电路与模拟电子学［M］. 2 版. 北京：科学出版社，2007.

［6］ 华容茂，杨家树，吴雪芬. 电路与模拟电子技术［M］. 北京：中国电力出版社，2003.

［7］ ALEXANDER C K，SADIKU M N O. 电路基础［M］. 刘巽亮，倪国强，译. 北京：电子工业出版社，2003.

［8］ MALLEY J O. 基本电路分析［M］. 李沐荪，张世娟，丘春玲，译. 北京：科学出版社，2002.

［9］ 胡世昌. 文氏桥振荡器的 JFET 稳幅环节的构建［J］. 东莞：东莞理工学院学报，2019，26（5）：45-49.